Mathematik heute 10

Brandenburg

Herausgegeben von
Heinz Griesel, Helmut Postel, Rudolf vom Hofe

Schroedel

Mathematik heute **10**

Brandenburg

Herausgegeben und bearbeitet von

Professor Dr. Heinz Griesel
Professor Helmut Postel
Professor Dr. Rudolf vom Hofe

Joachim Baum, Arno Bierwirth, Ilona Fäthe, Frieder Henker, Kay Hertel, Bernhard Humpert,
Dagmar Jantsch, Dirk Kehrig, Wolfgang Krippner

An dieser Ausgabe für Brandenburg wirkten mit:
Dr. Dieter Jeschke, Matthias Lösche, Birgit Szesny

Zum Schülerband erscheint:
Lösungen Best.-Nr. 83530
Arbeitsheft 10 Brandenburg Best.-Nr. 83520
PALMA Kompetenzorientierte Aufgaben 8 – 10 Best.-Nr. 83095

Druck A^2 / Jahr 2014
Alle Drucke der Serie A sind im Unterricht parallel verwendbar.

Titel- und Innenlayout: Janssen Kahlert, Design & Kommunikation GmbH, Hannover
Illustrationen: Dietmar Griese; Zeichnungen: Günter Schlierf, Peter Langner
Satz: Konrad Triltsch, Print und digitale Medien GmbH, 97199 Ochsenfurt
Druck und Bindung: westermann druck GmbH, Braunschweig

ISBN 978-3-507-**83510**-8

Inhaltsverzeichnis

ZUM METHODISCHEN AUFBAU DER LERNEINHEITEN

Einstieg bietet einen direkten Zugang zum Thema.

Aufgabe mit vollständigem Lösungsbeispiel. Diese Aufgaben können alternativ oder ergänzend als Einstiegsaufgaben dienen. Die Lösungsbeispiele eignen sich sowohl zum eigenständigen Nacharbeiten als auch zum Erarbeiten von Lernstrategien.

Zum Festigen und Weiterarbeiten Hier werden die neuen Inhalte durch benachbarte Aufgaben, Anschlussaufgaben und Zielumkehraufgaben gefestigt und erweitert. Sie sind für die Behandlung im Unterricht konzipiert und legen die Basis für eine erfolgreiche Begriffsbildung.

Information Wichtige Begriffe, Verfahren und mathematische Gesetzmäßigkeiten werden hier übersichtlich hervorgehoben und an charakteristischen Beispielen erläutert.

Übungen In jeder Lerneinheit findet sich reichhaltiges Übungsmaterial. Dabei werden neben grundlegenden Verfahren auch Aktivitäten des Vergleichens, Argumentierens und Begründens gefördert, sowie das Lernen aus Fehlern.
Aufgaben mit Lernkontrollen sind an geeigneten Stellen eingefügt.
Grundsätzlich lassen sich fast alle Übungsaufgaben auch im Team bearbeiten. In einigen besonderen Fällen wird zusätzlich Anregung zur Teamarbeit gegeben.
Die Fülle an Aufgaben ermöglicht dabei unterschiedliche Wege und innere Differenzierung.

Vermischte und komplexe Übungen Hier werden die erworbenenen Qualifikationen in vermischter Form angewandt und mit den bereits gelernten Inhalten vernetzt.

Bist du fit? Auf diesen Seiten am Ende eines Kapitels können Lernende eigenständig überprüfen, inwieweit sie die neu erworbenen Grundqualifikationen beherrschen. Die Lösungen hierzu sind im Anhang des Buches abgedruckt.

Im Blickpunkt Hier geht es um komplexere Sachzusammenhänge, die durch mathematisches Denken und Modellieren erschlossen werden. Die Themen gehen dabei häufig über die Mathematik hinaus, sodass Fächer übergreifende Zusammenhänge erschlossen werden. Es ergeben sich auch hier Möglichkeiten zum Einsatz neuer Medien.

Aufgabenpraktikum Auf diesen Seiten am Ende des Buches stehen zahlreiche Aufgaben, welche auf die Abschlussprüfung in Klasse 10 vorbereiten sollen. Die Lösungen dieser Aufgaben findet man im Anhang.

Piktogramme weisen auf besondere Anforderungen bzw. Aufgabentypen hin:

Teamarbeit

Suche nach Fehlern

Tabellenkalkulation

Dynamische Geometrie-Software

Internet

Zur Differenzierung

Der Aufbau und insbesondere das Übungsmaterial sind dem Schwierigkeitsgrad nach gestuft. Dem Lehrer sei daher empfohlen, bei den schwierigeren Aufgaben zu überprüfen, welche für seine Schüler noch angemessen sind. Eine weitere Hilfe für die individuelle Förderung der einzelnen Schüler geben die folgenden Zeichen:

Grundlegende allgemeine Bildung: keine Kennzeichnung
Erweiterte allgemeine Bildung: keine Kennzeichnung, zusätzlich ● und **7.**
Anspruchsvollere Aufgaben sind durch eine rote Aufgabennummer, z. B. **7.** gekennzeichnet.
Zusätzliche Aufgabenstellungen sind durch △, ▲ und ▲ gekennzeichnet.

Einheiten

Längen

10 mm	= 1 cm
10 cm	= 1 dm
10 dm	= 1 m
1 000 m	= 1 km

Flächeninhalte

$100\ mm^2$	$= 1\ cm^2$	$100\ m^2$	$= 1\ a$
$100\ cm^2$	$= 1\ dm^2$	100 a	= 1 ha
$100\ dm^2$	$= 1\ m^2$	100 ha	$= 1\ km^2$

Die Umwandlungszahl ist 100

Volumina

$1\,000\ mm^3$	$= 1\ cm^3$	$1\ dm^3$	$= 1\ l$
$1\,000\ cm^3$	$= 1\ dm^3$	1 000 ml	$= 1\ l$
$1\,000\ dm^3$	$= 1\ m^3$	$1\ cm^3$	= 1 ml

Die Umwandlungszahl ist 1 000

Massen

1 000 mg	= 1 g
1 000 g	= 1 kg
1 000 kg	= 1 t

Die Umwandlungszahl ist 1 000

Zeitdauer

60 s	= 1 min
60 min	= 1 h
24 h	= 1 d

Mathematische Symbole

Zahlen

$a = b$	a gleich b
$a \neq b$	a ungleich b
$a < b$	a kleiner b
$a > b$	a größer b
$a \approx b$	a ungefähr gleich (rund) b
$a + b$	Summe aus a und b; a plus b
$a - b$	Differenz aus a und b; a minus b
$a \cdot b$	Produkt aus a und b; a mal b
$a : b$	Quotient aus a und b; a durch b
$\lvert a \rvert$	Betrag von a
b^n	Potenz aus Basis (Grundzahl) b und Exponent (Hochzahl) n; b hoch n
$\sqrt{a}$	Quadratwurzel aus a ($a \geq 0$)
$\sqrt[n]{a}$	n-te Wurzel aus a ($a \geq 0$)
p%	p Prozent
$\bar{x}$	Arithmetisches Mittel
$\{1; 2; 3\}$	Menge mit den Elementen 1, 2, 3
$\{\}$	leere Menge
$\mathbb{N}$	Menge der natürlichen Zahlen
$\mathbb{Z}$	Menge der ganzen Zahlen
$\mathbb{Q}$	Menge der rationalen Zahlen
$\mathbb{Q}_+$	Menge der gebrochenen Zahlen
$\mathbb{R}$	Menge der reellen Zahlen

Geometrie

$\overline{AB}$	Strecke mit den Endpunkten A und B; Länge der Strecke $\overline{AB}$
AB	Gerade durch A und B
$\overrightarrow{AB}$	Strahl mit dem Anfangspunkt A durch den Punkt B
$g \parallel h$	Gerade g ist parallel zur Geraden h
$g \perp h$	Gerade g ist senkrecht zur Geraden h
$P(x \mid y)$	Punkt P mit den Koordinaten x und y
ABC	Dreieck mit den Eckpunkten A, B und C
ABCD	Viereck mit den Eckpunkten A, B, C und D
$\sphericalangle PSQ$	Winkel mit dem Scheitel S und den Schenkeln $\overrightarrow{SP}$ und $\overrightarrow{SQ}$
$F \cong G$	Figur F ist kongruent zu Figur G
$F \sim G$	Figur F ist ähnlich zu Figur G
h_a	Höhe auf der Seite a

1 Wurzeln und Potenzen mit gebrochenen Exponenten

Mareike möchte einen Geldbetrag für 4 Jahre bei einer Bank oder Sparkasse anlegen. Sie hat bereits mehrere Angebote bekommen, als sie in einem Werbeprospekt folgende Anzeige liest:

Unser Super-Angebot

Laufzeit 4 Jahre – Fester jährlicher Zinssatz

Aufgrund des Zinseszinseffekts bekommen Sie für 1 000 € bereits nach vier Jahren 160 € Zinsen.

Zum Vergleich der Geldanlagen möchte sie den jährlichen Zinssatz für das Angebot aus dem Werbeprospekt bestimmen.
Nach einigen Rechnungen mit ihrem Taschenrechner behauptet sie: „Der jährliche Zinssatz liegt bei 3,8 %."

- Begründe, warum der jährliche Zinssatz für das Angebot im Werbeprospekt zwischen 3 % und 4 % liegt. Wie viel Zinsen erhält man bei diesen Zinssätzen für 1 000 € nach 4 Jahren?
- Überprüfe mit dem Taschenrechner die Behauptung von Mareike.
- Bestimme den jährlichen Zinssatz, wenn für 1 000 € nach 5 Jahren 240 € Zinsen gezahlt werden.

In diesem Kapitel lernst du ...

... 4., 5., 6., ... Wurzeln kennen und wie man damit zum Beispiel Zinssätze bei Geldanlagen für mehrere Jahre berechnen kann. Außerdem beschäftigst du dich mit Potenzen mit gebrochenen Zahlen im Exponenten, mit denen man gewisse Wachstumsprozesse beschreiben kann.

WURZELN

Quadratwurzel und Kubikwurzel – Wiederholung

Zum Wiederholen

1. Für eine Präsentation sollen verschiedene Würfel hergestellt werden.

a) Berechne die Kantenlänge eines Würfels mit dem Volumen 250 cm^3.

b) Der Oberflächeninhalt eines zweiten Würfels soll 250 cm^2 betragen. Berechne die Kantenlänge des Würfels.

Lösung

a) Für das Volumen eines Würfels mit der Kantenlänge a gilt:

$V = a^3$

$a^3 = 250\ \text{cm}^3$

$a = \sqrt[3]{250\ \text{cm}^3}$

$a \approx 6{,}30\ \text{cm}$

Ergebnis: Die Kantenlänge eines Würfels mit dem Volumen 250 cm^3 beträgt ca. 6,30 cm.

b) Für den Oberflächeninhalt eines Würfels mit der Kantenlänge a gilt:

$A_O = 6a^2$

$6a^2 = 250\ \text{cm}^2$

$a^2 = \frac{250\ \text{cm}^2}{6}$

$a = \sqrt{\frac{250\ \text{cm}^2}{6}}$

$a \approx 6{,}45\ \text{cm}$

Ergebnis: Die Kantenlänge eines Würfels mit dem Oberflächeninhalt 250 cm^2 beträgt ca. 6,45 cm.

Wiederholung

Unter der **Quadratwurzel** aus einer positiven Zahl a versteht man diejenige positive Zahl, die mit sich selbst multipliziert a ergibt.

Für die Quadratwurzel aus a schreibt man kurz:
$\sqrt{a}$, gelesen: *Quadratwurzel aus a*, kurz: *Wurzel aus a*.

Unter der **3. Wurzel** (*Kubikwurzel*) aus einer positiven Zahl a versteht man diejenige positive Zahl, die mit 3 potenziert die Zahl a ergibt.
Für 3. Wurzel aus a schreibt man kurz: $\sqrt[3]{a}$

Die Zahl a, aus der man die Wurzel zieht, heißt *Radikand.*

Für den Sonderfall a = 0 gilt: $\sqrt{0} = 0$ und $\sqrt[3]{0} = 0$

Wurzelexponent

$$\sqrt[3]{125} = 5$$

Radikand — Wert der 3. Wurzel

2. Bestimme die Kantenlänge eines Würfels mit dem Volumen

a) 125 cm^3; **b)** 8 000 *l*; **c)** 2 m^3; **d)** 614,125 dm^3.

3. Bestimme die Kantenlänge eines Würfels mit dem Oberflächeninhalt

a) 144 cm^2; **b)** 37,5 cm^2; **c)** 2 m^2; **d)** 8,64 dm^2.

4. **a)** Wie groß ist der Radius einer Kugel mit dem Oberflächeninhalt 2 m^2?

b) Bestimme den Radius einer Kugel mit dem Volumen 0,81 m^3.

5. Es sollen Kugeln mit dem Volumen 250 dm^3 und 500 dm^3 hergestellt werden. Berechne jeweils den Radius der Kugel. Vergleiche.

n-te Wurzeln

Einstieg

Jannik hat sich auf seinem Taschenrechner vertippt und sein Rechenergebnis versehentlich mit 6 potenziert.

➜ Mit welchem Rechenschritt kann er den Fehler beheben?

Aufgabe

1. Die Algenfläche auf einem Dorfteich ist innerhalb von fünf Wochen von 1,5 m^2 auf 48 m^2 angewachsen.
Stelle eine Formel auf, mit der die Größe A der Algenfläche n Wochen nach Beobachtungsbeginn berechnet werden kann.
Nimm an, dass die Algenfläche wöchentlich um denselben Faktor q wächst.

Lösung

Wir stellen den Wachstumsvorgang in einem Pfeilbild dar:

$1{,}5\ m^2 \xrightarrow{\cdot q} \square \xrightarrow{\cdot q} \square \xrightarrow{\cdot q} \square \xrightarrow{\cdot q} \square \xrightarrow{\cdot q} 48\ m^2$

(Gesamtpfeil von 1,5 m^2 nach 48 m^2: $\cdot q^5$)

Dem Pfeilbild entnehmen wir die Gleichung:

$1{,}5 \cdot q^5 = 48 \quad | : 1{,}5$

$q^5 = 32$

Wir suchen eine Zahl, deren 5. Potenz 32 ist.
Durch Probieren erhalten wir die Zahl 2.

Diese Zahl nennen wir in Anlehnung an die zweite und dritte Wurzel auch *fünfte Wurzel aus 32* und schreiben $2 = \sqrt[5]{32}$.

Die Algenfläche verdoppelt sich jede Woche.

Die Berechnungsformel lautet somit: $A = 1{,}5 \cdot 2^n$.

Aufgabe

2. Jonas möchte 5 000 Euro für 4 Jahre anlegen. Der Beraterin in der Bank teilt er mit, dass er mindestens 800 Euro Zinsen bekommen möchte.
Welchen Zinssatz muss die Bank mit Jonas vereinbaren, damit er nach 4 Jahren mindestens 5 800 Euro ausgezahlt bekommt?

Lösung

Das Kapital von Jonas soll nach 4 Jahren auf 5 800 Euro angewachsen sein.
Mithilfe der Zinseszinsformel berechnen wir den Zinsfaktor q:

Zinseszinsformel
$K_n = K_0 \cdot q^n$

$5\,800 = 5\,000 \cdot q^4 \quad | : 5\,000$

$q^4 = \frac{5\,800}{5\,000}$

$q^4 = 1{,}16$

Wir suchen eine Zahl, deren 4. Potenz 1,16 ergibt. Mithilfe des Taschenrechners finden wir durch Probieren:

$q \approx 1{,}038$

Zum Zinsfaktor $q = 1{,}038$ gehört der Zinssatz 3,8%.

Ergebnis: Die Bank muss Jonas einen Zinssatz von mindestens 3,8% anbieten, damit er nach 4 Jahren 5 800 Euro ausgezahlt bekommt.

Information

(1) 4. Wurzel

Die Zahl 81 ist die 4. Potenz von 3.
Die Zahl 3 heißt die 4. Wurzel aus 81,
geschrieben: $\sqrt[4]{81} = 3$
4 heißt der *Wurzelexponent.*

Wurzelexponent
$\sqrt[4]{81} = 3$
Radikand *Wert der Wurzel*
Suche eine Zahl, deren 4. Potenz 81 ist.

(2) 5. Wurzel

Die Zahl 32 ist die 5. Potenz von 2.
Die Zahl 2 heißt die 5. Wurzel aus 32,
geschrieben: $\sqrt[5]{32} = 2$
5 heißt der *Wurzelexponent.*

Wurzelexponent
$\sqrt[5]{32} = 2$
Radikand *Wert der Wurzel*
Suche eine Zahl, deren 5. Potenz 32 ist.

(3) n-te Wurzel

Für die Quadratwurzel $\sqrt[2]{a}$ schreibt man einfacher nur $\sqrt{a}$.

Es soll a eine positive Zahl sein.
Unter der **n-ten Wurzel** aus a versteht man diejenige positive Zahl, die mit n potenziert die Zahl a ergibt.
Für die n-te Wurzel aus a schreibt man kurz: $\sqrt[n]{a}$
Beispiel: $\sqrt[7]{128} = 2$, denn $2 \cdot 2 \cdot 2 \cdot 2 \cdot 2 \cdot 2 \cdot 2 = 128$
Für den Sonderfall $a = 0$ gilt: $\sqrt[n]{0} = 0$
Eine n-te Wurzel ist nur definiert, wenn der Radikand positiv oder null ist.

Wurzelexponent
$\sqrt[n]{a} = b$
Radikand *Wert der n-ten Wurzel*

Zum Festigen und Weiterarbeiten

3. Gib den Wert der Wurzel an.

a) $\sqrt[4]{16}$; $\sqrt[4]{625}$; $\sqrt[5]{1\,024}$ **b)** $\sqrt[4]{0{,}0081}$; $\sqrt[5]{243}$; $\sqrt[5]{0{,}00001}$ **c)** $\sqrt[6]{64}$; $\sqrt[7]{1}$; $\sqrt[8]{0}$

4. Welche positive Zahl ist Lösung der Gleichung?

a) $x^4 = 256$ **c)** $x^5 = 32$ **e)** $x^6 = 729$ **g)** $x^9 = 512$
b) $x^4 = 10\,000$ **d)** $x^5 = 0{,}00032$ **f)** $x^5 = 1\,024$ **h)** $x^4 = 0{,}0016$

5. Berechne. Was fällt dir auf?

a) $\left(\sqrt[5]{1\,024}\right)^5$; $\left(\sqrt[6]{15\,625}\right)^6$ **b)** $\sqrt[4]{7^4}$; $\left(\sqrt[5]{17}\right)^5$ **c)** $\sqrt[8]{11^8}$; $\left(\sqrt[7]{125}\right)^7$

6. Bestimme die Wurzeln mit dem Taschenrechner. Runde auf Tausendstel.

a) $\sqrt[7]{12}$; $\sqrt[6]{43}$; $\sqrt[7]{525}$; $\sqrt[5]{337}$ **c)** $\sqrt[7]{0{,}001}$; $\sqrt[5]{0{,}314}$; $\sqrt[4]{0{,}073}$; $\sqrt[6]{0{,}1204}$
b) $\sqrt[6]{15{,}5}$; $\sqrt[8]{27{,}1}$; $\sqrt[4]{8{,}25}$; $\sqrt[5]{17{,}125}$ **d)** $\sqrt[4]{0{,}568}$; $\sqrt[6]{0{,}0857}$; $\sqrt[7]{0{,}255}$; $\sqrt[8]{0{,}189}$

7. Frau Hillebrecht hat für 5 Jahre 10 000 Euro zu einem festen jährlichen Zinssatz angelegt. Am Ende der Laufzeit bekommt sie 12 050 Euro ausgezahlt.

a) Berechne den Zinssatz, zu dem Frau Hillebrecht ihr Kapital angelegt hat.

b) Frau Hillebrecht hatte auch überlegt, sich die Zinsen jährlich auszahlen zu lassen. Welchen Zinssatz muss Frau Hillebrecht vereinbaren, wenn sie in 5 Jahren insgesamt 2 050 Euro Zinsen bekommen möchte.

8. Im Schulteich der Einstein-Oberschule werden Wasserpflanzen eingesetzt. Der Biologielehrer erläutert, dass sich die Pflanzen pro Woche immer um denselben Faktor vermehren. Anfangs bedecken die Pflanzen etwa 0,5 m^2. Nach 8 Wochen sind 2 m^2 von den Pflanzen bedeckt.

a) Mit welchem Faktor vermehren sich die Pflanzen pro Woche?

b) Wie groß ist die von den Pflanzen bedeckte Fläche nach 12 Wochen, 16 Wochen, 20 Wochen? Stelle auch eine Berechnungsformel auf.

c) Bestimme den Faktor, mit dem sich die Pflanzen pro Tag vermehren.

Information

Für alle *positiven* Zahlen für a gilt:

(1) Das Ziehen der n-ten Wurzel wird durch das Potenzieren mit n rückgängig gemacht.

$$\left(\sqrt[n]{a}\right)^n = a$$

Beispiel: $\left(\sqrt[4]{7}\right)^4 = 7$

128 —7. Wurzel aus→ 2
128 ←hoch 7— 2

(2) Das Potenzieren mit n wird durch das Ziehen der n-ten Wurzel rückgängig gemacht.

$$\sqrt[n]{a^n} = a$$

Beispiel: $\sqrt[3]{5^3} = 5$

2 —hoch 7→ 128
2 ←7. Wurzel aus— 128

Übungen

9. Gib den Wert der Wurzel an.

a) $\sqrt[4]{10\,000}$ **b)** $\sqrt[5]{32}$ **c)** $\sqrt[6]{1}$ **d)** $\sqrt[5]{3\,125}$

e) $\sqrt[7]{10\,000\,000}$ **f)** $\sqrt[8]{0{,}00000001}$ **g)** $\sqrt[4]{\frac{625}{1\,296}}$ **h)** $\sqrt[8]{\frac{1}{256}}$

i) $\sqrt[5]{\frac{243}{32}}$ **j)** $\sqrt[8]{\frac{256}{100\,000\,000}}$ **k)** $\sqrt[10]{\frac{1}{1\,024}}$ **l)** $\sqrt[6]{\frac{64}{729}}$

m) $\sqrt[5]{\frac{1\,024}{32}}$ **n)** $\sqrt{4\,096}$ **o)** $\sqrt[3]{4\,096}$ **p)** $\sqrt[4]{4\,096}$

q) $\sqrt[6]{4\,096}$ **r)** $\sqrt[12]{4\,096}$ **s)** $\sqrt[4]{0{,}0016}$ **t)** $\sqrt[4]{0{,}0625}$

10. Welche positive Zahl ist Lösung der Gleichung?

a) $x^4 = 81$ **b)** $x^5 = 1\,024$ **c)** $x^6 = 64$ **d)** $x^5 = 100\,000$ **e)** $x^4 = 0{,}0001$

1+1=3

11. Prüfe durch Potenzieren, ob die Aussage wahr ist.

a) $\sqrt{125} = 5$ c) $\sqrt[3]{343} = 7$ e) $\sqrt[3]{320\,000} = 20$ g) $\sqrt[7]{0{,}0000128} = 0{,}2$

b) $\sqrt[3]{64} = 8$ d) $\sqrt[3]{14\,461} = 11$ f) $\sqrt[6]{0{,}00001} = 0{,}1$ h) $\sqrt[5]{0{,}00243} = 0{,}3$

12. Vereinfache.

a) $\left(\sqrt[6]{64}\right)^6$ b) $\left(\sqrt[4]{81}\right)^4$ c) $\left(\sqrt[9]{2}\right)^9$ d) $\left(\sqrt[14]{37}\right)^{14}$ e) $\sqrt[8]{5^8}$ f) $\sqrt[12]{1{,}2^{12}}$ g) $\sqrt[7]{1}$ h) $\sqrt[20]{0}$

13. Fülle die Tabelle aus.

Radikand	512	625			14 641	100 000	0,001	13^{11}
Wurzelexponent	9	4	3	7				
Wert der Wurzel			8	1	11	10	0,1	13

14. Eine Bank wirbt mit einer Anzeigenkampagne.

a) Claudia behauptet: „Jedes Jahr bekomme ich 250 € Zinsen, also ist der Zinssatz 2,5 %!" Überprüfe die Behauptung mit deinem Taschenrechner. Bestimme den Zinssatz bis auf eine Stelle nach dem Komma genau. Erläutere die Abweichung.

b) Julian möchte 5 000 € anlegen. Er überlegt, dass er bei gleichem Zinssatz nach 6 Jahren 750 € Zinsen bekommt. Überprüfe.

15. Bei manchen Geldanlagen werden steigende Zinssätze vereinbart.

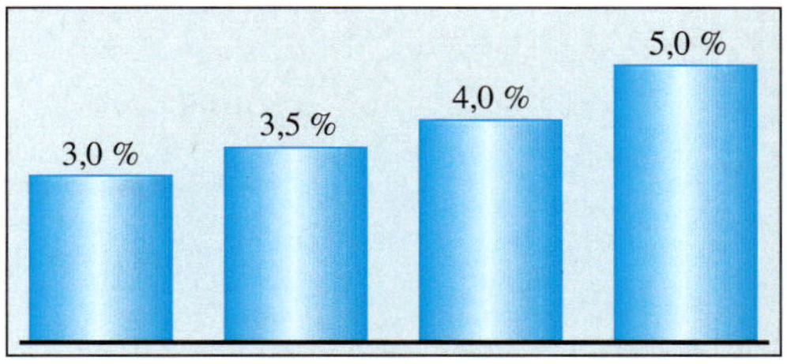

a) Lisa hat 1 500 Euro angelegt. Berechne das Guthaben nach vier Jahren.

b) Zu welchem festen Zinssatz muss man das Geld anlegen, um nach 4 Jahren dasselbe Guthaben zu bekommen?

16. Im Labor wird eine Bakterienkultur gezüchtet. Die Anzahl der Bakterien verdoppelt sich alle 5 Stunden. Zu Beginn sind 150 Bakterien vorhanden.
Wie viele Bakterien sind nach 24 Stunden vorhanden? Beschreibe dein Vorgehen.
Stelle auch eine Formel auf, mit der du die Anzahl y der Bakterien nach n Stunden berechnen kannst.

17. a) Für $\sqrt[4]{20}$ findest du keinen endlichen Dezimalbruch, dessen 4. Potenz *genau* 20 ergibt. Wir wollen den Wert für $\sqrt[4]{20}$ näherungsweise bestimmen.
Setze dazu die Tabelle fort, bis die untere Näherungszahl und die obere Näherungszahl in den ersten zwei Stellen hinter dem Komma übereinstimmen.
Notiere dann den Wert für $\sqrt[4]{20}$ auf zwei Stellen nach dem Komma genau.

Nachkomma-Stellenzahl	**untere Näherungszahl**	hoch 4 →	**Probe**				← hoch 4	**obere Näherungszahl**
0	2	16	<	20	<	81		3
1	2,1	19,4481	<	20	<	23,4256		2,2
2	2,11	19,82119441	<	20	<	20,19963136		2,12

b) Verfahre entsprechend mit $\sqrt[5]{17}$.

POTENZEN MIT GEBROCHENRATIONALEN EXPONENTEN

Einstieg

Untersuche mit deinem Taschenrechner Potenzen mit Brüchen im Exponenten.

→ Überprüfe die Berechnungen mit deinem Taschenrechner.

→ Notiere eine Vermutung über die Bedeutung des Exponenten $\frac{1}{2}$.

→ Untersuche entsprechend den Exponenten $\frac{1}{3}$.

Aufgabe

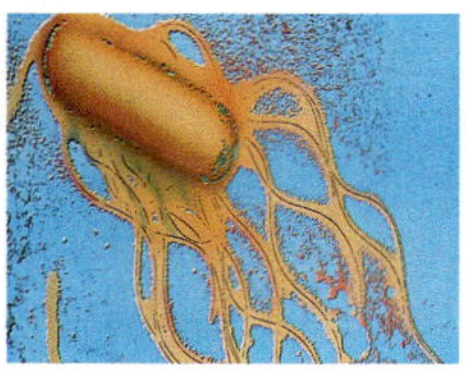

1. Salmonellen sind Bakterien, die beim Menschen Erkrankungen auslösen können. Sie vermehren sich unter günstigen Bedingungen so stark, dass sich ihre Anzahl in jeder Stunde verdoppelt. Für das Wachstum ergibt sich folgende Tabelle:

Zeitpunkt der Beobachtung (in h)	0	1	2	3	4	5	6	7
Anzahl der Salmonellen (in Mio.)	2^0	2^1	2^2	2^3	2^4	2^5	2^6	2^7

a) Wie vergrößert sich die Anzahl der Salmonellen in einem Zeitraum von 2, von n Stunden?

b) Bestimme die Anzahl der Salmonellen zu den Zeitpunkten $\frac{1}{2}$ h und $\frac{3}{2}$ h nach Beobachtungsbeginn.

Lösung

a)

+ 2   + 2   + 3   + 3

Zeitpunkt der Beobachtung (in h)	0	1	2	3	4	5	6	7
Anzahl der Salmonellen (in Mio.)	2^0	2^1	2^2	2^3	2^4	2^5	2^6	2^7

$\cdot 2^2$ $\cdot 2^2$ $\cdot 2^3$ $\cdot 2^3$

Alle 2 Stunden wird die Anzahl der Salmonellen mit dem Faktor 2^2 vervielfacht, einerlei, wie viele Salmonellen schon vorhanden waren und zwischen welchen Zeitpunkten der Zeitraum von 2 Stunden liegt.

In n Stunden vergrößert sich die Anzahl der Salmonellen mit dem Faktor 2^n.

b)

+ 1 $+\frac{1}{2}$ $+\frac{1}{2}$

0	$\frac{1}{2}$	1	2
1	a	2	2^2

$\cdot a$ $\cdot a$ $\cdot 2$

In $\frac{1}{2}$ Stunde werde die Anzahl der Salmonellen mit dem Faktor a vervielfacht. Dann gilt:

$1 \cdot a \cdot a = 2$, also $a^2 = 2$,

d.h. $a = \sqrt[2]{2}$.

Nach $\frac{1}{2}$ Stunde sind $\sqrt[2]{2}$ Mio. Salmonellen vorhanden.

+ 3 $+\frac{3}{2}$ $+\frac{3}{2}$

0	$\frac{3}{2}$	3	4
1	b	2^3	2^4

$\cdot b$ $\cdot b$ $\cdot 2^3$

In $\frac{3}{2}$ Stunden werde die Anzahl der Salmonellen mit dem Faktor b vervielfacht. Dann gilt:

$1 \cdot b \cdot b = 2^3$, also $b^2 = 2^3$,

d.h. $b = \sqrt[2]{2^3}$.

Beachte: $\sqrt[2]{2^3} = \sqrt{2^3}$

Nach $\frac{3}{2}$ Stunden sind $\sqrt[2]{2^3}$ Mio. Salmonellen vorhanden.

Information

Erklärung von $a^{\frac{m}{n}}$

Wir wollen das Anwachsen der Anzahl von Salmonellen einheitlich mit der Formel $y = 2^x$ beschreiben, auch für $x = \frac{1}{2}$ und für $x = \frac{3}{2}$.
Dann liegt folgende Erklärung nahe:

$2^{\frac{1}{2}} = \sqrt[2]{2}$; $2^{\frac{3}{2}} = (2^3)^{\frac{1}{2}} = \sqrt[2]{2^3}$

Dieser Gedanke lässt sich übertragen auf andere Beispiele:

$3^{\frac{4}{5}} = \sqrt[5]{3^4}$; $7^{\frac{2}{3}} = \sqrt[3]{7^2}$; $4^{-\frac{3}{5}} = 4^{\frac{-3}{5}} = \sqrt[5]{4^{-3}} = \sqrt[5]{\frac{1}{4^3}}$

$a^{-n} = \frac{1}{a^n}$

$\mathbf{a^{\frac{m}{n}} = \sqrt[n]{a^m}}$ (für $a > 0$ und für natürliche Zahlen $n > 0$ und ganze Zahlen m)
Der Nenner des Bruches ergibt den Wurzelexponenten, der Zähler den Exponenten des Radikanden.

Beispiele: $5^{\frac{4}{3}} = \sqrt[3]{5^4}$; $8^{-\frac{5}{6}} = 8^{\frac{-5}{6}} = \sqrt[6]{8^{-5}}$

Als Spezialfall für $m = 1$ erhalten wir:

$\mathbf{a^{\frac{1}{n}} = \sqrt[n]{a}}$ *Beispiel:* $7^{\frac{1}{3}} = \sqrt[3]{7}$

So kannst du diese Erklärung sogar ohne Taschenrechner überprüfen:

$5^{\frac{4}{2}} = 5^2 = 25$

$5^{\frac{4}{2}} = \sqrt[2]{5^4} = \sqrt[2]{625} = 25$

Damit ist der Potenzbegriff erneut erweitert worden, und zwar auf beliebige *rationale* Zahlen als Exponenten.
Als Basis kommen nur *positive* Zahlen in Frage.
Beachte: Die Wurzel aus einer negativen Zahl ist nicht erlaubt.

▲ *Begründung:* Es müsste gelten: $(-8)^{\frac{1}{3}} = (-8)^{\frac{2}{6}}$,
▲ aber: $(-8)^{\frac{1}{3}} = \sqrt[3]{(-8)^1} = \sqrt[3]{-8}$ ist nicht erlaubt;
▲ $(-8)^{\frac{2}{6}} = \sqrt[6]{(-8)^2} = \sqrt[6]{64} = 2$.
▲ Außerdem darf bei negativen Exponenten die Basis nicht 0 sein.
▲ *Begründung:* Setzt man 0 für x in $x^{-2} = \frac{1}{x^2}$ ein, so wird der Nenner 0, was aber ausgeschlossen werden muss.

Zum Festigen und Weiterarbeiten

$2^{0,5} = 2^{\frac{1}{2}} = \sqrt{2}$

2. Schreibe jeweils mit Wurzelzeichen.

a) $5^{\frac{1}{2}}$; $4^{\frac{1}{3}}$; $8^{\frac{1}{4}}$ **b)** $2^{\frac{3}{4}}$; $2^{\frac{4}{3}}$ **c)** $4^{-\frac{1}{2}}$; $5^{-\frac{3}{2}}$ **d)** $2^{0,2}$; $3^{1,5}$

3. Schreibe jeweils als Potenz und berechne. Runde auf Hundertstel.

a) $\sqrt{8}$ **b)** $\sqrt[3]{5}$ **c)** $\sqrt[5]{7}$ **d)** $\sqrt[3]{2^2}$ **e)** $\sqrt[4]{3^5}$ **f)** $\sqrt[6]{5^2}$ **g)** $\sqrt{7}$ **h)** $\sqrt[3]{3^{-2}}$ **i)** $\sqrt[4]{\frac{1}{5^2}}$ **j)** $\sqrt[7]{\left(\frac{1}{3}\right)^{-4}}$

4. Bestimme mit dem Taschenrechner. Runde jeweils auf Tausendstel.

a) $5^{\frac{1}{9}}$ **b)** $3,8^{\frac{1}{6}}$ **c)** $0,4^{5,28}$ **d)** $2,7^{\frac{3}{4}}$ **e)** $0,27^{-4,7}$ **f)** $3,4^{-0,5}$ **g)** $7,55^{-2,4}$ **h)** $0,56^{-0,1}$ **i)** $\sqrt[7]{4}$ **j)** $\sqrt[8]{9}$ **k)** $\sqrt[6]{3^5}$ **l)** $\sqrt[11]{0,8^7}$

5. Berechne und vergleiche: **a)** $\sqrt[2]{4^3}$ und $\left(\sqrt[2]{4}\right)^3$; **b)** $\sqrt[4]{16^{-2}}$ und $\left(\sqrt[4]{16}\right)^{-2}$.

6. Eine Hefekultur wächst so, dass die bedeckte Fläche jede Stunde um den Faktor 1,4 zunimmt. Zu Beginn der Beobachtung ist sie 5 cm^2 groß.

a) Stelle eine Formel auf, die die Vergrößerung der Hefekultur beschreibt.

b) Berechne die Größe der Kultur nach 0,5 Stunden, 1 Stunde, 1,5 Stunden, 2 Stunden, 2,5 Stunden.

Übungen

7. Schreibe als Wurzel.

a) $x^{\frac{2}{3}}$ **b)** $y^{\frac{3}{4}}$ **c)** $z^{\frac{1}{2}}$ **d)** $a^{\frac{1}{3}}$ **e)** $b^{-\frac{3}{4}}$ **f)** $c^{-\frac{2}{5}}$ **g)** $d^{0,5}$ **h)** $e^{0,8}$ **i)** $f^{-2,4}$ **j)** $u^{-0,05}$

8. Berechne ohne Taschenrechner.

a) $27^{\frac{1}{3}}$ **b)** $16^{\frac{1}{4}}$ **c)** $27^{\frac{5}{3}}$ **d)** $36^{-\frac{1}{2}}$

e) $8^{\frac{4}{3}}$ **f)** $64^{-\frac{1}{6}}$ **g)** $32^{-\frac{4}{5}}$ **h)** $81^{\frac{3}{4}}$

i) $0,25^{-\frac{1}{2}}$ **j)** $0,008^{\frac{2}{3}}$ **k)** $0,0081^{-\frac{3}{4}}$ **l)** $32^{0,2}$

m) $256^{0,5}$ **n)** $81^{0,75}$ **o)** $\left(\frac{1}{64}\right)^{\frac{1}{2}}$ **p)** $\left(\frac{9}{16}\right)^{-1,5}$

$$16,5^{0,75} = 16^{\frac{3}{4}} = \sqrt[4]{16^3} = \left(\sqrt[4]{16}\right)^3 = 2^3 = 8$$

9. Schreibe als Potenz mit einer rationalen Zahl als Exponent.

a) $\sqrt[3]{x^2}$ **b)** $\sqrt{y^3}$ **c)** $\sqrt[4]{z^5}$ **d)** $\sqrt[5]{a^2}$

e) $\sqrt{a \cdot b}$ **f)** $\sqrt[3]{x \cdot y}$ **g)** $\sqrt{a + b}$ **h)** $\sqrt{(a + b)^3}$

i) $\sqrt[3]{(a - b)^2}$ **j)** $\sqrt{x^3 + y^3}$ **k)** $\sqrt[4]{(a \cdot b)^3}$ **l)** $\sqrt[6]{(a \cdot b)^2}$

m) $\sqrt[4]{(a + b)^2}$ **n)** $\sqrt[3]{a^2 + b^2}$ **o)** $\sqrt[4]{c^2 - d^2}$ **p)** $\sqrt[8]{(a^2 - b^2)^3}$

10. Berechne mit dem Taschenrechner. Runde auf Tausendstel.

a) $0,75^{3,4}$ **b)** $2,5^{0,49}$ **c)** $3,7^{-4,2}$ **d)** $2,49^{-3,6}$ **e)** $\sqrt[4]{28}$ **f)** $\sqrt[5]{2,4}$ **g)** $\sqrt[6]{0,45}$ **h)** $\sqrt[10]{0,5^{13}}$

11. Berechne. Runde auf drei Stellen nach dem Komma.

a) $5^{\frac{1}{2}} + 3^{\frac{1}{3}}$ **b)** $4^{\frac{2}{5}} - 6^{\frac{3}{4}}$ **c)** $8^{\frac{4}{5}} \cdot 7^{\frac{1}{4}}$

d) $2^{\frac{4}{3}} + 1^{\frac{2}{5}}$ **e)** $-5^{\frac{1}{2}} - 8^{\frac{4}{7}}$ **f)** $9^{\frac{2}{3}} \cdot 10^0$

g) $4^{\frac{1}{4}} + 3^{\frac{1}{3}}$ **h)** $6^{\frac{3}{2}} - 5^{\frac{1}{7}}$ **i)** $2^{\frac{1}{4}} \cdot 8^{\frac{2}{3}}$

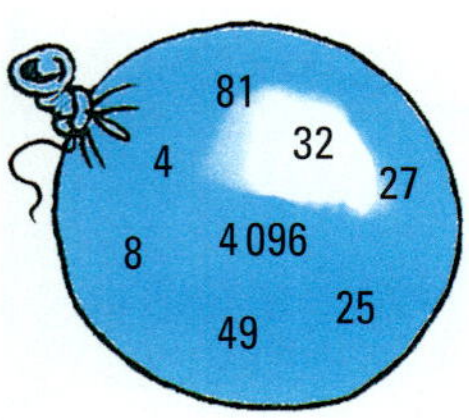

12. Die Basis ist ausgewischt worden. Versuche sie zu finden.

a) $\square^{\frac{3}{2}} = 8$ **b)** $\square^{\frac{3}{2}} = 125$ **c)** $\square^{\frac{3}{2}} = 343$ **d)** $\square^{\frac{7}{3}} = 128$ **e)** $\square^{\frac{5}{3}} = 243$ **f)** $\square^{\frac{3}{4}} = 512$ **g)** $\square^{\frac{3}{5}} = 8$ **h)** $\square^{\frac{3}{4}} = 27$

13. Unter günstigen Bedingungen vermehrt sich eine Algenkultur wöchentlich mit dem Faktor 1,2. Anfangs bedecken die Algen eine Fläche von 24 m^2.

a) Berechne die Größe der von den Algen bedeckten Fläche nach $\frac{1}{2}$ Woche, 2,5 Wochen.

b) Wie groß ist die Fläche, die von den Algen nach 1 Tag, 2 Tagen, 3 Tagen, 4 Tagen, ..., 7 Tagen bedeckt wird?

BIST DU FIT?

1. Gib den Wert der Wurzel an.

a) $\sqrt[4]{625}$ **b)** $\sqrt[5]{243}$ **c)** $\sqrt[5]{1\,024}$ **d)** $\sqrt[6]{64}$ **e)** $\sqrt[4]{1\,296}$

2. Welche positive Zahl ist die Lösung der Gleichung?

a) $x^3 = 64$ **b)** $x^4 = 256$ **c)** $x^4 = 81$ **d)** $x^5 = 100\,000$ **e)** $x^5 = 243$

3. Bestimme den Wert der Wurzel mit dem Taschenrechner. Runde auf Hundertstel.

a) $\sqrt[4]{10}$ **b)** $\sqrt[4]{64}$ **c)** $\sqrt[5]{25^2}$ **d)** $\sqrt[6]{10^4}$ **e)** $\sqrt[4]{12{,}5}$

4. Schreibe mit Wurzelzeichen.

a) $7^{\frac{1}{3}}$ **b)** $5^{\frac{3}{4}}$ **c)** $4^{-\frac{1}{3}}$ **d)** $8^{-\frac{2}{5}}$ **e)** $13^{1,5}$

5. Schreibe als Potenz und bestimme mit dem Taschenrechner. Runde auf Tausendstel.

a) $\sqrt[2]{17}$ **b)** $\sqrt[4]{11}$ **c)** $\sqrt[5]{4^3}$ **d)** $\sqrt[3]{15^{-2}}$ **e)** $\sqrt[3]{(-19)^2}$

6. Fülle im Heft die Lücken aus.

a) $\square^5 = 243$ **b)** $\square^{\frac{4}{3}} = 81$ **c)** $16^{\square} = 64$ **d)** $81^{\square} = \frac{1}{3}$ **e)** $a^{\square} = \sqrt[3]{a^5}$

7. Im Labor wird eine Bakterienkultur beobachtet. In einer Nährlösung vermehrt sie sich jeden Tag mit dem Faktor 1,6.
Zu Beginn der Beobachtung bedeckt die Kultur eine Fläche von 6 cm².

a) Berechne die von den Bakterien bedeckte Fläche nach
(1) $\frac{1}{2}$ Tag; (2) $\frac{3}{4}$ Tag; (3) $2\frac{1}{2}$ Tagen.

b) Wie groß ist die Fläche, die die Bakterien nach 1 Stunde bedecken?

8. In einem Werbeprospekt wurde die Wertentwicklung einer Geldanlage für verschiedene Zeiträume abgedruckt. Bestimme den jährlichen Zinssatz der Geldanlage für 3 Jahre und für 5 Jahre. Vergleiche die Zinssätze.

BANKHAUS RÖDER

Attraktive Verzinsung Ihres Kapitals

Wertentwicklung

12 Monate	3 Jahre	5 Jahre
3,80 %	12,00 %	21,50 %

9. Ein Guthaben von 15 000 Euro soll in 5 Jahren insgesamt um
(1) 20 %, (2) 25 %, (3) 30 % anwachsen.
Berechne den festen Zinssatz, der für die 5 Jahre vereinbart werden muss.

10. Für eine Geldanlage von 24 000 Euro wird ein wachsender Zinssatz vereinbart.

a) Berechne das Guthaben, das nach 4 Jahren ausgezahlt wird.

b) Zu welchem festen Zinssatz muss man das Kapital anlegen, um nach vier Jahren dasselbe Guthaben zu bekommen?

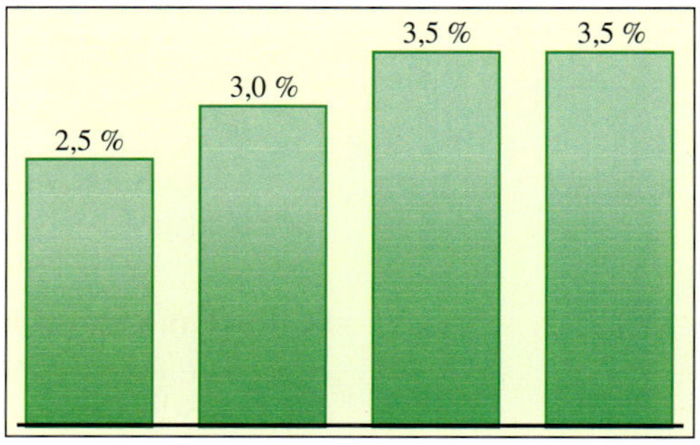

2 Potenzfunktionen

Für Pyramiden mit quadratischer Grundfläche kennst du die Formel zur Berechnung des Volumens. Aus der Seitenlänge a der quadratischen Grundfläche und der Höhe h der Pyramide kannst du das Volumen V berechnen.
Welcher Zusammenhang besteht zwischen diesen drei Größen? Wie ändert sich die eine Größe, wenn man die anderer verändert? Zur Veranschaulichung stellen wir diese Zusammenhänge grafisch dar, wobei wir eine der drei Größen fest vorgeben.

Formel für das Volumen einer quadratischen Pyramide: $V = \frac{1}{3} \cdot a^2 \cdot h$

- Wählen wir die Seitenlänge der Grundfläche a = 1 dm, so berechnet sich das Volumen zu $V = \frac{1}{3} \cdot h$.
  Der Graph rechts veranschaulicht den Zusammenhang zwischen V und h.

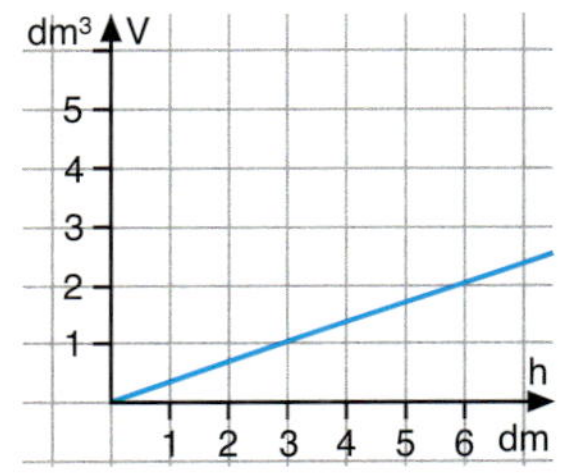

- Wählen wir eine feste Höhe h = 1 dm, so erhalten wir die Gleichung $V = \frac{1}{3} \cdot a^2$.
  Die grafische Darstellung zeigt die Abhängigkeit des Volumens V von der Seitenlänge a der quadratischen Grundfläche.

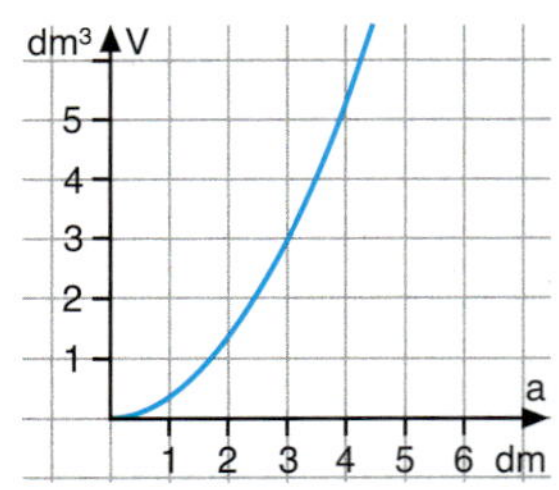

- Der Zusammenhang zwischen der Seitenlänge a und der Höhe h einer Pyramide mit dem Volumen $V = 1\ dm^3$ wird durch die Gleichung $h = \frac{3}{a^2}$ beschrieben.
  Auch hier veranschaulichen wir den Zusammenhang anhand der grafischen Darstellung.

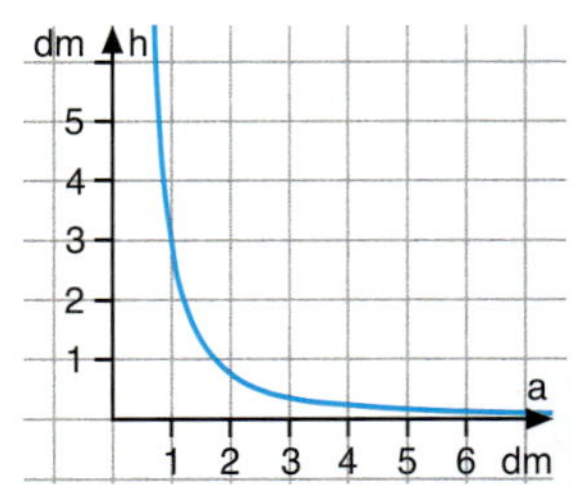

→ Untersuche wie im Beispiel oben den Zusammenhang zwischen der Länge a, der Breite b und dem Flächeninhalt A eines Rechtecks.

→ Gegeben ist ein Kegel mit dem Radius r der Grundfläche und der Höhe h. Stelle wie im Beispiel den Zusammenhang zwischen Radius r und Volumen V des Kegels grafisch dar.

In diesem Kapitel lernst du ...

... weitere Funktionen, bei denen im Funktionsterm Potenzen auftreten, sowie ihre Graphen und Eigenschaften kennen.

FUNKTIONEN MIT NATÜRLICHEN EXPONENTEN

Einstieg

TAB

Mit einem Kalkulationsprogramm kannst du die Graphen von Funktionen mit der Gleichung $y = x^n$ untersuchen.
Erstelle dazu eine Wertetabelle und zeichne den Graphen der Funktion. Gestalte die Tabelle so, dass du den Wert für den Exponenten n verändern kannst.

→ Wähle für n die Werte 1, 2 und 3. Notiere jeweils die Eigenschaften der Funktion.

→ Vergleiche die Graphen, nenne Gemeinsamkeiten und Unterschiede. Untersuche auch die Symmetrie der Graphen.

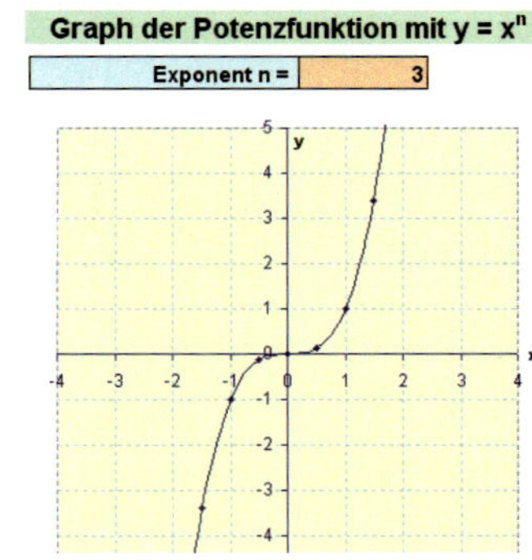

Aufgabe

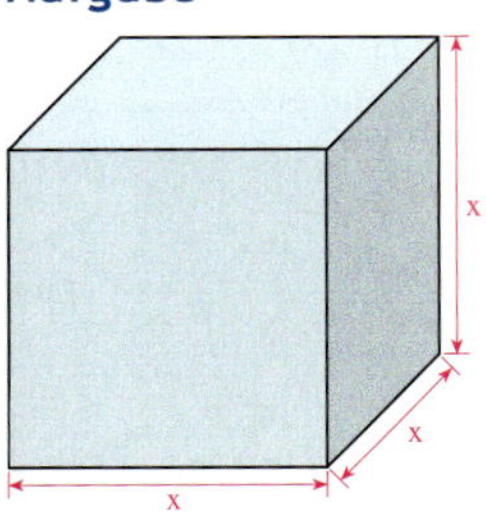

1. **a)** Welches Volumen haben Würfel mit den Kantenlängen 0,2 dm, 0,5 dm, 1 dm, 1,2 dm bzw. 1,5 dm?
Lege für die Funktion *Kantenlänge eines Würfels (in dm) → Volumen des Würfels (in dm³)* eine Wertetabelle an. Zeichne den Graphen.

b) Zeichne mithilfe einer Wertetabelle den Graphen der Funktion mit $y = x^3$, wobei für x beliebige reelle Zahlen eingesetzt werden können.
Beschreibe Lage und Verlauf des Graphen; achte auch auf Symmetrie.

Lösung

a) *Wertetabelle:*

Kantenlänge x (in dm)	Volumen y (in dm³)
0,2	0,008
0,5	0,125
1	1
1,2	1,728
1,5	3,375

Graph:

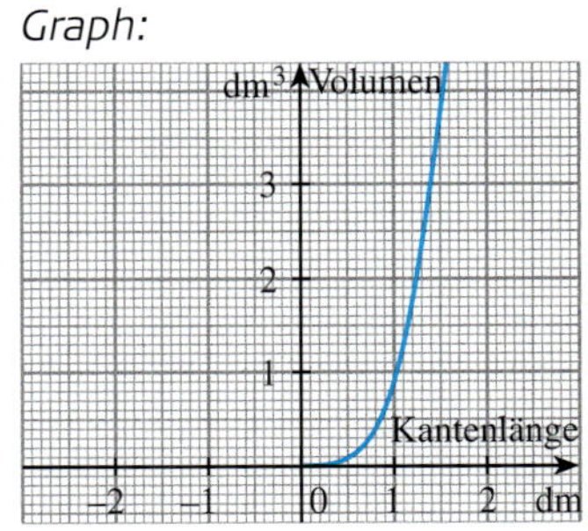

b) *Wertetabelle:*

x	x^3
−1,5	−3,375
−1,2	−1,728
−1	−1
−0,5	−0,125
−0,2	−0,008
0	0
0,2	0,008
0,5	0,125
1	1
1,2	1,728
1,5	3,375

Graph:

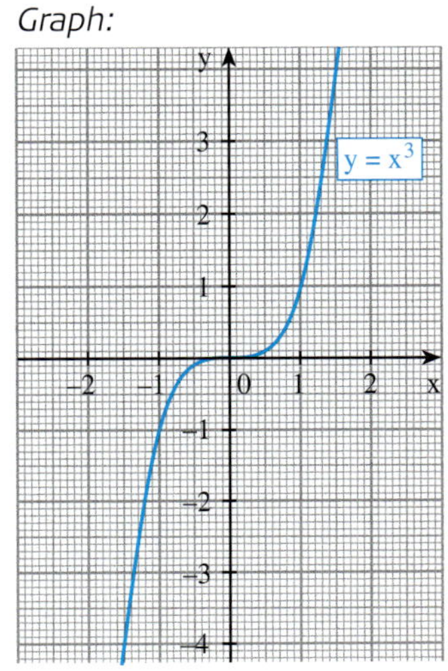

Lage und Verlauf des Graphen:

(1) Der Graph der Funktion mit $y = x^3$ steigt immer an.
(2) Er verläuft vom 3. Quadranten durch den Koordinatenursprung in den 1. Quadranten.
(3) Der Graph ist punktsymmetrisch zum Koordinatenursprung.
(4) Er nähert sich in der Umgebung des Koordinatenursprungs der x-Achse an.

Aufgabe

2. a) Zeichne in jeweils ein Koordinatensystem den Graphen der Potenzfunktion mit dem Definitionsbereich $\mathbb{R}$ und der Gleichung:
(1) $y = x^2$ (2) $y = x^1$ (3) $y = x^3$

b) Vergleiche diese Funktionen sowie ihre Graphen hinsichtlich
(1) Wertebereich;
(2) Nullstellen;
(3) Schnittpunkt mit der y-Achse;
(4) Symmetrien;
(5) Monotonie des Graphen;
(6) kleinste/größte Funktionswerte;
(7) gemeinsame markante Punkte.

Lösung

a)

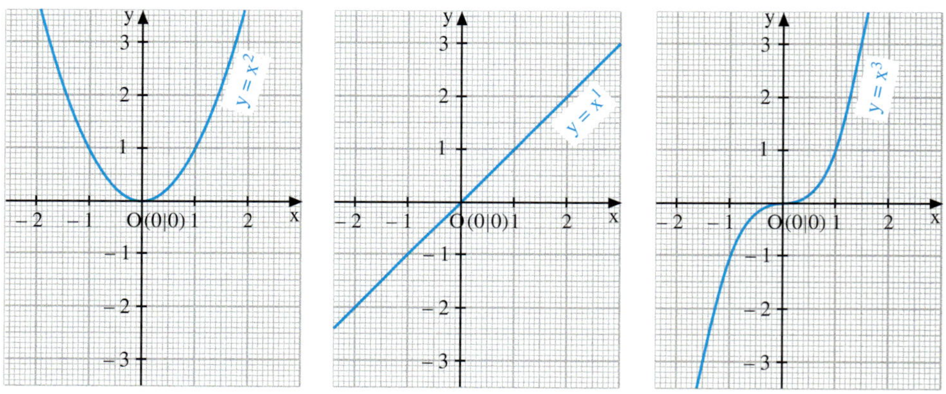

b) (1) Zum *Wertebereich* der Funktion mit $y = x^2$ gehören alle positiven reellen Zahlen und null.
Zum *Wertebereich* der Funktion mit $y = x^1$ und $y = x^3$ gehören alle reellen Zahlen.

(2) Alle drei Funktionen haben die *Nullstelle* $x_0 = 0$.

(3) Der einzige Schnittpunkt mit der y-Achse ist jeweils $O(0|0)$.

(4) Der Graph der Funktion mit $y = x^2$ ist *achsensymmetrisch zur y-Achse*.
Die Graphen der Funktionen mit $y = x^1$ und $y = x^3$ sind *punktsymmetrisch zum Koordinatenursprung.*

(5) Der Graph zu $y = x^2$ ist von links nach rechts bis zum Ursprung monoton fallend und steigt dann an.
Die Graphen zu $y = x^1$ und $y = 3$ steigen von links nach rechts monoton.

(6) Die Funktion mit $y = x^2$ hat am Scheitelpunkt $O(0|0)$ ihren kleinsten Funktionswert.
Einen größten Funktionswert gibt es nicht.
Die Funktionen mit $y = x^1$ und $y = x^3$ haben weder einen kleinsten noch einen größten Funktionswert.

(7) $O(0|0)$ und $P(1|1)$ sind *markante Punkte.* Durch diese beiden Punkte verlaufen alle drei Graphen.

Information

Die Funktionen mit den Gleichungen $y = x^1$, $y = x^2$, $y = x^3$ und dem Definitionsbereich $\mathbb{R}$ heißen **Potenzfunktionen**.

Eigenschaften:

(1) Die Graphen dieser Funktionen verlaufen durch die markanten Punkte O(0 | 0) und P(1 | 1).

(2) Sie haben die Nullstelle $x_0 = 0$.

(3) Bei der Nullstelle liegt der einzige Schnittpunkt mit der y-Achse.

(4) Die Funktionen mit $y = x^1$ und $y = x^3$ sind monoton steigend.

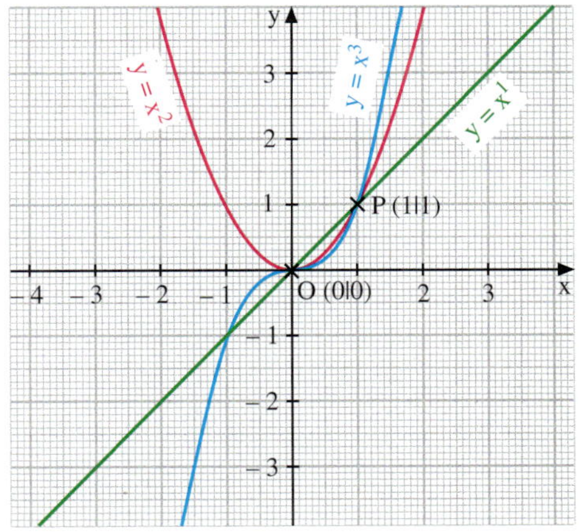

Zum Festigen und Weiterarbeiten

3. Die Punkte gehören zum Graphen der Funktion. Bestimme die fehlende Koordinate.

a) $y = x^3$ P(3 | □) Q(□ | 8)

b) $y = x^1$ P($\frac{2}{3}$ | □) Q(□ | − 1,7)

c) $f(x) = x^2$ P($\sqrt{2}$ | □) Q(□ | 6,25)

4. Zeichne in dasselbe Koordinatensystem die Graphen der Potenzfunktionen mit den Gleichungen (1) $y = x^2$; $y = x^4$; $y = x^6$; (2) $y = x^1$; $y = x^3$; $y = x^5$.
Vergleiche die Graphen miteinander.

Information

$\mathbb{N}^*$
Menge der natürlichen Zahlen ohne 0

Die beiden Grundtypen von Potenzfunktionen

Man kann *zwei Grundtypen* von Potenzfunktionen mit den Gleichungen $y = x^n$ ($n \in \mathbb{N}^*$) und dem Definitionsbereich $\mathbb{R}$ unterscheiden, je nachdem, ob der Exponent n *gerade* oder *ungerade* ist.

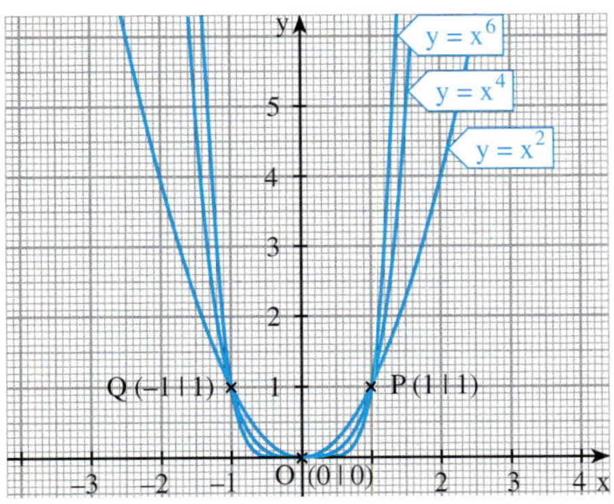

Die Graphen der Potenzfunktionen zu $y = x^n$ mit *geradem* Exponenten n sind *symmetrisch zur y-Achse* und haben die gemeinsamen Punkte
O(0 | 0), P(1 | 1), Q(− 1 | 1).
Sie fallen bis O(0 | 0) monoton, steigen dann monoton an.
Der Wertebereich der Funktionen ist $\mathbb{R}_+$.

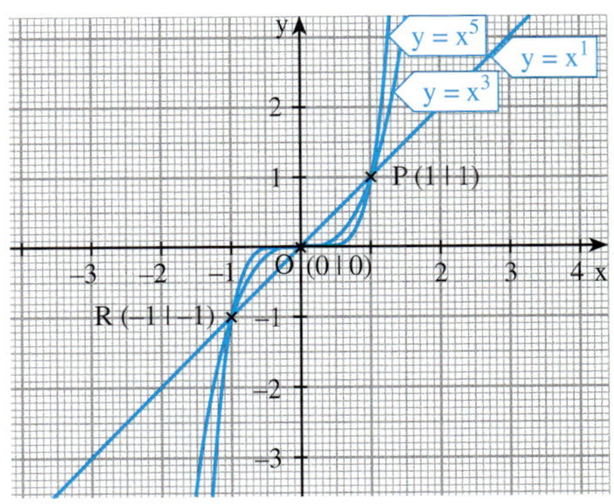

Die Graphen der Potenzfunktionen zu $y = x^n$ mit *ungeradem* Exponenten n sind *symmetrisch zum Ursprung O* und haben die gemeinsamen Punkte
O(0 | 0), P(1 | 1), R(− 1 | − 1).
Sie steigen im Definitionsbereich monoton an.
Der Wertebereich der Funktionen ist $\mathbb{R}$.

5. **a)** Zeichne den Graphen der Funktion mit:
(1) $y = 2x^3$ (2) $y = \frac{1}{2}x^3$ (3) $f(x) = -x^3$
Vergleiche den Graphen jeweils mit dem Graphen der Ausgangsfunktion $y = x^3$.
b) Notiere die Eigenschaften der Funktionen.

> Beim **Strecken eines Funktionsgraphen von der x-Achse aus in Richtung der y-Achse** mit dem Streckungsfaktor a ($a \neq 0$) wird die y-Koordinate eines Punktes des Funktionsgraphen mit a multipliziert. Die x-Koordinate bleibt erhalten.

Übungen

6. Lies an dem Graphen der Funktion mit $y = x^3$ ab:
a) die Funktionswerte für die Argumente 1,3; 0,8; −0,8; −1,3;
b) die Argumente, für die die Funktion die Werte −3; −2; 2; 3 annimmt.

7. Gegeben ist die Funktion mit der Gleichung (1) $y = x^1$, (2) $y = x^2$.
Berechne jeweils den Funktionswert für das Argument: 2; $-\sqrt{7}$; −4; $\sqrt{0,5}$; $-\frac{2}{3}$; −1,3.

8. Gegeben ist die Funktion mit der Gleichung $y = x^3$. Berechne den Funktionswert für:
a) $x = 3,5$ **b)** $x = 0,7$ **c)** $x = -0,7$ **d)** $x = -3,5$ **e)** $x = \frac{1}{2}$ **f)** $x = -\frac{1}{3}$

9. Die Funktion hat die Gleichung **a)** $y = x^2$; **b)** $y = x^3$.
Stelle fest, welche der Punkte zum Graphen der Funktion gehören.
$P_1(2|8)$, $P_2(-2|-4)$, $P_3(-2|8)$, $P_4(-2|-8)$, $P_5(1|-1)$, $P_6(-1|1)$, $P_7(-1|-1)$

10. Ordne der Größe nach, ohne zu rechnen. Beginne mit dem kleinsten Potenzwert.
a) $(-2,4)^3$; $4,1^3$; $(-1,8)^3$; $3,6^3$; $(-3,2)^3$; 0^3
b) $(-2,4)^2$; $4,1^2$; $(-1,8)^2$; $3,6^2$; $(-3,2)^2$; 0^2

11. Fülle im Heft die Lücken aus, ohne einen Taschenrechner zu verwenden oder zu rechnen. Beachte Symmetrieeigenschaften.

a)

x	x^3
1,2	1,728
1,7	
−1,2	
−1,7	−4,913

b)

x	x^2
0,9	0,81
1,3	
−0,9	
−1,3	1,69

c)

x	x^1
4,3	
0,9	
−4,3	
−0,9	

12. Gegeben ist die Funktion (1) mit der Gleichung $y = x^4$; (2) mit der Gleichung $y = x^5$.
Berechne den Funktionswert für das Argument:
a) 3 **b)** −2 **c)** 0,1 **d)** 0,8 **e)** −0,8 **f)** −1,5 **g)** 1,5 **h)** $-\frac{3}{2}$ **i)** $\frac{1}{3}$ **j)** $-\frac{2}{3}$

13. Die Punkte gehören zum Graphen der Funktion. Bestimme die fehlenden Koordinaten.
a) $y = x^4$ $P_1(1,5|\square)$ $P_2(\square|2)$ $P_3(1|\square)$ $P_4(0,8|\square)$
b) $y = x^5$ $P_1(-1,2|\square)$ $P_2(0,9|\square)$ $P_3(0|\square)$ $P_4(\square|1,4)$

14. Prüfe, ob der Punkt P zum Graphen der Funktion gehört.
a) $y = 4x^2$; $P(-2|64)$ **b)** $y = -6x^3$; $P(-2|48)$ **c)** $f(x) = \frac{1}{2}x^3$; $P(-\frac{1}{2}|0,125)$

15. Fülle die Lücken aus. Beachte Symmetrieeigenschaften.

a)

x	x^4
1,2	2,0736
1,7	
−1,2	
−1,7	8,3521

b)

x	x^5
0,7	0,16807
1,2	2,48832
	−0,16807
	−2,48832

c)

x	x^6
0,9	0,531441
1,3	
−0,9	
−1,3	4,826809

16. Ordne der Größe nach ohne zu rechnen. Beginne mit dem kleinsten Potenzwert.

a) $(-2{,}4)^5$; $4{,}1^5$; $(-1{,}8)^5$; $3{,}6^5$; $(-3{,}2)^5$; 0^5

b) $(-2{,}4)^4$; $4{,}1^4$; $(-1{,}8)^4$; $3{,}6^4$; $(-3{,}2)^4$; 0^4

c) $(-2{,}4)^6$; $4{,}1^6$; $(-1{,}8)^6$; $3{,}6^6$; $(-3{,}2)^6$; 0^6

17. Skizziere den Graphen der Funktion. Beschreibe, wie er aus dem Graphen zu $y = x^3$ bzw. $y = x^4$ hervorgeht.

a) $y = x^3 - 2$ c) $y = (x-2)^3$ e) $y = x^4 - 2{,}5$

b) $y = x^4 + 4$ d) $y = (x+1)^4$ f) $y = (x-1)^3 + 1$

FUNKTIONEN MIT NEGATIVEN EXPONENTEN

Einstieg

Untersuche mit deinem Kalkulationsprogramm die Graphen von Funktionen mit der Gleichung $y = x^{-1}$ und $y = x^{-2}$.
Beachte bei der Erstellung der Wertetabelle, dass die Funktion für $x = 0$ nicht definiert ist.

→ Wähle für n die Werte −1 und −2.
Notiere jeweils die Eigenschaften der Funktion.

→ Vergleiche die Graphen, nenne Gemeinsamkeiten und Unterschiede. Untersuche auch die Symmetrie der Graphen.

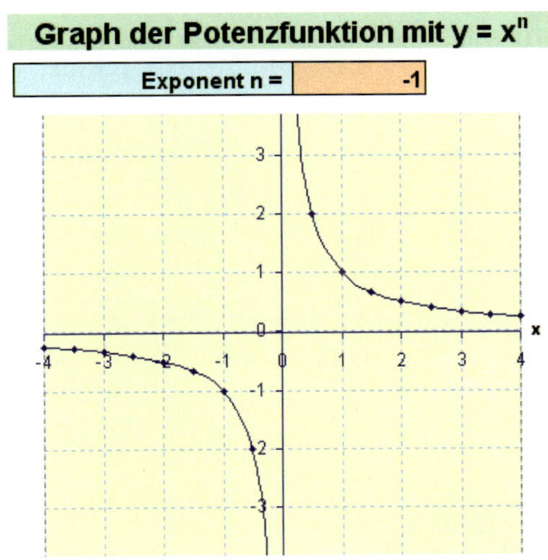

Aufgabe

1. a) Ein Quadrat mit dem Flächeninhalt 1 dm^2 soll in ein flächeninhaltsgleiches Rechteck verwandelt werden. Diese Aufgabe hat unendlich viele Lösungen, denn zu *jeder* Länge der einen Seite gehört eine ganz bestimmte Länge der anderen Seite.
Gib Funktionsgleichung, Wertetabelle und Graph der folgenden Funktion an:
Länge x der einen Seite → Länge y der anderen Seite

b) Zeichne die Graphen der folgenden Funktionen und vergleiche sie: (1) $y = x^{-1}$, (2) $y = x^{-2}$.

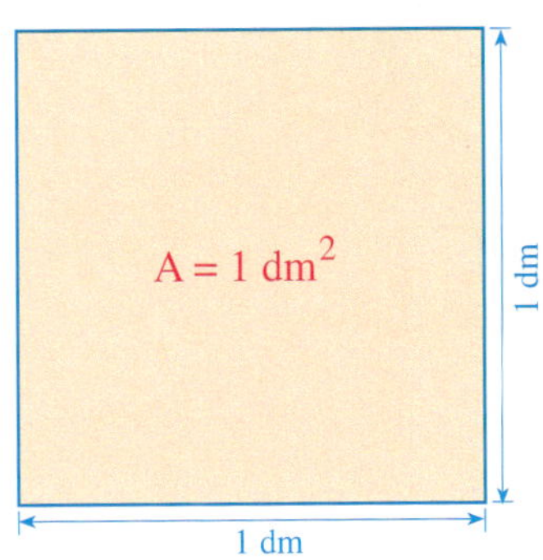

Lösung

a) Es gilt: $x \cdot y = 1$. Somit lautet die *Funktionsgleichung:* $y = \frac{1}{x}$, also $y = x^{-1}$.
Zum Definitionsbereich gehören alle positiven reellen Zahlen, weil es nur positive Längen gibt.

Wertetabelle:

Länge x der einen Seite (in dm)	Länge y der anderen Seite (in dm)
2	$\frac{1}{2}$
3	$\frac{1}{3}$
4	$\frac{1}{4}$
$\frac{1}{2}$	2
$\frac{1}{3}$	3
$\frac{1}{4}$	4

Graph:

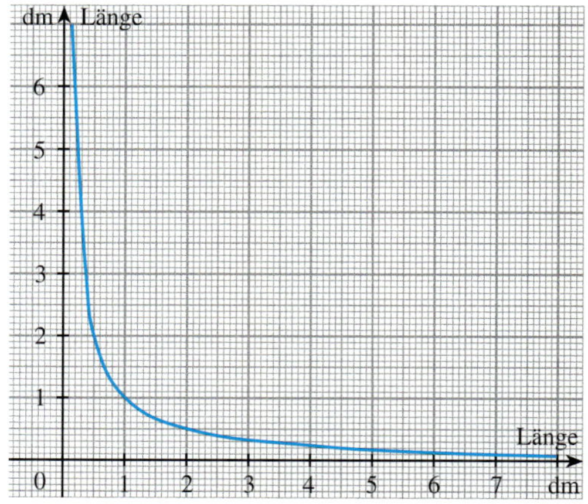

b) (1) $y = x^{-1}$

Zum *Definitionsbereich* gehören alle reellen Zahlen außer 0.

Für $x = 0$ ist $\frac{1}{x}$ nicht definiert.

x	−2	−1	$-\frac{1}{2}$	$-\frac{1}{3}$	$\frac{1}{3}$	$\frac{1}{2}$	1	2
$\mathbf{x^{-1}}$	$-\frac{1}{2}$	−1	−2	−3	3	2	1	$\frac{1}{2}$

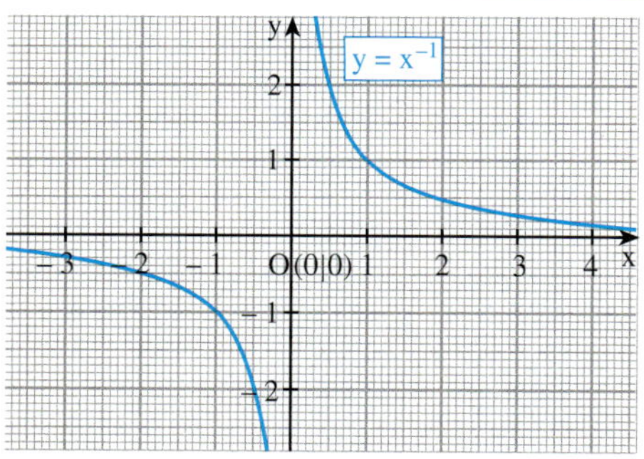

(2) $y = x^{-2}$

Zum *Definitionsbereich* gehören alle reellen Zahlen außer 0.

Für $x = 0$ ist $\frac{1}{x^2}$ nicht definiert.

x	−2	−1	$-\frac{1}{2}$	$\frac{1}{2}$	1	2
$\mathbf{x^{-2}}$	$\frac{1}{4}$	1	4	4	1	$\frac{1}{2}$

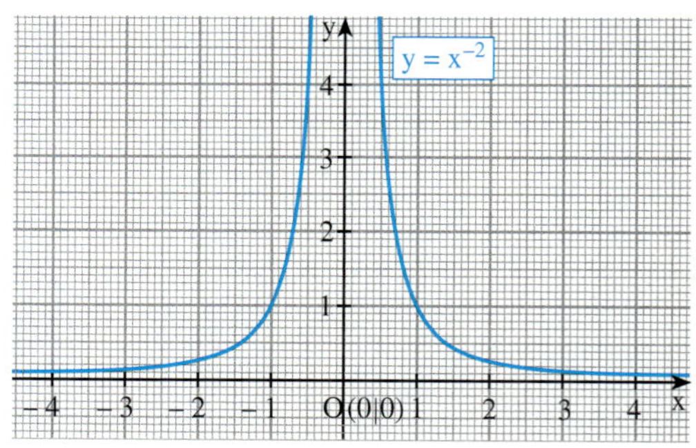

Der Vergleich beider Graphen zeigt:

(1) Jeder Graph besteht aus zwei Teilgraphen.

(2) Beide Teilgraphen zu $y = x^{-1}$ sind monoton fallend.
Der Graph zu $y = x^{-2}$ ist monoton steigend für $x < 0$ und monoton fallend für $x > 0$.

(3) Der Graph zu $y = x^{-1}$ ist *punktsymmetrisch* zu O (0|0).
Der Graph zu $y = x^{-2}$ ist *achsensymmetrisch* zur y-Achse.

(4) Für negative Werte von x, die nahe bei O (0|0) liegen, nähert sich der Graph dem negativen Teil der y-Achse an. Für positive Werte von x, die nahe bei O (0|0) liegen, nähert sich der Graph dem positiven Teil der y-Achse an.
Für negative und positive Werte von x, die nahe bei O (0|0) liegen, nähert sich der Graph dem positiven Teil der y-Achse an.

Information

Graphen der Potenzfunktionen mit $y = x^{-1}$ und $y = x^{-2}$

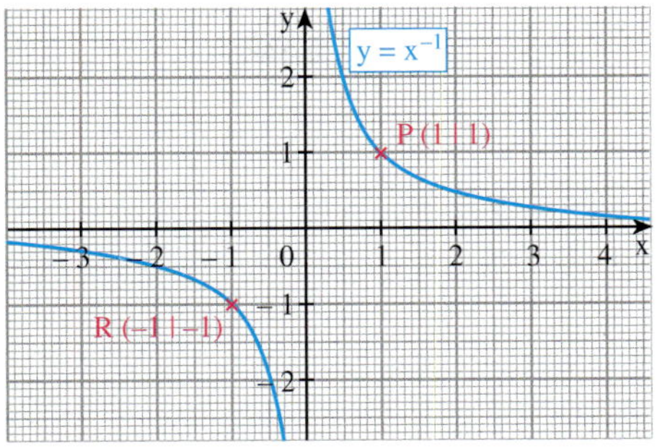

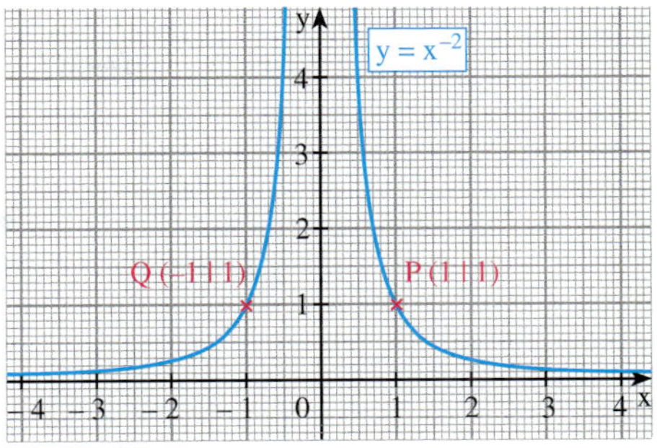

Für die Graphen der Potenzfunktionen mit $y = x^{-1}$ und $y = x^{-2}$ und dem Definitionsbereich $\mathbb{R}\setminus\{0\}$ gilt:

(1) Die Graphen sind *Hyperbeln*. Sie bestehen aus zwei Teilen, den Hyperbelästen.

(2) Für sehr große und für sehr kleine Werte für x nähern sich die Graphen immer mehr der x-Achse an, ohne sie jemals zu erreichen.
Je näher der Wert für x bei 0 liegt, um so größer ist der Betrag des Funktionswertes. Hier nähern sich die Graphen der y-Achse an.

(3) Die Graphen zu $y = x^{-1}$ und $y = x^{-2}$ verlaufen durch den Punkt $P(1\,|\,1)$.

(4) Beide Funktionen haben keine Nullstelle.

(5) Der Graph der Funktion mit $y = x^{-1}$ ist punktsymmetrisch zum Koordinatenursprung. — Der Graph zu $y = x^{-2}$ ist achsensymmetrisch zur y-Achse.

(6) Der Graph zu $y = x^{-1}$ fällt monoton für $x < 0$; ebenso für $x > 0$. — Der Graph zu $y = x^{-2}$ steigt monoton für $x < 0$; er fällt für $x > 0$.

(7) Zum Wertebereich der Funktion mit $y = x^{-1}$ gehören alle reellen Zahlen außer 0. — Zum Wertebereich der Funktion mit $y = x^{-2}$ gehören alle positiven reellen Zahlen.

Übungen

2. Lies an dem Graphen der Funktion mit $y = x^{-2}$ ab:

a) die Funktionswerte für die Argumente -2; $0{,}5$; $1{,}5$; $-0{,}25$;

b) die Argumente, für die die Funktion die Werte $-0{,}5$; -2; 4 und $0{,}2$ annimmt.

3. Welche der angegebenen Punkte gehören zu (1) $y = x^{-1}$ oder zu (2) $y = x^{-2}$?
$P_1\left(2\,\middle|\,\frac{1}{2}\right)$; $P_2\left(2\,\middle|\,\frac{1}{4}\right)$; $P_3(1\,|\,-1)$; $P_4(0\,|\,0)$; $P_5(0{,}1\,|\,0{,}01)$; $P_6\left(\frac{2}{3}\,\middle|\,-\frac{3}{2}\right)$; $P_7\left(-\frac{5}{6}\,\middle|\,-\frac{36}{25}\right)$

4. Der Punkt P soll zum Graphen der Funktion gehören:
(1) $P(1\,|\,\square)$; (2) $P(\square\,|\,8)$; (3) $P\left(-\frac{1}{6}\,\middle|\,\square\right)$; (4) $P\left(\square\,\middle|\,\frac{1}{8}\right)$.
Bestimme jeweils die fehlende Koordinate.

a) $y = x^{-1}$ **b)** $y = x^{-2}$

5. Zeichne in dasselbe Koordinatensystem die Graphen der Potenzfunktionen mit den Gleichungen (1) $y = x^{-1}$; $y = x^{-3}$; $y = x^{-5}$; (2) $y = x^{-2}$; $y = x^{-4}$; $y = x^{-6}$.
Vergleiche die Graphen miteinander. Was stellst du fest?
Erstelle eine entsprechende Information wie auf Seite 19 unten für Potenzfunktionen mit der Gleichung $y = x^{-n}$, wobei $n \in \mathbb{N}^*$ ist.

6. Zeichne in dasselbe Koordinatensystem die Graphen folgender Funktionen:

a) (1) $y = x^{-1}$ (2) $y = 2 \cdot x^{-1}$ (3) $y = \frac{1}{4}x^{-1}$ (4) $y = -2x^{-1}$ (5) $f(x) = -\frac{1}{4}x^{-1}$

b) (1) $y = x^{-2}$ (2) $y = 3 \cdot x^{-2}$ (3) $y = \frac{1}{4}x^{-2}$ (4) $y = -1{,}5x^{-2}$ (5) $f(x) = -\frac{1}{3}x^{-2}$

Vergleiche die Graphen jeweils mit dem Graphen der Funktion (1).

7. Prüfe, ob der Punkt P zum Graphen der Funktion gehört.

a) $y = 4x^{-2}$; $P\left(-2 \,\middle|\, \frac{1}{64}\right)$ **b)** $y = -6x^{-3}$; $P\left(3 \,\middle|\, -\frac{1}{3}\right)$ **c)** $y = \frac{1}{2}x^{-1}$; $P(-4 \,|\, 0{,}125)$

Übungen

8. Die Punkte gehören zum Graphen der angegebenen Funktion. Bestimme die fehlende Koordinate.

a) $y = x^{-3}$; $P_1(2 \,|\, \square)$ $P_2(-2 \,|\, \square)$ $P_3\left(\square \,\middle|\, \frac{1}{27}\right)$ $P_4(\square \,|\, -8)$

b) $y = x^{-4}$; $P_1(1 \,|\, \square)$ $P_2(-3 \,|\, \square)$ $P_3\left(\square \,\middle|\, \frac{1}{16}\right)$ $P_4(\square \,|\, 81)$

9. Welche der Punkte gehören zum Graphen der angegebenen Funktion?

a) $y = x^{-3}$; $P_1\left(2 \,\middle|\, -\frac{1}{8}\right)$ $P_2\left(-\frac{1}{2} \,\middle|\, -8\right)$ $P_3\left(\frac{1}{3} \,\middle|\, 27\right)$ $P_4(-2 \,|\, 8)$

b) $y = x^{-4}$; $P_1\left(2 \,\middle|\, \frac{1}{8}\right)$ $P_2\left(\frac{1}{2} \,\middle|\, 16\right)$ $P_3\left(-2 \,\middle|\, \frac{1}{16}\right)$ $P_4\left(4 \,\middle|\, \frac{1}{64}\right)$

10. Ordne der Größe nach, ohne zu rechnen. Beginne mit der kleinsten Zahl.

a) $(1{,}3)^{-3}$; $(2{,}5)^{-3}$; $(-1{,}7)^{-3}$; $(-2{,}6)^{-3}$; $(1{,}5)^{-3}$; $(-2)^{-3}$

b) $(2{,}3)^{-4}$; $(-2)^{-4}$; $(-2{,}7)^{-4}$; $(2{,}6)^{-4}$; $(-1{,}8)^{-4}$; $(-2{,}1)^{-4}$

11. Erstelle eine Wertetabelle und zeichne die Graphen der Funktionen in dasselbe Koordinatensystem. Vergleiche die Graphen jeweils mit dem Graphen zu (1).

a) (1) $y = x^{-1}$ (2) $y = x^{-1} + 1$ (3) $y = (x-2)^{-1}$ (4) $y = (x+1)^{-1} + 2$

b) (1) $y = x^{-2}$ (2) $y = x^{-2} + 2$ (3) $y = (x+3)^{-2}$ (4) $y = (x-2)^{-2} + 1$

12. Gegeben ist die Funktion mit (1) $y = x^{-1}$; (2) $y = x^{-2}$.

a) Strecke den Graphen mit dem Faktor 2,5 und mit dem Faktor −1,4. Zeichne alle drei Graphen in dasselbe Koordinatensystem.

b) Bestimme für jeden Graphen aus Teilaufgabe a) die fehlende Koordinate, sodass der angegebene Punkt auf dem Graphen liegt.

(1) $P(2 \,|\, \square)$ (2) $Q(-1 \,|\, \square)$ (3) $R(\square \,|\, 1)$ (4) $S(\square \,|\, 2)$

13. Es wurden die Graphen der Funktionen mit der Gleichung (1) $y = x^{-1}$, (2) $y = x^{-2}$ gezeichnet. Bestimme jeweils die Funktionsgleichung zu den beiden anderen Graphen.

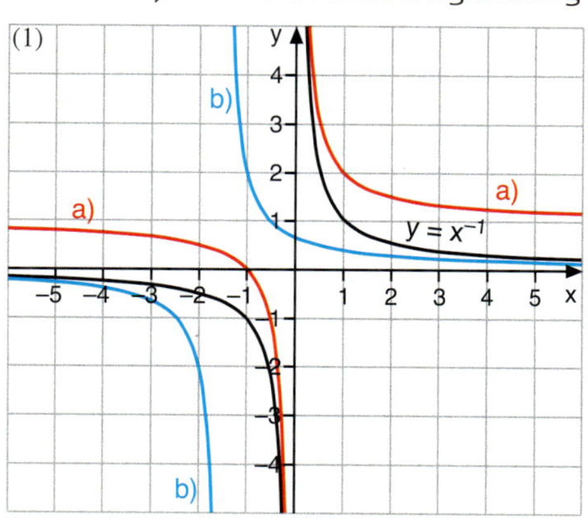

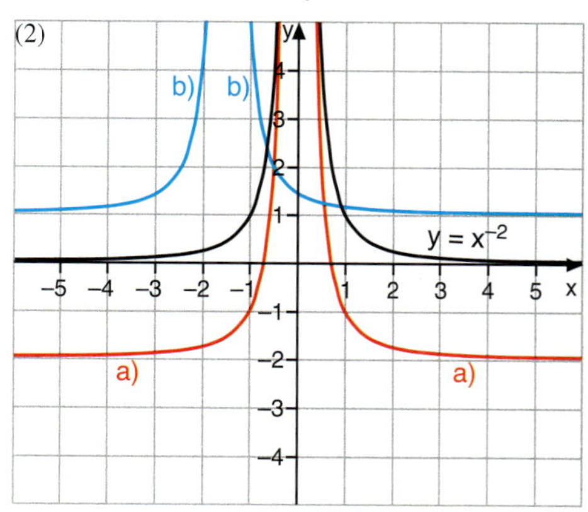

FUNKTIONEN MIT GEBROCHENEN EXPONENTEN

Aufgabe

1. a) Zu jedem Flächeninhalt x eines Quadrates gehört eine bestimmte Seitenlänge y.
Zeichne den Graphen der Funktion *Flächeninhalt A des Quadrates → Seitenlänge a des Quadrates* und gib Wertetabelle, Funktionsgleichung, Definitionsbereich und Wertebereich an.
Welche Zahl sollte man sinnvollerweise zum Definitionsbereich hinzufügen?

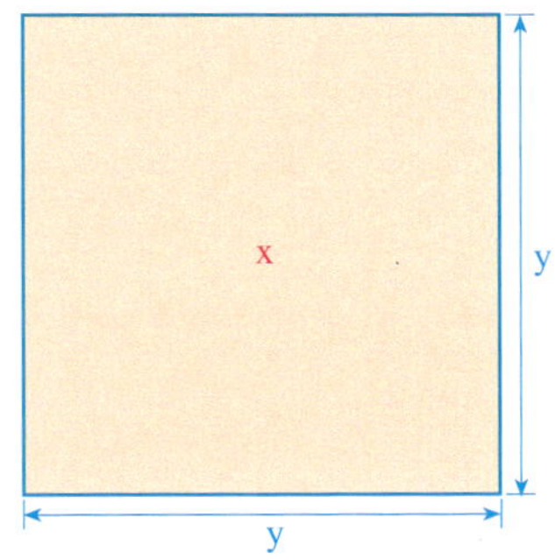

b) Zeichne mithilfe einer Wertetabelle die Graphen folgender Funktionen in dasselbe Koordinatensystem und vergleiche sie miteinander:
(a) $y = x^{\frac{1}{2}}$; (b) $y = x^{\frac{1}{3}}$

Beschreibe die Graphen. Achte dabei auf:

(1) größtmöglichen Definitionsbereich;
(2) Wertebereich;
(3) Nullstellen;
(4) Schnittpunkte mit der y-Achse;
(5) Symmetrien;
(6) Monotonie;
(7) kleinste/größte Funktionswerte;
(8) gemeinsame markante Punkte.

Lösung

a) *Wertetabelle:*

Flächeninhalt A des Quadrates	Seitenlänge a des Quadrates
0,25	0,5
0,5	0,7
0,75	0,9
1	1
1,5	1,2
2	1,4
2,5	1,6
3	1,7
3,5	1,9
4	2

Graph:

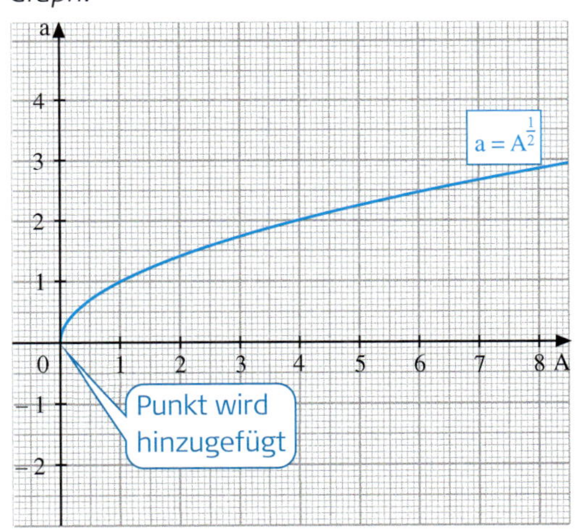

Funktionsgleichung: $a = \sqrt{A} = A^{\frac{1}{2}}$

Definitionsbereich:

Eine Potenz wie $x^{\frac{1}{2}}$ oder $x^{\frac{1}{3}}$ ist nur für positive reelle Zahlen definiert. Dagegen ist $\sqrt[2]{x}$ oder $\sqrt[3]{x}$ zusätzlich noch für x = 0 definiert. Wegen $\sqrt[2]{0} = 0$ und $\sqrt[3]{0} = 0$ setzen wir zusätzlich fest: $0^{\frac{1}{2}} = 0$ und $0^{\frac{1}{3}} = 0$. Damit wird die Zahl 0 dem Definitionsbereich von $y = x^{\frac{1}{2}}$ und von $y = x^{\frac{1}{3}}$ hinzugefügt.
Der Definitionsbereich besteht dann aus den positiven reellen Zahlen zuzüglich 0, also $\mathbb{R}_+$.

Wertebereich:

Der Wertebereich umfasst alle positiven reellen Zahlen zuzüglich 0, also $\mathbb{R}_+$.

b) (a) *Funktion mit* $y = x^{\frac{1}{2}}$

x	0	0,25	0,5	0,75	1	1,5	2	2,5
y	0	0,5	0,7	0,9	1	1,2	1,4	1,6

(b) *Funktion mit* $y = x^{\frac{1}{3}}$

x	0	0,25	0,5	1	1,5	2	3	4
y	0	0,6	0,8	1	1,1	1,3	1,4	1,6

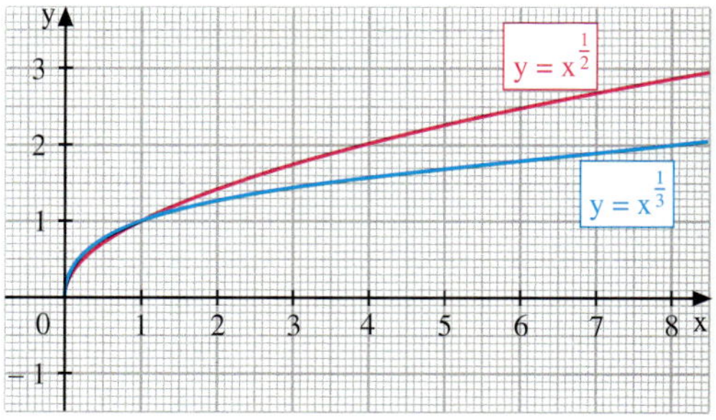

(1) Der *Definitionsbereich* ist $\mathbb{R}_+$.
(2) Der *Wertebereich* ist $\mathbb{R}_+$.
(3) Beide Funktionen haben die *Nullstelle* $x_0 = 0$.
(4) Der *Schnittpunkt mit der y-Achse* ist jeweils $O(0|0)$.
(5) Die Graphen weisen keine Symmetrien auf.
(6) Der Graph der Funktion steigt von links nach rechts monoton.
(7) Es liegt kein größter Funktionswert vor. Kleinster Funktionswert ist jeweils 0.
(8) Gemeinsame *markante Punkte* sind $O(0|0)$ und $P(1|1)$.

Übungen

2. Lies aus dem Graphen der Funktion mit (1) $y = x^{\frac{1}{2}}$, (2) $y = x^{\frac{1}{3}}$ ab

a) die Funktionswerte für die Argumente 0,9; 1,2; 1,3; 1,7;

b) die Argumente, für die die Funktionen die Werte 1; 1,5; 0,5; 8 annehmen.

3. Welche der angegebenen Punkte gehören zu (1) $y = x^{\frac{1}{2}}$ oder zu (2) $y = x^{\frac{1}{3}}$?
$P_1(9|3)$; $P_2(8|-2)$; $P_3(3|9)$; $P_4(729|9)$; $P_5\left(\frac{1}{4}\middle|\frac{1}{2}\right)$; $P_6(0|0)$; $P_7(0{,}001|0{,}1)$

4. Die Punkte gehören zum Graphen der Funktion. Bestimme die fehlende Koordinate.

a) $y = x^{\frac{1}{2}}$ $P_1(1|\square)$, $P_2(\square|2)$, $P_3(5|\square)$, $P_4(\square|2{,}4)$

b) $y = x^{\frac{1}{3}}$ $P_1(0{,}5|\square)$, $P_2(\square|1{,}4)$, $P_3(4|\square)$, $P_4(\square|1{,}8)$

5. Zeichne die Graphen. Vergleiche sie miteinander.

a) $y = x^{\frac{1}{2}}$; $y = 3x^{\frac{1}{2}}$ **c)** $y = x^{\frac{1}{3}}$; $y = -2x^{\frac{1}{3}}$ **e)** $y = x^{\frac{1}{2}}$; $y = x^{\frac{1}{2}} - 2$

b) $y = x^{\frac{1}{2}}$; $y = 0{,}5x^{\frac{1}{2}}$ **d)** $y = x^{\frac{1}{3}}$; $y = -4x^{\frac{1}{3}}$ **f)** $y = x^{\frac{1}{3}}$; $y = x^{\frac{1}{3}} + 1{,}5$

6. Wie geht der Graph aus dem Graphen der Funktion mit $y = x^{\frac{1}{2}}$ hervor?
(1) $y = 2x^{\frac{1}{2}}$; (2) $y = -4x^{\frac{1}{2}}$; ▲ (3) $y = (x-2)^{\frac{1}{2}}$; ▲ (4) $y = x^{\frac{1}{2}} + 1$

▲ **7.** Der Punkt $(8|40{,}5)$ gehört zum Graphen der Funktion mit $y = a \cdot x^{\frac{1}{3}}$. Bestimme a.

▲ **8.** Zeichne den Graphen der Funktion mit der Gleichung:

a) $y = x^{\frac{1}{4}}$ **b)** $y = x^{\frac{1}{5}}$ **c)** $y = x^{\frac{1}{6}}$ **d)** $y = x^{\frac{1}{7}}$

Vergleiche die Eigenschaften dieser Funktionen mit den Eigenschaften der Funktionen mit $y = x^{\frac{1}{2}}$ und $y = x^{\frac{1}{3}}$. *Hinweis:* Wähle 5 cm als Einheit auf der y-Achse.

TAB

9. Erstelle mit deinem Tabellenkalkulationsprogramm eine Wertetabelle und zeichne die Graphen zu $y = x^{\frac{3}{2}}$ und $y = x^{\frac{2}{3}}$ in ein gemeinsames Koordinatensystem.
Vergleiche.

▲ VERGLEICH VON LINEAREN, QUADRATISCHEN UND POTENZFUNKTIONEN

Aufgabe

1. a) Zeichne die Graphen der Funktionen $y = 2x - 4$, $y = x^2 + 2x + 1$, $y = x^{-1}$ und $y = x^{\frac{1}{2}}$ in ein und dasselbe Koordinatensystem.

b) Vergleiche diese Funktionen hinsichtlich Art des Graphen, Definitionsbereich, Wertebereich und Nullstellen. Lege dazu eine Tabelle an.

Lösung

a)

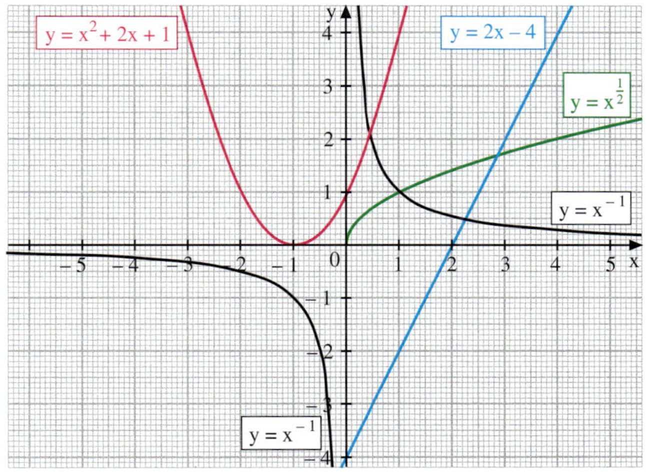

b)

Funktion	Art des Graphen	Definitionsbereich	Wertebereich	Nullstellen	Monotonie
$y = 2x - 4$	Gerade	$x \in \mathbb{R}$	$y \in \mathbb{R}$	$x_0 = 2$	steigend für alle x
$y = x^2 + 2x + 1$	Parabel	$x \in \mathbb{R}$	$y \in \mathbb{R}$, $y \geq 0$	$x_0 = -1$	fallend für alle $x \leq -1$ steigend für alle $x \geq -1$
$y = x^{-1}$	Hyperbel	$x \in \mathbb{R}$, $x \neq 0$	$y \in \mathbb{R}$, $y \neq 0$	keine Nullstelle	fallend für alle $x < 0$ fallend für alle $x > 0$
$y = x^{\frac{1}{2}}$	Parabelast	$x \in \mathbb{R}$, $x \geq 0$	$y \in \mathbb{R}$, $y \geq 0$	$x_0 = 0$	steigend für alle $x \geq 0$

Übungen

2. Skizziere die Graphen folgender Funktionen:
(1) $y = x^4$ (2) $y = x^{-2}$ (3) $y = -x + 4$ (4) $y = x^2 - 4x + 2$
Gib zu jeder Funktion den größtmöglichen Definitionsbereich, den Wertebereich, vorhandene Nullstellen und das Monotonieverhalten an.
Zu welcher Art von Funktionen gehören diese Beispiele?

3. Das Bild zeigt den Graphen einer Funktion.
a) Wie nennt man einen solchen Graphen?
b) Nenne die Gleichung der Funktion.
c) Zu welcher Art gehört die Funktion?

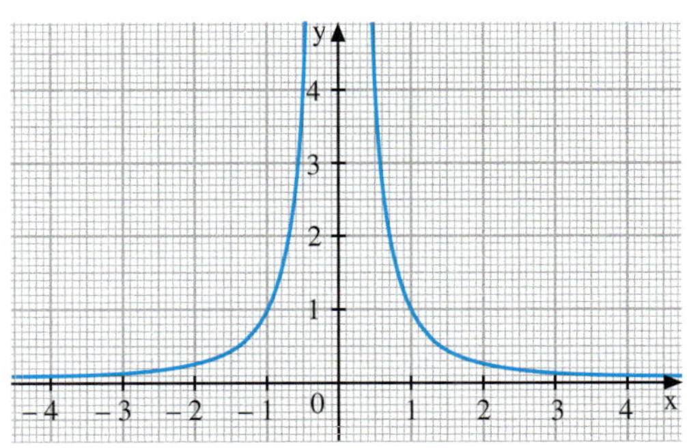

4. Zeichne zunächst den Graphen der Funktion (1) und dann den der Funktion (2) in dasselbe Koordinatensystem, ohne eine Wertetabelle zu verwenden.

a) (1) $y = x^{\frac{1}{2}}$ (2) $y = 2x^{\frac{1}{2}}$

b) (1) $y = x^{-2}$ (2) $y = \frac{1}{2}x^{-2}$

c) (1) $y = x^3$ (2) $y = 2(x - 3)^3$

d) (1) $y = x^{\frac{1}{3}}$ (2) $y = 2x^{\frac{1}{3}} + 1$

VERMISCHTE UND KOMPLEXE ÜBUNGEN

1. Zeichne die Graphen der folgenden Funktionen in ein und dasselbe Koordinatensystem.

a) (1) $y = 3x$ (2) $y = (x-3)^3$ (3) $y = 2x^3$ (4) $y = x^{\frac{1}{3}}$

b) (1) $y = x^3$ (2) $y = x^{-3}$ (3) $y = x^3 - 2$ (4) $y = (x-2)^3$

Beschreibe die Graphen. Gib jeweils an:

(1) größtmöglicher Definitionsbereich;
(2) Wertebereich;
(3) Nullstellen;
(4) Schnittpunkte mit der y-Achse;
(5) Symmetrien;
(6) Steigen/Fallen (Monotonie);
(7) kleinste/größte Funktionswerte;
(8) markante Punkte.

2. Prüfe, welche der Punkte P_1 bis P_{10} zu einem der Graphen gehören.

a) $y = x^3$ **b)** $y = -3x$ **c)** $y = (x-3)^3$ **d)** $y = (x-3)^{-2}$

$P_1\left(6\,\middle|\,\frac{1}{9}\right)$ $P_2(0\,|\,-3)$ $P_3(4\,|\,-12)$ $P_4(0\,|\,0)$ $P_5(-2\,|\,-6)$

$P_6(1\,|\,8)$ $P_7(-2\,|\,1)$ $P_8\left(\frac{1}{2}\,\middle|\,-1\frac{1}{2}\right)$ $P_9\left(-\frac{1}{3}\,\middle|\,-27\right)$ $P_{10}(0{,}1\,|\,0{,}001)$

3. Wie geht der Graph der zweiten Funktion aus dem Graphen der ersten hervor?

a) $y = x^{\frac{1}{3}};\ y = 2x^{\frac{1}{3}}$ **c)** $y = x^3;\ y = -x^3 + 2$ **e)** $y = x^{\frac{1}{2}};\ y = (x-1)^{\frac{1}{2}}$

b) $y = x^{-1};\ y = -x^{-1}$ **d)** $y = x^2;\ y = -(x+2)^2$ **f)** $y = x^{-2};\ y = 2x^{-2} + 1{,}5$

4. Gib die Nullstellen der Funktion an.

a) $y = -x^{\frac{1}{2}}$ **b)** $y = 3x^2$ **c)** $y = -2x^3$ **d)** $f(x) = 2x^{-2}$

5. Beschreibe den Verlauf des Graphen der Funktion.

a) $y = -x^2$ **b)** $y = 2x^{\frac{1}{3}}$ **c)** $y = 4x^{-1}$ **d)** $y = f(x) = x^4 - 2$

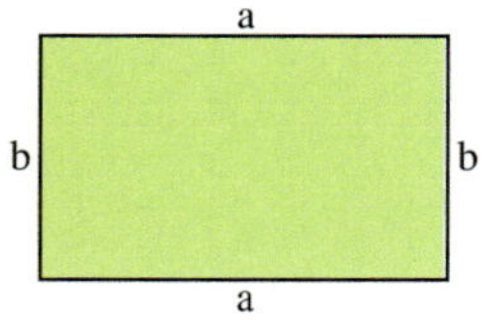

6. a) Ein Rechteck hat eine Seitenlänge a = 3 cm.
Stelle die Funktion *Seitenlänge b des Rechtecks → Flächeninhalt A des Rechtecks* grafisch dar. Gib die Funktionsgleichung an.

b) Beschreibe den Graphen.

c) Vervollständige die Sätze. Begründe an Beispielen. Bilde dann weitere Sätze.
(1) Wenn man die Seitenlänge b verdreifacht, dann ...
(2) Wenn man die Seitenlänge b halbiert, dann ...

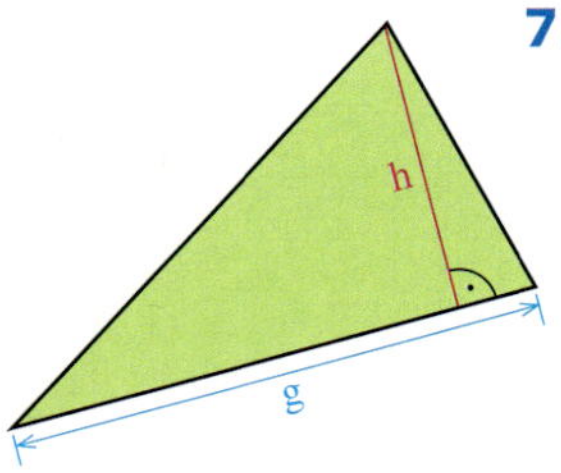

7. a) Ein Dreieck hat einen Flächeninhalt $A = 8\ \text{cm}^2$.
Stelle die Funktion *Länge der Grundseite g → Höhe h* grafisch dar. Gib die Funktionsgleichung an.

b) Beschreibe den Graphen.

c) Vervollständige die Sätze. Begründe an Beispielen. Bilde dann weitere Sätze.
(1) Wenn man die Länge der Grundseite g verdoppelt, dann ...
(2) Drittelt man die Länge der Grundseite g, dann ...

▲ **8.** Stelle in ein und demselben Koordinatensystem folgende Zuordnungen grafisch dar.

a) *Radius r einer Kugel → Volumen V der Kugel*

b) *Volumen V einer Kugel → Radius r der Kugel*

c) Bestimme den Schnittpunkt beider Graphen. Welche Bedeutung hat dieser Punkt?

BIST DU FIT?

1. **a)** Zeichne die Graphen der folgenden Funktionen in ein und dasselbe Koordinatensystem.

(1) $y = x^3$ (2) $y = 2x^2$ (3) $y = x^{-1}$ (4) $y = x^{\frac{1}{2}}$

b) Lies aus den Graphen in Teilaufgabe a) ab, für welche Argumente die Funktionen die Werte annehmen.

(1) $y = 0$ (2) $y = 1$ (3) $y = -\frac{1}{2}$ (4) $y = 2$

c) Lies aus den Graphen in Teilaufgabe a) die Funktionswerte für die Argumente ab.

(1) $x = 0$ (2) $x = 1$ (3) $x = -\frac{1}{2}$ (4) $x = 2$

d) Beschreibe die Graphen in Teilaufgabe a). Achte dabei auf:

(1) größtmöglicher Definitionsbereich;
(2) Wertebereich;
(3) Nullstellen;
(4) Schnittpunkte mit der y-Achse;
(5) Symmetrien;
(6) Steigen/Fallen (Monotonie);
(7) kleinste/größte Funktionswerte;
(8) gemeinsame markante Punkte.

2. Gib zu den dargestellten Funktionen an

(1) die zugehörige Gleichung;
(2) den Definitionsbereich;
(3) den Wertebereich;
(4) die Monotonie des Graphen;
(5) die Nullstellen des Graphen.

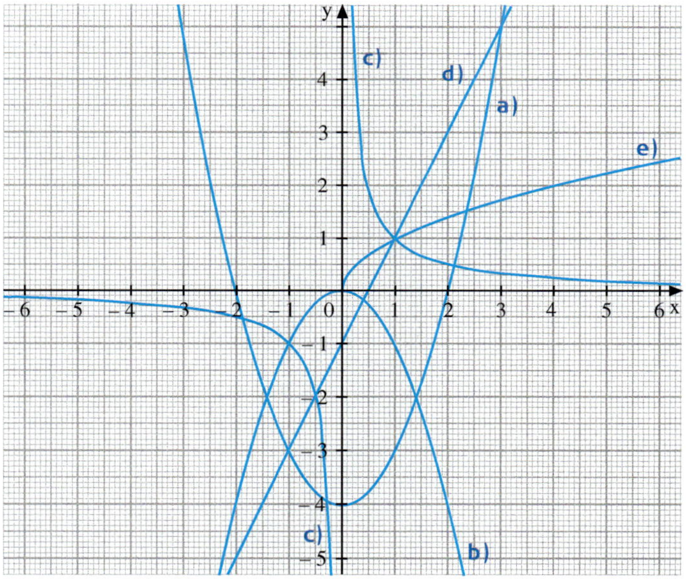

3. Prüfe, ob die angegebenen Punkte zum Graphen der Funktion gehören.

a) $y = x^3$	$P_1(-2\mid-8)$	$P_2(-2\mid 8)$	$P_3(27\mid 3)$	$P_4(1\mid-1)$
b) $y = -2x^2$	$P_1(3\mid-18)$	$P_2(-3\mid 18)$	$P_3(1\mid-4)$	$P_4(1\mid 4)$
c) $y = x^{-1}$	$P_1(1\mid-1)$	$P_2(-1\mid-1)$	$P_3(0\mid 1)$	$P_4\left(\frac{1}{2}\mid-2\right)$
d) $y = x^{\frac{1}{2}}$	$P_1(-1\mid 1)$	$P_2(0\mid 0)$	$P_3(2\mid 4)$	$P_4(4\mid 2)$

4. Die Punkte gehören zum Graphen der angegebenen Funktion.
Bestimme die fehlende Koordinate.

a) $y = x^2$	$P_1(-3{,}5\mid\square)$	$P_2(\square\mid 3{,}2)$	$P_3\left(\frac{1}{4}\mid\square\right)$	$P_4(\square\mid 150)$
b) $y = x^{-2}$	$P_1\left(\frac{1}{2}\mid\square\right)$	$P_2(\square\mid 4)$	$P_3\left(-\frac{1}{2}\mid\square\right)$	$P_4(\square\mid 7{,}5)$
c) $y = x^{\frac{1}{3}}$	$P_1\left(\frac{1}{3}\mid\square\right)$	$P_2\left(\square\mid\frac{4}{5}\right)$	$P_3(2{,}5\mid\square)$	$P_4(\square\mid 4)$

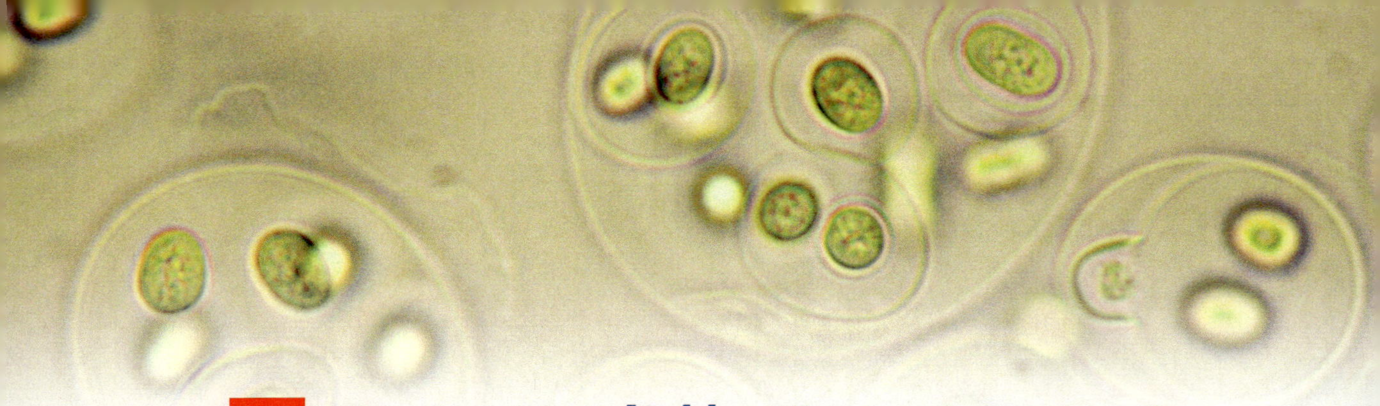

3 Exponentielle Prozesse – Exponentialfunktionen

In den 800 Jahren von Christi Geburt bis zur Krönung Karls des Großen vermehrte sich die Weltbevölkerung um etwa 50 Millionen Menschen. Heute dauert es nur 8 Monate, bis die Menschheit um 50 Millionen Einwohner gewachsen ist.
Am Anfang des 20. Jahrhunderts lebten ungefähr 1,6 Milliarden Menschen auf der Erde, am Ende des 20. Jahrhunderts waren es bereits über 6 Milliarden Menschen.

→ Besorgt euch neueste Zahlen zum Stand der Weltbevölkerung. Ihr könnt an einer besonderen Uhr ablesen, der *World population clock* des U.S. Census Büros in Washington.

Population Clocks

World 6 752 422 228

09:25 GMT, Jan 08, 2009

Ihr findet die Uhr im Internet unter
www.census.gov/main/www/popclock.html
oder
www.dsw-online.de

Informiert euch:

→ Wie schnell wächst die Weltbevölkerung zurzeit?

Prozesse wie das Bevölkerungswachstum haben folgende Besonderheit:
Zunächst ist das Wachstum über einen langen Zeitraum kaum bemerkbar, dann aber wird es plötzlich in einer unvorstellbaren Dynamik sichtbar. Man sagt gelegentlich:
Das Wachstum *explodiert*.

In diesem Kapitel lernst du ...
... verschiedene Wachstums- und Zerfallsprozesse mathematisch zu beschreiben und durch Funktionen und ihre Graphen darzustellen.

EXPONENTIELLE WACHSTUMS- UND ZERFALLSPROZESSE

Exponentielles Wachstum

Einstieg

Aus einer Zeitungsmeldung aus dem Jahr 2007:

Im Jahr 2006 lebten auf der Erde ungefähr 6,57 Milliarden Menschen.

Die Menschheit vermehrt sich um 1,2 % pro Jahr. Das heißt: Jedes Jahr kommen 78 Millionen Babys hinzu. In 50 Jahren werden 10 Milliarden Menschen die Erde bevölkern.

→ Überprüfe die Zahlenangaben der Zeitungsmeldung. Wurde immer richtig gerundet?

→ Die Meldung enthält Denkfehler. Versuche, sie zu finden.

→ Welche „stillschweigende" Annahme liegt der Prognose für 2053 zugrunde? Ist diese Annahme gerechtfertigt?

Aufgabe

1. An einem 1 800 m^2 großen Baggersee, der später als Wassersportfläche genutzt werden soll, wird die Wasserqualität regelmäßig untersucht.
Besonders genau wird eine Algenart beobachtet, die sich sehr schnell vermehrt.
Ein Wissenschaftler behauptet: „Bald ist der ganze See grün."
Bei den Beamten der Kommunalverwaltung erntet er nur ungläubiges Kopfschütteln.
Wer hat recht?

Modellrechnung:

Wir stellen uns vor:
Die von den grünen Algen bedeckte Fläche ist zu Beginn der Beobachtung 1 m^2 groß, sie verdoppelt sich jede Woche.

a) Lege für das Wachstum der Algen eine Tabelle an.
Nach wie viel Wochen ist bei dieser Annahme die ganze Wasserfläche von den Algen bedeckt?

b) Stelle eine Funktion *Zeit x (in Wochen)* → *Größe y der mit Algen bedeckten Fläche (in m^2)* in einem Koordinatensystem dar.

c) Gib die Funktionsgleichung an. Beschreibe den Verlauf des Graphen.
Beachte: Zeit 2 Wochen bedeutet 2 Wochen nach Beobachtungsbeginn.

d) Wie verändert sich die mit Algen bedeckte Fläche innerhalb von 3 Wochen und von 5 Wochen?

e) Wie groß ist die von Algen bedeckte Fläche nach $\frac{1}{2}$ Woche?

Lösung

a) Wachstum der Größe der mit Algen bedeckten Fläche.

Zeit x (in Wochen)	0	1	2	3	6	10	11
		+1	+1	+1	+3	+4	+1
Größe y der mit Algen bedeckten Fläche (in m^2)	1	2	4	8	64	1024	2048
		$\cdot 2$	$\cdot 2$	$\cdot 2$	$\cdot 2^3$	$\cdot 2^4$	$\cdot 2$

Ergebnis: Im Laufe der 11. Woche ist der gesamte See mit Algen bedeckt.

b) Der Graph steigt zunächst sehr langsam und dann immer schneller an. Jedesmal, wenn x um 1 wächst, verdoppelt sich der Funktionswert.
Wir sagen: Die von Algen bedeckte Fläche *wächst exponentiell.*
Es liegt eine exponentielle Zuordnung vor.

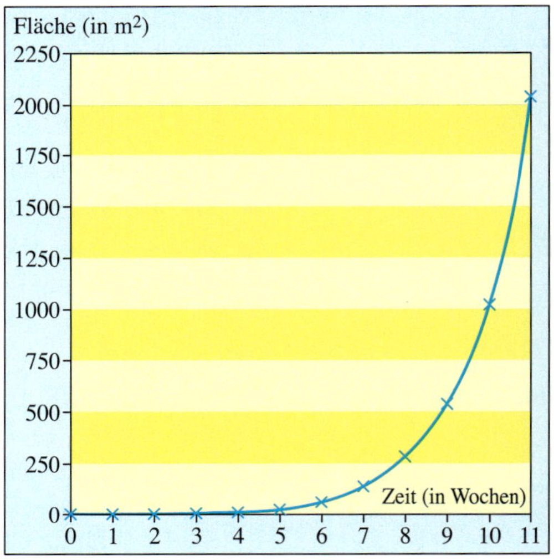

c) Anhand der Tabelle aus Teilaufgabe a) erkennen wir:

x	y
0	1
x	2^x
$+x$	$\cdot 2^x$

Funktionsgleichung: $y = 2^x$

d) Die mit Algen bedeckte Fläche vervielfacht sich in gleichen Zeitspannen immer mit dem gleichen Faktor (*Wachstumsfaktor*). Sie wächst
in 1 Woche immer auf das 2fache,
in 3 Wochen immer auf das 8fache (2^3),
in 5 Wochen immer auf das 32fache (2^5).

e) Auch bei kleinen Zeitspannen ($x < 1$) gilt für das Algenwachstum:
Zu gleichen Zeitspannen gehört der gleiche Faktor.
Wenn zu 1 Woche der Faktor 2 gehört, dann gehört zu $\frac{1}{2}$ Woche ein Faktor a, für den $a \cdot a = a^2 = 2$ gilt.
Für a ergibt sich: $a = \sqrt{2} \approx 1{,}414$.

Zeit x (in Wochen)	Größe y der mit Algen bedeckten Fläche (in m^2)
0	1
$+\frac{1}{2}$	$\cdot a$
$\frac{1}{2}$	$\sqrt{2}$
$+\frac{1}{2}$	$\cdot a$
1	2
+1	$\cdot 2$

Ergebnis: Die Algenfläche ist nach $\frac{1}{2}$ Woche ungefähr 1,41 m^2 groß.

Information

Exponentielles Wachstum

Zu gleichen Zeitspannen gehört immer eine Vervielfachung mit dem gleichen *Faktor* (*Wachstumsfaktor*).

Beispiele: (1) In einer Speise sind 1 000 Salmonellen vorhanden. Im Magen *vervierfacht sich* die Anzahl der Salmonellen *jede Stunde*.
(2) Eine Hefekultur bedeckt eine Fläche von 1 cm^2. In einer Nährlösung *verdreifacht sich* die von der Hefekultur bedeckte Fläche *jeden Tag*.

Zum Festigen und Weiterarbeiten

2. Mit welchem Faktor vervielfacht sich die von Algen bedeckte Fläche des Sees jeweils nach
a) 4 Wochen; **b)** 7 Wochen; **c)** 8 Wochen; **d)** 12 Wochen?

3. Welcher Anteil (ungefähr) des Baggersees war nach
(1) 1 Woche, (2) 5 Wochen, (3) 10 Wochen mit Algen bedeckt?

4. Wie groß ist die Algenfläche nach (1) $\frac{1}{4}$ Woche; (2) nach 1 Tag?

5. Nimm an: Die Größe der mit Algen bedeckten Fläche wächst jede Woche auf das 1,5fache.

a) Zeichne den Graphen der Funktion *Zeit x (in Wochen) → Größe y der Algenfläche (in m²)*.

b) Gib auch eine Funktionsgleichung an.

6. Ein Baggersee von 1 200 m² Größe wächst jede Woche um 700 m².
Eine Algenart bedeckt zu Beginn der Baggerarbeiten 1 m² Wasserfläche. Die mit Algen bedeckte Fläche verdreifacht sich jede Woche.

a) Lege für die Zunahme der Wasserfläche und für das Wachstum der Algen eine Tabelle an. Beschreibe das Wachstum.

b) Nach wie viel Wochen ist die ganze Wasserfläche mit Algen bedeckt?

c) Stelle die Funktionen in demselben Koordinatensystem dar.
(1) *Zeit x (in Wochen) → Größe y der Wasserfläche des Baggersees (in m²)*
(2) *Zeit x (in Wochen) → Größe y der mit Algen bedeckten Fläche (in m²)*

d) Bei welchem Beispiel liegt exponentielles Wachstum vor?

e) Gib zu den Funktionen jeweils eine Funktionsgleichung an. Vergleiche.

Übungen

7. Wasserhyazinthen überwuchern den afrikanischen Victoriasee. Diese Hyazinthenart wächst jeden Monat auf das Dreifache. Am Anfang bedeckte sie eine Fläche von 2 m².

a) Lege eine Tabelle an und zeichne den Graphen der Funktion *Zeit t (in Monaten) → Größe A der mit Hyazinthen bedeckten Fläche (in m²)*. Du kannst aufhören, wenn eine Fläche von 10 km² bedeckt ist.

b) Gib eine Funktionsgleichung an.

8. Ein Vater will seiner Tochter Tanja einen Zuschuss für ein Mountain-Bike geben. Er macht zwei Angebote:
(1) 10 € sofort, am folgenden Tag 12 €, am nächsten 14 € usw.
Der Betrag wird 14 Tage lang täglich um 2 € erhöht.
(2) 3 Cent sofort, am folgenden Tag 6 Cent, am nächsten 12 Cent usw.
Der Betrag wird täglich verdoppelt; ebenfalls 14 Tage lang.

a) Für welches Angebot sollte Tanja sich entscheiden? Lege eine Tabelle an.

b) Gib jeweils eine Funktionsgleichung für die Funktion
Zeit x (in Tagen) → Geldbetrag g am n-ten Tag (in €) an.

c) Begründe: Bei Angebot (2) liegt exponentielles Wachstum vor.

Prozentuale Wachstumsraten

Einstieg

- → Mache dich mit den Angaben des Angebotes für eine Geldanlage vertraut.
- → Zeige: Bei der versprochenen prozentualen Verzinsung des Kapitals liegt exponentielles Wachstum vor.
- → Prüfe nach, ob sich das Kapital bei dieser Verzinsung wirklich nach 10 Jahren verdoppelt.

Unser attraktiver Anlage-Tipp

Mit unserer erfolgreichen Anlagestrategie können wir eine durchschnittliche jährliche Verzinsung von **7%** garantieren.

Damit erzielen Sie:
Eine Kapitalverdoppelung in 10 Jahren !!

EUROBANK

Aufgabe

1. Das Wachstum der Weltbevölkerung beträgt nach einer Prognose der Vereinten Nationen für die nächsten 50 Jahre 1,2% pro Jahr.
In Afrika ist die Wachstumsrate nach dieser Prognose mit 2,4% doppelt so hoch. Im Jahr 2005 lebten in Afrika 906 Mio. Menschen.

a) Wie viele Menschen leben nach dieser Prognose voraussichtlich in den Jahren 2010, 2020, 2030, 2040 und 2050 in Afrika?
Lege eine Tabelle an und zeige: Bei einer Vermehrung um gleiche prozentuale Wachstumsraten gehört zu gleichen Zeitspannen immer eine Vervielfachung mit dem gleichen Faktor. Welche Art von Wachstum liegt vor?

b) Nimm an: Die Wachstumsrate in Afrika sinkt auf 1,2%. Ergänze die Tabelle in Teilaufgabe a) für diese Annahme.

c) Gib für die Wachstumsraten in Teilaufgabe a) und b) eine Funktionsgleichung der Funktion *Zeit x (in Jahren) → Bevölkerungszahl y von Afrika* an.

Lösung

Du weißt: Wächst eine Größe um die Wachstumsrate 2,4%, so wächst sie *auf* 102,4%. Die Größe wird mit dem Wachstumsfaktor 1,024 multipliziert.

a)

		+1		+1		+3		+10		+10		+10		+10	
Jahr	**2005**		**2006**		**2007**		**2010**		**2020**		**2030**		**2040**		**2050**
Wachstum 2,4%	906		927,7		950,0		1 020,1		1 293,1		1 639,2		2 077,9		2 634,1
		$\cdot 1{,}024$		$\cdot 1{,}024$		$\cdot 1{,}024^3$		$\cdot 1{,}024^{10}$		$\cdot 1{,}024^{10}$		$\cdot 1{,}024^{10}$		$\cdot 1{,}024^{10}$	

Bei Vermehrung um gleiche prozentuale Wachstumsraten gehört zu gleichen Zeitspannen eine Vervielfachung mit dem gleichen Faktor (*Wachstumsfaktor*).
Die Bevölkerung wächst bei einer Wachstumsrate von 2,4% durchschnittlich
in 1 Jahr auf das 1,024fache des Ausgangswertes G (also auf: $1{,}024 \cdot G$)
in 2 Jahren auf das $1{,}024^2$fache des Ausgangswertes G (also auf: $1{,}0486 \cdot G$)
in 5 Jahren auf das $1{,}024^5$fache des Ausgangswertes G (also auf: $1{,}1259 \cdot G$)
in 10 Jahren auf das $1{,}024^{10}$fache des Ausgangswertes G (also auf: $1{,}2677 \cdot G$)

Beachte: Die Wachstumsrate 2,4% ist ein Durchschnittswert. Das tatsächliche Wachstum der Bevölkerung in Afrika verläuft nur angenähert exponentiell.

b)

Jahr	2005	2006	2007	2010	2020	2030	2040	2050
(Schritt)		+1	+1	+3	+10	+10	+10	+10
Wachstum 1,2%	906	916,9	927,9	961,7	1 083,5	1 220,8	1 375,5	1 549,7
(Faktor)		$\cdot 1{,}024$	$\cdot 1{,}024$	$\cdot 1{,}012^3$	$\cdot 1{,}012^{10}$	$\cdot 1{,}012^{10}$	$\cdot 1{,}012^{10}$	$\cdot 1{,}012^{10}$

c) Anhand der obigen Tabellen erkennen wir:

Zeit (in Jahren) seit 2003	Bevölkerungszahl y (in Mrd.)
0	906
x	$906 \cdot 1{,}024^x$
$+x$	$\cdot 1{,}024^x$

Funktionsgleichung: $y = 906 \cdot 1{,}024^x$

Entsprechend gilt für die Wachstumsrate 1,2% die Gleichung:

$y = 906 \cdot 1{,}012^x$

Information

Bei einer Vermehrung um gleiche prozentuale Wachstumsraten liegt exponentielles Wachstum vor.
Zur Wachstumsrate p% gehört der Wachstumsfaktor $\left(1 + \frac{p}{100}\right)$;

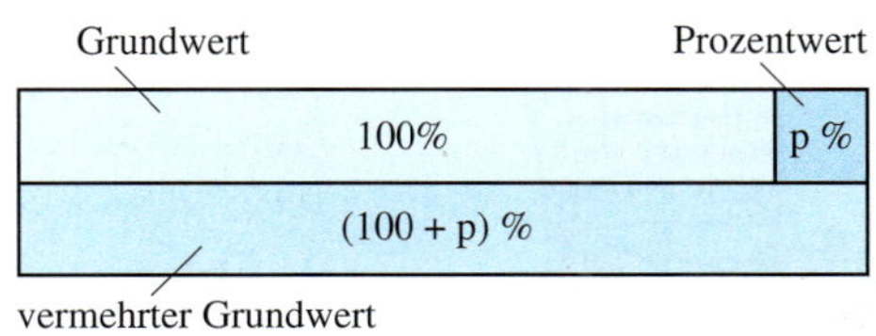

d.h.: *wächst um p%* bedeutet *wird multipliziert mit dem Faktor* $\left(1 + \frac{p}{100}\right)$.

Wachstumsfaktor: $(100 + p)\% = \left(1 + \frac{p}{100}\right)$

Zum Festigen und Weiterarbeiten

2. Die Bevölkerungszahl der Erde betrug im Jahr 2005 ungefähr 6,48 Milliarden Menschen. Wie würde die Bevölkerungszahl bei einer durchschnittlichen Zunahme von 1,2% pro Jahr bis zum Jahr 2500 wachsen?

a) Rechne in 50-Jahres-Schritten ($1{,}012^{50} \approx 1{,}8156$)

b) Stelle die Entwicklung grafisch im Koordinatensystem dar.

c) Wie realistisch ist eine solche Vorausberechnung?

3. *Zinseszinsformel*

a) Zeige: Bei der mehrjährigen Verzinsung eines Kapitals von 1 000 € zu 6%, wobei die Zinsen am Ende eines jeden Jahres gutgeschrieben und mitverzinst werden (Zinseszins), gehört zu gleichen Zeitspannen (in Jahren) immer der gleiche Faktor.

b) Welche Variable der Formel $K_n = K_0 \cdot q^n$ gibt den Wachstumsfaktor (pro Jahr) an? (K_0: Anfangskapital; q: Zinsfaktor; n: Anzahl der Jahre; K_n: Kapital nach n Jahren)

c) Auf wie viel Euro wachsen 1 000 € bei einer Verzinsung von 5% [4%; 6,5%] in 5 Jahren, in 10 Jahren, in 15 Jahren an?

Übungen

4. Ein Kapital von 50 000 € wird zu einem Zinssatz von 5% verzinst.

a) Bei der Sparkasse werden die Zinsen am Ende eines jeden Jahres zum Kapital addiert und dann mitverzinst (*Zinseszinsen*). Auf wie viel Euro wächst das Kapital nach 1 Jahr, nach 2 Jahren, ..., nach 10 Jahren an?

b) Nimm an: Für jedes Jahr werden nur 5% des Anfangskapitals (50 000 €) als Zinsen berechnet, die Zinsen werden also *nicht* mitverzinst. Vergleiche mit Teilaufgabe a).

TAB

5. Die Bevölkerung des Staates Atlantis (50 Mio.) wächst jährlich um 3%, die des Staates Utopia (100 Mio.) wächst jährlich um 1%.

a) Nach wie viel Jahren hat Atlantis (1) ebenso viele, (2) doppelt so viele Einwohner wie Utopia? Rechne gegebenenfalls in 5-Jahres- bzw. 10-Jahres-Schritten.

b) Stelle die Bevölkerungsentwicklung der beiden Staaten in einem Koordinatensystem dar.

6. Der Holzbestand eines Waldes beträgt etwa 50 000 Festmeter; das sind 50 000 m^3 feste Holzmasse ohne Zwischenräume. Bei natürlichem Wachstum nimmt der Holzbestand jährlich um 3,5% zu. Er wächst dabei annähernd exponentiell.

a) Auf wie viel Festmeter wächst der Holzbestand bei natürlichem Wachstum nach 4 Jahren, 8 Jahren, 12 Jahren, 16 Jahren, 20 Jahren?

b) Wie hoch war der Holzbestand vor 3 Jahren, 5 Jahren, 10 Jahren, 15 Jahren?

c) Durch schädliche Umwelteinflüsse verlangsamt sich das Wachstum so, dass der Holzbestand jährlich nur um 2,5% zunimmt.
Auf wie viel Festmeter wächst der Holzbestand des Waldes nach 4 Jahren, 8 Jahren, 12 Jahren, 16 Jahren, 20 Jahren?

d) Gib jeweils auch eine Funktionsgleichung an.

7. Ein Kapital von 1 000 € verzinst sich zu 2,5% [3,5%; 4,5%; 6,5%].

a) Zeichne den Graphen der Funktion *Zeit (in Jahren) → Kapital (in €)*.

b) Wie hoch ist das Kapital nach 5 Jahren, 10 Jahren, 15 Jahren, 20 Jahren?

c) Nach wie viel Jahren wächst das Kapital auf 1 500 € [2 000 €; 4 000 €] an?

8. Auf wie viel Dollar wären 100 Dollar bis heute angewachsen, wenn sie seit dem Jahr der Unabhängigkeitserklärung der Vereinigten Staaten (1776) zu 5% verzinst worden wären?

9. a) Sparkassen schenken Kindern oft zu Werbezwecken bei ihrer Geburt ein Sparguthaben von 5 €.
Auf wie viel Euro würde dieses Guthaben anwachsen, wenn es sich bis zum 80. Geburtstag mit durchschnittlich 4% verzinst?

b) Berechne die Verdoppelungszeit des Kapitals.

▲ **10.** Die Bevölkerung eines Landes wird sich bei gleichmäßigem prozentualem Wachstum nach einer Prognose in 28 Jahren verdoppeln.
Welche jährliche prozentuale Wachstumsrate wurde angenommen?

Exponentielle Abnahme – Zerfall

Einstieg

Eine Patientin nimmt einmalig 8 mg eines Medikaments zu sich. Im Körper wird im Laufe eines Tages $\frac{1}{4}$ des Medikaments abgebaut, d. h. es sind am nächsten Tag noch $\frac{3}{4}$ davon vorhanden.

- → Lege eine Tabelle an. Um wie viel Prozent nimmt die vorhandene Masse täglich ab? Gib den Abnahmefaktor des Zerfallsprozesses an.
- → Zeichne einen Graphen. Beantworte anhand des Graphen: Nach welcher Zeitspanne ist nur noch die Hälfte des Anfangsbestandes vorhanden?
- → Gib für die Funktion *Zeit (in Tagen)* → *Masse des noch vorhandenen Medikamentes (in mg)* die Funktionsgleichung an.

Aufgabe

1. Radioaktive Stoffe wandeln sich verschieden schnell in andere Stoffe um. Man sagt auch: *Sie zerfallen unterschiedlich schnell.*
Man gibt die Zerfallsgeschwindigkeit in Halbwertszeiten an.
Jod 131 hat z. B. eine Halbwertszeit von 8 Tagen. Das bedeutet: In 8 Tagen geht die Masse des radioaktiven Stoffes und somit die Strahlungsstärke auf die Hälfte zurück.

a) Lege für den Zerfall von 1 g radioaktivem Jod 131 eine Tabelle an und zeichne den Graphen der Funktion *Zeit x (in Tagen)* → *vorhandene Masse y (in g)*. Wähle in der Zeichnung 1 cm für 0,2 g. Wie verändert sich in gleichen Zeitspannen die Masse?
Nach wie viel Tagen ist nur noch 1% des Jod 131 übrig? Beschreibe den Zerfallsprozess.

b) Wie viel g von 1 g Jod 131 ist nach einem Tag noch vorhanden?
Gib auch die Zerfallsrate pro Tag an.

c) Gib eine Gleichung der Funktion *Zeit x (in Tagen)* → *vorhandene Masse y (in g)* an.

Lösung

a)

	Zeit x (in Tagen)	Vorhandene Masse y (in g)	
	0	1	
+8 (+16)	8	0,5	$\cdot \frac{1}{2}$ ($\cdot \frac{1}{4}$)
+8	16	0,25	$\cdot \frac{1}{2}$
+8	24	0,125	$\cdot \frac{1}{2}$
+8	32	0,0625	$\cdot \frac{1}{2}$
$+3 \cdot 8$	56	0,0078	$\cdot \left(\frac{1}{2}\right)^3 = \frac{1}{8}$

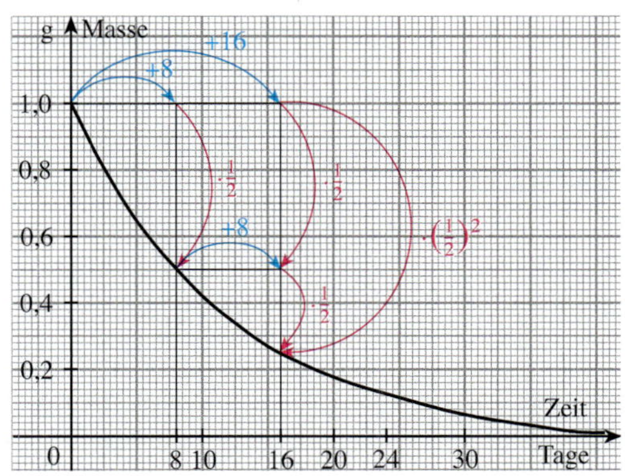

Die Masse wird in gleichen Zeitspannen immer mit dem gleichen Faktor kleiner als 1 (*Zerfallsfaktor*) multipliziert. Die Masse zerfällt
in 8 Tagen immer auf die Hälfte der vorhandenen Masse,
in 16 Tagen immer auf ein Viertel der vorhandenen Masse,
in 24 Tagen immer auf $\frac{1}{8}$ der vorhandenen Masse.
Wir sagen: Das radioaktive Jod 131 *zerfällt exponentiell.*
Nach 56 Tagen ist weniger als 1% des radioaktiven Jod 131 übrig.

b) Für radioaktiven Zerfall gilt:
Zu gleichen Zeitspannen gehört immer der gleiche Zerfallsfaktor (Abnahmefaktor).
Der Tabelle entnehmen wir:
Wenn zu 8 Tagen der Faktor $\frac{1}{2}$ gehört, dann gehört zu 1 Tag ein Faktor a, für den $a^8 = \frac{1}{2}$ gilt.
Für a ergibt sich also:
$a = \sqrt[8]{\frac{1}{2}} \approx 0{,}917$

Tag	Masse
0	1
1 (+1)	■ (· a)
2 (+1)	■ (· a)
.	.
.	.
.	.
7	■
8 (+1)	0,5 (· a)
+8	$\cdot a^8$ (bzw. $\frac{1}{2}$)

Das heißt auch: Es sind nur noch 91,7% von 1 g Jod vorhanden. Das radioaktive Jod nimmt also pro Tag um 100% − 91,7%, also um 8,3% ab.

Ergebnis: Die Masse des Jod 131 beträgt nach einem Tag rund 0,917 g. Pro Tag zerfallen 8,3% Jod.

c) Anhand der obigen Tabelle erkennen wir:

Anzahl x der Tage	Vorhandene Masse y (in g)
0	1
x (+1)	$\left(\sqrt[8]{\frac{1}{2}}\right)^x$ ($\cdot \left(\sqrt[8]{\frac{1}{2}}\right)^x$)

Funktionsgleichung:
$y = \left(\sqrt[8]{\frac{1}{2}}\right)^x$, wobei $\sqrt[8]{\frac{1}{2}} \approx 0{,}917$

Information

Exponentielle Abnahme (Zerfall)

Zu gleichen Zeitspannen gehört immer eine Multiplikation mit dem gleichen positiven Faktor, der kleiner als 1 ist.
Einer Abnahme um p% entspricht der Abnahmefaktor $\left(1 - \frac{p}{100}\right)$.
Beachte: Manchmal werden exponentielle Zunahme und exponentielle Abnahme einheitlich als exponentielles Wachstum bezeichnet.

Zum Festigen und Weiterarbeiten

2. a) Die Halbwertszeit von Cäsium 137 ist 33 Jahre. Lege für den Zerfall von 1 g radioaktivem Cäsium 137 eine Tabelle an.
Zeichne einen Graphen der Funktion *Zeit x (in Jahren) → vorhandene Masse y (in g).*
Wie lange dauert es, bis nur noch 1% der Masse übrig ist?

b) Wie viel g der anfänglichen Masse war nach 1 Jahr noch übrig?

c) Der Reaktorunfall von Tschernobyl ereignete sich im Jahre 1986 (April).
Wie viel Prozent des freigesetzten radioaktiven Cäsiums 137 sind noch nicht zerfallen? Rechne mit vollen Jahren.

d) Gib eine Funktionsgleichung für den Zerfall von Cäsium 137 an.

3. Aufgrund von Preissteigerungen nimmt die Kaufkraft des Geldes, also der Geldwert, ab. Diesen Prozess bezeichnet man als *Inflation.* Die prozentuale Abnahme des Geldwertes bezeichnet man als Inflationsrate.
Nimm an: Die Inflationsrate beträgt für die nächsten Jahre konstant 2%.
Nach wie viel Jahren ist bei dieser Annahme 1 Euro „nur noch die Hälfte“ wert?

Übungen

4. Eine Firma besitzt Maschinen, die durch Abnutzung jedes Jahr an Wert verlieren. Bei der Ermittlung des Vermögens der Firma wird auch der Wert der Maschinen berechnet. Dazu gibt es verschiedene Abschreibungsmethoden, zum Beispiel:
(1) Der Wert einer Maschine verliert jedes Jahr 10% der Anschaffungskosten.
(2) Der Wert einer Maschine verliert jedes Jahr 30% des Wertes vom Vorjahr, im 1. Jahr 30% der Anschaffungskosten.

a) Eine Maschine kostet 40 000 €. Berechne nach beiden Methoden den Wert der Maschine am Ende des 1. Jahres, 2. Jahres, 3. Jahres, 4. Jahres.

b) Nach wie viel Jahren ist der Restwert 0 €?

c) Beschreibe für jede der beiden Methoden den Verlauf des Abnahmeprozesses.

1 Promille bedeutet
1 Tausendstel
$1\,‰ = \frac{1}{1000}$

5. Radioaktives Plutonium 239 wird bei Atomexplosionen freigesetzt. Es entsteht auch beim Betrieb von Kernkraftwerken. Plutonium 239 hat eine Halbwertszeit von 24 000 Jahren.

a) Nach wie viel Jahren hat die radioaktive Strahlung nur noch
(1) $\frac{1}{2}$, (2) $\frac{1}{4}$, (3) $\frac{1}{8}$, (4) $\frac{1}{16}$ ihrer ursprünglichen Stärke?
Bezeichne die ursprüngliche Stärke mit der Maßzahl 1.

b) Nach wie viel Jahren hat die Strahlung auf weniger als (1) 1%, (2) 1‰ ihrer ursprünglichen Stärke abgenommen?

6. Für bestimmte Untersuchungen verwendet man in der Medizin radioaktives Jod, das schnell zerfällt. Von 1 mg ist nach 1 Stunde jeweils noch 0,75 mg im Körper vorhanden.

a) Nach wie viel Stunden ist zum ersten Mal weniger als (1) 0,5 mg, (2) 0,2 mg, (3) 0,1 mg vorhanden?

b) Wie groß ist der Zerfallsfaktor zur Zeitspanne
(1) 1 Stunde; (2) 2 Stunden; (3) 3 Stunden; (4) 5 Stunden?

7. Ein Lichtstrahl dringt in eine Flüssigkeit ein. Die Lichtintensität nimmt je 1 cm Eindringtiefe um 35% ab.

a) Auf wie viel Prozent ist die Lichtintensität in 4 cm Tiefe gesunken?

b) Gib den Abnahmefaktor je (1) 1 cm, (2) 5 cm, (3) 10 cm Flüssigkeitstiefe an.

c) In welcher Tiefe beträgt die Lichtintensität nur noch 1% der ursprünglichen?

8. Röntgenstrahlen werden durch Bleiplatten abgeschirmt. Bei einer Plattendicke von 1 mm nimmt die Strahlungsstärke um 5% ab.
Wie dick muss die Bleiplatte sein, damit die Strahlung auf (1) die Hälfte, (2) etwa $\frac{1}{10}$ der ursprünglichen Strahlungsstärke A vermindert wird?
Erkläre und verwende die Tabelle.

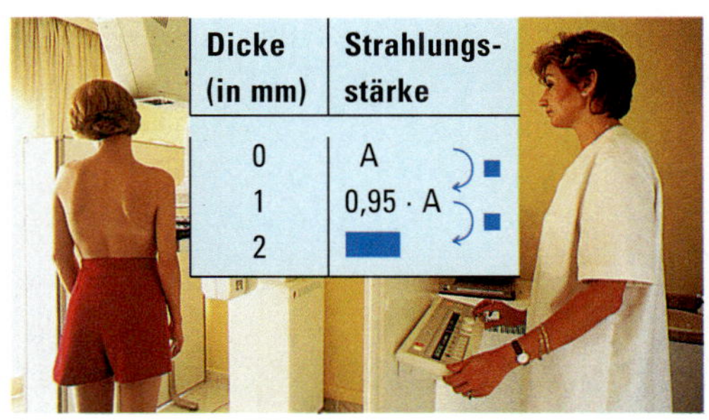

9. Bei einem Blutalkoholgehalt von 0,5‰ (*Promille*) und mehr werden Kraftfahrer mit einem Bußgeld oder mit Führerscheinentzug bestraft. Der Alkohol im Blut wird von der Leber abgebaut. Dabei nimmt man an, dass der Alkoholgehalt des Blutes um etwa 0,2 Promillepunkte pro Stunde (also jeweils um die gleiche Menge) abnimmt.
Ein Zecher geht um 3 Uhr nachts mit einem Blutalkoholgehalt von 2,3‰ schlafen.
Um wie viel Uhr ist der Blutalkoholgehalt (1) kleiner als 0,5‰; (2) gleich 0‰?
Liegt exponentielle Abnahme vor? Begründe deine Antwort.

EXPONENTIALFUNKTIONEN UND IHRE EIGENSCHAFTEN

Die Exponentialfunktion mit $y = 2^x$

Einstieg

Untersuche mit deinem Kalkulationsprogramm den Graphen der Exponentialfunktion $y = 2^x$.
Erstelle dazu eine Wertetabelle und zeichne den Graphen der Funktion.

→ Beschreibe den Verlauf des Graphen.

→ Welche Besonderheiten fallen dir auf?

Graph der Exponentialfunktion y = 2ˣ

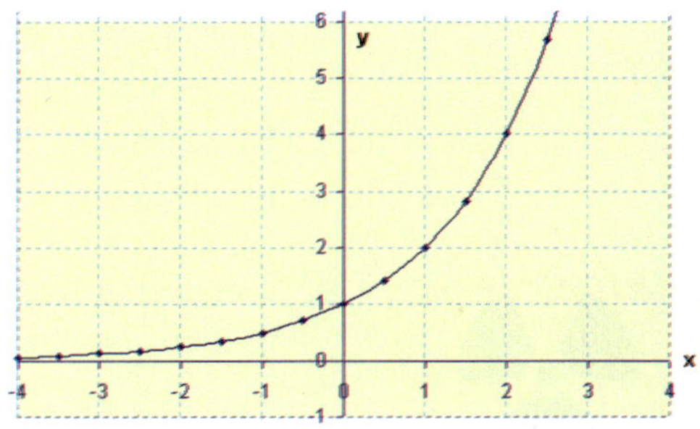

Aufgabe

1.

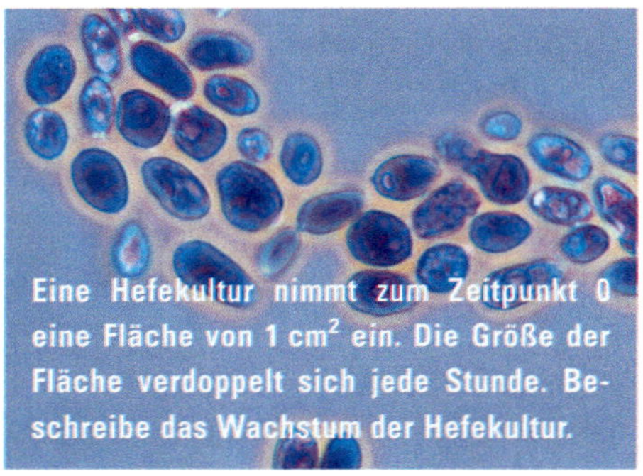

Betrachte das nebenstehende Beispiel.

(1) Die Hefekultur wächst *exponentiell.*

(2) Die Gleichung der Funktion *Zeit x (in Stunden) → Größe y der bedeckten Fläche (in cm²)* lautet: $y = 2^x$.

a) Zeichne den Graphen der Funktion $y = 2^x$. Benutze für die Wertetabelle einen Taschenrechner.

b) Gib Eigenschaften dieser Funktion an.

Lösung

a) Wir berechnen verschiedene Werte von 2^x und notieren sie in einer Tabelle.

x	2^x
-3	0,125
$-\frac{5}{2}$	0,176 …
-2	0,25
$-\frac{3}{2}$	0,353
-1	0,5
$-\frac{1}{2}$	0,707
$-\frac{1}{3}$	0,793 …
0	1

x	2^x
$\frac{1}{3}$	1,259 …
$\frac{1}{2}$	1,414 …
$\frac{2}{3}$	1,587 …
1	2
$\frac{3}{2}$	2,828 …
2	4
$\frac{5}{2}$	5,656 …
3	8

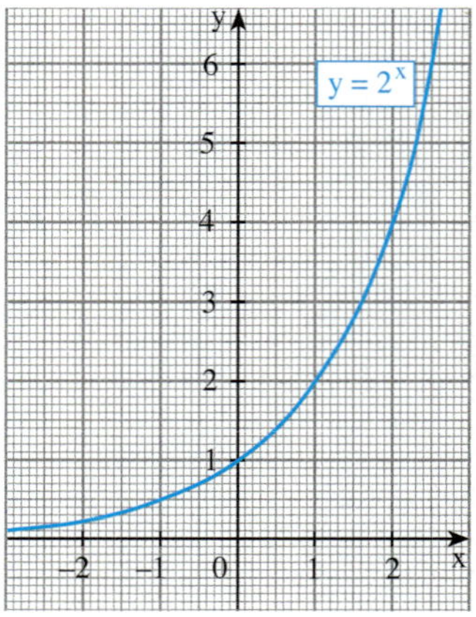

b) Wir entnehmen dem Graphen zu $y = 2^x$ folgende Eigenschaften:

(1) Der Graph steigt von links nach rechts an; die Funktion ist monoton steigend: Für wachsende x-Werte nehmen auch die zugehörigen Funktionswerte 2^x zu.

(2) Der Graph liegt nur oberhalb der x-Achse.
Für $x < 0$ ist $0 < 2^x < 1$; für $x > 0$ ist $2^x > 1$.

(3) Für sehr kleine (niedrige) x-Werte nähert sich der Graph immer mehr der x-Achse an.

(4) Die Funktion hat keine Nullstellen.

(5) Wenn man x um 1 erhöht, dann wird der Funktionswert 2^x jedesmal *verdoppelt*.
Anhand der Tabelle erkennen wir:
Wenn man x um 3 erhöht, dann wird der Funktionswert 2^x jedesmal *verachtfacht*.

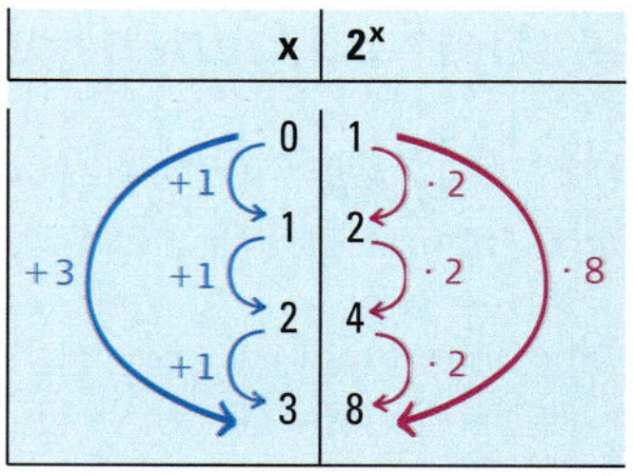

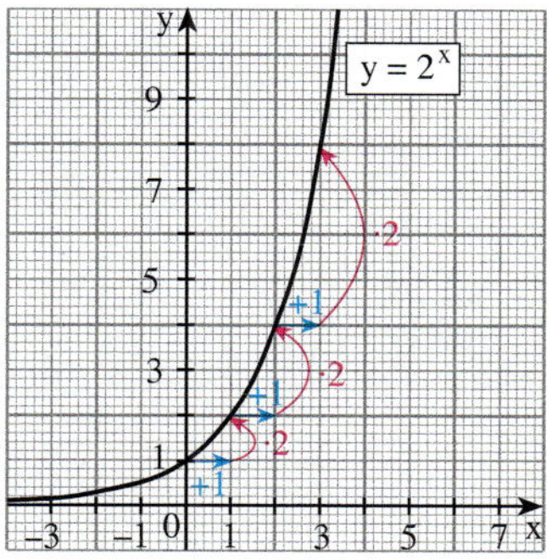

Information

Die Funktion mit der Gleichung $y = 2^x$ und dem Definitionsbereich $\mathbb{R}$ heißt **Exponentialfunktion zur Basis 2**.

(1) Die Funktion ist monoton steigend.
(2) Zum Wertebereich gehören alle positiven reellen Zahlen.
Für $x < 0$ ist $0 < 2^x < 1$,
für $x = 0$ ist $2^x = 1$,
für $x > 0$ ist $2^x > 1$.
(3) Der Graph nähert sich dem negativen Teil der x-Achse an.
(4) Die Funktion hat keine Nullstelle.
(5) Jedes Mal, wenn x um 1 wächst, wird der Funktionswert 2^x mit 2 multipliziert (*Grundeigenschaft der Exponentialfunktion*).

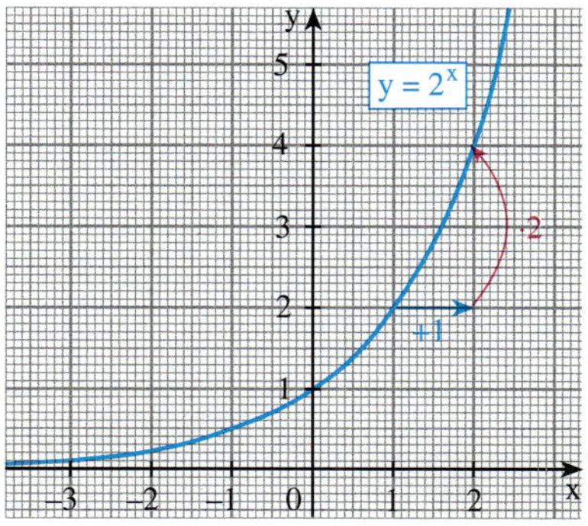

	Argument	Funktionswert	
$+1$	x	2^x	$\cdot 2^x$
	$x + 1$	$2^{x+1} = 2^x \cdot 2$	

Zum Festigen und Weiterarbeiten

$1024 \approx 1000$

2. a) Lies am Graphen zu $y = 2^x$ jeweils Näherungswerte ab für $2^{\frac{1}{4}}$; $2^{\frac{3}{4}}$; $2^{0{,}6}$; $2^{1{,}2}$; $2^{-0{,}8}$.

b) Lies am Graphen zu $y = 2^x$ jeweils Näherungswerte für die Argumente x ab, zu denen die folgenden Funktionswerte y gehören: 0,5; $\frac{4}{5}$; 1,2; 1,5; 2; 3; $\frac{5}{2}$; $\frac{7}{3}$; $\frac{11}{2}$; $-\frac{1}{2}$.

3. Betrachte die Funktion mit $y = 2^x$. Das Argument x wird (1) um 10 größer; (2) um 10 kleiner. Wie ändert sich der Funktionswert? Formuliere eine Faustregel.

4. Zeichne die Graphen der Funktionen mit $y = 2^x$ und $y = x^2$ in ein gemeinsames Koordinatensystem. Notiere Gemeinsamkeiten und Unterschiede der Funktionen.

Übungen

5. Wie verändert sich jedes Mal der Funktionswert der Funktion mit $y = 2^x$, wenn man x

a) (1) um 2, (2) um 3, (3) um 0,5 vergrößert,
b) (1) um 2, (2) um 3, (3) um 0,5 verkleinert,
c) verdoppelt, verdreifacht,
d) halbiert, viertelt?

6. Das Wachstum einer Hefekultur wird durch folgende Messwerte beschrieben:

Zeit (in h)	0	0,5	0,75	1	1,4	–0,5	–1
Flächeninhalt (in cm^2)	1	1,4	1,7	2	2,65	0,7	0,5

a) Bestätige: Nach x Stunden wird eine Fläche von ungefähr 2^x cm^2 bedeckt.

b) Welche Fläche ist nach 2 Stunden; nach 5 Stunden; nach 10 Stunden bedeckt?

Exponentialfunktionen mit $y = b^x$ ($b > 0$, $b \neq 1$) – Eigenschaften

Einstieg

TAB

Untersuche mit deinem Kalkulationsprogramm den Graphen der Exponentialfunktion $y = b^x$.
Erstelle eine Wertetabelle und zeichne den Graphen der Funktion. Gestalte die Tabelle so, dass du den Wert für b verändern kannst.

- ➜ Wähle zunächst $b > 1$. Notiere die Eigenschaften der Funktion.
- ➜ Wähle nun $0 < b < 1$. Notiere die Eigenschaften der Funktion.
- ➜ Untersuche den Zusammenhang zwischen den Graphen der Funktionen mit $y = 2^x$ und $y = \left(\frac{1}{2}\right)^x$.
Überprüfe an weiteren Beispielen.

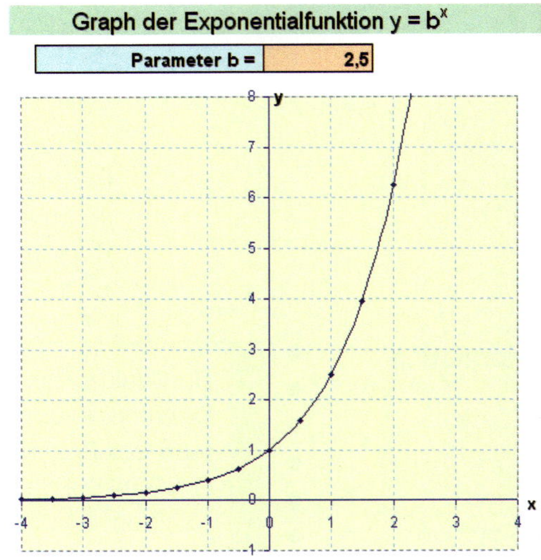

Aufgabe

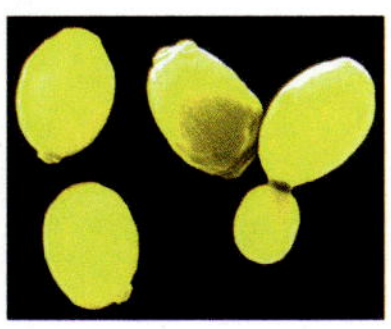

1.

(1) Die Fläche einer Hefekultur (Größe am Anfang 1 cm^2) verdreifacht sich täglich.

(2) Ein radioaktiver Stoff (vorhandene Masse 1 g) zerfällt exponentiell. Täglich geht die Masse auf ein Drittel zurück.

a) Notiere für die beiden beschriebenen Prozesse jeweils eine Funktionsgleichung und zeichne die Graphen der Funktionen in dasselbe Koordinatensystem.

b) Vergleiche die Lage der beiden Graphen.

Lösung

a) Den Beispielen liegen exponentielle Prozesse zugrunde. Sie werden nicht durch die Exponentialfunktion zur Basis 2, sondern zu einer anderen Basis beschrieben.

(1) Funktionsgleichung: $y = 3^x$ (2) Funktionsgleichung: $y = \left(\frac{1}{3}\right)^x$

Wir berechnen einige Funktionswerte.

Beachte: $\left(\frac{1}{3}\right)^x = 3^{-x} = \frac{1}{3^x}$

(1)

x	3^x
−3	0,037 ...
−2,5	0,064 ...
−2	0,111 ...
−1,5	0,192 ...
−1	0,333 ...
−0,5	0,577 ...
0	1
0,5	1,732 ...
1	3
1,5	5,196 ...
2	9
2,5	15,588 ...
3	27

(2)

x	$\left(\frac{1}{3}\right)^x$
−3	27
−2,5	15,588 ...
−2	9
−1,5	5,196 ...
−1	3
−0,5	1,732 ...
0	1
0,5	0,577 ...
1	0,333 ...
1,5	0,192 ...
2	0,111 ...
2,5	0,064 ...
3	0,037 ...

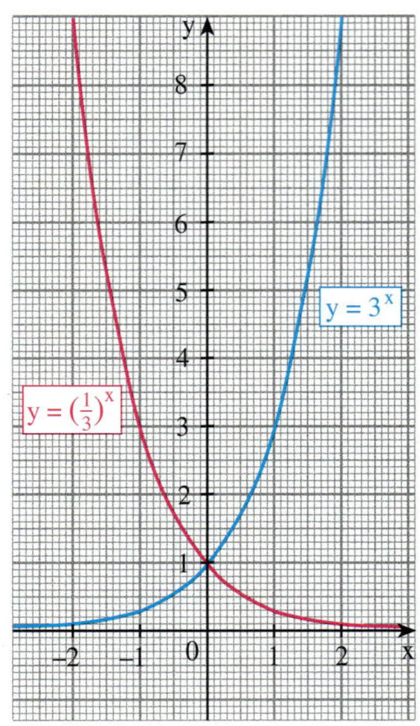

b) Beide Graphen liegen symmetrisch zur y-Achse.

Begründung:

$P(x_1|y_1)$ sei ein beliebiger Punkt des Graphen zu $y = 3^x$.

$P'(-x_1|y_1)$ ist der symmetrisch zur y-Achse gelegene Punkt zu $P(x_1|y_1)$.

Wir müssen zeigen:

Der Punkt $P'(-x_1|y_1)$ liegt auf dem Graphen zu $y = \left(\frac{1}{3}\right)^x$.

Dazu machen wir die Punktprobe:

Wir setzen die Koordinaten von P' in die Gleichung $y = \left(\frac{1}{3}\right)^x$ ein:

Linke Seite: y_1

Rechte Seite: $\left(\frac{1}{3}\right)^{-x_1} = 3^{x_1}\ (= y_1)$

$P'(-x_1|y_1)$ liegt also auf dem Graphen zu $y = \left(\frac{1}{3}\right)^x$.

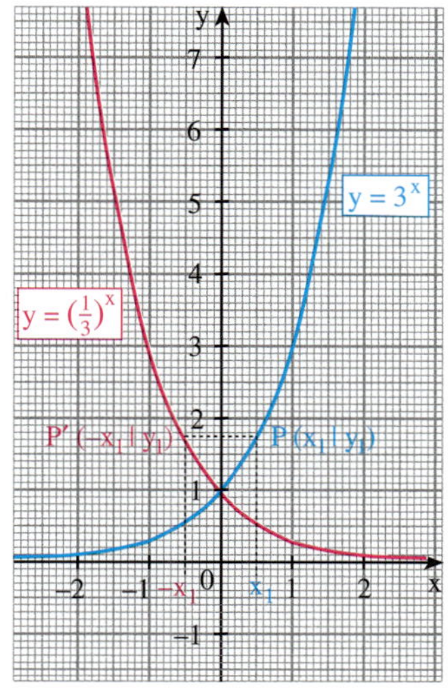

Merke:
$\left(\frac{1}{b}\right)^{-x} = b^x$

Information

(1) Die Exponentialfunktion zur Basis b

Die Funktion mit $y = b^x$ und dem Definitionsbereich $\mathbb{R}$, wobei $b > 0$ und $b \neq 1$, heißt **Exponentialfunktion zur Basis b**.

(2) Eigenschaften der Exponentialfunktionen

Für jede Exponentialfunktion mit der Gleichung $y = b^x$ gilt:

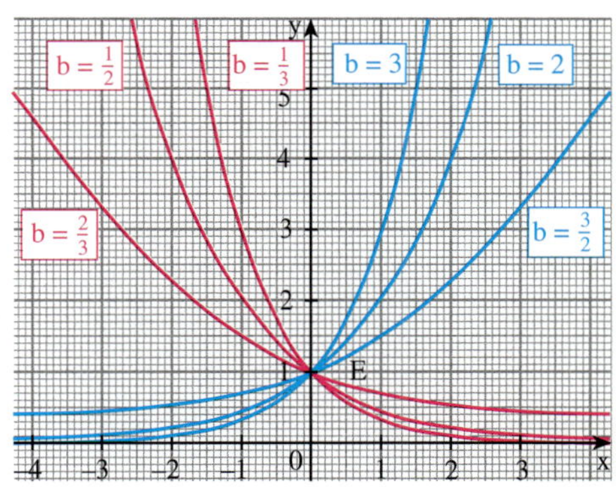

(1) Die Graphen aller Exponentialfunktionen mit $y = b^x$ haben den Punkt $E(0|1)$ und nur diesen Punkt gemeinsam.

(2) Die Graphen der Exponentialfunktionen mit $y = b^x$ und mit $y = \left(\frac{1}{b}\right)^x$ liegen symmetrisch zur y-Achse.

(3) Der Graph der Funktion
- steigt monoton für $b > 1$;
- fällt monoton für $0 < b < 1$.

(4) Der Graph liegt oberhalb der x-Achse.
Der Wertebereich umfasst alle positiven reellen Zahlen.

(5) Der Graph nähert sich
- dem negativen Teil der x-Achse an für $b > 1$;
- dem positiven Teil der x-Achse an für $0 < b < 1$.

(6) Die Funktion hat keine Nullstelle.

(7) Jedesmal, wenn x um 1 wächst, wird der Funktionswert b^x mit dem Faktor b multipliziert (*Grundeigenschaft der Exponentialfunktionen*).

Ist die Basis b einer Exponentialfunktion größer als 1, so liegt eine exponentielle Zunahme vor. Liegt die Basis b einer Exponentialfunktion zwischen 0 und 1, so liegt eine exponentielle Abnahme (Zerfall) vor.

Zum Festigen und Weiterarbeiten

2. **a)** Lies an den Graphen zu $y = 3^x$ bzw. zu $y = \left(\frac{1}{3}\right)^x$ jeweils Näherungswerte ab für:
$3^{\frac{1}{4}}$; $3^{\frac{3}{4}}$; $3^{\frac{4}{3}}$; $3^{0,6}$; $3^{-0,5}$; $\left(\frac{1}{3}\right)^{\frac{1}{4}}$; $\left(\frac{1}{3}\right)^{-\frac{3}{4}}$; $\left(\frac{1}{3}\right)^{-\frac{4}{3}}$; $\left(\frac{1}{3}\right)^{0,6}$; $\left(\frac{1}{3}\right)^{-1,2}$

b) Lies an den Graphen zu $y = 3^x$ bzw. zu $y = \left(\frac{1}{3}\right)^x$ jeweils Näherungswerte für die Argumente x ab, zu denen die folgenden Funktionswerte y gehören:
0,5; $\frac{4}{5}$; 1,2; 1,5; 2; 3; $\frac{5}{2}$; $\frac{7}{3}$; $\frac{11}{2}$; $-\frac{1}{2}$

3. **a)** Gehe bei der Funktion mit $y = 3^x$ von dem Argument -1 aus immer um 1 nach rechts. Mit welchem Faktor multipliziert sich jedes Mal der Funktionswert?
Nimm nun als „Schrittweite“ 2 statt 1. Was ändert sich?

b) Führe dieselben Überlegungen für die Funktion mit $y = \left(\frac{1}{3}\right)^x$ durch.

c) Betrachte die Funktion mit $y = 10^x$.
Verfahre wie in den Teilaufgaben a) und b).

4. Gib Beispiele für exponentielle Prozesse an, die durch eine Exponentialfunktion beschrieben werden. Die Basis der Exponentialfunktion soll von 2 verschieden sein. (Solche Beispiele kannst du auf Seite 33 ff. finden.)

5. Skizziere die Graphen der Funktionen in demselben Koordinatensystem. Vergleiche.
a) $y = 3^x$ und $y = x^3$ **b)** $y = 3^x$ und $y = x^3 + 1$ **c)** $f(x) = \left(\frac{1}{3}\right)^x$ und $f(x) = -\frac{1}{3}x + 1$

Übungen

6. **a)** Zeichne in dasselbe Koordinatensystem die Graphen zu $y = 4^x$ und zu $y = \left(\frac{1}{4}\right)^x$ für $-2 \leq x \leq 2$ mit der Schrittweite 0,5.

b) Lies an den Graphen Näherungswerte für die Lösungen folgender Gleichungen ab:
(1) $4^x = 3$; (2) $4^x = 0{,}4$; (3) $4^x = 5{,}5$; (4) $\left(\frac{1}{4}\right)^x = 0{,}8$; (5) $\left(\frac{1}{4}\right)^x = 1$; (6) $\left(\frac{1}{4}\right)^x = 7$

c) Begründe, dass man den Graphen zu $y = 4^x$ durch Spiegeln des Graphen zu $y = \left(\frac{1}{4}\right)^x$ an der y-Achse erhält.

d) Welches Steigungsverhalten zeigt der Graph der Funktion zu $y = 4^x$?
Welches Steigungsverhalten ergibt sich dann für den Graphen zu $y = \left(\frac{1}{4}\right)^x$?

e) Wie verändert sich der Funktionswert der Funktion mit (1) $y = 4^x$, (2) $y = \left(\frac{1}{4}\right)^x$, wenn man x um
(1) 1 vergrößert; (2) 1 verkleinert; (3) 0,5 vergrößert; (4) 0,5 verkleinert?

7. **a)** Zeichne die Exponentialfunktion zur Basis (1) 2,5; (2) 1,2; (3) 0,4.
Gib ihre Eigenschaften an.

b) Wie ändert sich der Funktionswert, wenn man x um 1 (1) vergrößert; (2) verkleinert?

c) Wie ändert sich der Funktionswert, wenn man x um 2 (1) vergrößert; (2) verkleinert?

8. **a)** Bestimme diejenige Schrittweite, bei der sich der Funktionswert y mit
(1) $y = 3^x$, (2) $y = 4^x$, (3) $y = 5^x$ jedes Mal verdoppelt.

b) Bestimme diejenige Schrittweite, bei der sich der Funktionswert y mit
(1) $y = \left(\frac{1}{3}\right)^x$, (2) $y = \left(\frac{1}{4}\right)^x$, (3) $y = \left(\frac{1}{5}\right)^x$ jedes Mal halbiert.

9. Stelle fest, welche Punkte auf dem Graphen der Funktion liegen.
a) $y = 3^x$ (1) $P(2\,|\,8)$ (2) $Q\left(-3\,\middle|\,\frac{1}{27}\right)$ (3) $R\left(-2\,\middle|\,-\frac{1}{9}\right)$
b) $y = \left(\frac{1}{4}\right)^x$ (1) $P\left(2\,\middle|\,\frac{1}{16}\right)$ (2) $Q(-2\,|\,8)$ (3) $R(-1\,|\,4)$

10. Das Wachstum einer Hefekultur wird durch die nebenstehende Tabelle beschrieben. Nach x Stunden sind y cm^2 bedeckt.
Welche Funktion kann dieses Wachstum beschreiben?

x	0	$\frac{1}{2}$	1	2	−1	−2
y	1	1,73	3	9	0,33	0,11

$1\ \mu g = 10^{-6}\ g$

11. Ein radioaktives Präparat zerfällt so, dass die vorhandene Substanz nach jeweils 1 Tag auf die Hälfte zurückgeht.
Zu Beginn der Messung ist 1 mg vorhanden. Die Zeit x wird in Tagen gemessen.

a) Welche Funktion liegt diesem Zerfallsprozess zugrunde?

b) Nach wie viel Tagen ist nur noch 1 µg der Substanz vorhanden?

12. Ein Gegenstand wird mit einer Temperatur von 6 °C aus dem Kühlschrank genommen. Die Zimmertemperatur ist 21 °C. Der Temperaturunterschied beträgt also 15 Grad. Bei der Erwärmung des Gegenstandes schrumpft dieser Temperaturunterschied in einer Minute jeweils auf etwa $\frac{4}{10}$ des Ausgangswertes.

a) Nach wie viel Minuten ist der Temperaturunterschied nur noch kleiner als 0,01 Grad? Lege eine Tabelle an. Runde auf Hundertstel.

b) Welche Temperatur hat der Gegenstand nach
(1) 2 Minuten; (2) 3 Minuten; (3) 5 Minuten; (4) 7 Minuten?

c) Gib die Gleichung der Funktion *Zeit (in Minuten) → Temperaturunterschied (in Grad)* an.

13. Nach dem Genuss von alkoholischen Getränken wird der Alkohol im Blut von der Leber abgebaut. Pro Stunde nimmt der Alkoholgehalt um 0,2 Promillepunkte ab.

a) Welche Funktionsgleichung beschreibt diesen Verfallsprozess?

b) Berechne, wie viele Stunden es dauert, bis die Leber einen Blutalkoholgehalt von 1,3 abgebaut hat.

● Exponentialfunktionen mit $y = a \cdot b^x$ $(b > 0,\ b \neq 1)$ – Eigenschaften

Einstieg

Untersuche mit deinem Kalkulationsprogramm den Graphen der Exponentialfunktion mit $y = a \cdot b^x$.
Erstelle eine Wertetabelle und zeichne den Graphen der Funktion.
Gestalte die Tabelle so, dass du die Werte für b und a verändern kannst.

→ Wähle zunächst $b > 1$. Verändere nun den Parameter a. Beschreibe die Auswirkungen auf die Eigenschaften der Funktion.

→ Wähle nun $0 < b < 1$. Verändere anschließend den Wert für Parameter a.

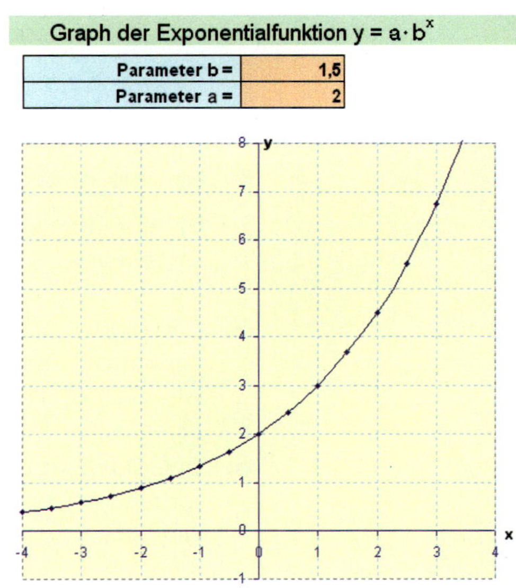

Aufgabe

1. Zeichne den Graphen von $y = \frac{1}{3} \cdot 2^x$; vergleiche ihn mit dem Graphen zu $y = 2^x$.

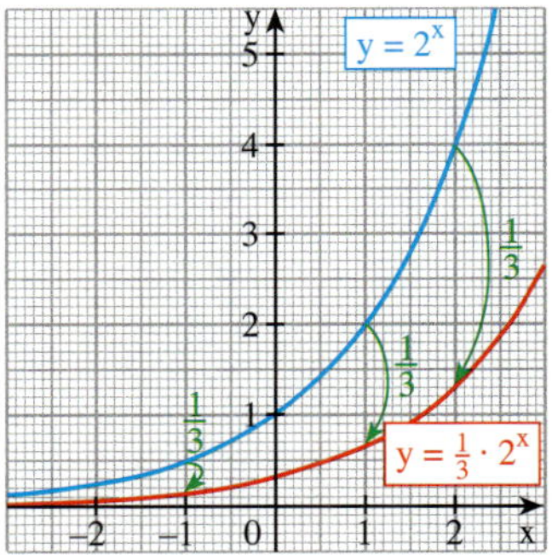

Lösung

Jeder Funktionswert 2^x der Exponentialfunktion zur Basis 2 wird mit dem Faktor $\frac{1}{3}$ multipliziert.
Das bedeutet:
Der Graph von $y = \frac{1}{3} \cdot 2^x$ geht aus dem Graphen von $y = 2^x$ durch *Streckung* von der x-Achse aus in Richtung der y-Achse mit dem Faktor $\frac{1}{3}$ hervor. Da der Streckungsfaktor in diesem Fall kleiner als 1 ist, würde man hier besser von einer Stauchung sprechen.

Information

In diesem Kapitel hast du verschiedene exponentielle Wachstums- und Zerfallsprozesse kennen gelernt.
Solche Prozesse werden durch eine Exponentialfunktion mit der Gleichung $y = a \cdot b^x$ beschrieben.

(1) Die Basis b ist der Wachstumsfaktor des Prozesses. Der Faktor a ist der Anfangswert, der z. B. die Menge zu Beginn einer Beobachtung angibt.
(2) Liegt ein exponentieller Wachstumsprozess mit steigenden Werten (exponentielle Zunahme) vor, so ist die Basis b größer als 1.
(3) Liegt ein exponentieller Zerfallsprozess mit abnehmenden Werten (exponentielle Abnahme) vor, so liegt die Basis b zwischen 0 und 1.

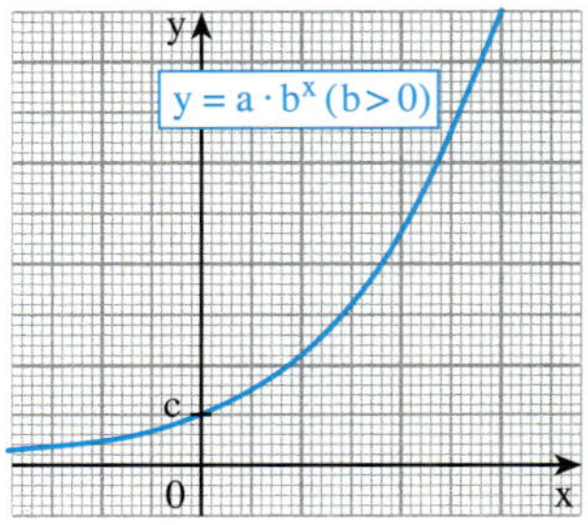

Zum Festigen und Weiterarbeiten

2. **a)** Zeichne die Graphen zu (1) $y = 3 \cdot 2^x$, (2) $y = \frac{3}{2} \cdot 2^x$; vergleiche mit dem Graphen zu $y = 2^x$.
b) Welche Eigenschaften der Funktion mit $y = 2^x$ bleiben bei Streckungen in Richtung der y-Achse erhalten, welche nicht?

Übungen

3. **a)** Zeichne den Graphen zu $y = \frac{1}{2} \cdot 3^x$ und vergleiche mit dem Graphen zu $y = 3^x$. Gib Eigenschaften der Funktion mit der Gleichung $y = \frac{1}{2} \cdot 3^x$ an.
b) Zeichne den Graphen zu $y = \frac{5}{3} \cdot 3^x$ und vergleiche mit dem Graphen zu $y = 3^x$. Gib Eigenschaften der Funktion mit der Gleichung $y = \frac{5}{3} \cdot 3^x$ an.

4. **a)** Zeichne den Graphen zu: (1) $y = \frac{1}{3} \cdot 3^x$; (2) $y = \frac{2}{3} \cdot 2^x$; (3) $y = 3 \cdot \left(\frac{1}{2}\right)^x$.
b) Welche der Punkte (1) $P(2\,|\,3)$, (2) $Q\left(-2\,\middle|\,\frac{1}{6}\right)$, (3) $R\left(3\,\middle|\,\frac{8}{3}\right)$ gehören zum Graphen der Funktion?

5. Eine Hefekultur (Masse in g) wachse so, dass der Bestand jede Stunde um 15% zunimmt. Am Anfang sind (1) 3 g, (2) 10,5 g vorhanden. Bestimme die Funktionsgleichung. Wie viel g sind nach (1) 1 Tag, (2) 10 Tagen vorhanden?

6. Eine Substanz zerfällt so, dass nach jeweils einem Tag (1) 10%, (2) 5% weniger vorhanden ist. Am Anfang sind 30 g vorhanden. Bestimme die Funktionsgleichung. Wie viel g sind nach (1) 2 Wochen, (2) nach 1 Monat noch vorhanden?

▲ LINEARES UND EXPONENTIELLES WACHSTUM

Einstieg

In einem Forschungslabor wird das Wachstum von Bakterienkulturen untersucht. Mithilfe verschiedener Nährlösungen kann das Wachstum beeinflusst werden:

(1) Die Bakterienkultur A bedeckt eine Fläche von 1 cm^2 und wächst täglich um 0,8 cm^2.

(2) Die Kultur B bedeckt anfangs eine Fläche von 1 cm^2 und wächst täglich um 40%.

→ Lege eine Tabelle für die beiden Wachstumsvorgänge an. Zeichne den Graphen in ein gemeinsames Koordinatensystem.

→ Beschreibe anhand der Graphen das Wachstum der beiden Bakterienkulturen.

→ Gib jeweils eine Funktionsgleichung für die Funktion *Zeit x (in Tagen) → Flächeninhalt A der bedeckten Fläche (in cm^2)* an.

Information

Lineares Wachstum

Zu gleichen Zeitspannen gehört immer eine Zunahme um den gleichen *Betrag*.

Funktionsgleichung: $y = a + mx$ $(m > 0)$

a ist der Anfangswert.

y nimmt in jeder für x festgelegten Zeiteinheit um den Betrag m zu.

Beispiel: Eine Straße erhält eine neue Asphaltdecke. 2,5 km sind bereits fertiggestellt, täglich werden 800 m neu asphaltiert.

Anfangswert — Wachstumsbetrag

Es gilt: $y = 2{,}5 + 0{,}8x$

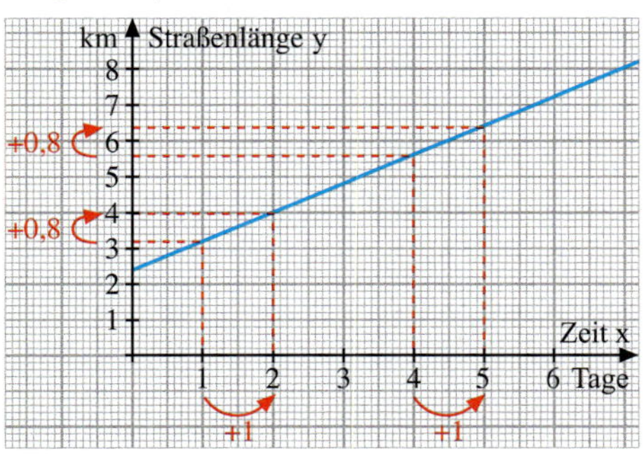

Exponentielles Wachstum

Zu gleichen Zeitspannen gehört immer eine Vervielfachung mit dem gleichen *Faktor* (*Wachstumsfaktor*).

Funktionsgleichung: $y = a \cdot b^x$ $(b > 1)$

a ist der Anfangswert.

y wächst in jeder für x festgelegten Zeiteinheit mit dem Faktor b.

Beispiel: In einer Speise sind 1 000 Salmonellen vorhanden. Im Magen verdreifacht sich die Anzahl der Salmonellen jede Stunde.

Anfangswert — Wachstumsfaktor

Es gilt: $y = 1\,000 \cdot 3^x$

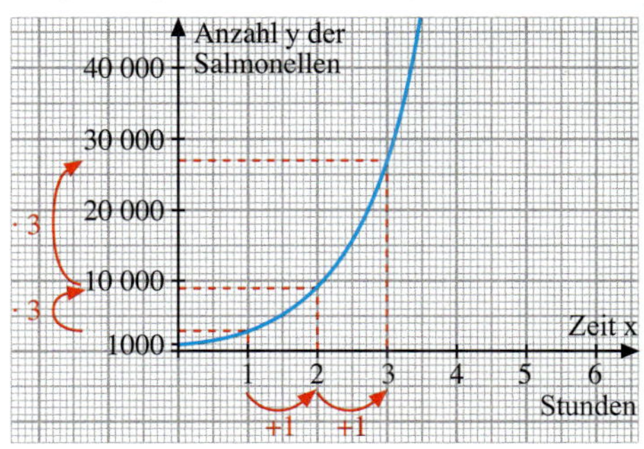

Zum Festigen und Weiterarbeiten

▲ **1.** Eine Eigentumswohnung hat zurzeit $(t = 0)$ einen Verkaufswert von 112 000 €. Der Wert der Wohnung soll in den nächsten 20 Jahren kontinuierlich zunehmen.
Vergleicht und diskutiert die beiden folgenden Prognosen für die Wertzunahme.

(1) Der Wert der Wohnung nimmt jedes Jahr um 2 000 € zu.

(2) Der Wert der Wohnung wächst jedes Jahr mit dem Faktor 1,017.

Gebt auch jeweils eine Funktionsgleichung an und stellt die Wachstumsprozesse grafisch dar. Stellt eure Überlegungen und Ergebnisse euren Mitschülern vor.

▲ **2.** Eine Firma hat für 140 000 Euro eine neue Maschine angeschafft. Durch die Benutzung nimmt der Wert der Maschine jährlich ab. Um diesen Restwert der Maschine zu ermitteln, gibt es verschiedene Abschreibungsmethoden.
(1) Der Wert der Maschine nimmt jährlich um 18 % des Anschaffungspreises ab.
(2) Der Wert der Maschine nimmt jedes Jahr um 28 % des Wertes vom Vorjahr ab.

a) Berechne nach beiden Methoden den Wert der Maschine für die ersten 5 Jahre nach der Anschaffung. Erstelle eine Tabelle.

b) Zeichne den Graphen der Funktion *Zeit x (in Jahren) → Restwert (in Euro)* für beide Abschreibungsmethoden in ein gemeinsames Koordinatensystem. Vergleiche.

c) Nach wie viel Jahren ist der Restwert der Maschine 0 €?

d) Welche Abnahmeprozesse liegen bei den beiden Abschreibungsmethoden vor?

e) Gib jeweils eine Funktionsgleichung für die Abnahmeprozesse an.

Übungen

▲ **3.** Herr Meier und Frau Fuchs haben sich verschiedene Möglichkeiten einer Geldanlage überlegt:
(1) Herr Meier zahlt 5 000 Euro auf ein Sparkonto ein. Am Ende eines jeden Jahres lässt er sich die Zinsen auszahlen. Gleichzeitig überweist er einen Betrag von 250 Euro auf das Konto.
(2) Frau Fuchs schließt einen Sparvertrag für 8 Jahre ab. Sie zahlt ebenfalls 5 000 Euro ein und vereinbart einen festen Zinssatz von 4,5 % pro Jahr. Die Zinsen werden am Ende des Jahres dem Sparguthaben zugerechnet.

a) Berechne das Guthaben von Herrn Meier und Frau Fuchs nach 1, 2, ... 8 Jahren. Lege eine Tabelle an.

b) Zeichne die Graphen der Funktion *Zeit x (in Jahren) → Guthaben G (in Euro)* in ein gemeinsames Koordinatensystem. Vergleiche.

c) Welche Wachstumsprozesse liegen vor?

d) Gib jeweils eine Funktionsgleichung für die Zunahme des Guthabens an.

▲ **4.** Während die Weltbevölkerung insgesamt in den kommenden Jahren zunimmt, gibt es in Deutschland Gebiete, in denen die Bevölkerungszahlen abnehmen.
In einem Landkreis wohnen heute 64 000 Menschen. Untersuche den Rückgang der Bevölkerungszahlen unter den folgenden Annahmen.
(1) Pro Jahr nimmt die Anzahl der Bewohner um 650 ab.
(2) Die Bevölkerungszahl sinkt jährlich um 1,1 %.

a) Berechne die Bevölkerungszahlen nach 5, 10, 15, ... 35 Jahren. Lege eine Tabelle an. Vergleiche.

b) Nach wie viel Jahren ist die Einwohnerzahl unter 60 000 gesunken?

c) Welche Abnahmeprozesse liegen den beiden Annahmen zugrunde?

d) Begründe, warum die Entwicklung der Bevölkerung bei der Annahme (1) langfristig zu einer stärkeren Abnahme führt.

▲ **5.** Corinna möchte in den Ferien für 10 Arbeitstage einen Aushilfsjob annehmen. Der Anbieter schlägt ihr zwei Lohnangebote vor.
Angebot 1: Jeden Tag bekommt sie 35 € Lohn.
Angebot 2: Am ersten Tag gibt es 85 Cent Lohn. An jedem weiteren Tag wird so viel gezahlt, dass Corinna insgesamt doppelt so viel Geld hat wie am Vortag.

a) Welche Art von Wachstum liegt den beiden Lohnangeboten zugrunde?

b) Für welches Angebot sollte sich Corinna entscheiden?

VERMISCHTE UND KOMPLEXE ÜBUNGEN

1. Eine mit Algen bedeckte Fläche eines Sees, die anfangs 0,6 m^2 groß ist, wächst jeden Tag auf das 1,5fache ihrer Größe.

a) Wie groß ist die von Algen bedeckte Fläche nach
(1) 5 Tagen; (2) 10 Tagen; (3) 15 Tagen?

b) Mit welchem Faktor hat sich die Größe der Fläche
(1) nach 1 Woche, (2) nach 2 Wochen, (3) nach 4 Wochen vervielfacht?

2. Ein Kapital von 5 000 € wird zu 3,7% verzinst.

a) Zeichne einen Graphen der Funktion *Zeit (in Jahren) → Kapital (in €).*

b) Wie hoch ist das Kapital nach (1) 5 Jahren; (2) 10 Jahren; (3) 25 Jahren?

c) Nach wie viel Jahren ist das Kapital auf (1) 6 000 €; (2) 8 000 €; (3) 10 000 € angewachsen?

1 013 hPa
= 1 013 mbar

3. Der Luftdruck der Erdatmosphäre nimmt mit zunehmender Höhe exponentiell ab, und zwar um rund 13% pro 1 000 Meter Höhe. Der Luftdruck wird in Pascal (Pa) bzw. Hektopascal (hPa) gemessen. Der normale Luftdruck beträgt in Meereshöhe 1 013 hPa.

a) Lege eine Tabelle an und zeichne den Graphen der Funktion *Höhe x über dem Meeresspiegel → (normaler) Luftdruck y.*

b) Wie hoch ist der normale Luftdruck auf dem Fichtelberg (ca. 1 200 m), auf dem Mont Blanc (ca. 4 800 m), auf dem Mount Everest (ca. 8 800 m)?

c) In welcher Höhe beträgt der normale Luftdruck 500 hPa, 250 hPa, 100 hPa?

Fichtelberg

Mont Blanc

Mount Everest

4. a) Entscheide, ob lineares oder exponentielles Wachstum vorliegt. Ergänze die Tabelle.

Zeit (in h)	0	1	2	3	4	5	6	7	8
(1) Größe einer Hefekultur (in cm^3)	1	3		27		243			6 561
(2) Füllhöhe eines Wasserbeckens (in cm)	0	26	52		104	130			
(3) Ausbreitung eines Gerüchts (Anzahl der Personen)	1	4	16		256				65 536
(4) Erdaushub (in m^3)	7,5	15		30	37,5	45			

b) Gib auch jeweils eine Funktionsgleichung an.

5. **a)** Frau Nolte hat vor sechs Jahren eine Erbschaft gemacht und das Geld bei ihrer Bank für 15 Jahre zu einem Zinssatz von 4,25 % angelegt. Heute sind es 17 972 €.
(1) Welcher Geldbetrag wird am Ende der 15 Jahre Frau Nolte ausgezahlt?
(2) Wie viel Euro hat sie geerbt?

b) Vor fünf Jahren hat Herr Buhle bei seiner Bank 15 000 € für 12 Jahre zu einem festen Zinssatz angelegt. Heute sind es schon 18 031,50 €.
(1) Berechne den Zinssatz.
(2) Wie viel Euro wird Herrn Buhle nach 12 Jahren ausgezahlt?

6. Die Zinsen aus einer Stiftung von 300 000 € sollen nach 5 Jahren als Beihilfe für Studierende verwendet werden.
Welcher Betrag steht dann in jedem Jahr zur Verfügung, wenn das Geld langfristig mit einem Zinssatz von 5,4 % angelegt ist?

7. Für ein Projekt sollen mehrere Würfel mit der Kantenlänge a, 2 a, 3 a, usw. hergestellt werden.

a) Beschreibe, wie sich dabei die Gesamtkantenlänge s, der Oberflächeninhalt A_O und das Volumen V der Würfel verändern. Untersuche, ob es sich bei den Veränderungen um dir bekannte Wachstumsvorgänge handelt. Begründe.

b) Es soll auch eine Würfelgruppe hergestellt werden, bei der sich der Oberflächeninhalt A_O der Würfel jeweils verdoppelt. Untersuche, wie sich bei diesen Würfeln die Kantenlänge a und das Volumen V verändern.

8. Bei Radium ist nach 948 Jahren 30% der Ausgangsmasse zerfallen.

a) Zeige: Bei gleichmäßiger prozentualer Abnahme eines Stoffes liegt exponentieller Zerfall vor.

b) Gib für Radium den Zerfallsfaktor zur Zeitspanne 948 Jahre an.

c) Nach wie viel Jahren ist noch die Hälfte $\left[\frac{1}{10}; \frac{1}{100}; \frac{1}{1000}\right]$ der Ausgangsmasse übrig?

d) Gib den Zerfallsfaktor für die Zerfallsraten an: 40%; 7%; 12%; 5,8%, p%.

9. Herr Lenze erhält zurzeit einen monatlichen Bruttolohn von 3 150 €. Aufgrund der guten wirtschaftlichen Lage rechnet er in den nächsten Jahren mit regelmäßigen Lohnerhöhungen. Dabei geht er von zwei Modellen aus:

Modell A:
Die jährliche Lohnerhöhung beträgt 4 % vom Lohn des Vorjahres.

Modell B:
Der Lohn nimmt jedes Jahr um 230 € zu.

Vergleicht beide Modelle anhand einer Tabelle.
Welches Modell ist aus eurer Sicht für Herrn Lenze günstiger? Begründet.
Beschreibt beide Modelle auch mit einer geeigneten Funktionsgleichung.
Erklärt, welche Wachstumsarten hier vorliegen.
Präsentiert eure Ergebnisse.

BIST DU FIT?

1. Frau Sparsam legt für 15 Jahre eine Erbschaft von 25 000 € zu einem festen Zinssatz von 5,5% bei ihrer Hausbank an. Die Zinsen werden nicht ausgezahlt, sondern mitverzinst.

a) Auf wie viel Euro ist das Kapital nach 1 Jahr, nach 2 Jahren, ..., nach 6 Jahren, auf wie viel nach n Jahren angewachsen?

b) Stelle die Entwicklung des Sparguthabens in einem geeigneten Diagramm dar.

c) Wie viel Euro werden Frau Sparsam nach 15 Jahren ausgezahlt?

2. Eine mit Algen bedeckte Fläche eines Sees, die zu Beginn der Messungen 16 m^2 groß war, wächst jeden Tag um das 1,15-fache ihrer Größe.

a) Wie groß ist die mit Algen bedeckte Fläche
(1) 3 Tage, (2) 10 Tage, (3) 2 Wochen nach Messbeginn?

b) Wie groß war die mit Algen bedeckte Fläche
(1) 1 Tag, (2) 5 Tage, (3) 1 Woche vor Messbeginn?

c) Um wie viel Prozent nimmt die Fläche täglich zu?

d) In welchen Zeitspannen verdoppelt sich die Größe der Fläche?

3. Bei Untersuchungen konnte man feststellen, dass verschiedene Medikamente vom Körper unterschiedlich abgebaut oder ausgeschieden werden. Ein Patient A nimmt 6 mg eines Medikaments ein, von dem täglich 0,75 mg abgebaut werden. Bei dem Patienten B werden von 6 mg eines Medikaments täglich 25% abgebaut.

a) Nach wie viel Tagen ist bei (1) Patient A, (2) Patient B die Hälfte des Medikaments abgebaut?

b) Wie viel mg des Medikamentes befinden sich nach 8 Tagen jeweils noch im Körper der Patienten?

c) Skizziere für jeden Patienten den Abnahmeprozess und beschreibe den Verlauf des Graphen. Um welche Art von Abnahmeprozess handelt es sich?

4. Gegeben ist die Funktion mit der Gleichung:
(1) $y = 1{,}5^x$ (2) $y = \left(\frac{1}{4}\right)^x$ (3) $y = 0{,}5 \cdot 1{,}5^x$ (4) $y = 1{,}5 \cdot \left(\frac{1}{4}\right)^x$
Zeichne den Graphen der Funktion und beschreibe seinen Verlauf.

5. Eine Hefekultur vermehrt sich so, dass der Bestand jeden Tag auf das Zweieinhalbfache anwächst. Am Anfang sind 5 g vorhanden.

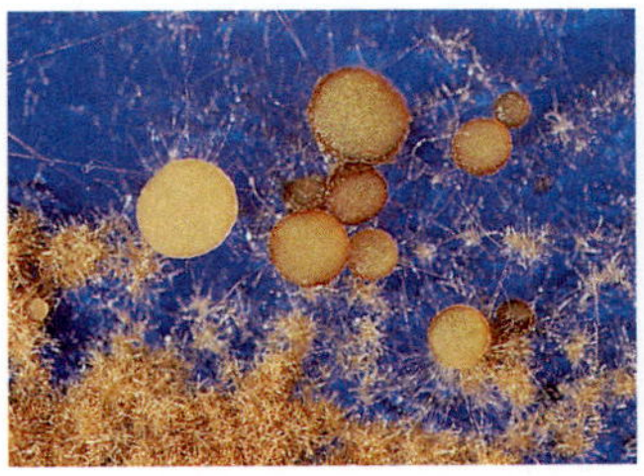

a) Wie viel g sind nach (1) 2 Tagen, (2) nach einer Woche vorhanden?

b) Bestimme die Funktionsgleichung, nach der die Hefekultur anwächst.

6. Ein Patient nimmt 8 mg eines Medikamentes zu sich. Pro Tag werden 15% des Medikamentes vom Körper abgebaut. Beschreibe die Abnahme durch eine Funktionsgleichung.

7. Gegeben ist die Funktion mit der Gleichung **a)** $y = 6^x$; **b)** $y = \left(\frac{4}{5}\right)^x$.
Wie lautet die Funktion, deren Graphen man aus dem gegebenen Graphen durch Spiegeln an der y-Achse erhält?

IM BLICKPUNKT: ENTWICKLUNG DER WELTBEVÖLKERUNG – GRENZEN DES WACHSTUMS

Nach Berechnungen von Experten bietet die Erde ausreichenden Platz für circa 11,5 Milliarden Menschen. Bei 20 Milliarden Menschen ist nach diesen Berechnungen die absolute Obergrenze erreicht.
Wie wird sich die Weltbevölkerung entwickeln, wenn sie weiterhin in dem gleichen Maße wächst wie in den letzten Jahren?
Was bedeutet das für die verschiedenen Länder und Erdteile?

1. Beim Einstieg auf Seite 31 sind wir von einer durchschnittlichen Wachstumsrate von 1,2% ausgegangen. Bei einer niedrigeren Wachstumsrate – z. B. bei 1,1% – bekommen wir andere Werte und andere Prognosen.
Einen Überblick über die Entwicklungen bei verschiedenen Wachstumsraten kann man sich am besten mit einem Tabellenkalkulationsprogramm eines Computers verschaffen.

	A	B	C
1	Entwicklung der Weltbevölkerung		
2			
3			
4	Jahr	Weltbevölkerung (in Millionen)	Wachstums-faktor
5	2000	6000	1,012
6	2010	6760	1,012
7	2020	7617	1,012
8	2030	8582	1,012
9	2040	9669	1,012
10	2050	10894	1,012
11	2060	12274	1,012
12	2070	13829	1,012
13	2080	15581	1,012
14	2090	17555	1,012
15	2100	19779	1,012
16			

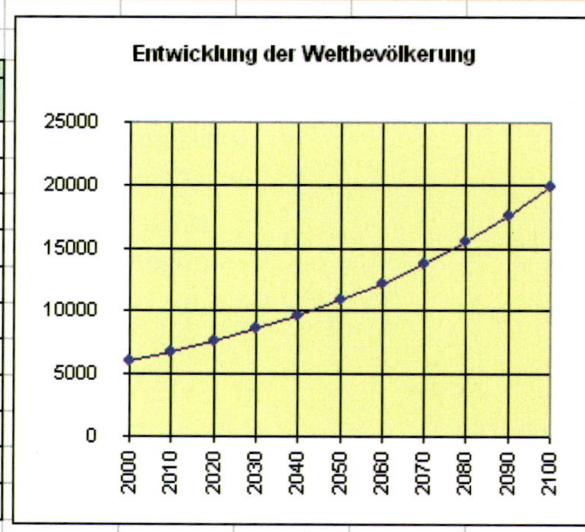

In unserem Beispiel ist die Entwicklung der Weltbevölkerung für die Kalenderjahre 2000 bis 2100 in Zehnjahresschritten dargestellt.

a) Erzeugt das oben angegebene Blatt auf einem Tabellenkalkulationsprogramm.
Hinweis: Da die Tabelle in Zehnjahresschritten angelegt ist, erhält man den Wert des Feldes B6 auf folgende Weise: Man muss den Wert des Feldes B5 zehn mal mit dem Wachstumsfaktor (Feld C5) – d. h. mit (Wert von C5)^{10} – multiplizieren. Das Feld B6 hat daher die Formel B5*C5^10.
Die Schreibweise ^10 bedeutet dabei *hoch 10*.

b) Untersucht, wie sich die Entwicklung der Weltbevölkerung ändert, wenn man andere Wachstumsraten einsetzt, beispielsweise 2,5%, 2,0%, 1,5%, 1,3%, 1%, 0,5%.
Wann sind die Grenzen des Wachstums von 11,5 Milliarden [20 Milliarden] jeweils erreicht?

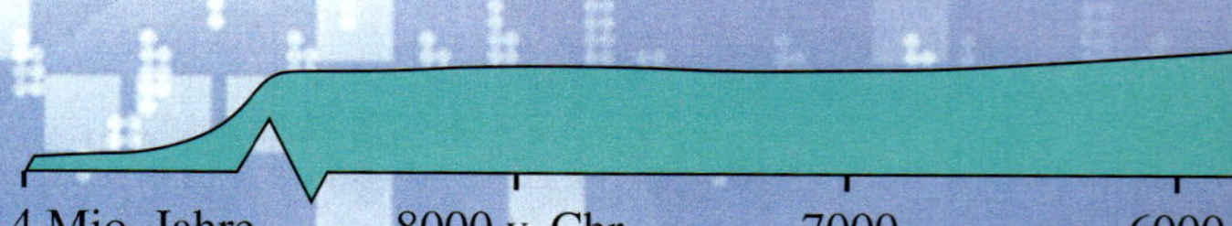

2. Bei den bisherigen Rechnungen gingen wir von einer Wachstumsrate aus, die für den gesamten Zeitraum der Modellrechnung gleich bleibt. In Wirklichkeit ändern sich die Wachstumsraten jedoch. Nach den derzeitigen Prognosen werden die Wachstumsraten in den nächsten Jahrzehnten weltweit fallen und zwar jedes Jahr um ca. 0,015 Prozentpunkte.

Jahr	2007	2008	2009	2010	2040	2050
Wachstumsrate (in %)	1,17	1,155	1,14	1,125	0,65	0,5

– 0,015 – 0,015 – 0,015

a) Führt mit einem Tabellenkalkulationsprogramm eine Modellrechnung bis zum Jahre 2050 durch, bei der die Änderung der Wachstumsraten berücksichtigt wird. Auf diese Weise könnt ihr euch ein realistischeres Bild über die Entwicklung der Weltbevölkerung verschaffen als mit gleichbleibenden Wachstumsraten.

b) Ab wann würde nach dieser Prognose die Weltbevölkerung wieder abnehmen? Wie groß wäre sie dann?

3. Im Internet findet ihr unter www.weltbevoelkerung.de eine Weltbevölkerungsuhr, die die aktuelle Bevölkerungszahl der Erde anzeigt.

a) Erkundigt euch, wie viele Menschen im Moment auf der Erde leben.

b) Um wie viele Menschen wächst die Weltbevölkerung zur Zeit
(1) in einer Stunde,
(2) in einem Tag,
(3) in einer Woche?

c) Versucht herauszufinden, nach welchem Wachstumsprinzip diese Weltbevölkerungsuhr rechnet. Berichte darüber.

4. Aktuelle Daten zum Bevölkerungsstand und die aktuellen Wachstumsraten zu fast allen Ländern der Welt könnt ihr euch unter folgender Internet-Adresse des U.S. Census Bureaus besorgen: www.census.gov/main/www/popclock.html
Teilt euch in Gruppen auf und untersucht unterschiedliche Länder bzw. Gebiete der Erde.
Ihr könnt die verschiedenen Informationen, Modellrechnungen und Graphen auch zu einer Ausstellung zusammenstellen.

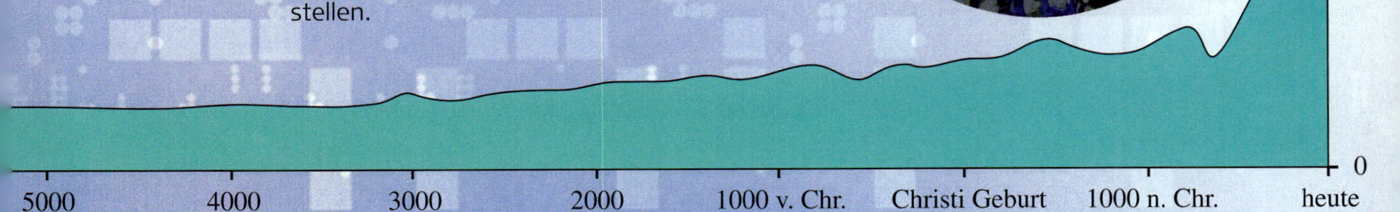

Bleib fit im … Umgang mit arithmetischem Mittel, Median und Modus

Zum Aufwärmen

1. Die Gäste einer Jugendherberge wurden befragt. Es soll nicht das vollständige Umfrageergebnis veröffentlicht werden, sondern zu jeder Frage die „typische" Antwort. Bestimme diese jeweils.

Anzahl der Übernachtungen	1	2	3	4	5	6	7
	2	5	4	3	23	12	2
Zufriedenheit	😞	☹	☹	😐	🙂	🙂	😄
	1	1	4	6	13	12	14
Herkunft (Bundesland)	B	BB	MV	NI	SH	HH	HB
	1	35	3	2	5	2	3

Zum Erinnern

Daten
(Plural von Datum)
Zahlenwerte, Angaben

(1) Das **arithmetische Mittel** (den **Durchschnitt**) $\bar{x}$ einer Datenmenge, wobei es sich um Zahlen oder Größen handelt, berechnet man so:

Addiere die Werte und dividiere die Summe durch die Anzahl der Werte.

Ergebnis: Der Durchschnitt beträgt 2,52 kg.

Beispiel: 2,36 kg; 1,42 kg; 3,78 kg

Rechnung:

$$\bar{x} = \frac{2{,}36\text{ kg} + 1{,}42\text{ kg} + 3{,}78\text{ kg}}{3}$$

$$\bar{x} = \frac{7{,}56\text{ kg}}{3} = 2{,}52\text{ kg}$$

Kommen Werte mehrfach vor, kann man das arithmetische Mittel so berechnen:
Multipliziere jeden Wert mit seiner absoluten Häufigkeit, addiere diese Ergebnisse und dividiere durch die Summe aller absoluten Häufigkeiten.

Ergebnis: Der Durchschnitt beträgt 3,17 m.

Beispiel:

Wert	2,7 m	3,1 m	3,6 m
Häufigkeit	2	5	3

Rechnung:

$$\bar{x} = \frac{2 \cdot 2{,}7\text{ m} + 5 \cdot 3{,}1\text{ m} + 3 \cdot 3{,}6\text{ m}}{2 + 5 + 3}$$

$$\bar{x} = \frac{31{,}7\text{ m}}{10} = 3{,}17\text{ m}$$

(2) Den **Median** (*Zentralwert*) einer Datenmenge erhält man so:
Zunächst werden die Angaben der Urliste ihrer Rangfolge nach geordnet. Bei ungerader Anzahl von Angaben ist der Median die in der Mitte stehende Angabe.
Bei gerader Anzahl von Angaben kann man die beiden mittleren Angaben als Median angeben. Wenn die Daten Zahlen oder Größen sind, wählt man häufig das arithmetische Mittel dieser beiden Angaben als Median.

Beispiel:
🙂 😐 😞 🙂 🙂

Rangfolge:
🙂 🙂 🙂 😐 😞
↑ mittlere Angabe

Ergebnis:
Der Median ist 🙂.

(3) Der **Modus** (*Modalwert*) einer Datenmenge ist die Angabe, die am häufigsten vorkommt.

Beispiel: 8 Personen werden nach ihrer Lieblingsfarbe für ein Auto befragt:
Grau, *Schwarz*, *Rot*, *Grau*, *Weiß*, *Grau*, *Blau*, *Grün*.
Der Modus ist *Grau*.

Zum Üben

2. An den 5 Tagen einer Schulwoche hat Roland gemessen, wie viel Zeit er für den Schulweg braucht. Wie lange braucht Roland durchschnittlich (1) morgens, (2) mittags?

	Mo.	Di.	Mi.	Do.	Fr.
Morgens (in min)	22	18	19	20	21
Mittags (in min)	24	21	22	25	23

3. Bei einer Umfrage in einer Stadt wurden 200 Haushalte nach der Anzahl der Haustiere befragt. Berechne die durchschnittliche Anzahl der Haustiere je Haushalt.

Anzahl der Haustiere	0	1	2	3	4	5	6	7	8
Anzahl der Haushalte	82	64	27	13	6	2	4	1	1

4. Schülerinnen und Schüler wurden nach ihrer Lieblingsballsportart befragt. Das Ergebnis siehst du rechts. Auch bei dieser Frage soll nicht das vollständige Umfrageergebnis veröffentlicht werden, sondern nur eine einzige Angabe. Welche Angabe sollte man wählen?

Ballsportart	**Anzahl der Schüler**
Fußball	65
Basketball	8
Volleyball	12
Badminton	23
Tennis	32

5. Die Gäste einer Jugendherberge werden nach ihrer Nationalität erfasst. Für den Computer-Fragebogen bedeuten:
1 – deutsch, 2 – französisch, 3 – englisch, 4 – spanisch, 5 – griechisch.
Aus welchem Land kommt der „typische" Gast?

Nationalität	1	2	3	4	5
Anzahl	21 703	1 474	451	124	59

Diamanten

Der Diamant wird vom griechischen „adamas" der Unbezwingbare abgeleitet.
Dank seiner Härte ist der Diamant der beständigste aller Edelsteine. In der Natur werden Diamanten in allen Farben gefunden, wobei der Anteil der „weißen" Steine sehr gering ist. Daraus resultiert auch der wesentlich höhere Preis. Ein weiteres Güte- und damit Preismerkmal ist die Reinheit, die international in verschiedene Klassen eingeteilt wird:

IF = internally flawiess	Bei 10facher Vergrößerung sind keine Einschlüsse zu erkennen: „lupenrein"
V VSI = very, very small inclusions	Sehr, sehr kleine Einschlüsse, bei 10facher Vergrößerung nur sehr schwierig zu erkennen.
VSI = very small inclusions	Sehr kleine Einschlüsse, bei 10facher Vergrößerung schwierig zu erkennen.
SI = small inclusions	Kleine Einschlüsse, bei 10facher Vergrößerung leicht zu erkennen.
Piqué 1	Einschlüsse, die die Brillanz nicht beeinträchtigen und durch die Tafel (Oberteil) bei 10facher Vergrößerung sofort, aber mit bloßem Auge gerade noch zu erkennen sind.
Piqué 2	Größere zahlreiche Einschlüsse, die die Brillanz beeinträchtigen und durch die Tafel mit bloßem Auge gut zu erkennen sind.
Piqué 3	Große zahlreiche Einschlüsse, die die Brillanz merklich beeinträchtigen und durch die Tafel mit bloßem Auge sehr leicht zu erkennen sind.

6. Die bei einer Auktion versteigerten Diamanten wiesen folgende Reinheitsgrade auf: Piqué 3, V VSI, Piqué 1, VSI, IF, Piqué 1, V VSI, VSI, Piqué 1, SI. Welchen mittleren Reinheitsgrad wiesen die Diamanten auf?

7. Frau Krämer hat mehrmals den Benzinverbrauch ihres Pkw für 100 km bestimmt: 8,4 *l*; 7,8 *l*; 9,2 *l*; 7,5 *l*; 10,1 *l*; 8,3 *l*; 8,9 *l*

a) Bestimme das zugehörige arithmetische Mittel und den zugehörigen Median.

b) Erweitere die gegebene Liste durch zwei verschiedene Angaben, sodass sich das arithmetische Mittel nicht ändert.
Welche Eigenschaften müssen die ergänzten Angaben haben?

c) Erweitere die gegebene Liste durch zwei verschiedene Angaben, sodass sich der Median nicht ändert.
Welche Eigenschaften müssen die beiden Ergänzungsgrößen haben?

4 Daten und Zufall

In Zeitungen und Zeitschriften, im Fernsehen und im Internet gibt es eine Flut von Informationen und Daten.
Rechts findest du ein Beispiel.

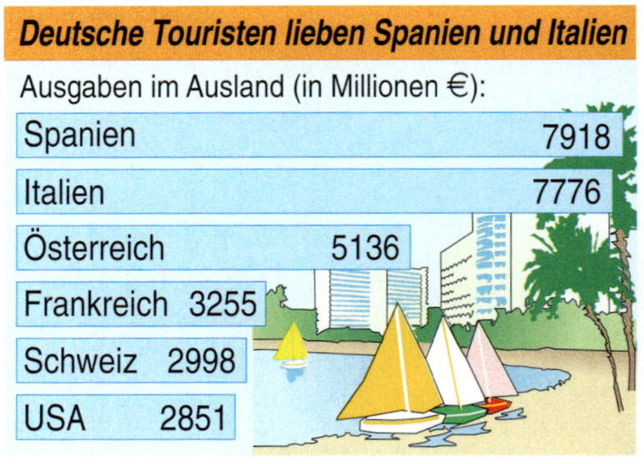

➜ Was kannst du dem Diagramm entnehmen?

➜ Wer braucht solche Daten und wozu?

Das Werfen eines Würfels oder einer Münze sind Vorgänge, deren Ergebnisse man nicht voraussagen kann. Ob beim Würfeln die 1 oder 6 erscheint, hängt vom Zufall ab und ist unvorhersehbar.

Zufällig und unvorhersehbar ist auch der Ausgang der Ziehung der Lottozahlen. Dennoch nutzen viele Menschen jeden Mittwoch und Samstag ihre Gewinnchance.

Andere setzen beim Roulette und hoffen auf den großen Gewinn.

Aber auch bei Vorgängen, die vom Zufall abhängen, gibt es Vermutungen über die Gewinnchance oder die Wahrscheinlichkeit für ein bestimmtes Ergebnis.

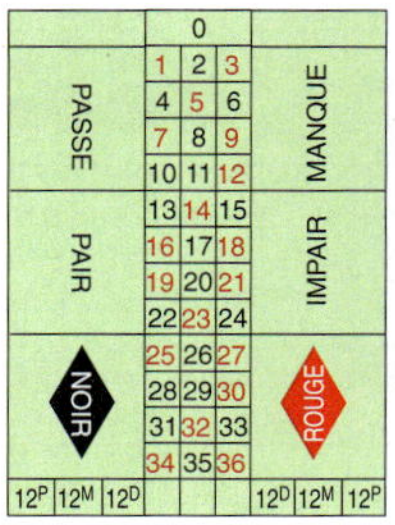

➜ Nenne weitere Spiele, deren Ausgang vom Zufall abhängen.

➜ Maik hat schon fünfmal gewürfelt. „Jetzt muss aber endlich eine 1 kommen."

In diesem Kapitel lernst du ...

... an weiteren Beispielen das Auswerten und übersichtliche Darstellen von Daten und worauf man dabei achten muss.
Ferner lernst du weitere Möglichkeiten kennen, wie man bei Vorgängen, deren Ergebnisse vom Zufall abhängen, Gewinnchancen oder Wahrscheinlichkeiten ermitteln kann.

TABELLEN UND DIAGRAMME – WIEDERHOLUNG

Einstieg

Erdgas

in Milliarden Kubikmeter	2006 Reserven	1990 Förderung (Erdgas und Erdölgas)	1995	2000	2005	2006
• Europa	5070	232,5	277,0	315,7	327,7	320,0
Deutschland	221	15,3	19,1	20,1	18,8	18,6
Dänemark	72	2,7	5,3	8,2	10,4	10,4
Großbritannien	481	49,6	75,5	115,2	92,1	83,4
Italien	164	17,1	20,0	16,7	12,0	10,9
Niederlande	1415	71,8	84,4	72,7	78,8	77,7
Norwegen	2330	27,0	31,3	52,8	88,6	91,5
Österreich	16	1,4	1,5	1,8	1,6	1,8
Polen	165	3,4	5,1	5,2	6,1	6,0
Rumänien	63	28,3	19,3	13,6	11,5	11,5
Ungarn	8	4,6	4,9	3,2	2,9	3,1
Sonstige	135	11,3	10,6	6,2	4,9	5,1
Welt-Gesamt	**174939**	**2051,2**	**2209,2**	**2499,5**	**2794,0**	**2834,2**

in Milliarden Kubikmeter	1990 Verbrauch	1995	2000	2005	2006
Europa	373,0	440,5	507,7	584,0	577,4
Belgien	9,6	12,5	16,8	14,4	14,8
Deutschland	69,7	94,1	90,6	101,8	98,5
Frankreich	31,5	33,5	39,7	46,5	44,4
Großbritannien	57,0	77,1	103,3	98,0	94,3
Italien	47,2	54,6	70,3	86,1	84,4
Niederlande	43,1	48,2	48,6	49,5	48,1
Österreich	6,1	7,5	7,5	9,5	8,9
Polen	12,9	11,6	13,3	16,3	16,3
Rumänien	35,7	25,5	17,0	17,8	18,0
Spanien	5,6	8,5	15,6	32,2	33,0
Türkei	3,5	7,0	15,1	17,5	31,5
Ungarn	9,6	12,0	12,0	14,9	14,3
Sonstige	51,1	60,9	74,7	83,9	85,7
Welt-Gesamt	**2059,2**	**2217,8**	**2492,4**	**2839,9**	**2888,2**

- Was könnt ihr den Tabellen entnehmen?
- Welches Land hatte 2006 den größten Erdgasverbrauch in Europa, welches die höchste Förderquote und welches die größten Reserven?
- Stellt die Entwicklung des Erdgasverbrauchs in Deutschland von 1990 bis 2006 in einem geeigneten Diagramm dar.
- Stellt die Förderquoten der europäischen Länder (absolute und relative Häufigkeiten) in verschiedenen Diagrammen dar und beschreibt Vor- und Nachteile der einzelnen Darstellungen.
- Wie viel Prozent der weltweiten Erdgasreserven lagerten 2006 in Europa?
- Stellt weitere Fragen, die sich mithilfe von Berechnungen beantworten lassen.
- Präsentiert eure Ergebnisse.

Aufgabe

1. Die Abbildung rechts gibt Auskunft über angefallene häusliche Abfälle einer deutschen Stadt.

Zusammensetzung der häuslichen Abfälle:

a) Stelle die einzelnen Müllmengen in einem Säulendiagramm dar. Welche Vorteile hat diese Darstellung?

b) Wie viel Prozent des gesamten häuslichen Abfalls entfällt auf Haus- und Sperrmüll, wie viel Prozent auf Grün- und Bioabfall, wie viel Prozent auf Wertstoffe? Runde auf ganzzahlige Prozente.

c) Veranschauliche die Anteile
(1) in einem Streifendiagramm; (2) in einem Kreisdiagramm.
Was zeigen diese Diagramme auf einen Blick?

Lösung

a) Auf der y-Achse wählen wir 1 mm für 3 000 t Abfall. Damit ergeben sich für die Säulen folgende Längen in mm:

Haus- und Sperrmüll: 131 000 : 3 000 ≈ 44
Grün- und Bioabfälle: 31 100 : 3 000 ≈ 10
Wertstoffe: 78 400 : 3 000 ≈ 26

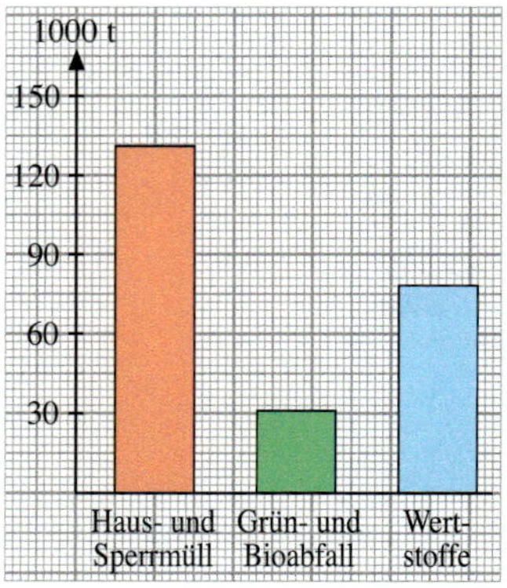

In dem Säulendiagramm kann man *auf einen Blick* die einzelnen Müllmengen gut miteinander vergleichen und in eine Rangfolge bringen.
Wir sehen auch, dass mehr als doppelt so viel Wertstoffe wie Grün- und Bioabfälle angefallen sind.

b) Das gesamte Müllaufkommen beträgt:
131 000 t + 31 100 t + 78 400 t = 240 500 t

Damit lassen sich die Anteile (relative Häufigkeiten) der einzelnen Abfallsorten am gesamten Müllaufkommen berechnen.

131 000 t von 240 500 t sind Haus- und Sperrmüll, also $\frac{131\,000\text{ t}}{240\,500\text{ t}} \approx 0{,}54 = 54\,\%$

31 100 t von 240 500 t sind Grün- und Bioabfälle, also $\frac{31\,100\text{ t}}{240\,500\text{ t}} \approx 0{,}13 = 13\,\%$

78 400 t von 240 500 t sind Wertstoffe, also $\frac{78\,400\text{ t}}{240\,500\text{ t}} \approx 0{,}33 = 33\,\%$

Ergebnis: Der häusliche Abfall bestand ungefähr zu 54 % aus Haus- und Sperrmüll, zu 13% aus Grün- und Bioabfällen und zu 33 % aus Wertstoffen.

c) (1) *Streifendiagramm:*
Der ganze Streifen steht für das gesamte Müllaufkommen (100%). Wir wählen für die Länge des Streifens zweckmäßig 10 cm (= 100 mm). Dann entspricht 1 mm dem Anteil 1%. Damit ergeben sich für die Streifen folgende Längen:

Haus- und Sperrmüll: 54 mm
Grün- und Bioabfälle: 13 mm
Wertstoffe: 33 mm

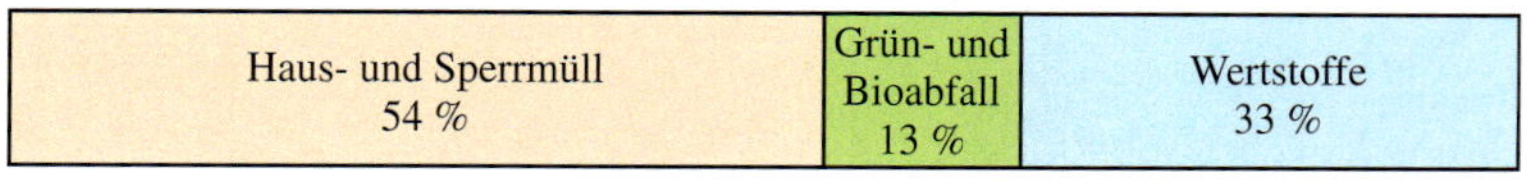

(2) *Kreisdiagramm:*
Nun steht der Vollkreis (360°) für das gesamte Müllaufkommen (100%). Ein Winkel von 3,6° entspricht dann dem Anteil 1%. Damit ergeben sich für die Kreissektoren folgende Zentriwinkel:

Haus- und Sperrmüll: 3,6° · 54 = 194,4°
Grün- und Bioabfälle: 3,6° · 13 = 46,8°
Wertstoffe: 3,6° · 33 = 118,8°

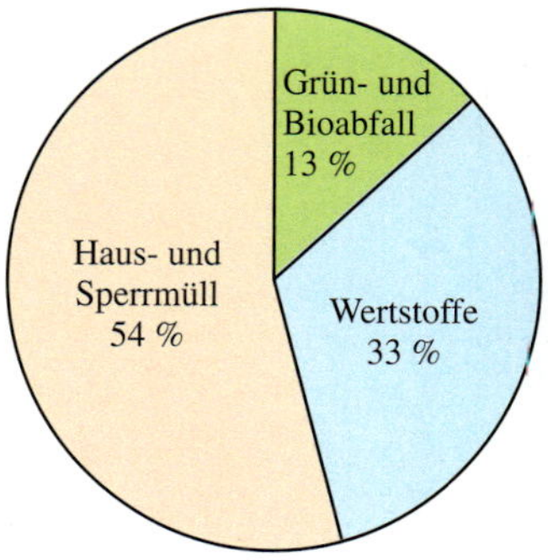

Das Streifendiagramm und das Kreisdiagramm zeigen *auf einen Blick*, woraus sich der gesamte Müll zusammensetzt und wie sich die einzelnen Müllanteile auf den gesamten Müll verteilen.
So sieht man im Streifen- und Kreisdiagramm sofort, dass mehr Haus- und Sperrmüll anfallen als Wertstoffe und Grün- und Bioabfälle zusammen bzw. dass mehr als die Hälfte des Mülls aus Haus- und Sperrmüll besteht.

Zum Festigen und Weiterarbeiten

2. In der Aufgabe 1 auf Seite 57 wurde der häusliche Abfall einer deutschen Stadt grafisch dargestellt. Hier seht ihr die entsprechenden Angaben aus dem Jahr 1990.

Müllart	Haus- und Sperrmüll	Grün- und Bioabfall	Wertstoffe
Müllmenge (in t)	169 200	15 000	49 100

Zeichnet verschiedene Diagramme und vergleicht sie mit denen aus Aufgabe 1. Ihr könnt die Diagramme auch mit einem Tabellenkalkulationsprogramm zeichnen.
Gebt die Veränderungen für die einzelnen Müllarten auch in Prozent an.
Welche Veränderungen stellt ihr fest? Woran könnte das liegen?

3. a) Was zeigen die Darstellungen? Welche Nachteile, welche Vorteile hat jede?

Bundestagswahl 2005 – Ergebnis					
CDU/CSU	**SPD**	**FDP**	**Die Linke**	**Grüne**	**Sonstige**
35,2 %	34,2 %	9,8 %	8,7 %	8,1 %	4,0 %

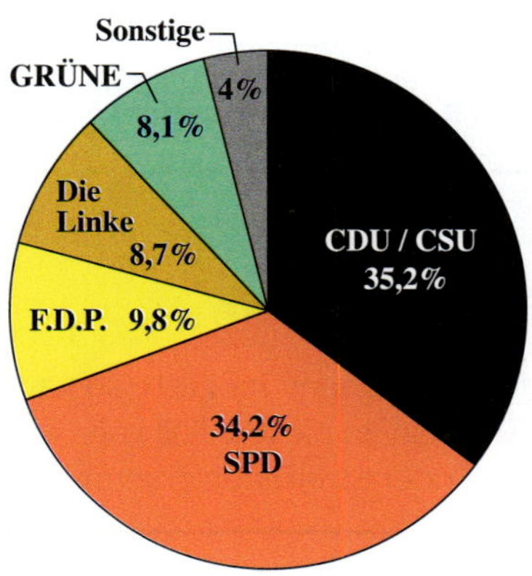

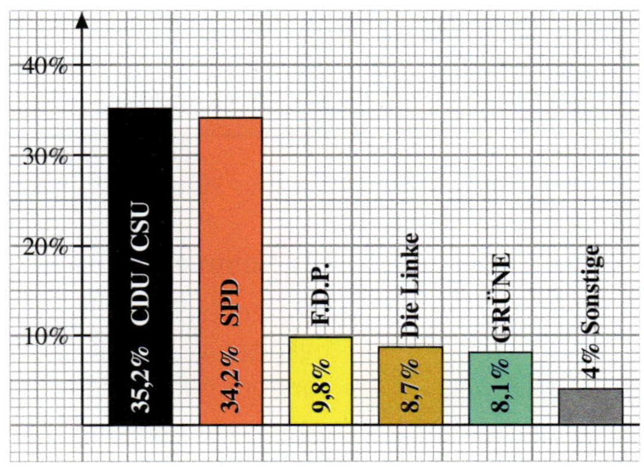

b) Für die Bundestagswahl 2005 waren 61,9 Mio. Personen wahlberechtigt. Die Wahlbeteiligung betrug 77,7 %. Insgesamt wurden 47,3 Mio. gültige Erststimmen und 47,2 Mio. gültige Zweitstimmen abgegeben.
(1) Erkundige dich, worin sich Erst- und Zweitstimme unterscheiden.
(2) Wie viele gültige Zweitstimmen erhielten die einzelnen Parteien?
(3) Wie viele ungültige Erststimmen [Zweitstimmen] gab es?

4. Rechts siehst du ein Liniendiagramm. Es zeigt die Entwicklung einer Aktie. Die Punkte geben jeweils den Aktienkurs am Ende eines Jahres an.

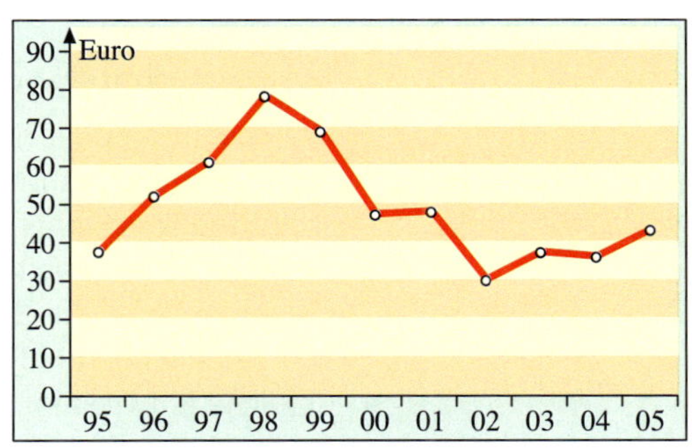

a) Wieso sind Liniendiagramme besonders gut geeignet, zeitliche Entwicklungen von Größen (z. B. Aktienkurse oder Preise) zu beschreiben?

b) Schreibe zur Entwicklung des Aktienkurses einen Zeitungsartikel; denke dir auch eine passende Schlagzeile aus.

c) Stelle dir selbst Sachfragen, die du mithilfe der Daten des Diagramms beantworten kannst.

d) Sucht in Zeitungen, Zeitschriften oder im Internet nach Liniendiagrammen und stellt sie eurer Klasse vor.

Wiederholung

(1) Statistische Erhebungen, Grundgesamtheit, Merkmal

Zählungen von Fahrzeugen, Personen oder Gegenständen, Befragungen von Personen nach Alter, Verhaltensgewohnheiten oder Meinungen sind Beispiele für **statistische Erhebungen**. Die Menge aller Personen oder Gegenstände, über die man Daten gewinnen möchte, nennt man die **Grundgesamtheit**.
In den obigen Aufgaben wurden Daten zu unterschiedlichen **Merkmalen** wie Abfallarten, Parteien, Aktienkurs erhoben. Die Daten können Zahlen, Größen oder Angaben, die sich nur mit Wörtern beschreiben lassen, sein.

(2) Absolute und relative Häufigkeit

Bei statistischen Daten spricht man oft von absoluten und relativen Häufigkeiten statt von Anzahlen und Anteilen.
Die **absolute Häufigkeit** einer Merkmalsausprägung erhält man durch Zählen. Diese Anzahl gibt an, wie oft die Merkmalsausprägung vorkommt.
Die **relative Häufigkeit** dieser Merkmalsausprägung ist der Anteil an der Gesamtanzahl der Daten. Man erhält sie durch Quotientenbildung.

$\frac{6}{24} = \frac{1}{4} = 25\%$

$$\textbf{Relative Häufigkeit einer Merkmalsausprägung} = \frac{\textbf{absolute Häufigkeit der Daten einer Merkmalsausprägung}}{\textbf{Gesamtanzahl der Daten}}$$

Relative Häufigkeiten kann man als gemeine Brüche, Dezimalbrüche oder in Prozent angeben.

(3) Summenprobe

Sind bei einer Umfrage *Mehrfachnennungen* möglich, so kann die Summe der relativen Häufigkeiten größer als 1 bzw. 100% sein. In diesem Fall kann man kein Kreisdiagramm zeichnen, sondern nur ein Säulendiagramm oder Streifendiagramm.

Summenprobe für relative Häufigkeiten

Die Summe der relativen Häufigkeiten einer vollständigen Erhebung *ohne* Mehrfachnennungen ist gleich 1, also 100%.
Mit dieser *Summenprobe* kann man die Vollständigkeit einer Erhebung oder die Richtigkeit der Rechnung überprüfen.
Bei der Angabe der relativen Häufigkeiten durch Dezimalbrüche oder in Prozent können durch Runden kleine Abweichungen von der Summe 1 bzw. 100% auftreten.

(4) Häufigkeitstabelle – Darstellungen

Die absoluten oder relativen Häufigkeiten der Ausprägungen eines Merkmals kann man übersichtlich in einer Tabelle notieren (*Häufigkeitstabelle*). Sie beschreibt die **Häufigkeitsverteilung des Merkmals**.
Die Tabelle mit absoluten Häufigkeiten kann man durch ein **Säulendiagramm** bzw. *Balkendiagramm* oder ein **Streifendiagramm** veranschaulichen, bei relativen Häufigkeiten zusätzlich durch ein **Kreisdiagramm** (siehe Aufgabe 3).
Zeitliche Entwicklungen z. B. der Anzahl von Straßenverkehrsunfällen, Schülerzahlen, Arbeitslosenzahlen, durchschnittliche Monatstemperatur im Laufe eines Jahres (Klimadiagramme) werden häufig durch **Liniendiagramme** dargestellt. Dabei werden die Punkte durch Strecken verbunden (siehe Aufgabe 4).
Durch ein Liniendiagramm wird der Trend der zeitlichen Veränderung gut veranschaulicht.

Übungen

5. *Straßenverkehrs-Unfälle mit Personenschaden (Stand 2006):*

Überhöhte Geschwindigkeit	17 %	Alkohol	6 %
Nichtbeachten der Vorfahrt	15 %	Fehlverhalten gegenüber Fußgängern	4 %
Unzureichender Sicherheitsabstand	12 %	Überholen	4 %
Fehler beim Abbiegen, Wenden	14 %	Sonstige Ursachen	28 %

a) Zeichne ein Säulendiagramm und ein Kreisdiagramm.

b) Die Anzahl der Straßenverkehrsunfälle mit Personenschaden betrug 327 590.
Wie viele dieser Unfälle wurden durch überhöhte Geschwindigkeit verursacht, wie viele Unfälle durch Nichtbeachten der Vorfahrt usw.?

6. **a)** Ein großer Teil des Hausmülls entfällt auf Verpackungen.
Wie viel Prozent des Hausmülls sind das?

b) Wie viel Prozent des Hausmülls entfällt auf Glas, wie viel Prozent auf Papier und Pappe usw.?

c) Wie viel Prozent des Verpackungsmülls entfällt auf Glas, wie viel Prozent auf Papier und Pappe usw.?

d) Zeichne zu dem Schaubild rechts ein Kreisdiagramm.

e) Zeichne für die verschiedenen Verpackungsarten ein Säulendiagramm.

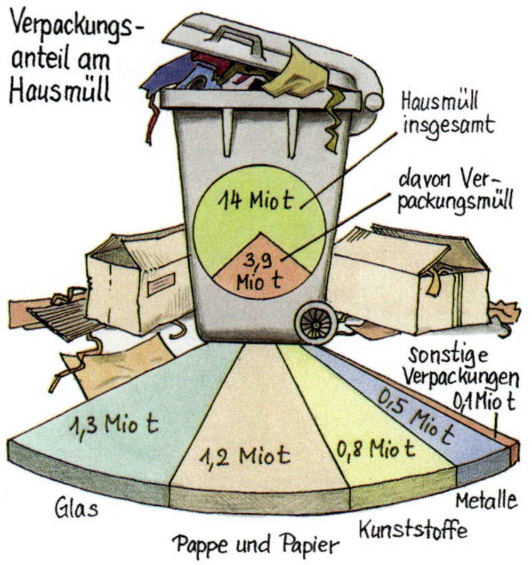

7.

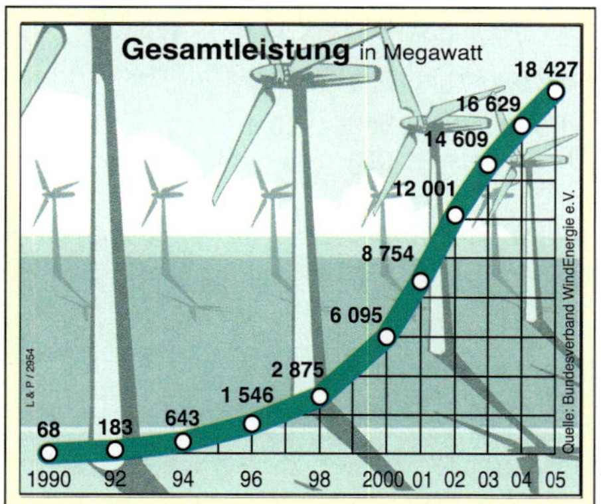

Wind-Nutzung flacht ab

Deutschland, dem größten Windenergiemarkt, geht beim Bau der Windräder langsam die Puste aus. 2004 wurden nur 1 200, 2005 sogar nur noch 1 049 neue Anlagen gebaut im Vergleich zu 2 000 Anlagen im Rekordjahr 2002. Insgesamt betrug Ende 2005 die installierte Windkraftleistung 18 400 Megawatt.

Die angegebene Leistung der Windkraftanlagen bezieht sich in dem Liniendiagramm immer auf die am *Jahresende* installierte Gesamtleistung.

a) Was kannst du *auf einen Blick* am Graphen ablesen?

b) Welche Zuordnung beschreibt der Graph? Wird diese Zuordnung im Text unter dem Graphen erklärt?

c) Wie beurteilst du die Schlagzeile „Windnutzung flacht ab"?
Begründe deine Meinung.

d) Wie viele Windräder wurden 2004 neu gebaut?
Wie viel Megawatt leistet im Durchschnitt jedes dieser Windräder?

e) Vergleiche die Zunahme der Windkraftleistung in den Jahren 1991/92, 1993/94, ..., 2003/04.
In welchem Zweijahreszeitraum war die relative, in welchem die absolute Zunahme der Leistung am größten?

f) Erkundige dich im Internet, z. B. beim Bundesverband Windenergie e.V., nach der weiteren Entwicklung des Windenergiemarktes und stelle sie der Klasse vor.

8. In einer repräsentativen Befragung von 1 217 erwachsenen Deutschen wurde untersucht, wie sich das *Online-Shopping* in den letzten Jahren verändert hat. Die Tabelle gibt an, wie viele der befragten Personen zumindest gelegentlich Online-Einkäufe in dem angegebenen Jahr im World Wide Web getätigt haben.

Jahr	2000	2001	2002	2003	2004	2005	2006
Anzahl der Online-Shopper	97	182	268	340	413	479	536

a) Veranschauliche die Daten durch ein Liniendiagramm.
Was siehst du am Diagramm *auf einen Blick?*

b) Bestimme die relativen Häufigkeiten. Was geben sie an?

c) Schätze ab, wie viele Erwachsene in Deutschland 2004 zumindest gelegentlich Online-Einkäufe erledigt haben.

d) Um wie viel Prozent ist das Einkaufen per Internet von 2000 bis 2004 angestiegen?

9.

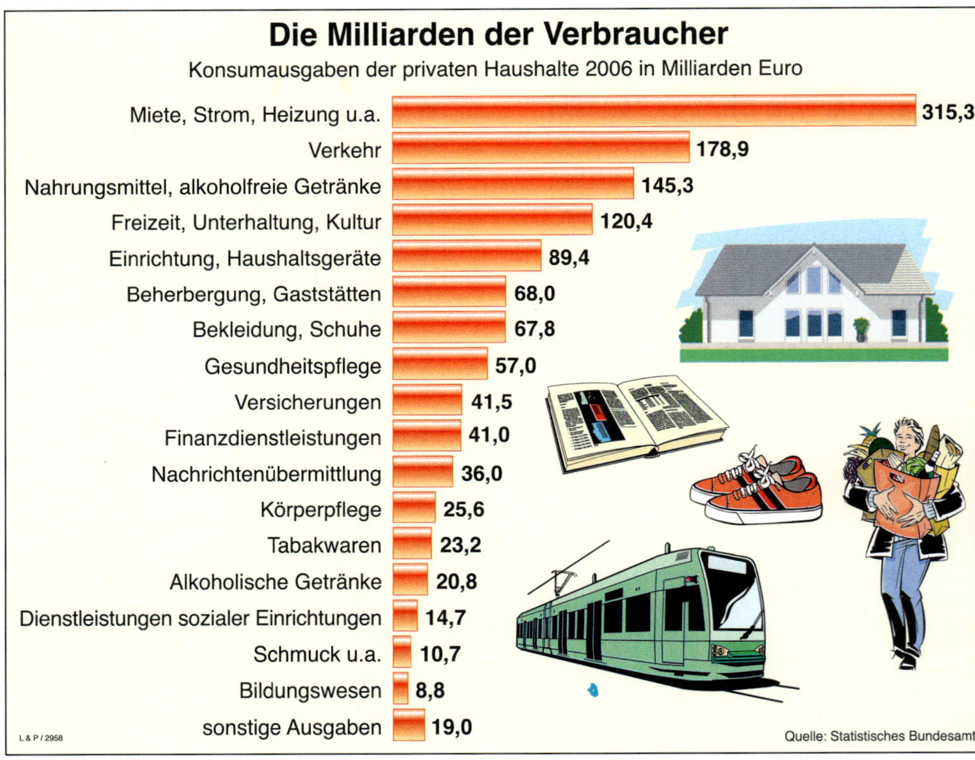

a) Wie viel Prozent der gesamten Konsumausgaben gaben die privaten Haushalte für die Wohnung, wie viel Prozent für die Bildung aus?

b) Wie viel Prozent gaben sie für Verkehr mehr aus als für Nahrungsmittel?

c) Stelle die Konsumausgaben in einem Kreisdiagramm dar. Fasse dazu die letzten sieben Ausgabenblöcke (ab Körperpflege) unter *sonstige Ausgaben* zusammen.

d) Suche z. B. im Internet oder in Zeitschriften vergleichbare Diagramme, stelle selbst dazu Fragen und beantworte sie.

10. Unter www.statistik-berlin-brandenburg.de findest du eine Vielzahl von statistischen Übersichten für Berlin und Brandenburg.
Erstelle für ausgewählte Inhalte entsprechende Diagramme und schreibe einen Zeitungsartikel.

11. **a)** In den beiden folgenden Diagrammen ist jeweils der Anteil der männlichen und weiblichen Auszubildenden in den einzelnen Ausbildungsbereichen dargestellt.
Vergleiche die Diagramme. Was wird beim linken Diagramm hervorgehoben?
Was steht beim rechten Diagramm im Vordergrund?

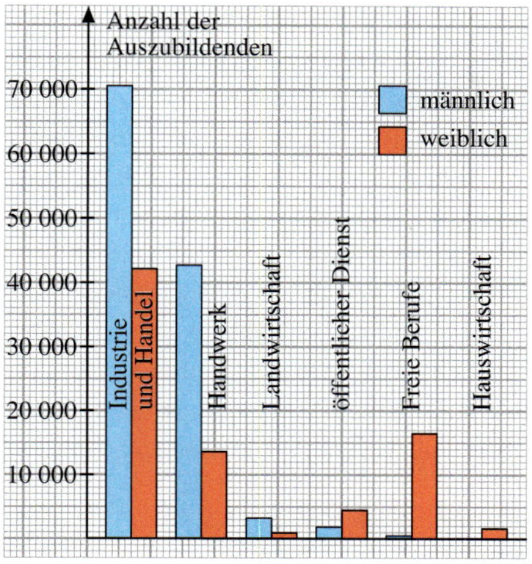

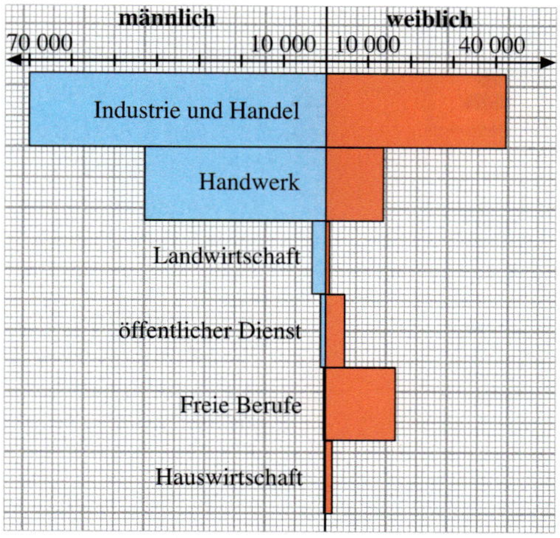

b) Wie viel Prozent der weiblichen Auszubildenden entfallen auf jeden Ausbildungsbereich?
Veranschauliche die Prozentsätze durch ein geeignetes Diagramm.

c) Wie verteilen sich
(1) die männlichen Auszubildenden, (2) alle Auszubildenden
auf die verschiedenen Ausbildungsbereiche?
Zeichne jeweils ein Diagramm wie in Teilaufgabe b) und vergleiche.

12. Die Tabelle zeigt, wie sich die Sportnoten an der Herder-Schule auf die Mädchen und die Jungen verteilen.

Note	1	2	3	4	5
Mädchen	9	25	33	19	2
Jungen	11	28	39	12	6

a) Wie viele Mädchen, wie viele Jungen, wie viele Schüler insgesamt erhielten eine bestimmte Sportnote?

TAB

b) Veranschauliche auf drei verschiedene Weisen die Verteilung der Noten für die Mädchen und Jungen jeweils zusammen in einem Säulendiagramm.
(1) Für jede Note sollen die Säulen für Mädchen und Jungen übereinander stehen.
(2) Die Säulen sollen nebeneinander stehen wie in Aufgabe 11 a) links.
(3) Die Säulen sollen gegeneinander stehen wie in Aufgabe 11 a) rechts.
Nimm Stellung zu diesen drei Formen der Darstellung.

c) Zeichne die Tabelle ab. Trage zu den einzelnen Noten die Prozentsätze ein.
Wähle bei deinen Berechnungen jeweils den passenden Grundwert.

Note	1	2	3	4	5	
Mädchen						100%
Jungen						100%
Gesamt						100%

d) Stelle die relative Verteilung der Sportnoten
(1) für die Mädchen, (2) für die Jungen, (3) für die Schüler insgesamt
in je einem Kreisdiagramm dar.
Vergleiche. Was zeigen diese Diagramme nicht?

IM BLICKPUNKT: MATHEMATIK AUS DER ZEITUNG

Zustand des Waldes ist alarmierend

Berlin: Der Wald hat etwas Beruhigendes, aber wenig beruhigend ist der Zustand unserer Wälder, der sich 2004 alarmierend verschlechtert hat. Eine Ursache dafür ist der Rekordsommer 2003. Die lang anhaltende Trockenheit sowie hohe Ozonwerte und andere Schadstoffbelastungen trafen die Wälder. Außerdem haben gefräßige Schädlinge den Bäumen stark zugesetzt.
Der Anteil der Bäume ohne sichtbare Schäden liegt mit nur noch 28% so gering wie nie zuvor. Fast ein Drittel aller Bäume zeigen deutliche Nadel- bzw. Blattverluste. Damit hat die Zahl der deutlich geschädigten Bäume im Vergleich zum Vorjahr so stark zugenommen, wie noch nie seit Beginn der Untersuchungen 1984; gleichzeitig wird damit der höchste Krankheitsstand erreicht.
Das größte Problem ist die Buche. Der Anteil der deutlichen Schäden stieg innerhalb eines Jahres um 25 Prozentpunkte auf 55 Prozent. Bei der Fichte stiegen die deutlichen Schäden um 8, bei der Eiche um 6 Prozentpunkte. Nur die Kiefer hält sich mit einem Plus von 4 Prozentpunkten relativ stabil.

	1990	1991	1992	1993	1994	1995	1996	1997	1998	1999	2000	2001	2002	2003	2004
alle Baumarten:															
ohne Schäden	38%	32%	29%	34%	31%	36%	39%	37%	38%	37%	35%	36%	35%	31%	28%
Warnstufe	39%	38%	42%	42%	43%	41%	39%	41%	41%	41%	42%	42%	44%	46%	41%
deutliche Schäden	23%	30%	29%	24%	26%	23%	22%	22%	21%	22%	23%	22%	21%	23%	31%
Fichte:															
ohne Schäden	37%	34%	28%	34%	32%	38%	43%	37%	36%	36%	34%	31%	33%	30%	26%
Warnstufe	40%	37%	42%	40%	39%	38%	35%	40%	38%	39%	41%	43%	41%	43%	39%
deutliche Schäden	23%	29%	30%	26%	29%	24%	22%	23%	26%	25%	25%	26%	26%	27%	35%
Kiefer:															
ohne Schäden	39%	28%	31%	40%	33%	41%	44%	43%	45%	42%	39%	40%	38%	34%	34%
Warnstufe	40%	39%	46%	44%	48%	45%	43%	44%	45%	45%	48%	46%	49%	53%	49%
deutliche Schäden	21%	33%	23%	16%	19%	14%	13%	13%	10%	13%	13%	14%	13%	13%	17%
Buche:															
ohne Schäden	31%	29%	20%	24%	24%	20%	26%	23%	24%	21%	21%	25%	26%	24%	14%
Warnstufe	42%	45%	42%	44%	49%	44%	44%	47%	47%	47%	39%	43%	42%	46%	41%
deutliche Schäden	27%	26%	38%	32%	27%	36%	30%	30%	29%	32%	40%	32%	32%	30%	55%
Eiche:															
ohne Schäden	36%	27%	22%	19%	17%	19%	13%	14%	20%	20%	21%	21%	27%	17%	17%
Warnstufe	39%	38%	45%	39%	39%	42%	40%	39%	43%	36%	44%	46%	44%	44%	38%
deutliche Schäden	25%	35%	33%	42%	44%	39%	47%	47%	37%	44%	35%	33%	29%	39%	45%

- Schaut euch den Zeitungsartikel und die Tabelle an und klärt unbekannte Begriffe. Worin unterscheiden sich die Begriffe *Prozent* und *Prozentpunkte?*
- Überprüft die Angaben im Zeitungsartikel. War bei allen Baumarten der Krankheitszustand 2004 am höchsten?
- Bei welcher Baumart war die relative Zunahme der deutlichen Schäden von 2003 auf 2004 am geringsten?
- Beschreibt die Schadensentwicklung aller Baumarten von 1990 bis 2004 und stellt sie in geeigneter Weise, z. B. mithilfe eines Tabellenkalkulationsprogramms grafisch dar.
- Schreibt einen Zeitungsbericht zur Schadensentwicklung der Buche in deutschen Wäldern. Erstellt dazu auch geeignete Diagramme und ergänzt den Bericht mit weiteren Informationen, die ihr mithilfe der gegebenen Daten berechnen könnt.
- Informiert euch z. B. im Internet über den aktuellen Zustand des deutschen Waldes.
- Findet ähnliche Datenangaben in Zeitungen oder anderen Medien und stellt sie vor.

IRREFÜHRENDE STATISTISCHE DARSTELLUNGEN UND TYPISCHE FEHLER

Bildliche Darstellung von Daten und ihre Wirkung auf den Betrachter

Einstieg

manipulieren ⟨lat.⟩ zum eigenen Vorteil beeinflussen

Ein Fotogeschäft gibt zum Jubiläum eine Werbebroschüre heraus. Positive Aussagen zur Geschäftsentwicklung sollen durch bildliche Darstellungen hervorgehoben werden. Im Folgenden siehst du jeweils zwei Vorschläge. Vergleiche sie.

(1) „In den letzten fünf Jahren konnten wir unseren Umsatz vervierfachen."

Vorschlag 1

Vorschlag 2

(2) „Unsere günstigen Preise haben den Trend zum Foto im Posterformat verstärkt."

Vorschlag 1

Vorschlag 2

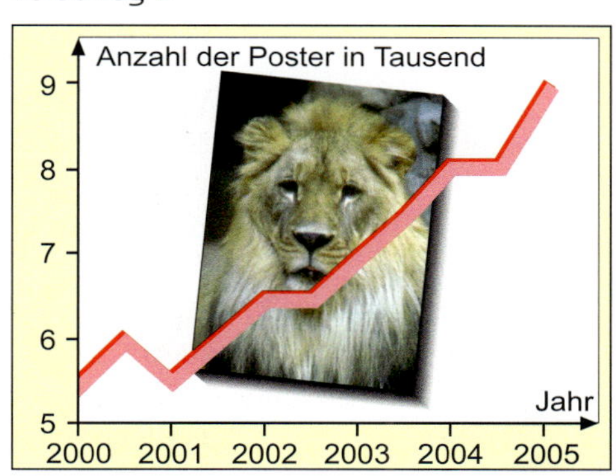

→ Welcher Eindruck soll vermittelt werden?

→ Welche Darstellung ist angemessen?

Aufgabe

1. 2003 kostete 1 t Rohkaffee im Durchschnitt 1 250 US-Dollar, im Jahr 2005 doppelt so viel. Für einen Zeitungsartikel entwirft ein Grafiker zwei verschiedene bildliche Darstellungen.

(1)

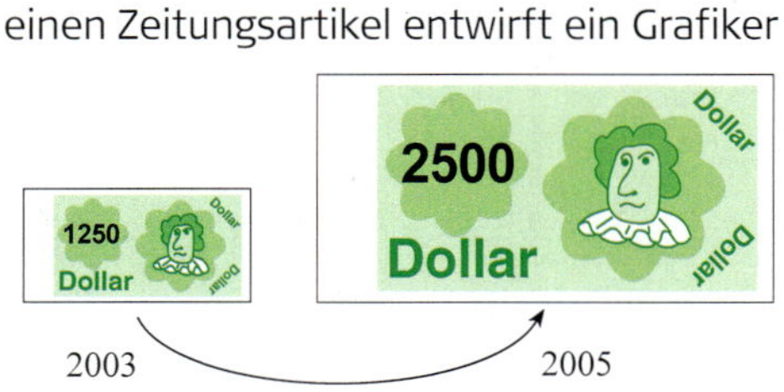

(2)

Welche der Darstellungen gibt den Preisanstieg angemessen wieder?

Lösung

(1) Beim Vorschlag (1) wurden die Seitenlängen des kleinen Geldscheins verdoppelt; dadurch wurde sein Flächeninhalt vervierfacht. Vier kleine Scheine passen in einen großen. Dies ist eine irreführende Darstellung, weil nicht die Längen sondern die Flächen der Geldscheine ins Auge fallen. Die nebenstehende Abbildung stellt die Verhältnisse richtig dar. Der große Geldschein hat den doppelten Flächeninhalt des kleinen. Miss nach und kontrolliere.

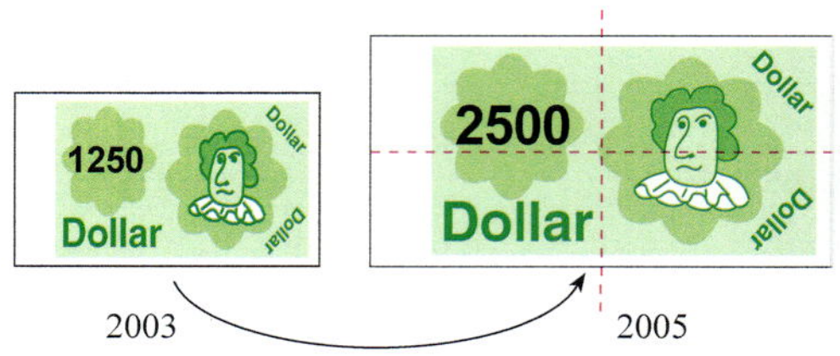

(2) Die Abbildung (2) zeigt deutlich eine Verdopplung des Geldbetrages. Die Geldstücke selber werden nicht größer, nur die Höhe des Geldturms wird verdoppelt.

Zum Festigen und Weiterarbeiten

2. Das Ergebnis einer Umfrage zur Gesundheitsreform ist in einem Kreisdiagramm festgehalten worden.

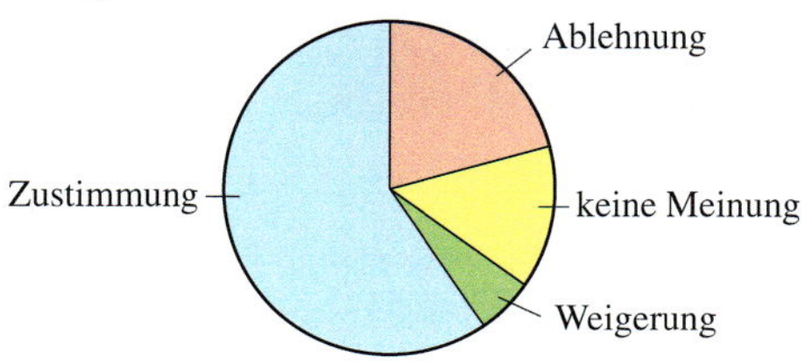

Es kann auch durch sogenannte *Piktogramme* veranschaulicht werden (rechts).
Welche Darstellung ist bei diesem Problem angemessen?
Welche Eindrücke werden durch die verschiedenen Darstellungen erweckt?

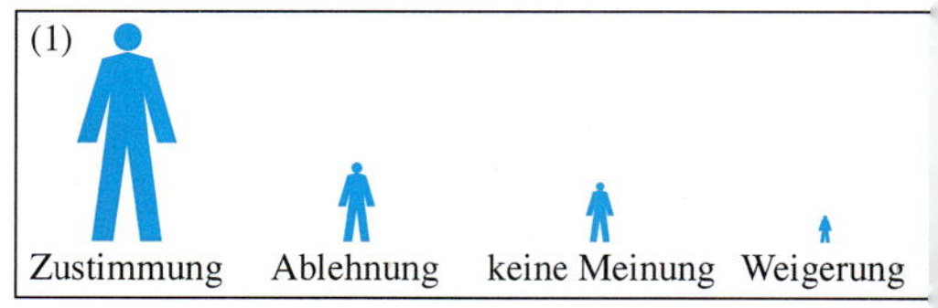

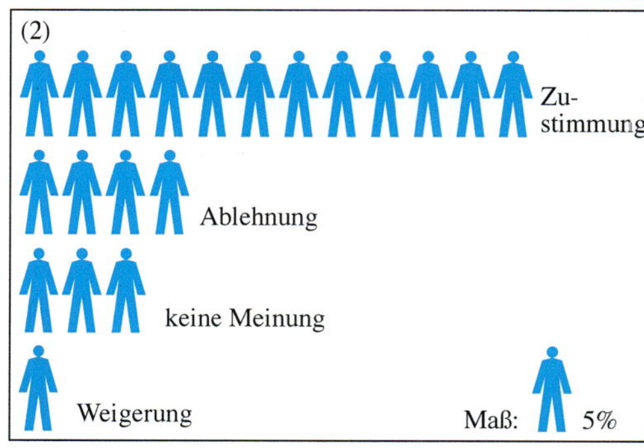

3. Die Firma „Gute Bohne“ hat in den letzten 12 Jahren ihre Kaffeeproduktion von jährlich 4 000 t auf 8 000 t verdoppelt. In einer Broschüre soll diese Entwicklung durch zwei verschieden große Quader dargestellt werden. Mache einen Vorschlag.
Überlege vorher, welche Größe beim Betrachten eines Quaders ins Auge fällt.

4. Welche Informationen vermitteln die Zahlenangaben der Abbildung?
Werden diese Informationen durch die bildlichen Darstellungen richtig wiedergegeben?

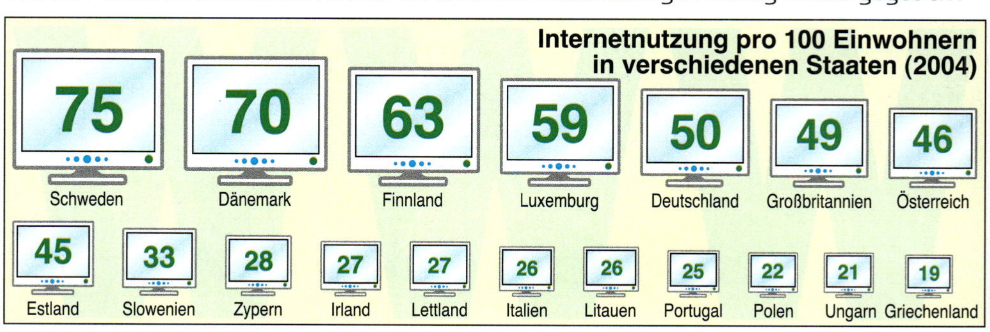

5. In der Tabelle ist die zeitliche Entwicklung der Schülerzahlen an allgemein bildenden Schulen in Brandenburg seit dem Schuljahr 1998/99 dargestellt.

Schuljahr	1998/99	1999/00	2000/01	2001/02	2002/03	2003/04	2004/05	2005/06	2006/07	2007/08
Anzahl	376 863	356 167	333 756	310 773	289 392	273 223	253 771	245 923	233 604	233 604

a) Stelle die zeitliche Entwicklung der Schülerzahlen seit dem Schuljahr 1998/99 in vier verschiedenen Koordinatensystemen jeweils durch ein Liniendiagramm dar.
Beachte: Du musst die folgenden Diagramme noch geeignet ergänzen.

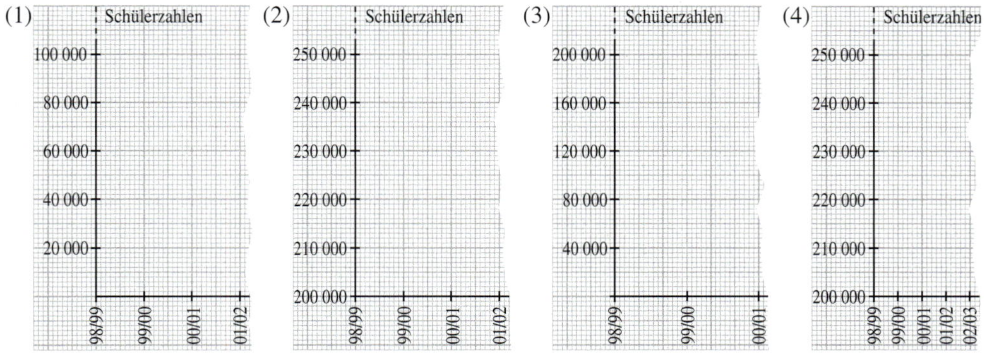

b) Beschreibe wie die unterschiedliche Achseneinteilung den optischen Eindruck verändern.

Information

Verschiedene grafische Darstellungen derselben Daten können beim Betrachter ganz unterschiedliche Eindrücke hervorrufen.
Bei flächenhaften Darstellungen achten wir unbewusst auf den Flächeninhalt, bei körperhaften auf das Volumen.
Ordnet man gleich groß gezeichnete Gegenstände räumlich an, so erscheinen die hinteren größer als sie wirklich sind.
Oft wird bei Liniendiagrammen z. B. aus Platzgründen der Nullpunkt auf der Häufigkeitsachse nicht mit eingezeichnet.
Auf den ersten Blick kann man dadurch einen falschen Eindruck gewinnen.
Entsprechendes gilt, wenn man die Häufigkeitsachse oder die Zeitachse streckt oder staucht und damit unterschiedlich einteilt.
Man kann solche Darstellungen auch benutzen, um Informationen zu verfälschen.

Übungen

6. Ein chemisches Labor will in seinem neuesten Prospekt folgende Aussagen grafisch untermauern: „Durch Verwendung modernster Technologie konnte der Bedarf an giftigen Chemikalien in den letzten 8 Jahren halbiert werden."
Es werden zwei Vorschläge gemacht. Welcher Vorschlag ist angemessen? Begründe.

Vorschlag 1

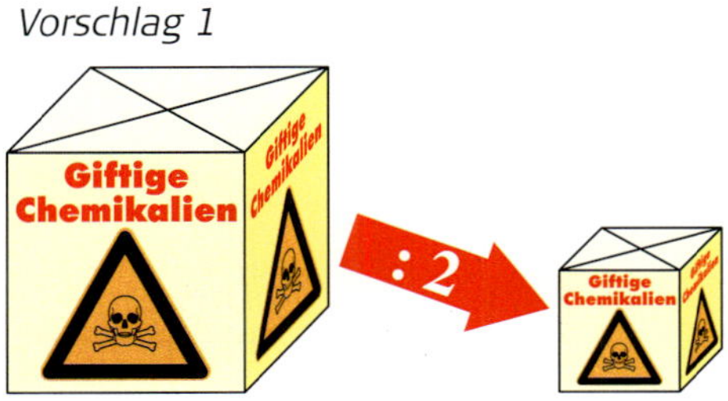

Vorschlag 2

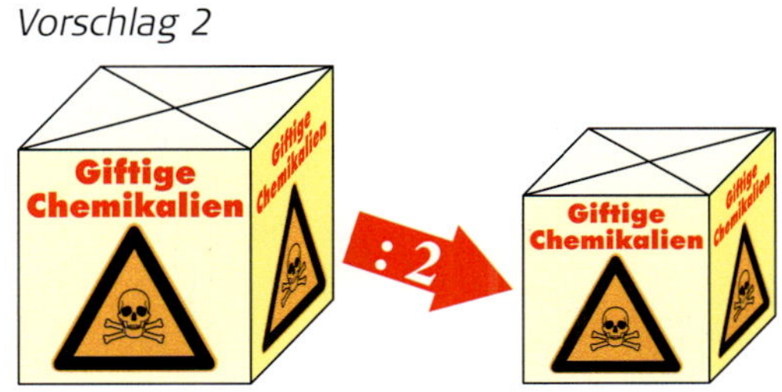

7. Erdbevölkerung im Jahr 2008:

Afrika	967 000 000
Amerika	915 000 000
Asien	4 052 000 000
Europa	736 000 000
Australien und Ozeanien	35 000 000

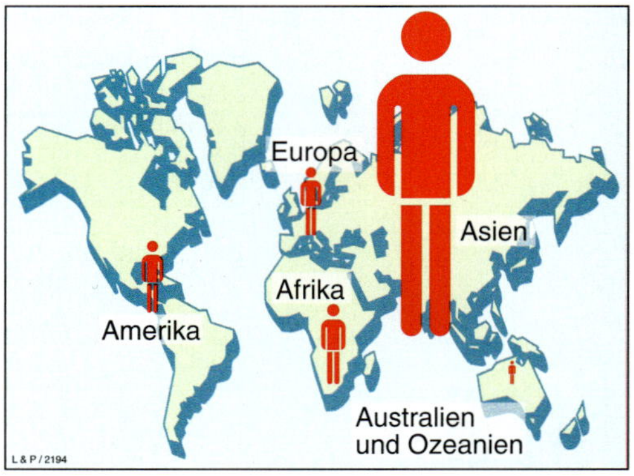

Welcher Eindruck entsteht durch das Bild? Zeichne zum Vergleich andere Darstellungen.

8. Untersuche, ob die Grafiken einen angemessenen Eindruck vermitteln.

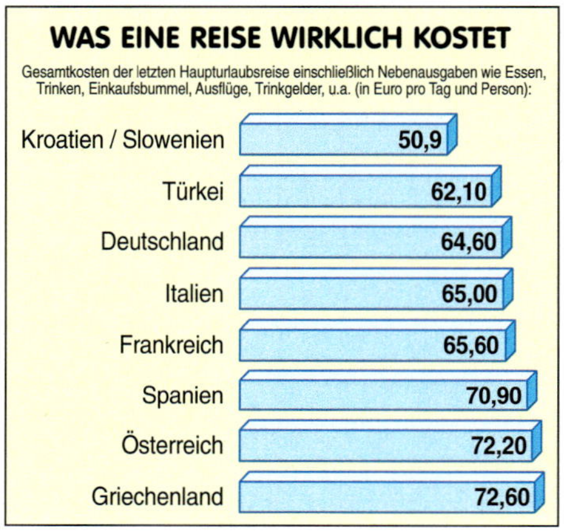

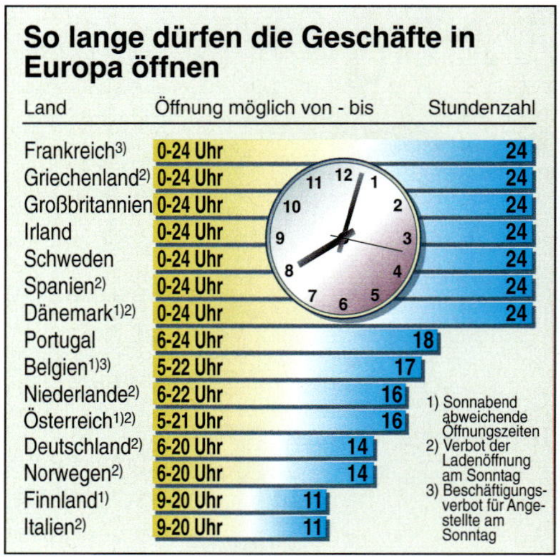

9. Das Diagramm rechts wurde in einer Zeitung mit der Überschrift „Die Zahl der Raubüberfälle hat von 2006 bis 2007 stark zugenommen“.
Was meinst du dazu? Begründe deine Antwort.

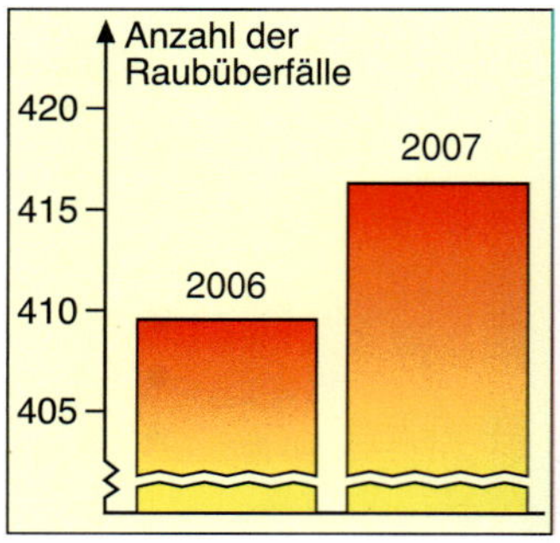

10. Ein Sportverein wirbt bei einer Veranstaltung mit einer Grafik, die den „enormen“ Mitgliederzuwachs verdeutlichen soll.
Wie ist das den Machern dieser Grafik gelungen?
Zeichne zum Vergleich ein Säulendiagramm mit denselben Daten, sodass der Anstieg der Mitglieder des Sportvereins „normal“ wirkt.

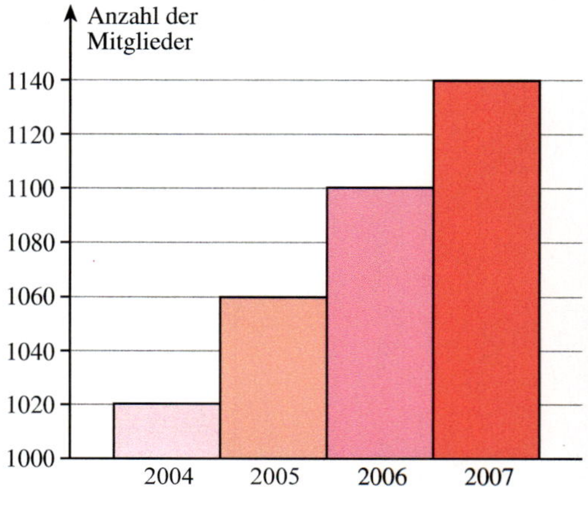

11. Rufen die Diagramme einen angemessenen Eindruck von der Veränderung hervor?

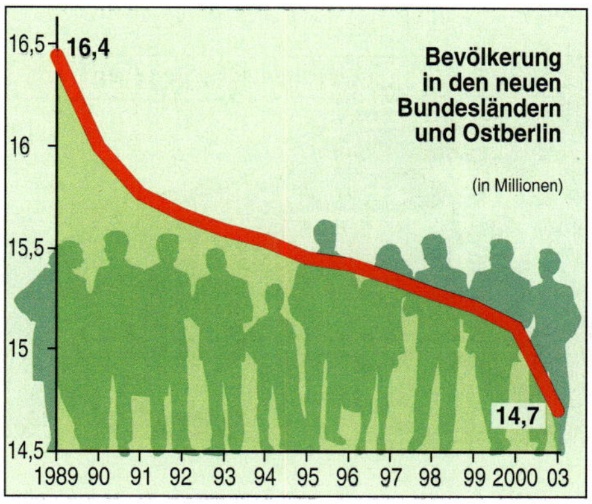

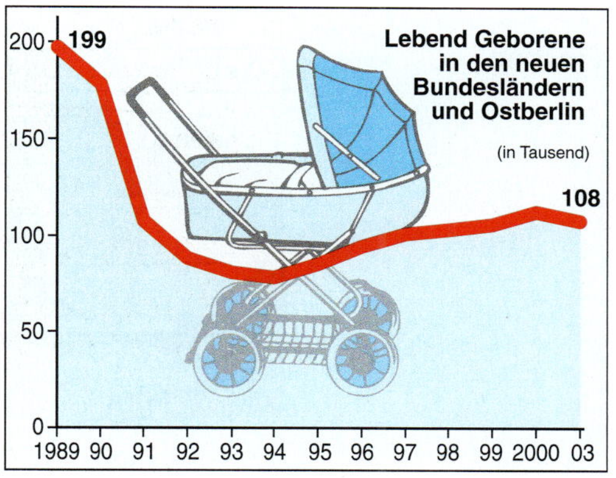

12. Die Grafik rechts wurde im Januar 2002 veröffentlicht, als überlegt wurde, ein Pfand auf Getränkedosen einzuführen. Zeichne eine Grafik, die gut zu der Überschrift „Mehrwegverpackungen immer noch an der Spitze" passt.

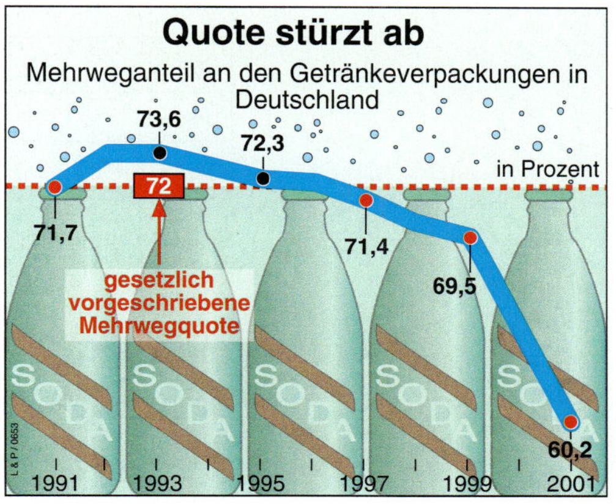

13. Die Mitgliederzahl eines Sportvereins ist in den letzten Jahren angestiegen.
Der Präsident meint: „Unsere persönliche Betreuung der Mitglieder hat die Anzahl nicht nur halten, sondern sogar etwas steigern können."
Der Jugendwart meint: „Das zunehmende Angebot an Funsportarten hat zu einem enormen Mitgliederzuwachs geführt."
Zeichne ein Diagramm für den Präsidenten und eines für den Jugendwart.

Jahr	2000	2001	2002	2003	2004	2005
Anzahl	982	1016	1063	1107	1143	1192

14. Die Tabelle zeigt die Anzahl der Arbeitslosen in Brandenburg im Jahresdurchschnitt.

Jahr	1998	1999	2000	2001	2002	2003	2004	2005	2006	2007
Anzahl	222 444	223 102	226 451	233 650	237 903	253 028	251 154	243 875	226 413	199 651

Stelle die Entwicklung der Arbeitslosenzahlen im Zeitraum von 1998 bis 2007 durch ein Liniendiagramm dar,
(1) das die Veränderungen verstärkt,
(2) das die Veränderungen verharmlost.

15. Die Anzahl der Handys stieg weltweit in den letzten Jahren stark an: Sie verdoppelte sich von 1994 bis 2003 ca. alle drei Jahre.
Zeichne verschiedene Darstellungen, die diese Veränderungen angemessen wiedergeben.

Falsche und irreführende Anwendung des arithmetischen Mittels

Einstieg

Aufgabe

1. Julian hat einen Monat lang jeden zweiten Tag die Außentemperaturen gemessen.

Datum	1.	3.	5.	7.	9.	11.	13.	15.	17.	19.	21.	23.	25.	27.	29.	31.
Uhrzeit	7	7	13	14	18	7	16	13	7	8	12	14	19	8	13	18
Temp. (in °C)	– 3	– 1	5	8	7	1	11	9	– 2	3	8	7	4	0	12	6

Er errechnet daraus als durchschnittliche Monatstemperatur 4,7 °C.
Was ist an dieser Berechnung des arithmetischen Mittels falsch oder irreführend?

Lösung

Julians Rechnung ist „rein rechnerisch" korrekt:

$$[(-3) + (-1) + 5 + 8 + 7 + 1 + 11 + 9 + (-2) + 3 + 8 + 7 + 4 + 0 + 12 + 6] : 16 \approx 4{,}7$$

Er hat allerdings nicht berücksichtigt, dass die Messungen zu verschiedenen Tageszeiten vorgenommen wurden. Dies verfälscht das Ergebnis enorm.
Nur wenn alle Messungen zur gleichen Tageszeit erfolgt wären, wäre die Mittelwertberechnung sinnvoll.
Dadurch, dass die Messungen nur jeden zweiten Tag erfolgten, wird das Ergebnis zwar vergröbert, aber nicht verfälscht.

Zum Festigen und Weiterarbeiten

2. Micha fährt mit dem Bus zur Schule. Er hat in den letzten Wochen die Zeit gestoppt, die der Bus von der Schule bis nach Hause benötigt:

Fahrt Nr.	1	2	3	4	5	6	7	8	9	10	11	12	13	14	15
Fahrtzeit (in min)	24	27	25	28	25	26	97	23	24	27	25	24	28	23	24

a) Betrachte die Tabelle. Was fällt auf? Welche Ursache ist möglich?

b) Berechne das arithmetische Mittel der Fahrzeiten.

c) Micha möchte einen durchschnittlichen Wert für eine Fahrzeit angeben.
Welchen Wert sollte er angeben?

3. Lauras Vater hat zweimal den durchschnittlichen Benzinverbrauch seines Autos ermittelt. Nach 350 km Fahrt errechnet er 9,1 *l* auf 100 km als Durchschnitt. Nach weiteren 1 250 km findet er 8,3 *l* als Durchschnitt. Laura errechnet daraus als durchschnittlichen Verbrauch auf 100 km:

$$\frac{9{,}1\,l + 8{,}3\,l}{2} = 8{,}7\,l$$

Ist diese Rechnung richtig bzw. sinnvoll? Korrigiere gegebenenfalls.

4. Bei der Berechnung der Energieerzeugung durch die Windräder wurde eine durchschnittliche Windgeschwindigkeit von $8{,}5\,\frac{m}{s}$ zugrunde gelegt, wie sie in Küstennähe üblich ist. Für die baulichen Maßnahmen mussten jedoch Orkanstärken angenommen werden.
Weshalb konnte man hier nicht die durchschnittliche Windgeschwindigkeit zugrunde legen?

5. Eine Schule liegt an einer Straße, die zu einem Industriegebiet führt. Am Morgen, wenn Unterricht stattfindet, fahren viele Lastkraftwagen zum Industriegebiet und zurück. Am Abend und in der Nacht fahren fast keine Fahrzeuge die Straße entlang.
Als die Schule vorschlägt, es solle eine Verkehrsberuhigung vorgenommen werden, berechnet die Stadtverwaltung die durchschnittliche Anzahl von Fahrzeugen, die die Straße pro Stunde befahren.
Weshalb ist dieses Verfahren problematisch?
Denke daran, wodurch es zu Belästigungen und eventuell zu gesundheitlichen Beeinträchtigungen kommt.

Information

(1) Oft ist es sinnvoll, „Ausreißer" wegzulassen.

(2) Messungen, die nicht vergleichbar sind, dürfen bei der Berechnung des arithmetischen Mittels nicht zusammengefasst werden.

(3) Bei manchen Anwendungen ist nicht das arithmetische Mittel, sondern der Spitzenwert entscheidend.
Über den größten oder kleinsten Wert sagt jedoch das arithmetische Mittel nichts aus.

(4) Nur wenn der Umfang der Datenmenge genügend groß ist, kann man davon ausgehen, dass die arithmetischen Mittel von Datenmenge und Grundgesamtheit ungefähr gleich groß sind.

(5) Bei der Berechnung des arithmetischen Mittels aus anderen Mittelwerten ist oft Vorsicht geboten.

Übungen

$1\text{ min} = \frac{1}{60}\text{ h}$
$1\text{ s} = \frac{1}{3600}\text{ h}$

6. Patrick ist bei den Bundesjugendspielen 100 m in 15 Sekunden und 1 000 m in 4 Minuten gelaufen. Er berechnet daraus folgende Laufgeschwindigkeiten:

100 m-Strecke: $\frac{100\text{ m}}{15\text{ s}} = \frac{0{,}1\text{ km}}{\frac{15}{3600}\text{ h}} = \left(0{,}1 \cdot \frac{3600}{15}\right)\frac{\text{km}}{\text{h}} = 24\,\frac{\text{km}}{\text{h}}$

1 000 m-Strecke: $\frac{1000\text{ m}}{4\text{ min}} = \frac{1\text{ km}}{\frac{4}{60}\text{ h}} = \left(1 \cdot \frac{60}{4}\right)\frac{\text{km}}{\text{h}} = 15\,\frac{\text{km}}{\text{h}}$

Durchschnittsgeschwindigkeit: $\frac{24\,\frac{\text{km}}{\text{h}} + 15\,\frac{\text{km}}{\text{h}}}{2} = 19{,}5\,\frac{\text{km}}{\text{h}}$

Danach behauptet er: „Ich laufe in einer Stunde im Durchschnitt 19,5 km."
Was meinst du dazu?

7. Viele Ferienorte weisen in ihren Prospekten darauf hin, wie niedrig der durchschnittliche Niederschlag im Juni ist, z. B. nur 30 mm.
Beschreibe verschiedene Wetterlagen, die auf dasselbe arithmetische Mittel für den Niederschlag in diesem Monat führen.

8. In den Mathematikarbeiten des letzten Halbjahres bekam Lena die folgenden Noten: 4, 2, 2, 1.
Julias Arbeiten wurden mit 5, 4, 2, 1 bewertet.

> *Lena sagt: „Meine Durchschnittsnote liegt bei 2,25, denn $\frac{4+2+2+1}{2} = 2{,}25$."*
> *Julia sagt: „Mein Durchschnitt liegt sogar bei 2,125."*
> *Ihre Begründung:*
> *Durchschnitt nach der 2. Arbeit: $\frac{5+4}{2} = 4{,}5$*
> *Durchschnitt nach der 3. Arbeit: $\frac{4{,}5+2}{2} = 3{,}25$*
> *Durchschnitt nach der 4. Arbeit: $\frac{3{,}25+1}{2} = 2{,}125$*

Wer hat „richtig" gerechnet?

9. Der Schallpegel wird in Dezibel dB(A) gemessen. In der Tabelle sind Schallpegelwerte angegeben.
Um Menschen vor krankmachendem Lärm zu schützen, wird der Schall von Fahrzeugen und bestimmten Orten von Zeit zu Zeit gemessen (Fabrikhallen, Diskotheken).
Warum ist es bei diesen Kontrollmessungen notwendig, sowohl den Höchstwert als auch das arithmetische Mittel zahlreicher Messungen anzugeben?

Beispiel	dBA	Hörempfindung
Schmerzgrenze	130	„unerträglich"
Düsentriebwerk, Popkonzert	120	
Hubschrauber	110	
Diskothek, Kompressor	100	
laute Fabrikhalle	90	„laut"
Motorrad, Straßenverkehr	80	
lautes Rufen, Mofa	70	
Büro	60	„leise"
Unterhaltung	50	
Flüstern	40	
Blättergeräusch	30	„ruhig"
Taschenuhr	20	
Atmen	10	
Hörschwelle	0	

10. In der Information auf Seite 71 findest du Aussagen darüber, was man bei der Mittelwertbildung beachten sollte.
Finde Beispiele, um dies zu verdeutlichen.

11.

> *In einer Zeitschrift steht: „Das Durchschnittsalter der Bevölkerung beträgt heute 76 Jahre, zur Zeit von Christi Geburt lag es bei 36 Jahren."*

Wird der Begriff Durchschnittsalter vom Redakteur richtig benutzt? Was meint er damit?

12. Ein Autohändler preist den niedrigen Benzinverbrauch des neuen Modells an. Er soll auf 100 km bei 90 $\frac{km}{h}$ im Durchschnitt nur 4,6 Liter betragen.
Auf Nachfrage erfährt der Kunde, dass dieser Wert bei stets gleichbleibender Geschwindigkeit von 90 $\frac{km}{h}$ ermittelt wurde.

ZUFALL UND WAHRSCHEINLICHKEIT – WIEDERHOLUNG

Zum Wiederholen

1. a) Der abgebildete Zylinder besteht aus Holz. Die Grundflächen sind rot und gelb, der Mantel ist weiß. Mit dem Zylinder kannst du wie mit einem normalen Würfel würfeln.
Bei Durchführung von 250 Würfen wurde 94-mal **Weiß** gewürfelt.
Gib sinnvolle Schätzwerte für die Wahrscheinlichkeiten aller Ergebnisse an.
Begründe die Schätzwerte.

b) Wie groß ist die Wahrscheinlichkeit, mit einem Würfel
(1) eine *Sechs*, (2) eine *Primzahl*
zu werfen?

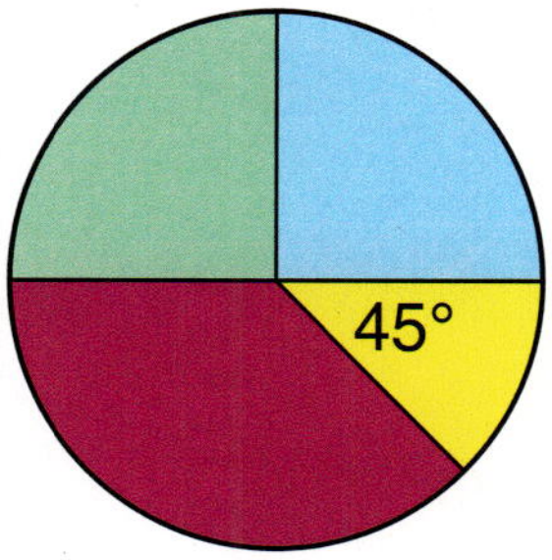

c) Das Glücksrad rechts wird gedreht.
Wie groß ist die Wahrscheinlichkeit für das Ereignis **Blau** oder **Rot**?

Lösung

a) Der häufigen Durchführung des Zufallsexperiments entnehmen wir:
relative Häufigkeit für **Weiß** $= \frac{94}{250} = 0{,}376 = 37{,}6\,\%$

Da sich bei häufiger Durchführung des Experiments die relative Häufigkeit eines Ergebnisses seiner Wahrscheinlichkeit annähert und aus Symmetriegründen die Wahrscheinlichkeiten für **Rot** und **Gelb** gleich groß sein müssen, sind für die Wahrscheinlichkeiten die folgenden Schätzwerte gerechtfertigt:

P (Weiß) = Wahrscheinlichkeit für Weiß

(1) P (Weiß) $\approx 0{,}38 = 38\,\%$
(2) P (**Rot**) = P (**Gelb**) = [100 % − P (**Weiß**)] : 2 $\approx 31\,\%$

b) S = {1; 2; 3; 4; 5; 6} ist die Menge aller möglichen Ergebnisse beim Werfen eines Würfels.
Da alle Ergebnisse gleichwahrscheinlich sind, gilt: P (Sechs) $= \frac{1}{6} \approx 17\,\%$.
Zu dem Ereignis *Primzahl* gehört die Menge E = {2; 3; 5}.
Wir erhalten: P (*Primzahl*) $= \frac{\text{Anzahl der günstigen Ergebnisse}}{\text{Anzahl der möglichen Ergebnisse}} = \frac{3}{6} = 0{,}5 = 50\,\%$.

c) Der Anteil des Kreissektors am Vollkreis bzw. des entsprechenden Zentriwinkels am Vollwinkel gibt die Wahrscheinlichkeit für die entsprechende Farbe an. Somit gilt:
P (**Blau**) $= \frac{90°}{360°} = 0{,}25 = 25\,\%$ und P (**Rot**) $= \frac{135°}{360°} = 0{,}375 = 37{,}5\,\%$

Mit der Summenregel für Ereignisse erhalten wir:
P (**Blau** oder **Rot**) = P (**Blau**) + P (**Rot**) = 25 % + 37,5 % = 62,5 %

Wiederholung

(1) Zufallsexperimente

Bei einem **Zufallsexperiment** kann man nicht vorhersagen, welches **Ergebnis** eintritt; es hängt vom Zufall ab. Alle **möglichen Ergebnisse** werden zu der **Ergebnismenge S** des Zufallsexperiments zusammengefasst.

Beispiele:
Werfen eines Würfels: S = {1; 2; 3; 4; 5; 6}
Werfen einer Münze: S = {Wappen, Zahl}

(2) Laplace-Experiment

Zufallsexperimente, bei denen alle möglichen Ergebnisse die gleiche Chance haben, heißen **Laplace-Experimente**. Besitzt solch ein Laplace-Experiment n mögliche Ergebnisse, so gilt:

Wahrscheinlichkeit eines Ergebnisses = $\frac{1}{n}$

Beispiel: Beim Werfen eines Würfels gibt es 6 mögliche Ergebnisse, die alle die gleiche Chance haben.
Wahrscheinlichkeit für Augenzahl 5: $\frac{1}{6}$

(3) Wahrscheinlichkeit und relative Häufigkeit

Die **Wahrscheinlichkeit** eines Ergebnisses gibt an, welche **relative Häufigkeit** man bei häufiger Durchführung des Experiments für dieses Ergebnis erwarten kann.
Ist ein Zufallsexperiment kein Laplace-Experiment, so kann man die Wahrscheinlichkeit eines Ergebnisses durch häufige Durchführung einigermaßen genau abschätzen. Dabei gilt:

Wahrscheinlichkeit ≈ relative Häufigkeit

(4) Wahrscheinlichkeit bei Glücksrädern

Bei Glücksrädern gibt der Anteil des Kreissektors am Vollkreis die Wahrscheinlichkeit des zugehörigen Ergebnisses an. Für das Glücksrad links gilt:
Wahrscheinlichkeit für Rot $= \frac{1}{4} = 25\,\%$.

Dies bedeutet: Wird das Glücksrad häufig gedreht, so erwartet man in etwa einem Viertel der Fälle das Ergebnis Rot.

(5) Wahrscheinlichkeit von Ereignissen, Summenregel

Ergebnisse eines Zufallsexperiments kann man zu **Ereignissen** zusammenfassen und durch die **Ereignismenge E** angeben.

Verwechsle nicht Ergebnismenge und Ereignismenge.

Beispiel: Beim Werfen eines Würfels wird das Ereignis *ungerade Augenzahl* durch die Ereignismenge $E = \{1; 3; 5\}$ angegeben.

Die **Wahrscheinlichkeit eines Ereignisses** erhält man, indem man die Summe der Wahrscheinlichkeiten der zugehörigen Ergebnisse bildet.
Diese Summenregel führt bei Laplace-Experimenten zu der **Laplace-Regel**:

$$P(E) = \frac{\text{Anzahl der für das Ereignis günstigen Ergebnisse}}{\text{Anzahl der möglichen Ergebnisse}}$$

Beispiel: Werfen eines Würfels:
P(ungerade Augenzahl) $= \frac{3}{6} = \frac{1}{2}$

Diese Regel wendet man z. B. auch beim Ziehen einer Kugel aus einem Gefäß an. Für die Wahrscheinlichkeit, aus dem abgebildeten Gefäß eine rote Kugel zu ziehen gilt:

$$P(\textit{rote Kugel}) = \frac{\text{Anzahl der roten Kugeln}}{\text{Anzahl aller Kugeln}} = \frac{3}{10} = 30\,\%$$

Zum Wiederholen

2. *Mehrstufige Zufallsexperimente*

Das Glücksrad rechts wird zweimal gedreht.

a) Zeichne ein Baumdiagramm.
Gib für jedes Ergebnis die Wahrscheinlichkeit an.

b) Wie groß ist die Wahrscheinlichkeit, dass das Glücksrad beide Male die gleiche Farbe zeigt.

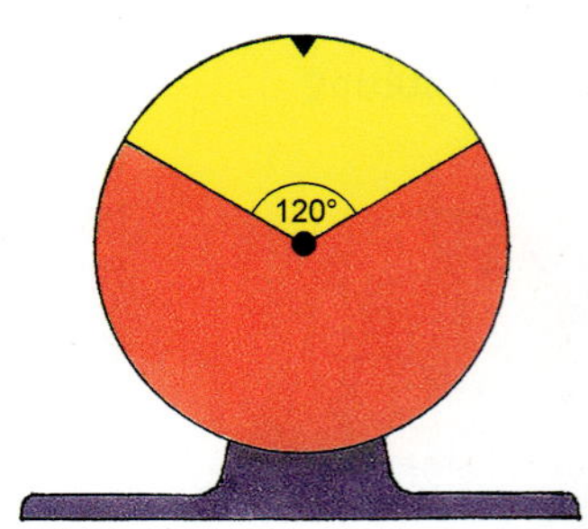

Lösung

a) Beim ersten Drehen des Glücksrades sind zwei Ergebnisse möglich: **Gelb** (G) oder **Rot** (R)
Die Wahrscheinlichkeit für das Ergebnis **Gelb** beträgt $\frac{1}{3}$, für das Ergebnis **Rot** $\frac{2}{3}$. Dasselbe gilt für das zweite Drehen.
Die Ergebnismenge für das zweimalige Drehen des Glücksrades lautet: {(G|G); (G|R); (R|G); (R|R)}

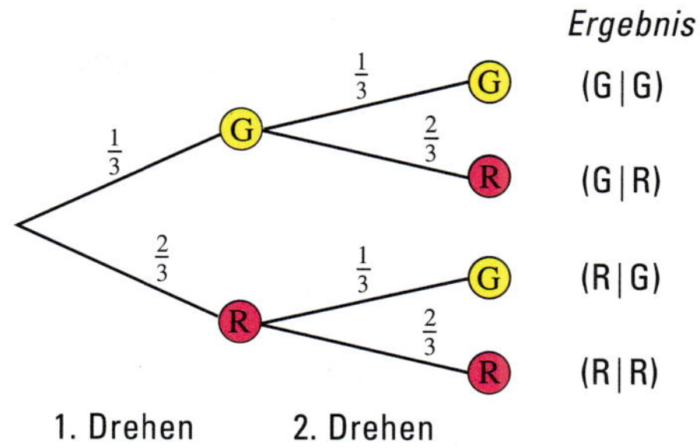

Dabei bedeutet z. B. (G|R): Beim ersten Mal bleibt das Rad auf **Gelb** stehen, beim zweiten Mal auf **Rot**.
Die Wahrscheinlichkeit für das Ergebnis (G|R) berechnet man mit der Pfadmultiplikationsregel: $\frac{1}{3} \cdot \frac{2}{3} = \frac{2}{9}$.
Insgesamt erhält man die nebenstehende Wahrscheinlichkeitstabelle.

Ergebnis	(G|G)	(G|R)	(R|G)	(R|R)
Wahrscheinlichkeit	$\frac{1}{9}$	$\frac{2}{9}$	$\frac{2}{9}$	$\frac{4}{9}$

b) Die Wahrscheinlichkeit des Ereignisses *Beide Male dieselbe Farbe* erhält man mithilfe der Summenregel:

$$P(\text{Beide Male dieselbe Farbe}) = P(G|G) + P(R|R) = \frac{1}{9} + \frac{4}{9} = \frac{5}{9}$$

Wiederholung

(1) Mehrstufige Zufallsexperimente

Zufallsexperimente, die in mehreren Schritten nacheinander durchgeführt werden, lassen sich gut in einem Baumdiagramm darstellen.
Zu jedem Ergebnis des Zufallsexperimentes gehört ein Pfad.
Der unterste Pfad in dem Baumdiagramm rechts z. B. ist das Ergebnis, erst eine blaue und dann eine grüne Kugel zu ziehen. Man notiert es kurz als Paar: (B|G).

Beispiel: Aus einem Gefäß mit 3 roten, 2 grünen und 1 blauen Kugel werden nacheinander 2 Kugeln gezogen, ohne sie wieder zurückzulegen.

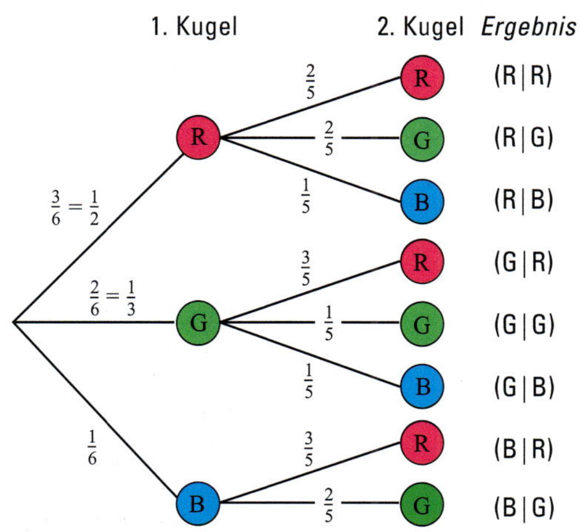

(2) Pfadmultiplikationsregel

Die Wahrscheinlichkeit eines Pfades ist gleich dem Produkt der Wahrscheinlichkeiten längs des Pfades, z. B.:
$P(B|G) = \frac{1}{6} \cdot \frac{2}{5} = \frac{1}{15}$

(3) Pfadadditionsregel

Gehören zu einem Ereignis mehrere Pfade in einem Baumdiagramm, dann erhält man die Wahrscheinlichkeit des Ereignisses, indem man die Pfadwahrscheinlichkeiten der einzelnen zu dem Ereignis gehörenden Ergebnisse addiert.
Z. B. beträgt die Wahrscheinlichkeit dafür, die blaue Kugel beim Ziehen zu erhalten:

$$P(\text{blaue Kugel}) = P(R|B) + P(G|B) + P(B|R) + P(B|G)$$
$$= \frac{1}{2} \cdot \frac{1}{5} + \frac{1}{3} \cdot \frac{1}{5} + \frac{1}{6} \cdot \frac{3}{5} + \frac{1}{6} \cdot \frac{2}{5} = \frac{1}{10} + \frac{1}{15} + \frac{1}{10} + \frac{1}{15} = \frac{1}{3}$$

Zum Festigen und Weiterarbeiten

3. Mit dem Ereignis E kennt man sofort auch das zugehörige *Gegenereignis*.

Beispiel: Drehen des abgebildeten Glücksrads
(Die Bereiche 3, 4, 5 sind gleich groß.)

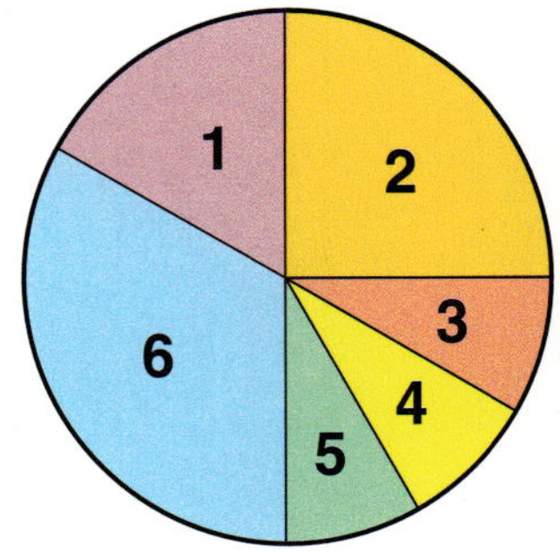

Ereignis E: *Augenzahl ist durch 3 teilbar*
Gegenereignis $\bar{E}$: *Augenzahl ist nicht durch 3 teilbar*

a) Beschreibe beide Ereignisse jeweils durch eine Menge und berechne ihre Wahrscheinlichkeiten.

b) Begründe folgende Regel:

Manchmal ist es einfacher, die Wahrscheinlichkeit des Gegenereignisses zu bestimmen.

> Ist $\bar{E}$ das **Gegenereignis** von E, so gilt für ihre Wahrscheinlichkeiten:
> $P(E) = 1 - P(\bar{E})$

Übungen

4. Was ist sicher, was ist sehr wahrscheinlich, was ist weniger wahrscheinlich, was ist Können? Begründe.

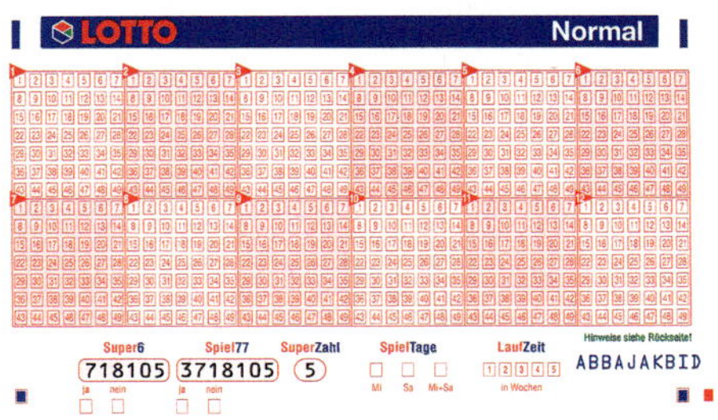

(1) Thilo würfelt 3-mal hintereinander eine Sechs.
(2) Vera räumt beim Kegeln mit einem Wurf alle Neun ab.
(3) Daniels Vater gewinnt nicht im Lotto.
(4) Wasser gefriert bei 0 °C.
(5) Mechthild schreibt eine gute Deutscharbeit.
(6) Energie Cottbus gewinnt gegen Hertha BSC.

5. Gib jeweils die Menge an, die beim Werfen eines regelmäßigen Würfels zu den folgenden Ereignissen gehören, und bestimme die zugehörige Wahrscheinlichkeit.
(1) Die Augenzahl ist gerade.
(2) Die Augenzahl ist durch 3 teilbar.
(3) Die Augenzahl ist kleiner als 4.
(4) Die Augenzahl ist durch 2 und 3 teilbar.
(5) Die Augenzahl ist durch 2 oder 3 teilbar.
(6) Die Augenzahl ist durch 2 und 5 teilbar.

6. Aus einem Gefäß mit 5 weißen, 4 gelben und 7 roten Kugeln wird (mit verbundenen Augen) eine Kugel gezogen.
Wie groß ist die Wahrscheinlichkeit, dass diese Kugel
(1) gelb ist; (2) rot oder weiß ist; (3) nicht rot ist?

7. Aus einem Skatblatt wird verdeckt eine Karte gezogen.

Wie groß ist die Wahrscheinlichkeit für
(1) Bube;
(2) rote Farbe;
(3) Kreuz;
(4) schwarze Dame;
(5) kein Herz;
(6) As oder König;
(7) Sieben, Acht oder Neun;
(8) schwarze Farbe, aber nicht As, König, Dame oder Bube?

8. Berechne für das Glücksrad in Aufgabe 3 die Wahrscheinlichkeit folgender Ereignisse mithilfe der Wahrscheinlichkeit des Gegenereignisses. Gib das Gegenereignis vorher durch eine Menge an.

(1) Die Zahl ist gerade.
(2) Die Zahl ist nicht durch 4 teilbar.
(3) Die Zahl ist größer als 2.
(4) Die Zahl ist kleiner als 5.
(5) Die Zahl ist gerade und keine Primzahl.
(6) Die Zahl ist durch 2 oder durch 3 teilbar.

9. Ein Elektromarkt erhält eine Lieferung von 1 200 Energie-Sparlampen. Bei einer Qualitätskontrolle wurden 400 Lampen aus dieser Produktserie nach dem Zufallsprinzip ausgesucht und überprüft. 5 Lampen der Stichprobe waren defekt.

a) Wie viele defekte Lampen sind schätzungsweise in der Lieferung?
Beschreibe deine Überlegungen.

b) Herr Kubitza kauft eine Lampe in dem Elektromarkt.
Wie groß ist die Wahrscheinlichkeit, dass die Lampe defekt ist?

10. Eine Firma produziert Ziegelsteine an zwei Standorten: 70 % in Ahausen und 30 % in Bedorf. Bei der Produktion in Ahausen sind 99 % aller Steine fehlerfrei, bei der Produktion in Bedorf 98 %.

a) Zeichne ein Baumdiagramm.

b) Berechne die Wahrscheinlichkeit dafür, dass ein von dieser Firma hergestellter Ziegelstein fehlerfrei ist.

11. In einer Schüssel befinden sich fünf gelbe, drei rote und zwei grüne Riesengummibären.
Max zieht, ohne hinzuschauen, davon drei nacheinander. Zeichne ein Baumdiagramm. Berechne dann die Wahrscheinlichkeit folgender Ereignisse:

a) Drei rote Gummibären werden gezogen.

b) Erst wird ein roter, dann ein gelber und dann ein grüner Gummibär gezogen.

c) Beide grünen Bären werden gezogen.

d) Man zieht von jeder Farbe einen Bären.

12. Zwei Tennisspielerinnen spielen mehrfach gegeneinander. Die bessere von beiden hat in der Vergangenheit 60 % der Spiele gegen die andere gewonnen. Wir nehmen an, dass für sie auch in den bevorstehenden Spielen die Gewinnwahrscheinlichkeit 60 % beträgt.

a) Beide vereinbaren drei Spiele. Diejenige, die die Mehrzahl dieser Spiele gewinnt, wird von der anderen zu einem Essen eingeladen.
Wie groß ist die Wahrscheinlichkeit, dass die bessere der beiden Spielerinnen eingeladen wird?

b) Ändert sich diese Wahrscheinlichkeit, wenn nicht 3, sondern 5 Spiele vereinbart werden?
Schätze zunächst, rechne dann zur Kontrolle.

ZIEHEN MIT UND OHNE ZURÜCKLEGEN

Einstieg

Julia schlägt Maria das folgende Spiel vor:
„Du darfst aus dem Becher 2 Kugeln nacheinander ziehen, ohne die erste zurückzulegen. Du gewinnst, wenn sie die gleichen Farben haben, sonst gewinne ich."

→ Sollte Maria sich auf das Spiel einlassen,
(1) wenn 3 rote und 4 blaue Kugeln in dem Becher sind;
(2) wenn 3 rote und 3 blaue Kugeln in dem Becher sind;
(3) wenn 6 rote und 3 blaue Kugeln in dem Becher sind?

→ Jetzt soll die erste gezogene Kugel nach dem Ziehen zurückgelegt werden. Welche der Spielregeln (1) bis (3) sind nun günstig für Maria, welche für Julia?

Aufgabe

1. In einem Gefäß sind drei rote Kugeln und zwei gelbe Kugeln.

a) Tim zieht ebenfalls mit geschlossenen Augen *nacheinander* zwei Kugeln; er legt aber vor dem 2. Zug die erste Kugel *wieder zurück.*
Wie groß ist die Wahrscheinlichkeit, dass Tim zwei gleichfarbige Kugeln zieht?

b) Sarah zieht mit geschlossenen Augen *nacheinander* zwei Kugeln, *ohne* die erste Kugel wieder zurückzulegen.
Wie groß ist die Wahrscheinlichkeit, dass Sarah zwei gleichfarbige Kugeln zieht?

Lösung

a) Wir stellen zunächst den Ziehvorgang als zweistufigen Zufallsversuch im Baumdiagramm dar.

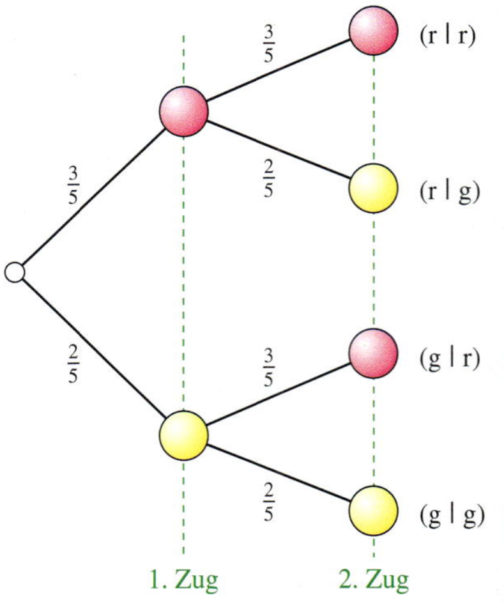

Erster Zug:
P_1 (rote Kugel) $= \frac{3}{5}$; P_1 (gelbe Kugel) $= \frac{2}{5}$

Zweiter Zug:
Da die beim ersten Zug gezogene Kugel wieder zurückgelegt wurde, befinden sich wieder alle Kugeln im Gefäß.

Also:
P_2 (rote Kugel) $= \frac{3}{5}$; P_2 (gelbe Kugel) $= \frac{2}{5}$

Zum Ereignis E: *Beide Kugeln gleichfarbig* gehören die Ergebnisse (r|r) und (g|g). Die Wahrscheinlichkeit für dieses Ereignis ist:

$P(E) = \frac{3}{5} \cdot \frac{3}{5} + \frac{2}{5} \cdot \frac{2}{5}$

$P(E) = \frac{9}{25} + \frac{4}{25} = \frac{13}{25}$

Ergebnis: Die Wahrscheinlichkeit, dass Tim zwei gleichfarbige Kugeln zieht, beträgt $\frac{13}{25} = 0{,}52$.

b) Auch Sarahs zweistufigen Versuch stellen wir im Baumdiagramm dar.

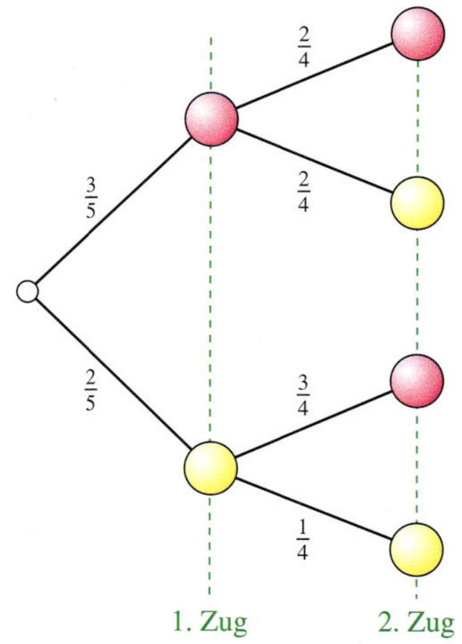

Erster Zug:
P_1 (rote Kugel) $= \frac{3}{5}$; P_2 (gelbe Kugel) $= \frac{2}{5}$

Zweiter Zug:
Hier sind zwei Fälle zu unterscheiden:

1. Fall: Beim ersten Zug wurde eine rote Kugel gezogen.
Dann sind im Gefäß nur noch zwei rote und zwei gelbe Kugeln vorhanden. Dann erhalten wir:
P_2 (rot nach rot) $= \frac{1}{2}$; P_2 (gelb nach rot) $= \frac{1}{2}$

2. Fall: Beim ersten Zug wurde eine gelbe Kugel gezogen.
Dann sind noch drei rote und eine gelbe Kugel im Gefäß. Damit erhalten wir:
P_2 (rot nach gelb) $= \frac{3}{4}$; P_2 (gelb nach gelb) $= \frac{1}{4}$

Die Wahrscheinlichkeit, für das Ereignis E *zwei gleichfarbige Kugeln* beträgt dann:

$P(E) = \frac{3}{5} \cdot \frac{2}{4} + \frac{2}{5} \cdot \frac{1}{4}$

$P(E) = \frac{3}{10} + \frac{1}{10} = \frac{4}{10} = 0{,}4$

Ergebnis: Die Wahrscheinlichkeit, dass Sarah zwei gleichfarbige Kugeln zieht, beträgt $\frac{4}{10} = 0{,}4$.

Zum Festigen und Weiterarbeiten

2. Maria zieht aus dem Gefäß in Aufgabe 1 zwei Kugeln *auf einen Griff.* Wie groß ist die Wahrscheinlichkeit, dass sie zwei gleichfarbige Kugeln zieht?

3. In einem Gefäß sind 4 schwarze, 3 rote und 2 gelbe Kugeln. Nacheinander werden 3 Kugeln (1) mit Zurücklegen, (2) ohne Zurücklegen gezogen.

a) Zeichne ein Baumdiagramm.

b) Berechne die Wahrscheinlichkeiten für folgende Ereignisse:
- Alle drei Kugeln sind rot.
- Alle drei Kugeln sind schwarz.
- Alle drei Kugeln sind verschiedenfarbig.
- Die erste Kugel ist rot.
- Die zweite Kugel ist gelb.
- Die erste und zweite Kugel sind gleichfarbig.

Information

Typen von Ziehungen

In der Wahrscheinlichkeitsrechnung und Statistik betrachtet man oft Ziehvorgänge, z. B. Auslosungen oder Auswahlen für Befragungen. Dabei unterscheidet man drei Typen von Ziehungen:
- Nacheinander Ziehen mit Zurücklegen
- Nacheinander Ziehen ohne Zurücklegen
- Ziehen auf einen Griff

Alle solche Ziehvorgänge kann man einheitlich beschreiben: Aus einem Gefäß, der so genannten Ziehungsurne (oder kurz: Urne), werden gleichartige, aber z. B. durch Färbung oder Nummerierung unterscheidbare Kugeln gezogen.

Urne
Gefäß

- Beim **Ziehen mit Zurücklegen** legt man die gezogene Kugel wieder zurück; damit stellt man den ursprünglichen Zustand (die ursprüngliche Zusammensetzung) der Urne wieder her. Da dann Kugeln wegen des Zurücklegens auch mehrfach gezogen werden können, spricht man auch von *Ziehen mit Wiederholung.*
- Wenn die gezogene Kugel nicht wieder zurückgelegt wird, ändern sich bei der nächsten Ziehung die Wahrscheinlichkeiten für die verschiedenen möglichen Ergebnisse. Diese Wahrscheinlichkeiten sind *abhängig* vom Versuchsergebnis des (vorherigen) Ziehungsversuchs.
- Man spricht auch statt vom **Ziehen ohne Zurücklegen** vom *Ziehen ohne Wiederholung*, da dieselbe Kugel nicht wiederholt (mehrfach) gezogen werden kann.
- Das **Ziehen auf einen Griff** ist in diesem Sinne ein Ziehen *ohne* Wiederholung – der Unterschied besteht darin, dass man auf die *Reihenfolge* der Ziehung nicht achtet. Bei der Berechnung von Wahrscheinlichkeiten von Ereignissen muss man jedoch die im Ziehen auf einen Griff enthaltenen möglichen Reihenfolgen der Einzelziehungen berücksichtigen.
- Da sich unterschiedliche Wahrscheinlichkeiten ergeben, muss bei Ziehvorgängen stets angegeben werden, ob mit oder ohne Zurücklegen gezogen wird und ob die Reihenfolge der Ziehungen eine Rolle spielt.

Übungen

4. Es werden aus dem Gefäß rechts blindlings zwei Kugeln gezogen
(1) mit Zurücklegen; (2) ohne Zurücklegen.
Zeichne jeweils ein Baumdiagramm. Wie viele Ergebnisse sind möglich?
Handelt es sich bei den zweistelligen Zufallsexperimenten um Laplace-Experimente? Begründe.

5. Aus dem Gefäß wird eine Kugel gezogen, der Buchstabe wird notiert und die Kugel wieder in das Gefäß zurückgelegt.

a) Zeichne ein Baumdiagramm für das Zufallsexperiment, dass 3-mal nacheinander gezogen und wieder zurückgelegt wird.
Wie groß ist die Wahrscheinlichkeit, dass TIM oder MIT gezogen wird.

b) Zeichne ein Baumdiagramm dafür, dass 3-mal ohne Zurücklegen gezogen wird.
Wie groß sind dann die Wahrscheinlichkeiten für TIM bzw. TOM oder MIT?

6. Gib einen geeigneten Ziehvorgang an, um das folgende Zufallsexperiment nachzuahmen.
(1) Eine Münze soll dreimal geworfen werden.
(2) Bei einer Tombola mit 100 Losen sollen die drei Gewinner ermittelt werden.
(3) In jedem 7. Überraschungsei ist eine besondere Figur versteckt. Man kauft vier Überraschungseier.
(4) Man weiß, dass in 80% der Haushalte ein Tiefkühlschrank vorhanden ist. Welche Ergebnisse erhält man, wenn man eine Stichprobe vom Umfang 10 nimmt?

7. Begründe die folgende Wahl eines geeigneten Ziehvorgangs.
(1) Bei einer bestimmten Sorte Reißnägel treten Lage  mit Wahrscheinlichkeit 0,4 und Lage  mit Wahrscheinlichkeit 0,6 auf. Dann kann man das Werfen eines Reißnagels der betroffenen Sorte mithilfe einer Urne mit 2 blauen und 3 roten Kugeln als Ziehen *mit* Zurücklegen nachahmen.
(2) Bei der letzten Wahl erreichten die beiden Parteien der Regierungskoalition 55% der Stimmen. 20 Personen sollen zufällig ausgewählt und befragt werden, welche Partei sie gewählt haben. Mit welcher Wahrscheinlichkeit umfasst die Stichprobe genau 11 Wähler der Regierungsparteien? Das Nachahmen kann mithilfe einer Urne mit 11 schwarzen und 9 weißen Kugeln als Ziehen *mit* Zurücklegen erfolgen.

KOMBINATORISCHE ABZÄHLVERFAHREN – WAHRSCHEINLICHKEIT

Baumdiagramme – Produktregel der Kombinatorik

Einstieg

Alexander steht mit seiner Mutter vor dem Getränkeautomaten. Alexander wählt Kakao mit Zucker und Milch, seine Mutter Kaffee pur.

→ Alexander denkt, dass es viele Möglichkeiten der Getränkewahl gibt, aber wie viele?

→ Finde durch systematisches Zählen alle Möglichkeiten heraus.

Aufgabe

1. Ein Autoproduzent bietet Pkw der Mittelklasse in mehreren Ausführungen an:

- mit einem Hubraum von 1,5 l oder von 1,6 l oder von 1,7 l;
- in Standardausstattung oder in Luxusausstattung;
- in den Lackierungen rot oder blau oder grün oder anthrazit.

In wie vielen verschiedenen Ausführungen kann ein Auto dieses Fabrikates geliefert werden?

Lösung

Für den Hubraum gibt es 3 Möglichkeiten.
Für die Ausstattung gibt es jeweils 2 Möglichkeiten.
Für die Lackierung gibt es jeweils 4 Möglichkeiten.
An dem Baumdiagramm erkennst du:
Es gibt insgesamt $3 \cdot 2 \cdot 4$, das sind 24 Möglichkeiten.

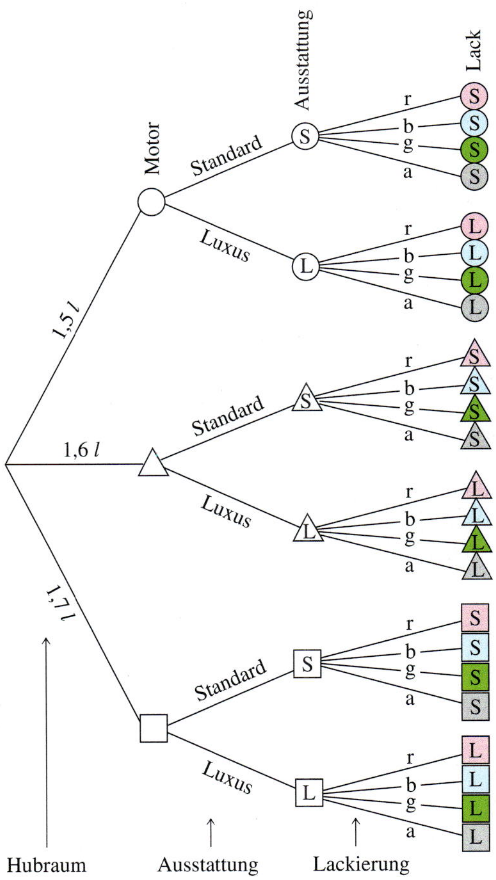

Ergebnis: Das Auto kann in 24 verschiedenen Ausführungen geliefert werden.

Information

Produktregel der Kombinatorik

Nacheinander sollen k Entscheidungen getroffen werden.
Angenommen:

Auf der 1. Stufe gibt es n_1 Möglichkeiten.
Auf der 2. Stufe gibt es dann jeweils n_2 Möglichkeiten.
Auf der 3. Stufe gibt es dann jeweils n_3 Möglichkeiten.
......
......
Auf der k. Stufe gibt es dann jeweils n_k Möglichkeiten.

Dann gibt es insgesamt $n_1 \cdot n_2 \cdot n_3 \cdot \ldots \cdot n_k$ Möglichkeiten.

Man erhält also die Gesamtzahl aller Möglichkeiten, indem man die Anzahl der Möglichkeiten bei den einzelnen Stufen miteinander multipliziert.

Zum Festigen und Weiterarbeiten

2. In einer Großküche werden nebenstehende Gerichte hergestellt.
Wie viele verschiedene Menüs aus Vorspeise, Hauptgericht und Nachspeise sind möglich?

Vorspeisen
Rinderkraftbrühe, Zwiebelsuppe, Spargelsuppe, Fischsuppe, Lauchsuppe
◆
Hauptgerichte
Kalbsbraten, Schnitzel, Gulasch, Lammkoteletts, Fischplatte, Schweinefilet
◆
Nachspeisen
Vanillepudding, Himbeereis, Quarkspeise

3. *Berechnung von Wahrscheinlichkeiten*
An der Herder-Schule ist eine Sammelaktion für den Tierschutz geplant. Zur Vorbereitung wird ein Ausschuss gebildet, der aus je einem Schüler der Klassen 10 a und 10 b besteht. An der Wandtafel werden die Namen der möglichen Ausschussmitglieder notiert.
Da die Schulkonferenz keinen Schüler bevorzugen möchte, wird die Auswahl nach dem Zufall getroffen.

a) Wie viele Möglichkeiten der Zusammensetzung des Ausschusses gibt es? Zeichne ein Baumdiagramm; überprüfe dein Ergebnis mit der Produktregel.

b) Wie viele Möglichkeiten gibt es, dass der Ausschuss sich
(1) nur aus Mädchen, (2) nur aus Jungen, (3) aus einem Mädchen und einem Jungen zusammensetzt?

c) Wie groß ist die Wahrscheinlichkeit, dass der Ausschuss sich
(1) nur aus Mädchen, (2) nur aus Jungen, (3) aus einem Mädchen und einem Jungen zusammensetzt?

Übungen

4. In Florians Bücherregel stehen 12 Kriminalromane, 7 Reisebücher und 4 Tierbücher. Maren möchte von jeder Sorte ein Buch ausleihen.
Wie viele Möglichkeiten der Zusammenstellung hat sie?

5. Die Klassen 10 a (mit 10 Mädchen und 9 Jungen), 10 b (mit 14 Mädchen und 8 Jungen) und 10 c (mit 9 Mädchen und 11 Jungen) sind zu einer Umwelt-Diskussion eingeladen.
Je ein Schüler aus jeder Klasse soll an der Podiumsdiskussion teilnehmen.

a) Wie viele Möglichkeiten der Auswahl dreier Mädchen gibt es?

b) Wie viele Möglichkeiten der Auswahl dreier Jungen gibt es?

c) Wie viele Möglichkeiten der Auswahl insgesamt gibt es?

6. In einem Gefäß sind eine blaue, eine rote und eine schwarze Kugel. In einem zweiten Gefäß sind ebenfalls eine blaue, eine rote, eine schwarze und außerdem eine gelbe und eine weiße Kugel.
Aus beiden Gefäßen wird je eine Kugel gezogen.

a) Wie viele Möglichkeiten der Ziehung gibt es?

b) Wie groß ist die Wahrscheinlichkeit, dass
(1) beide Kugeln blau sind;
(2) die erste Kugel rot, die zweite Kugel nicht rot ist;
(3) beide Kugeln nicht schwarz sind;
(4) beide Kugeln gleichfarbig sind?

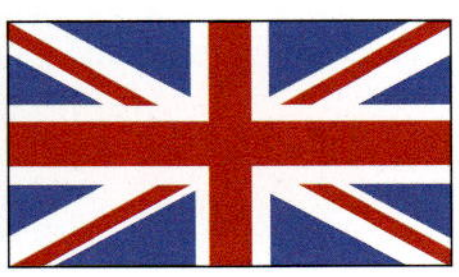

7. Bei einem Grenzübergang versehen 4 Beamte die Passkontrolle und 5 Beamte die Zollkontrolle. Zwei der Passkontrolleure lassen die Reisenden ohne Formalitäten einreisen, drei der Zöllner verzichten auf eine Kontrolle.
Mit welcher Wahrscheinlichkeit muss ein Reisender

(1) keine Kontrolle, (2) genau zwei Kontrollen, (3) genau eine Kontrolle

über sich ergehen lassen?

• Anzahl der Anordnungen ohne bzw. mit Wiederholung

Einstieg

Eine Jugendabteilung eines Sportvereins besteht aus 32 Jugendlichen. Sie hat 4 verschiedene Restkarten für ein Fußballländerspiel geschenkt bekommen. Diese sollen gerecht verteilt werden. Dafür sind zwei Möglichkeiten im Gespräch:

(1) Es werden 32 Lose mit den Namen hergestellt und daraus gezogen.
(2) Es wird ein Roulette-Rad gedreht, das gleich große, von 0 bis 36 beschriftete Felder hat.

➜ Beschreibe wie man bei beiden Verfahren vorgeht und vergleiche sie.

Aufgabe

1. Rechts sind Zahlkärtchen mit den sechs Ziffern 1, 2, 3, 4, 5, 6.
Tom und Tanja ziehen blindlings je vier Kärtchen.
Jeder legt mit seinen vier gezogenen Kärtchen eine vierstellige Zahl. Die zuerst gezogene Ziffer ist die Tausenderziffer, die beim zweiten Mal gezogene Ziffer die Hunderterziffer usw.

a) Tom zieht nacheinander vier Kärtchen *ohne* Zurücklegen.
Wie viele vierstellige Zahlen kann man aus den sechs Ziffern zusammenstellen?
Beachte: Beim Ziehen ohne Zurücklegen kommt keine Ziffer mehrfach vor.

b) Tanja zieht nacheinander vier Kärtchen *mit* Zurücklegen.
Wie viele vierstellige Zahlen kann man aus den sechs Ziffern bilden, wenn sich Ziffern wiederholen dürfen? Vergleiche zunächst die Versuche von Tom und Tanja.

Lösung

a) In Toms Versuch haben alle Zahlen verschiedene Ziffern, denn Tom zieht *ohne Zurücklegen*, er kann also dieselbe Ziffer *nur einmal* ziehen.

Für die Tausenderziffer gibt es	6 Möglichkeiten.
Für die Hundertziffer gibt es dann jeweils noch	5 Möglichkeiten.
Für die Zehnerziffer gibt es dann jeweils noch	4 Möglichkeiten.
Für die Einerziffer gibt es dann jeweils noch	3 Möglichkeiten.
Nach der Produktregel erhältst du insgesamt	$6 \cdot 5 \cdot 4 \cdot 3$ Möglichkeiten, das sind 360 Möglichkeiten.

b) In Tanjas Versuch können auch Zahlen vorkommen, bei denen sich Ziffern wiederholen, z. B. 5 224, denn Tanja *legt* die gezogene Ziffer wieder *zurück*. Sie zieht *mit Zurücklegen;* sie kann dieselbe Ziffer also noch einmal ziehen.
Für jede Ziffer (Tausender, Hunderter, Zehner, Einer) gibt es hier jeweils 6 Möglichkeiten. Nach der Produktregel erhältst du insgesamt $6 \cdot 6 \cdot 6 \cdot 6$, das sind 1 296 Möglichkeiten.

Zum Festigen und Weiterarbeiten

2. *Anordnungen aller Elemente einer Menge (ohne Wiederholung)*

a) Anne, Maria, Lisa, Julia und Sarah nehmen an einem Schwimmwettkampf teil. In wie vielen verschiedenen Reihenfolgen können sie am Ziel eintreffen?

b) Zeige mithilfe der Produktregel: Man kann 6 Elemente in $6 \cdot 5 \cdot 4 \cdot 3 \cdot 2 \cdot 1$ verschiedene Reihenfolgen bringen. In wie viele Reihenfolgen kann man 7 Elemente bringen?

c) Verallgemeinere die in Teilaufgabe b) erkannte Regel für die Anzahl der möglichen Reihenfolgen von n Elementen.

3. *Wahrscheinlichkeitsberechnungen bei Anordnungen mit und ohne Wiederholung*

a) In einem Gefäß sind neun Kugeln, nummeriert von 1 bis 9. Lukas zieht nacheinander drei Kugeln *mit* Zurücklegen und bildet mit den Ziffern in der Reihenfolge des Ziehens eine dreistellige Zahl.
Wie viele solcher Zahlen sind möglich? Wie viele dieser Zahlen enthalten die Ziffer 3? Wie groß ist die Wahrscheinlichkeit, dass in der Zahl die Ziffer 3 vorkommt?

b) Lisa zieht aus dem gleichen Gefäß nacheinander drei Kugeln *ohne* Zurücklegen. Beantworte die gleichen Fragen wie in Teilaufgabe a). Vergleiche.

Information

Anordnungen mit Wiederholung	**Anordnungen ohne Wiederholung**
Beim Ziehen *mit Zurücklegen* kann man ein und dasselbe Element wiederholt erhalten. Man erhält Anordnungen *mit Wiederholung* von Elementen. *Beispiel:* Gegeben ist eine 7-elementige Menge. Die Anzahl der darin möglichen 3-elementigen Anordnungen *mit* Wiederholung ist $7 \cdot 7 \cdot 7$ $(= 7^3)$.	Beim Ziehen *ohne Zurücklegen* kann man ein Element nur einmal erhalten. Man erhält Anordnungen *ohne Wiederholung* von Elementen. *Beispiel:* Gegeben ist eine 7-elementige Menge. Die Anzahl der darin möglichen 3-elementigen Anordnungen *ohne* Wiederholung ist $7 \cdot 6 \cdot 5$.

Übungen

4. a) Bei einer Sparkasse haben alle Konten eine 10stellige Nummer. Die erste Ziffer zeigt an, um welche Art von Konto es sich handelt. Alle Girokonten beginnen mit der Ziffer 6. Wie viele verschiedene Girokonten mit einer zehnstelligen Nummer können vergeben werden?

b) Wie viele siebenstellige Telefonnummern kann man aus den Ziffern 0, 1, 2, 3, ..., 9 bilden?
Beachte: Eine Telefonnummer ohne Vorwahl beginnt nicht mit der Ziffer 0.

5. Tim möchte die Daten auf seinem Computer vor unberechtigtem Zugriff schützen. Er wählt ein Codewort, das aus vier aneinandergereihten Buchstaben besteht.

a) Wie viele Möglichkeiten hat Tim, aus den 26 Buchstaben des Alphabetes ein solches Codewort, z. B. HUND, DXTR, AHHR, auszuwählen?

b) Wie groß ist die Wahrscheinlichkeit, dass ein Unberechtigter gleich auf „Anhieb" das richtige Codewort trifft?

6. Anna, Laura, Lea, Jana und Marco stellen sich in zufälliger Reihenfolge nebeneinander zu einem Gruppenfoto auf.

a) Wie viele Möglichkeiten der Aufstellung gibt es?

b) Wie groß ist bei zufälliger Reihenfolge die Wahrscheinlichkeit, dass Anna ganz links steht?

c) Lea möchte genau in der Mitte stehen. Wie viele Möglichkeiten der Aufstellung gibt es unter dieser Bedingung?

7. An einem 1000-m-Lauf nehmen 10 Läufer teil, darunter auch Daniel.

a) In wie vielen verschiedenen Reihenfolgen können die Läufer das Ziel erreichen?

b) Wie viele Möglichkeiten gibt es, dass Daniel als erster durch das Ziel läuft?

8. a) Die Angestellte einer Versicherung muss nacheinander 6 Kunden aufsuchen.
Auf wie viele Arten ist dies möglich?

b) Auf wie viele Weisen können 8 Autos in einer Reihe auf einem Parkplatz aufgestellt werden?

c) Ein Hotel hat 7 Einbettzimmer. Es kommen am Abend 7 Personen an.
Auf wie viele Weisen können diese auf die Zimmer verteilt werden?

9. Tanja hat an ihrem Koffer ein Zahlenschloss. Sie kann den Koffer nur öffnen, wenn sie drei bestimmte Ziffern in der richtigen Reihenfolge wählt.

a) Wie viele Ziffernkombinationen mit drei Ziffern gibt es?

b) Leider hat Tanja die richtige Zahlenkombination vergessen. Sie weiß nur noch, dass die Zehnerziffer eine 5 ist.
Wie viele Zahlenkombinationen muss sie durchprobieren, um mit Sicherheit die richtige Kombination zu finden?

c) Wie groß ist die Wahrscheinlichkeit, dass sie gleich beim ersten Probieren die richtige Kombination findet?

▲ Auswahlen aus einer Menge – Ziehen auf einen Griff

Einstieg

Jan möchte drei verschiedene Eiskugeln kaufen. In der Eisdiele werden 7 Eissorten angeboten.

→ Wie viele verschiedene Möglichkeiten der Auswahl hat er?

Aufgabe

1. Pauls Klasse möchte ein Klassenfest feiern. Zur Vorbereitung soll ein Festausschuss aus 3 Schülern gebildet werden. Die Schüler rechts haben sich für den Festausschuss gemeldet. Da die Klasse sich nicht entscheiden kann, wen sie auswählen möchte, werden 3 dieser 6 Schüler durch das Los bestimmt.
Wie viele Möglichkeiten für die Zusammensetzung des Festausschusses gibt es?

Lösung

Die 6 Schüler bilden eine Menge, aus der eine Teilmenge mit 3 Elementen ausgewählt werden soll. Das Problem lautet: Wie viele 3-elementige Teilmengen sind in einer 6-elementigen Menge möglich? Wir bearbeiten das Problem in drei Schritten.

1. Schritt: Wir bestimmen die Anzahl der möglichen Anordnungen dreier Elemente aus einer 6-elementigen Menge (ohne Wiederholung).

Für den ersten Platz gibt es 6 Möglichkeiten.
Für den zweiten Platz gibt es dann noch 5 Möglichkeiten.
Für den dritten Platz gibt es dann noch 4 Möglichkeiten

Nach der Produktregel gibt es insgesamt $6 \cdot 5 \cdot 4$, das sind 120 Möglichkeiten.

2. Schritt: Wir suchen gleichwertige Anordnungen.
Innerhalb eines Festausschusses kommt es nicht auf die Reihenfolge an. Daher sind alle Anordnungen mit denselben drei Schülern, zum Beispiel Maren, Sabine und Tanja, gleichwertig, denn sie stellen denselben Festausschuss dar.
Rechts sind alle Reihenfolgen von Maren, Sabine und Tanja aufgelistet. Es gibt $3 \cdot 2 \cdot 1$, das sind 6 solcher Reihenfolgen.

Maren	Sabine	Tanja
Maren	Tanja	Sabine
Sabine	Maren	Tanja
Sabine	Tanja	Maren
Tanja	Maren	Sabine
Tanja	Sabine	Maren

3. Schritt: Wir berechnen die Anzahl der möglichen Auswahlen von 3 aus 6 Elementen. Je 6 der 120 Anordnungen bestehen aus denselben 3 Schülern und stellen somit ein und denselben Festausschuss dar. Daher gilt:

$$\text{Anzahl der möglichen Festausschüsse} = \frac{\text{Anzahl der Anordnungen von 3 aus 6 Schülern}}{\text{Anzahl der Anordnungen von 3 Schülern}}$$

$$= \frac{6 \cdot 5 \cdot 4}{3 \cdot 2 \cdot 1} = \frac{120}{6} = 20$$

Ergebnis: Aus 6 Schülern kann man 20 Ausschüsse zu je 3 Schülern auswählen.

Zum Festigen und Weiterarbeiten

▲ **2.** Ein Schachverein möchte für ein Turnier eine Mannschaft aus 4 Spielern aufstellen. Da in dem Verein 12 Spitzenspieler sind, die alle ungefähr gleich gut spielen, werden 4 von ihnen für das Turnier durch das Los bestimmt.
Wie viele Vierer-Mannschaften kann man aus 12 Spielern bilden?

▲ **3.** *Wahrscheinlichkeitsberechnungen bei Auswahlen aus einer Menge*
Michelle hat sich zu ihrer Geburtstagsparty ein Lottospiel ausgedacht. In einer Schale sind sieben Kugeln (von 1 bis 7 nummeriert). Bei dem Spiel werden mit verbundenen Augen drei Kugeln (ohne Zurücklegen) gezogen. Wer die Kugeln 4, 5 und 7 (nicht unbedingt in dieser Reihenfolge) gezogen hat, erhält den Hauptgewinn.

a) Wie viele Möglichkeiten gibt es, 3 von 7 Kugeln zu ziehen?

Verwende ein Baumdiagramm.

b) Wie groß ist die Wahrscheinlichkeit, dass man die Kugeln 4, 5, 7 zieht?

c) Wie groß ist die Wahrscheinlichkeit, dass sich unter den gezogenen Kugeln die 4 befindet?

Übungen

▲ **4.** Beim Kegeln sind 9 Kegel aufgestellt.
Wie viele Möglichkeiten gibt es, dass

a) 5 Kegel, **c)** 7 Kegel,

b) 6 Kegel, **d)** 8 Kegel umfallen?

▲ **5.** In einer Lostrommel sind 9 nummerierte Lose, darunter 3 Gewinnlose, der Rest sind Nieten. Man darf drei Lose ziehen.

a) Wie viele verschiedene Ziehungen (ohne Rücksicht auf die Reihenfolge der Lose) gibt es?

b) Wie groß ist die Wahrscheinlichkeit, alle drei Gewinnlose zu ziehen?

▲ **6.** In der Klasse 10 a sind 24 Schüler. Davon sollen 3 Schüler an einer Meinungsumfrage teilnehmen. Sie werden durch das Los bestimmt.

a) Wie viele Möglichkeiten der Auswahl dreier Schüler gibt es in dieser Klasse?

b) Wie groß ist die Wahrscheinlichkeit, dass das Los auf Maria, Anne und Katharina fällt?

▲ **7.** Beim Zahlenlotto *6 aus 49* werden Tipps mit sechs Zahlen abgegeben.

a) Wie viele verschiedene Tipps sind möglich?

b) Wie groß ist die Wahrscheinlichkeit für 6 Richtige?

VERMISCHTE UND KOMPLEXE ÜBUNGEN

„Die verstärkte Anschaffung von Jugendbüchern, CDs und Computerprogrammen hat den Anteil der Jugendlichen an unseren Nutzern stark ansteigen lassen."

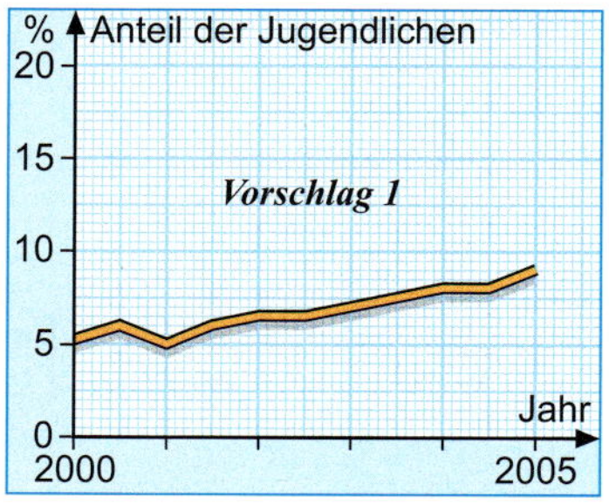

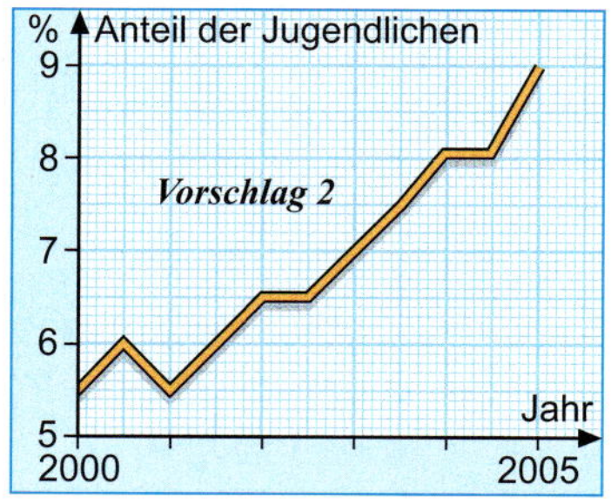

1. Eine Bibliothek hat sich in den letzten Jahren besonders um eine Ausweitung ihres Angebotes für Jugendliche bemüht. Parallel dazu wurde der Anteil der jugendlichen Nutzer erhoben. In einem Jubiläumsbericht soll der Satz oben links grafisch unterstützt werden.
Vergleiche die Vorschläge links für ein Diagramm. Wie unterscheiden sie sich in Aufbau und in der Wirkung auf den Betrachter?

2. Die Tabelle zeigt die Entwicklung der Hausmüllmenge pro Person in einer Großstadt.

Jahr	1994	1995	1996	1997	1998	1999	2000	2001	2002	2003	2004
Müllmenge (in kg)	217	205	208	195	182	177	179	168	152	158	151

Zeichne je ein Diagramm, das zu einem Zeitungsartikel mit der Schlagzeile „Drastischer Rückgang der Müllmengen" sowie „Müllmenge immer noch zu hoch" passt.

3. In einem Gefäß sind 6 gleichartige Kugeln: 1 rote, 2 gelbe und 3 blaue Kugeln.

a) Nacheinander zieht man verdeckt zweimal je eine Kugel, wobei vor dem zweiten Zug die zuerst gezogene Kugel wieder in das Gefäß zurückgelegt wird. Man gewinnt, wenn beide Kugeln verschiedene Farben haben.

b) Nun wird vor dem zweiten Zug die zuerst gezogene Kugel nicht wieder in das Gefäß zurückgelegt.
Wie groß ist jetzt die Gewinnwahrscheinlichkeit?

c) Ändert sich die Gewinnwahrscheinlichkeit aus Teilaufgabe b), wenn man beide Kugeln auf einen Griff aus dem Gefäß zieht?
Begründe.

4. Das Alphabet besteht aus 26 Buchstaben (21 Konsonanten und 5 Vokalen).

a) Wie viele „Wörter" (1) mit 4, (2) mit 6 Buchstaben können (theoretisch) gebildet werden?

b) Wie viele „Wörter" könnte es (1) mit 4, (2) mit 6 verschiedenen Buchstaben geben?

c) Wie viele „Wörter" mit 4 Buchstaben sind denkbar, bei denen Konsonanten und Vokale in der Reihenfolge Konsonant-Vokal-Konsonant-Vokal vorkommen (z. B. Bodo, Tina, Xiru)?

5. Die Anzahl der Haushalte mit Farbfernsehgeräten stieg von 1978 bis 2005 in Deutschland auf das Doppelte an.
Stelle fest, ob die Abbildung diese Veränderung angemessen darstellt. Miss dazu die Seitenlängen der Quader.

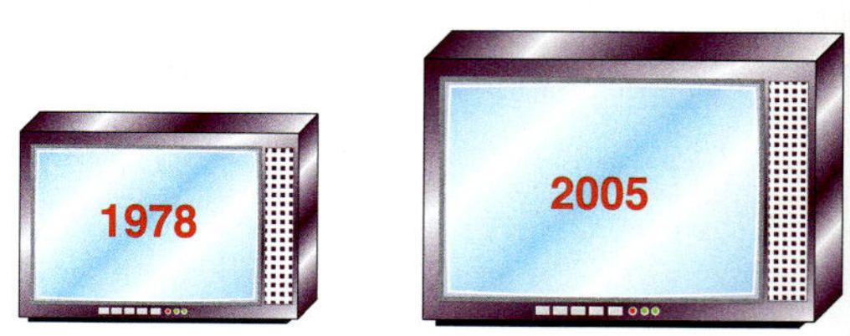

BIST DU FIT?

1. Die Klasse 10a plant eine Abschlussfahrt. Zur Auswahl stehen Dresden, die Insel Rügen und Hamburg. In der Häufigkeitstabelle siehst du einen Teil des Abstimmungsergebnisses in der Klasse.

	Anzahl	Anteil
Dresden	7	
Rügen		43 %
Hamburg		
Summe	28	

a) Vervollständige die Tabelle.

b) Stelle die absoluten Häufigkeiten in einem Säulendiagramm und die relativen Häufigkeiten in einem Kreisdiagramm dar.

2. Lucas will sich einen bestimmten MP3-Spieler kaufen. In verschiedenen Geschäften notiert er die Preise: 120 €; 99 €; 125 €; 133 €; 109 €; 121 €; 126 €.

a) Berechne den Durchschnittspreis und die Spannweite des Preises.

b) Gib auch den mittleren Preis (Median) an.

3. Ist die Grafik rechts zu den Handwerkszweigen angemessen?
Haben die abgebildeten Quadrate die richtige Größe?

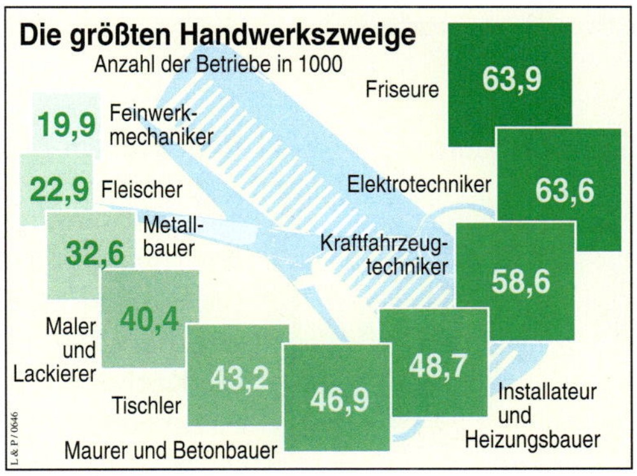

4. Die Verbreitung von Personalcomputern (PC) nimmt rasant zu. In Deutschland kamen 1997 auf 110 Einwohner 16 PC, im Jahr 2000 schon 32 und im Jahr 2004 dann 40 PC.
Zeichne eine Darstellung mit Rechtecken für die Monitorbildschirme, die diese Veränderung angemessen wiedergibt.

5. In einem Gefäß sind 4 rote, 3 weiße und 2 grüne Kugeln. Nacheinander werden 2 Kugeln gezogen
(1) mit Zurücklegen; (2) ohne Zurücklegen.

a) Zeichne jeweils ein Baumdiagramm.

b) Berechne die Wahrscheinlichkeiten für folgende Ereignisse:
(1) Beide Kugeln sind rot.
(2) Die erste Kugel ist grün.
(3) Genau eine Kugel ist grün.
(4) Beide Kugeln sind verschiedenfarbig.

c) Jetzt werden zwei Kugeln auf einen Griff gezogen.
Wie groß ist die Wahrscheinlichkeit, dass zwei gleichfarbige Kugeln gezogen werden?

6. Vor Beginn der Fußball-Weltmeisterschaft müssen die Namen von 23 Spielern einer Mannschaft an den Internationalen Fußballverband gemeldet werden. Dabei erhalten die Spieler eine feste Nummer zugeteilt, die sie während der Spiele des Turniers tragen müssen.

a) Wie viele Möglichkeiten gibt es, die Nummern 1 bis 23 zu verteilen?

b) Mit der Mannschaft werden 3 Torwarte gemeldet, die die Nummern 1, 2 oder 3 bekommen; die übrigen Nummern werden an die Feldspieler verteilt.
Wie viele Möglichkeiten gibt es jetzt?

Bleib fit im …

Umgang mit Pythagoras

Zum Aufwärmen

1. Franz hat sich einen Motorroller gekauft. Er möchte ihn auf einer unbenutzten Terrasse hinter dem Haus abstellen. Diese ist jedoch 82 cm höher als die Zufahrt. Er will eine Rampe (geneigte Ebene) aus Bohlen bauen. Der Steigungswinkel der Rampe soll nicht mehr als 10° betragen.
Wie lang müssen die Bohlen längs zur Fahrbahn sein?

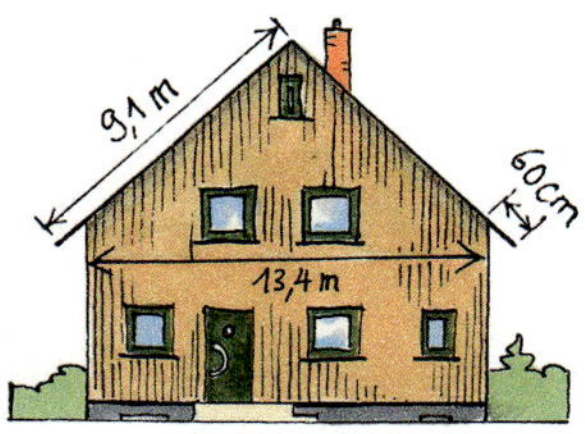

2. Der Dachgiebel links hat die Form eines gleichschenkligen Dreiecks.
Berechne den Neigungswinkel der Dachfläche sowie die Größe des Dachgiebels.

Zum Erinnern

(1) Begriffe am rechtwinkligen Dreieck

Im **rechtwinkligen Dreieck** haben die Seiten besondere Bezeichnungen:
Die **Hypotenuse** ist die Seite, die dem rechten Winkel gegenüberliegt. Sie ist die längste Seite im Dreieck.
Die **Katheten** sind die Seiten, die den rechten Winkel einschließen.

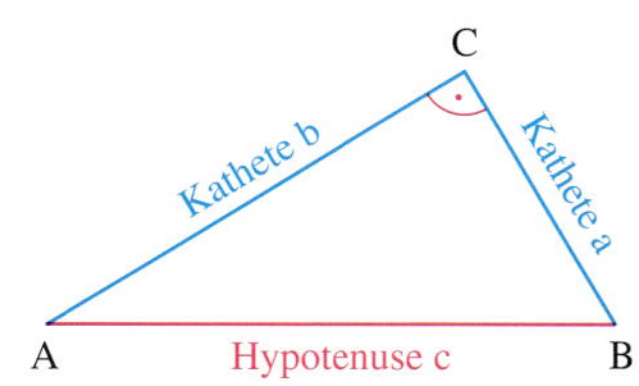

(2) Satz des Pythagoras

In jedem *rechtwinkligen* Dreieck ist der Flächeninhalt des Hypotenusenquadrates gleich der Summe der Flächeninhalte der beiden Kathetenquadrate.
Kurz:
Das Hypotenusenquadrat ist genauso groß wie die beiden Kathetenquadrate zusammen.
Beispiel: $\mathbf{c^2 = a^2 + b^2}$ (für $\gamma = 90°$)

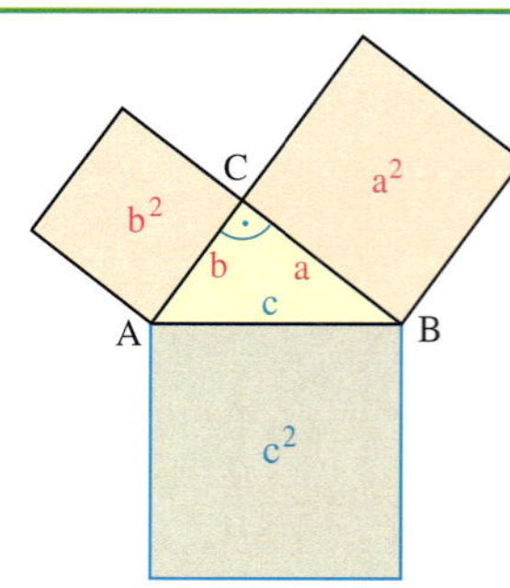

Zum Trainieren

3. Wie viele rechtwinklige Dreiecke erkennst du? Nenne jeweils ihre Eckpunkte und gib die Gleichung nach dem Satz des Pythagoras an.

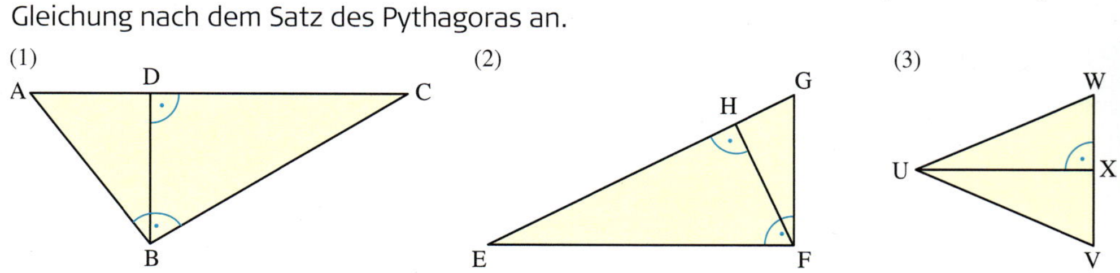

4. **a)** Zeichne das rechtwinklige Dreieck in dein Heft. Markiere die Hypotenuse blau und die Katheten rot.

b) Zeichne über jeder Dreiecksseite ein Quadrat.

c) Berechne die Flächeninhalte des Hypotenusenquadrates und der beiden Kathetenquadrate.
Prüfe, ob die Summe der Flächeninhalte der Kathetenquadrate gleich dem Flächeninhalt des Hypotenusenquadrates ist.

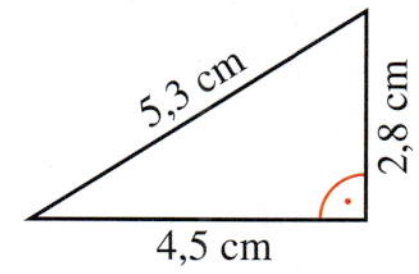

5. In dem Rechteck kannst du rechtwinklige Dreiecke erkennen. Notiere ihre Eckpunkte und gib die Gleichung nach dem Satz des Pythagoras an.

a)

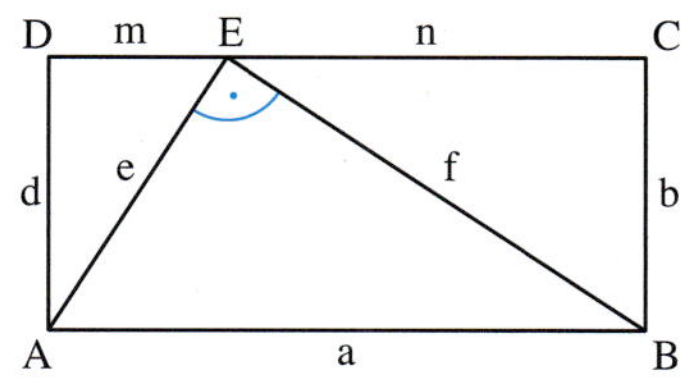

b)

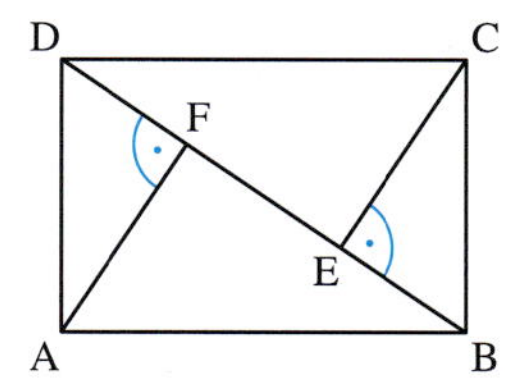

6. Stelle eine Gleichung auf. Berechne x.

a)

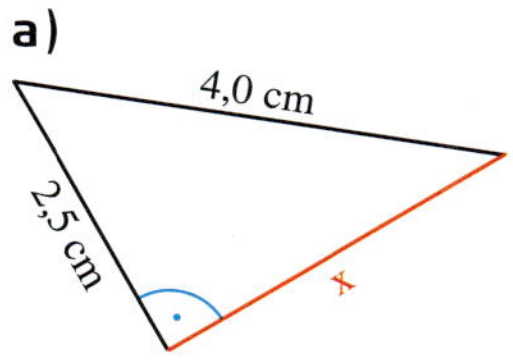

b)

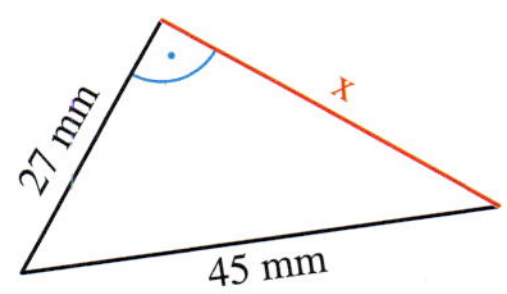

c)

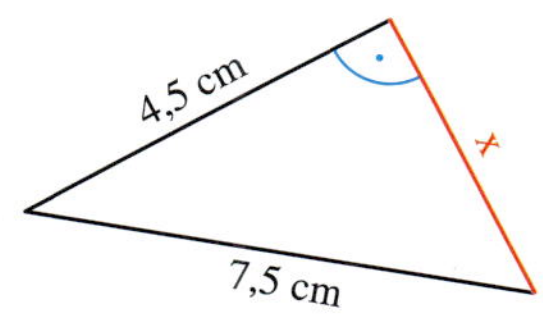

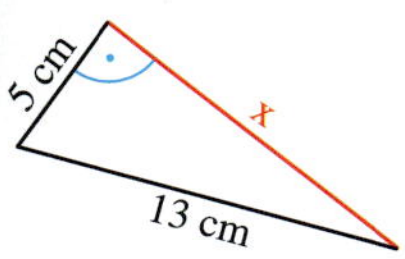

7. Von einem rechtwinkligen Dreieck sind die Längen der Hypotenuse und einer Kathete bekannt. Patrick, Max und Martin wollen die Länge der zweiten Kathete rechnerisch finden. Überprüfe ihre Gleichungen:

Patrick: $x^2 = 5^2 + 13^2$ *Max:* $5^2 + x^2 = 13^2$ *Martin:* $13^2 - 5^2 = x^2$

8. Der Sturm hat die alte Fichte im Stadtpark in einer Höhe von 4,75 m abgeknickt. Die Baumspitze liegt 19,57 m vom Stamm entfernt auf dem Erdboden.

a) Fertige eine Skizze an und trage die bekannten Größen ein.

b) Überschlage, welche Höhe der Baum ursprünglich hatte. Berechne dann.

9. Trage den angegebenen Punkt in ein Koordinatensystem ein. Verbinde ihn mit dem Koordinatenursprung O(0|0). Berechne den Abstand zwischen dem eingetragenen Punkt und O.

a) A(5|3) **b)** B(2|−1) **c)** C(−3|−2) **d)** D(3|3)

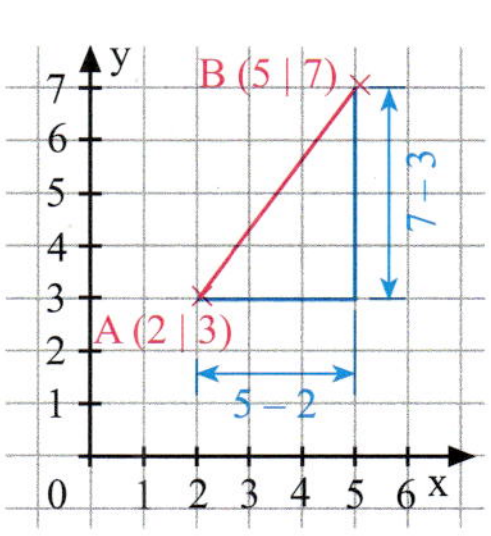

10. Berechne die Länge der Strecke $\overline{AB}$.

a) A(2|3); B(5|7)
b) A(0|4); B(4|10)
c) A(1|5); B(6|2)
d) A(−4|5); B(2|2)
e) A(2|−5); B(−3|9)
f) A(−2|−5); B(1|0)

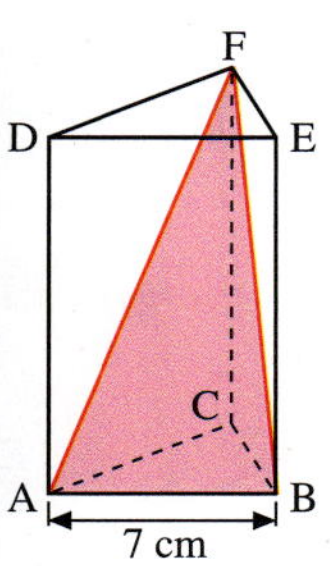

11. Das 11 cm hohe dreiseitige Prisma links hat ein gleichseitiges Dreieck als Grundfläche. Wie groß ist die Schnittfläche ABF?

12. Jonas lässt im Herbstwind seinen Drachen steigen. Die 35 m lange Schnur hat er dabei vollständig ausgerollt. So kann der Drachen weit nach oben steigen. Josi steht 25 m von Jonas entfernt genau unter dem Drachen. Sie schätzt, dass der Drachen eine Höhe von 20 m erreicht hat. Hat sie recht?

13. Susann kam beim Wintersport mit dem Skilift auf den Berg. Dort gab es Pisten für den Abfahrtslauf. Das nebenstehende Bild zeigt die Höhen von Tal- und Bergstation über dem Meeresspiegel.

a) Welchen Höhenunterschied überwindet der Lift?

b) Berechne die Länge der Liftstrecke.

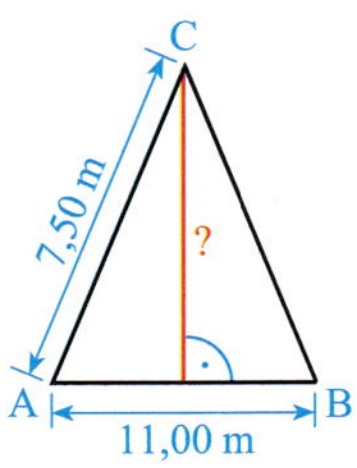

14. Das Dreieck ABC zeigt den Querschnitt eines Satteldaches. Es ist gleichschenklig mit $\overline{AC} = \overline{BC}$.

a) Zeichne das Dreieck in einem geeigneten Maßstab.

b) Berechne die Dachhöhe und vergleiche das Ergebnis mit der Zeichnung.

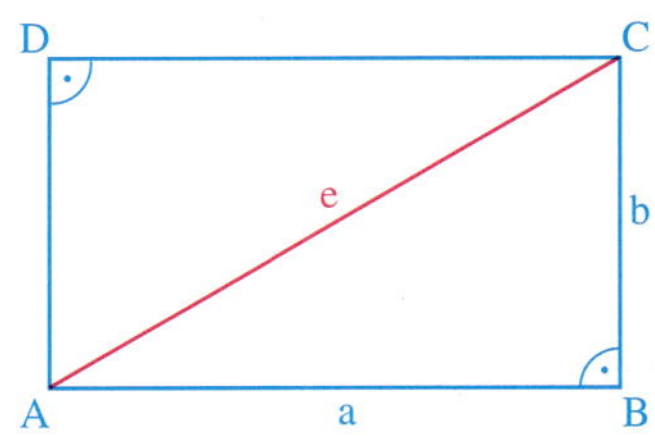

15. Von einem Rechteck ABCD sind zwei Größen gegeben. Berechne die fehlende dritte Größe.

a) a = 8,0 m, b = 5,0 m **c)** a = 1,40 m, e = 3,80 m

b) a = 2,0 m, b = 1,2 m **d)** b = 4,75 m, e = 8,95 m

16. Eine Ausstellungsfläche hat die rechts angegebenen Abmessungen. Bei B und D stehen zwei Fahnenmasten. Wie weit sind sie voneinander entfernt?

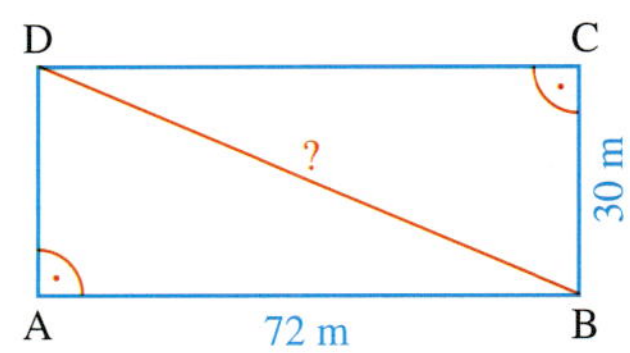

17. Die Grundfläche des Pultdaches einer Lagerhalle ist rechteckig. Durch einen Orkan wurde die gesamte Dachfläche beschädigt.

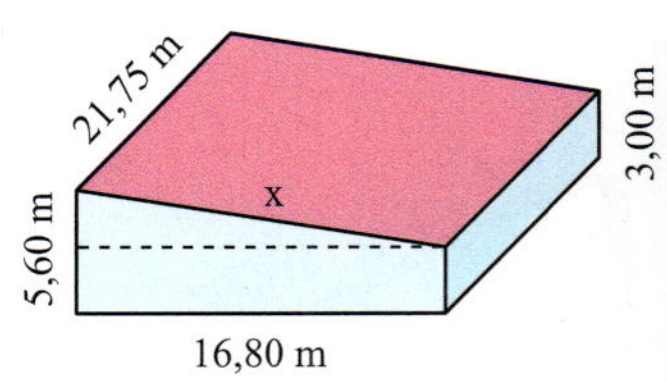

a) Überschlage die Länge von x. Berechne dann.

b) Ein Dachdecker hat die Größe der Dachfläche auf 400 m^2 geschätzt. Hat er recht?

18. Um das Dach eines 10 m hohen Hauses zu erreichen, soll eine Leiter angestellt werden. Der Fuß der Leiter steht 3 m von der Hauswand entfernt.

a) Wie lang muss die Leiter sein?

b) Wie groß ist der Anstellwinkel?

19. Auf dem Wanderweg von A nach B ist durch eine Brücke ein Hindernis zu überwinden. Berechne mit den Kilometerangaben die Länge der Brücke.

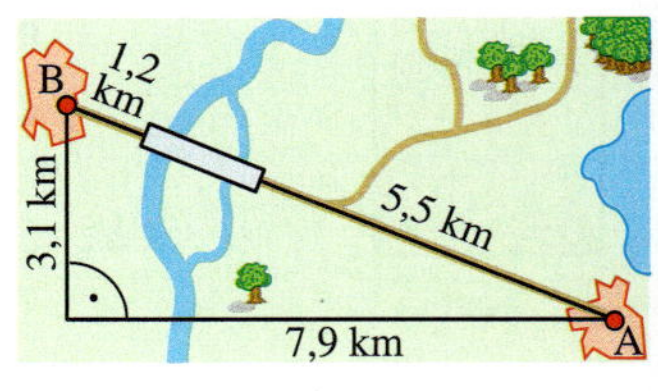

20. Finde eine Möglichkeit, um mit 24 Streichhölzern ein rechtwinkliges Dreieck zu legen.

21. In der AG Mathematik fertigen vier Gruppen jeweils vier Schnüre unterschiedlicher Länge an, mit denen sie ein Dreieck abstecken wollen.

(1) Seitenlängen: 9 m; 12 m; 15 m
(2) Seitenlängen: 1,5 m; 2,5 m; 2 m
(3) Seitenlängen: 5 m; 12 m; 13 m
(4) Seitenlängen: 1,9 m; 1,8 m; 0,7 m

a) Welche Gruppe erhält ein rechtwinkliges Dreieck?

b) Stelle drei geeignete Schnüre her. Finde damit im Schulgelände Winkel von 90°.

22. Gegeben ist ein gleichseitiges Dreieck.

a) Gib den Umfang u des Dreiecks an.

b) Berechne die Länge der Strecke x.

c) Ermittle den Flächeninhalt des Dreiecks.

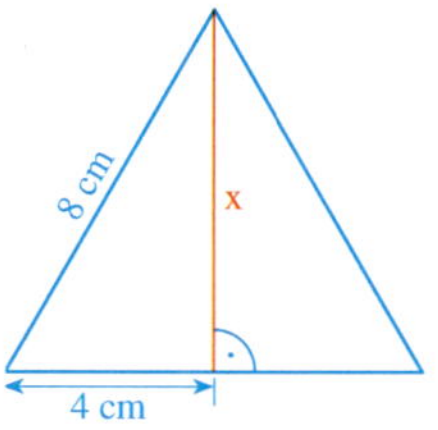

23. Im Fach Wirtschaft-Arbeit-Technik werden aus Kupferblech dreieckige Ohrhänger hergestellt.
Wie viel cm^2 Blech braucht man mindestens für den Ohrhänger.
Hinweis: Berechne zunächst die Höhe im Dreieck.

a)

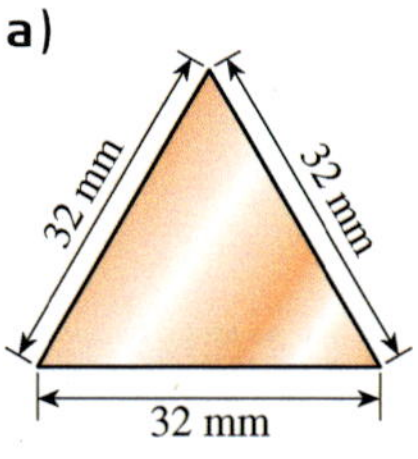

b)

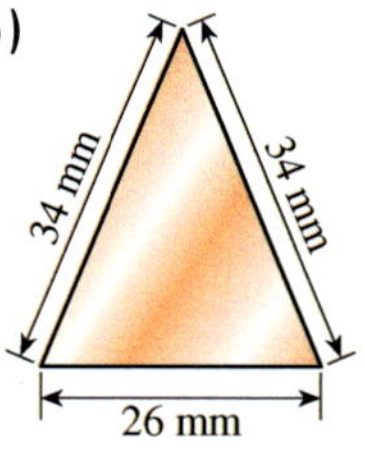

c)

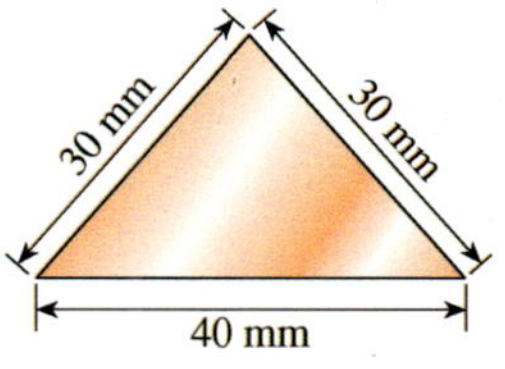

24. Fliesenlegermeister Glatt muss die Fliesen auf einem Fußboden ausrichten. Auszubildender Bruno will dazu Fäden von einer Wandmitte zur anderen spannen. Daran legt er einige Fliesen aus. Bruno meint, dass die Fliesen geradlinig und zueinander rechtwinklig verlaufen. Hat er damit recht?
Begründe deine Entscheidung.

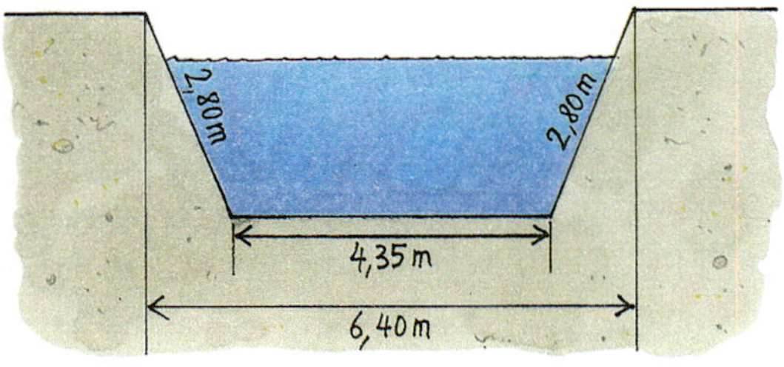

25. Zwei größere Seen wurden durch einen Kanal miteinander verbunden. Das Bild zeigt den Querschnitt des Kanals.

a) Welche Form hat der im Bild dargestellte Kanalquerschnitt?

b) Skizziere den Querschnitt. Trage darin Hilfslinien so ein, dass rechtwinklige Dreiecke entstehen.

c) Wie tief wurde der Kanal ausgeschachtet?

26. Ein dreieckiges Blumenbeet hat einen Umfang von 30 m. Die zwei kürzeren Seiten sind 5 m bzw. 12 m lang. Ist das Blumenbeet rechtwinklig?

5 Berechnungen an Dreiecken und Vierecken

Ein gewaltiger Eisberg hat sich von der antarktischen Eisdecke gelöst und schwimmt im Südpazifik. Er ist etwa 272 Kilometer lang und 40 Kilometer breit.
Der Eisberg wurde von einem Gletscher abgetrennt. Man sagt, der Gletscher *kalbt:* er stößt Eisschollen ins Meer ab. Da in der Antarktis pro Jahr nur etwa 2,5 Zentimeter Niederschläge fallen, dauert es vermutlich 100 Jahre, bis die Eisfläche nachgewachsen sein wird. Wissenschaftler befürchten, dass sich der Eisberg in die für Schiffe von Eis befreiten Rinnen legen und den Verkehr lahm legen könnte. Klimatologen befürchten, dass der seit längerem beobachtete Schmelzprozess in der Antarktis auf eine globale Erderwärmung zurückzuführen ist.
(nach einer dpa-Meldung vom 25.03.2000)

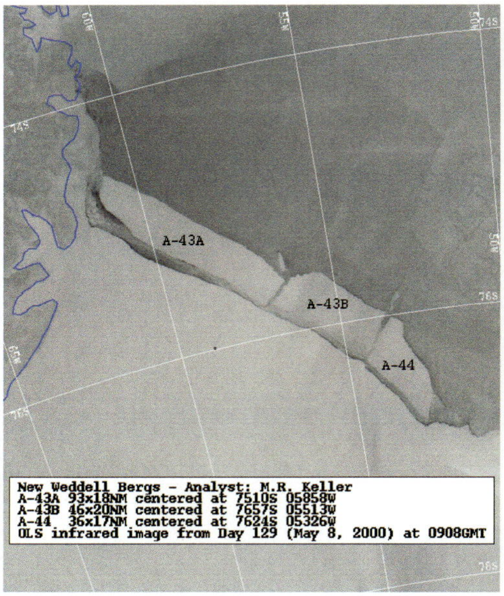

→ Welche Probleme gibt es, die Abmessungen des Eisberges zu bestimmen?

→ Wie groß ist die Fläche des Eisberges? Versuche die Größe durch einen geeigneten Vergleich zu veranschaulichen.

Für Vermessungen riesiger und unwegsamer Gebiete werden Flugzeuge oder Satelliten eingesetzt. Beim Überfliegen der Objekte (Eisberge, Urwälder, Inseln usw.) können über die Winkelmessung die Längen und die Breiten der Flächen festgestellt werden.
Mit Aufnahmen von Satelliten aus ist es heutzutage sogar schon möglich, maßstabgerechte Abbilder von fotografierten Landschaften herzustellen.

In diesem Kapitel lernst du ...
... wie man in beliebigen Dreiecken und Vierecken Längen und Winkel berechnen kann.

SINUS, KOSINUS UND TANGENS IM RECHTWINKLIGEN DREIECK

Einstieg

Segelflugzeuge gleiten. Um fliegen zu können, wandeln sie Höhe in Flugstrecke um. Je weiter sie bei einem Gleitflug aus einer bestimmten Höhe kommen, um so besser sind sie.
Ein Maß für die „Güte" eines Segelflugzeugs ist die *Gleitzahl*. Dies ist das Verhältnis aus dem Höhenverlust und der Länge der dabei zurückgelegten Flugstrecke.
Moderne Segelflugzeuge haben eine Gleitzahl zwischen 1 : 30 und 1 : 70.

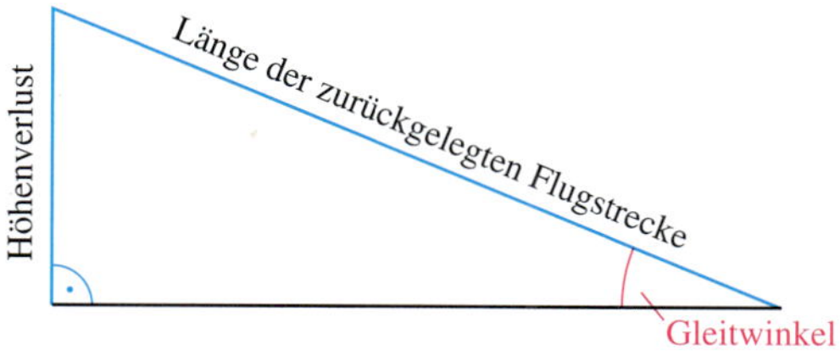

→ Nimm an, ein Segelflugzeug hat die Gleitzahl 1 : 10.
Wie viel Höhe verliert es, wenn es (1) 10 m, (2) 20 m Flugstrecke zurücklegt?
Gib jeweils die Größe des Gleitwinkels an. Was stellst du fest?

→ Das Gefälle der Flugstrecke gibt man wie bei einer Straße durch das Verhältnis aus Höhenunterschied und der horizontalen Entfernung an.
Berechne das Gefälle bei einem Segelflugzeug mit einer Gleitzahl von 1 : 10; gib es auch in Prozent an.

Aufgabe

1.

Im Berner Oberland (Schweiz) fährt eine Standseilbahn von Lauterbrunnen auf einer 1 421 m langen Strecke zur Grütschalp.
Eine Vorstellung von der Steigung (Anstieg) der Bahnstrecke liefert die Größe des Winkels β, auch *Steigungswinkel* genannt.

a) Wie groß ist der Steigungswinkel?

b) Gib die Steigung in Prozent an.

Lösung

a) Die Größe des Winkels β lässt sich zeichnerisch im rechtwinkligen Dreieck ABC bestimmen.
Die Länge von $\overline{AC}$ (das ist der Höhenunterschied) beträgt 1481 m – 796 m, also 685 m. Wir wählen in der Zeichnung 1 cm für 100 m in der Wirklichkeit (Maßstab 1 : 10000).
Wir konstruieren nun ein rechtwinkliges Dreieck ABC mit dem rechten Winkel bei C sowie den Seitenlängen c = 14,2 cm (Länge der Hypotenuse) und b = 6,9 cm; dies ist die Länge der dem gesuchten Winkel β *gegenüberliegenden* Kathete (Ssw).
Wir messen: $\beta = 29°$.

Ergebnis: Der Steigungswinkel beträgt 29°.

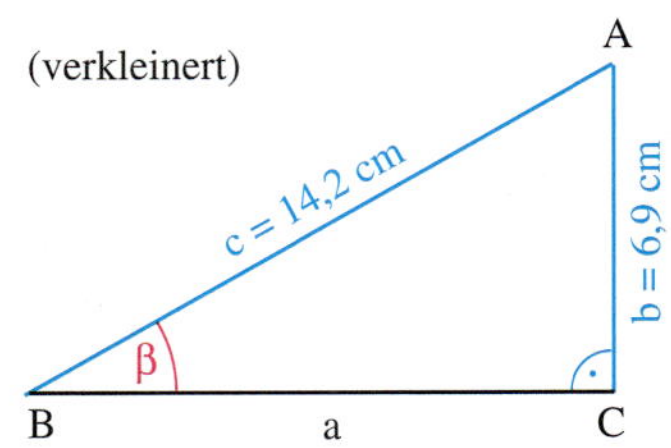

b) Du weißt: *Unter der Steigung (dem Anstieg) m versteht man das Verhältnis, also den Quotienten aus Höhenunterschied $\overline{AC}$ und horizontaler Entfernung $\overline{BC}$.*
Den Höhenunterschied haben wir bereits mit $\overline{AC}$ = 685 m berechnet.
Die horizontale Entfernung $\overline{BC}$ müssen wir noch berechnen. Nach dem Satz des Pythagoras gilt für das rechtwinklige Dreieck ABC:
$a^2 + b^2 = c^2$, also $a = \sqrt{c^2 - b^2}$.

Wir setzen ein:

$a = \sqrt{(1421\text{ m})^2 - (685\text{ m})^2}$

$a = \sqrt{1550016\text{ m}^2}$

$a \approx 1245\text{ m}$

Für die Steigung ergibt sich somit das Verhältnis:

$m = \frac{685\text{ m}}{1245\text{ m}}$

$m \approx 0{,}55$ bzw. $m \approx 55\%$

Ergebnis: Die Steigung beträgt 55%.

Information

(1) Zielsetzung

In rechtwinkligen Dreiecken können wir nach dem Satz des Pythagoras Seitenlängen berechnen. Wie wir in den vorangegangenen Aufgaben gesehen haben, können wir die Größe von Winkeln jedoch nur zeichnerisch ermitteln. Unser Ziel ist es, Verfahren kennenzulernen, mit deren Hilfe man auch die Winkel und die Längen in beliebigen Dreiecken aus gegebenen Stücken *berechnen* kann. Wir beschränken uns hier auf rechtwinklige Dreiecke.

(2) Bezeichnungen an rechtwinkligen Dreiecken

Du kennst bereits die Begriffe Hypotenuse und Kathete am *rechtwinkligen* Dreieck.
Wir unterscheiden nun die beiden Katheten hinsichtlich ihrer Lage zu einem spitzen Winkel, im Bild rechts zu β.
In jedem rechtwinkligen Dreieck nennt man die einem spitzen Winkel *gegenüberliegende* Kathete die **Gegenkathete** zu diesem Winkel.
Die dem spitzen Winkel *anliegende* Kathete heißt **Ankathete** zu diesem Winkel.

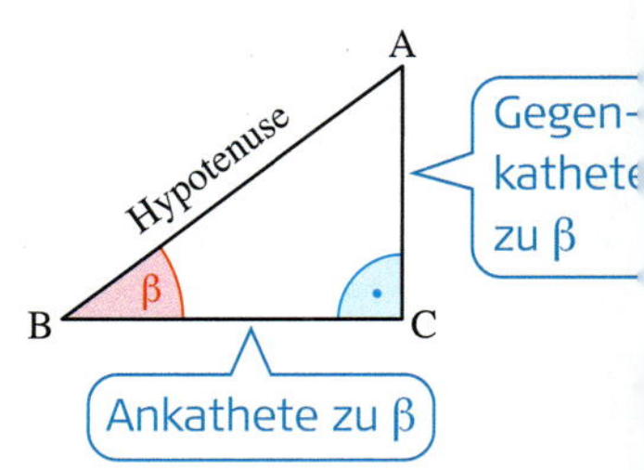

(3) Gleiche Längenverhältnisse in rechtwinkligen Dreiecken

Längenverhältnis: Quotient zweier Längen

Wir betrachten zwei rechtwinklige Dreiecke ABC und A′B′C′, die in der Größe eines spitzen Winkels, z. B. der Größe von β, übereinstimmen. Nach dem Hauptähnlichkeitssatz sind dann die beiden Dreiecke ABC und A′B′C′ ähnlich zueinander. Folglich sind die Längenverhältnisse je zweier Seiten von ABC gleich dem Längenverhältnis der beiden entsprechenden Seiten von A′B′C′, zum Beispiel:

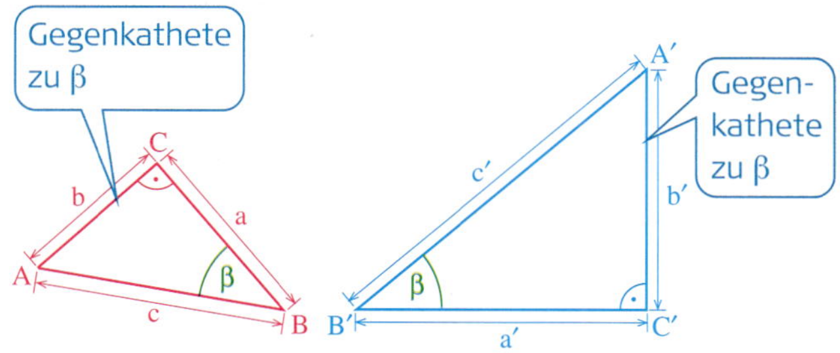

$\frac{b}{c} = \frac{b'}{c'}$; $\frac{a}{c} = \frac{a'}{c'}$; $\frac{b}{a} = \frac{b'}{a'}$

Wir erhalten also:
Alle rechtwinkligen Dreiecke, die in einem weiteren Winkel und damit in allen Winkeln übereinstimmen, besitzen dieselben Längenverhältnisse entsprechender Seiten.

Für alle *rechtwinkligen Dreiecke*, die in der Größe eines spitzen Winkels (und damit in allen Winkeln) übereinstimmen, gilt:

- das Längenverhältnis aus Gegenkathete (zu diesem spitzen Winkel) und der Hypotenuse, also
  $\frac{\text{Gegenkathete des spitzen Winkels}}{\text{Hypotenuse}}$
  hat immer den gleichen Wert.
- das Längenverhältnis aus der Ankathete (zu diesem spitzen Winkel) und der Hypotenuse, also
  $\frac{\text{Ankathete des spitzen Winkels}}{\text{Hypotenuse}}$
  hat immer den gleichen Wert.
- das Längenverhältnis aus der Gegenkathete und der Ankathete (zu diesem spitzen Winkel), also
  $\frac{\text{Gegenkathete des spitzen Winkels}}{\text{Ankathete des spitzen Winkels}}$
  hat immer den gleichen Wert.

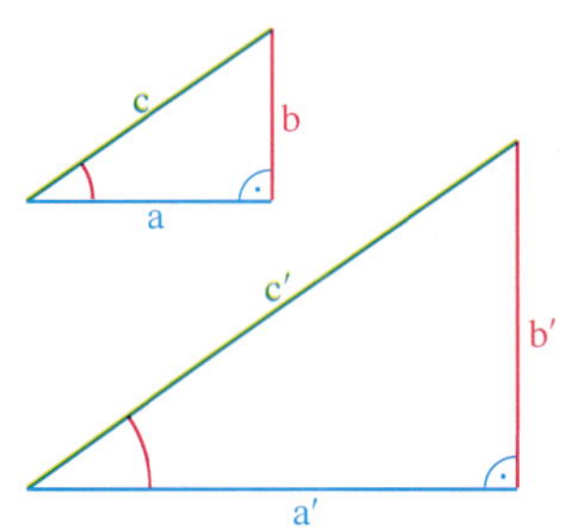

Diese Verhältnisse ändern sich nur, wenn der Winkel sich ändert. Sie bestimmen also den Winkel; deshalb gibt man ihnen eigene Namen.

(4) Der Sinus eines spitzen Winkels

Das Längenverhältnis aus der Gegenkathete zu einem spitzen Winkel und der Hypotenuse im rechtwinkligen Dreieck nennt man den **Sinus** dieses Winkels:

Sinus eines Winkels = $\frac{\textbf{Gegenkathete des Winkels}}{\textbf{Hypotenuse}}$

Für das Dreieck ABC mit $\gamma = 90°$ gilt z. B.: $\sin\alpha = \frac{a}{c}$

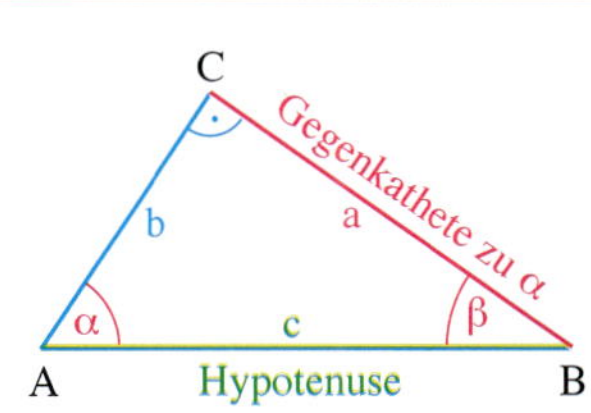

(5) Kosinus und Tangens eines spitzen Winkels

(1) Das Längenverhältnis aus der Ankathete zu einem spitzen Winkel und der Hypotenuse im rechtwinkligen Dreieck nennt man den **Kosinus** dieses Winkels:

Kosinus eines Winkels $= \dfrac{\textbf{Ankathete des Winkels}}{\textbf{Hypotenuse}}$

Für das Dreieck ABC mit $\gamma = 90°$ gilt z. B.: $\cos\alpha = \frac{b}{c}$

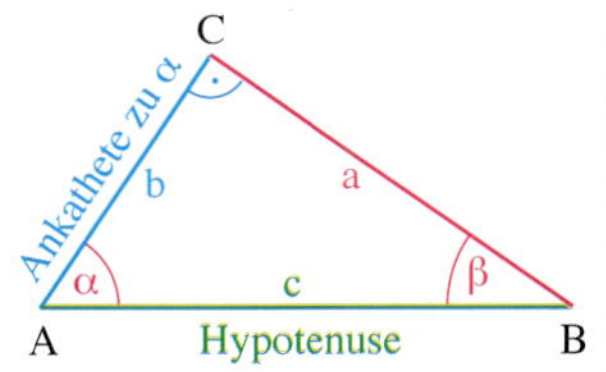

(2) Das Längenverhältnis aus Gegenkathete und Ankathete zu einem spitzen Winkel im rechtwinkligen Dreieck nennt man den **Tangens** dieses Winkels:

Tangens eines Winkels
$= \dfrac{\textbf{Gegenkathete des Winkels}}{\textbf{Ankathete des Winkels}}$

Für das Dreieck ABC mit $\gamma = 90°$ gilt z. B.: $\tan\alpha = \frac{a}{b}$

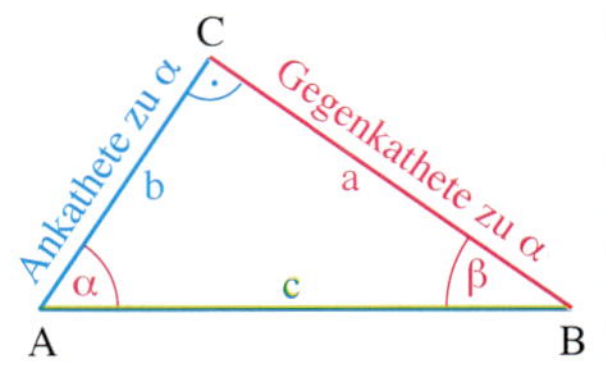

Zum Festigen und Weiterarbeiten

2. Betrachte das rechtwinklige Dreieck rechts.
Formuliere die Längenverhältnisse zu $\sin\beta$, $\cos\beta$ und $\tan\beta$.

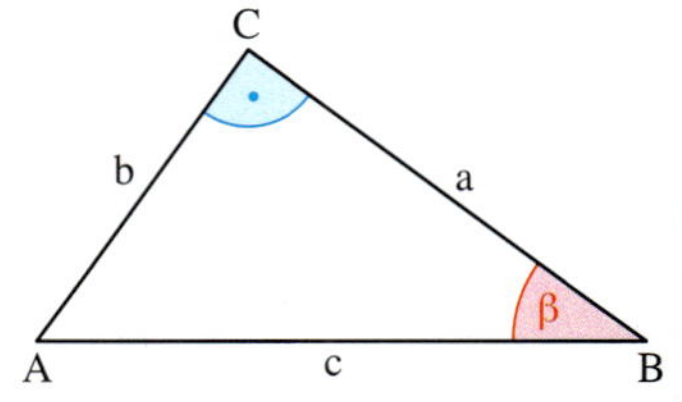

3. Zeichne farbig wie in der Information (3) mehrere verschieden große rechtwinklige Dreiecke ABC mit
(1) $\alpha = 30°$, (2) $\alpha = 44°$.
Zeichne dabei die Gegenkathete zu α in rot, die Ankathete in blau und die Hypotenuse in grün ein. Miss jeweils alle Seitenlängen und berechne

a) $\sin\alpha$; **b)** $\cos\alpha$; **c)** $\tan\alpha$. Was stellst du fest?

4. Skizziere das Dreieck zunächst zweimal im Heft; verwende Farben wie in Information (3). Gib dann den Sinus, den Kosinus und den Tangens der beiden spitzen Winkel jeweils als Längenverhältnis an.

(1)

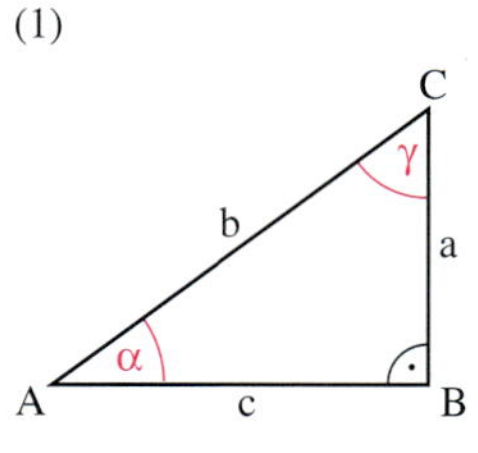

(2)

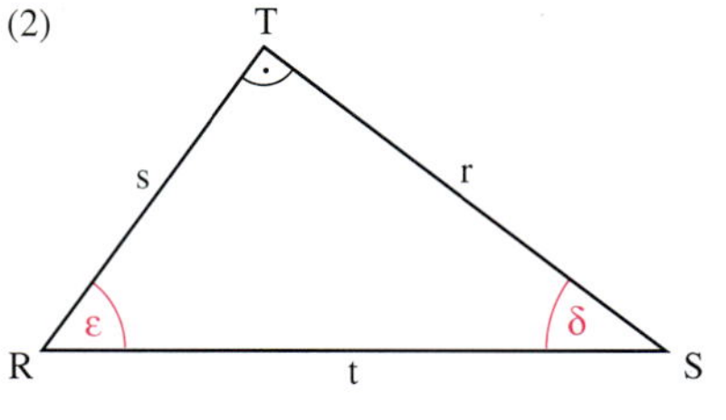

(3)

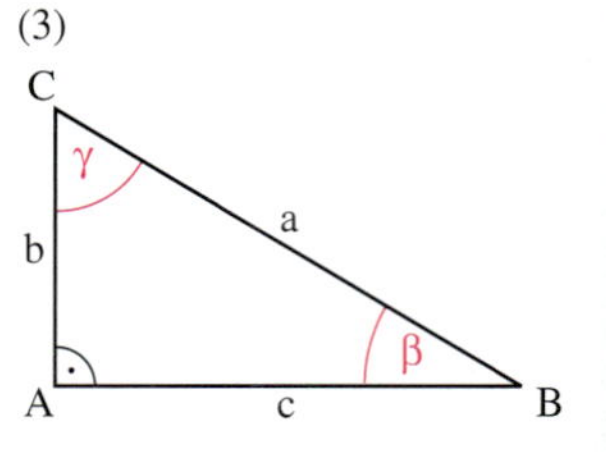

5. Berechne jeweils sin, cos und tan der angegebenen Winkel. Runde gegebenenfalls auf vier Stellen nach dem Komma.

a)

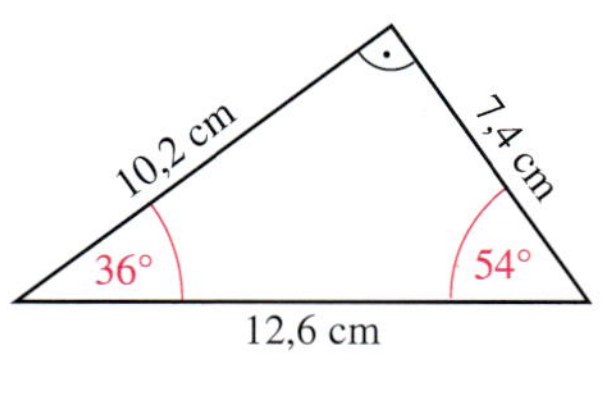

b)

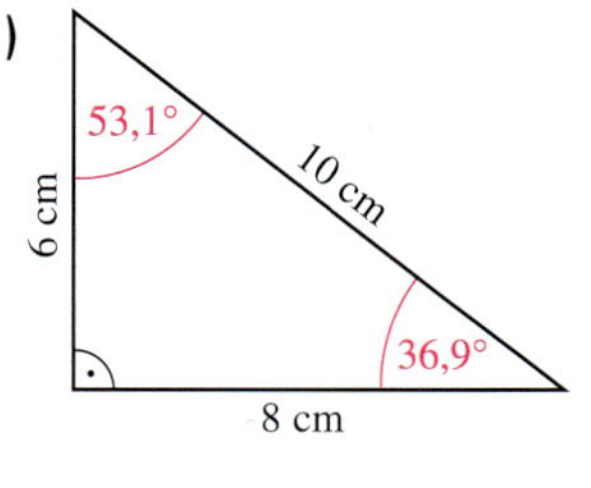

c)

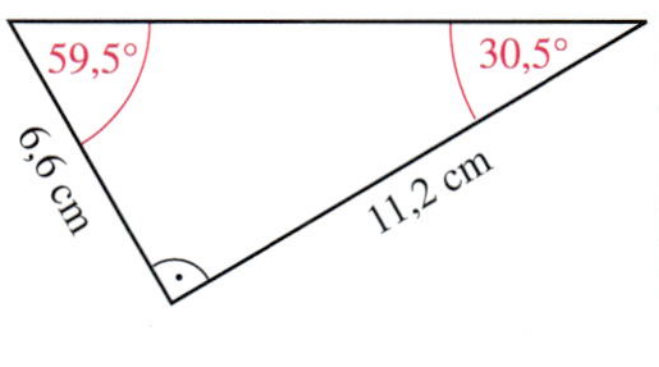

6. Bestimme zeichnerisch die Größe des Winkels α.
Wähle dazu ein geeignetes rechtwinkliges Dreieck ABC.

a) $\sin\alpha = \frac{1}{2}$ **b)** $\cos\alpha = \frac{2}{3}$ **c)** $\tan\alpha = \frac{3}{4}$ **d)** $\sin\alpha = 0{,}75$ **e)** $\cos\alpha = 0{,}4$

7. Zeichne rechtwinklige Dreiecke ABC mit $c = 10$ cm, $\gamma = 90°$ und
(1) $\alpha = 15°$; (2) $\alpha = 30°$; (3) $\alpha = 45°$; (4) $\alpha = 60°$.

a) Bestimme durch Messen und Rechnen jeweils $\tan\alpha$.
Untersuche an den Beispielen, wie sich $\tan\alpha$ ändert, wenn man die Winkelgröße α verdoppelt, verdreifacht oder vervierfacht?

b) Untersuche entsprechend $\sin\alpha$ und $\cos\alpha$.

Übungen

8. Ein rechtwinkliges Dreieck (im Bild verkleinert dargestellt) hat die angegebenen Maße. Berechne $\sin\alpha$, $\cos\alpha$, $\tan\alpha$, $\sin\beta$, $\cos\beta$, $\tan\beta$. Runde auf Tausendstel.

a)

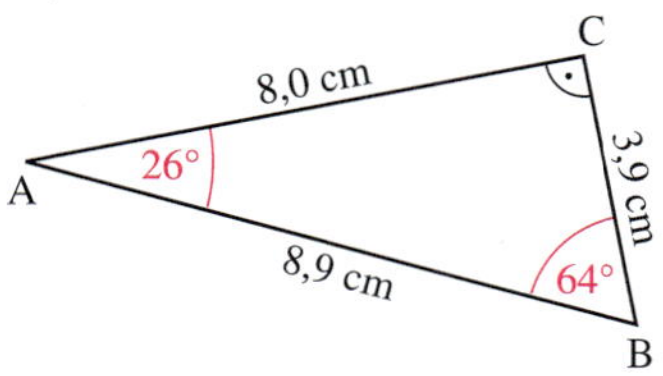

b)

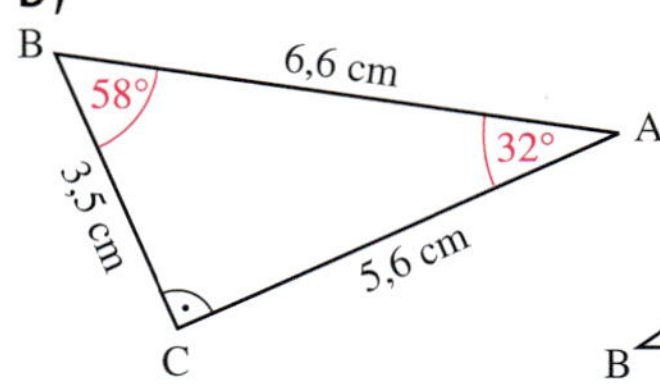

c)

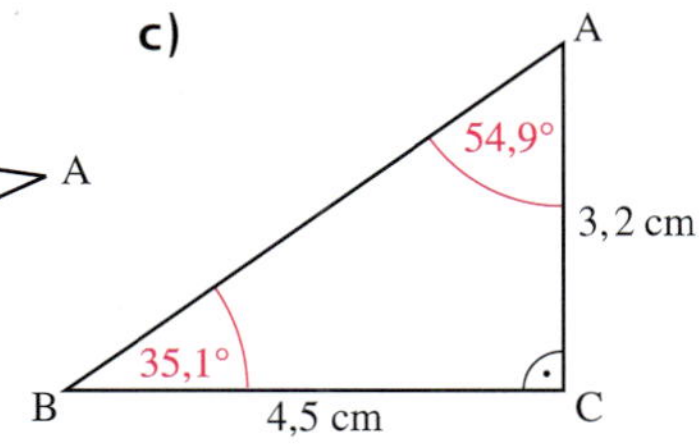

9. Kontrolliere die Hausaufgaben.

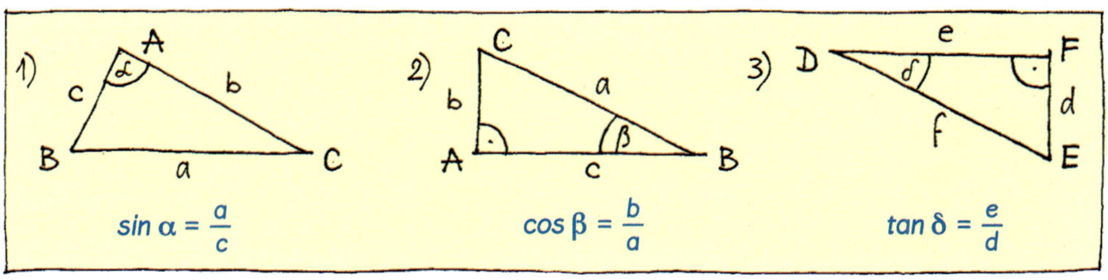

10. Zeichne ein rechtwinkliges Dreieck ABC mit $\gamma = 90°$, $c = 10$ cm sowie

a) $\alpha = 35°$; **b)** $\alpha = 62°$; **c)** $\alpha = 75°$; **d)** $\alpha = 53°$; **e)** $\alpha = 15°$.

Miss die Seitenlängen a und b und bestimme näherungsweise $\sin\alpha$ und $\sin\beta$.

11. Konstruiere das Dreieck ABC, markiere die gegebenen Stücke rot. Berechne dann den fehlenden Winkel und miss die fehlenden Seiten.
Bestimme nun in dem rechtwinkligen Dreieck den Sinus, den Kosinus und den Tangens der beiden spitzen Winkel.

a)	b)	c)	d)	e)
$\alpha = 90°$	$\alpha = 90°$	$\beta = 90°$	$\beta = 90°$	$\gamma = 90°$
$\beta = 38°$	$\gamma = 48°$	$a = 5$ cm	$\alpha = 28°$	$a = 2{,}8$ cm
$c = 9$ cm	$b = 8$ cm	$\gamma = 58°$	$c = 13$ cm	$\beta = 48°$

12. Gib – falls möglich – die Größe des Winkels α an. Zeichne dazu dann ein geeignetes rechtwinkliges Dreieck ABC.

a)	b)	c)	d)	e)
$\sin\alpha = \frac{2}{3}$	$\tan\alpha = \frac{5}{4}$	$\sin\alpha = 0{,}8$	$\tan\alpha = 1{,}5$	$\tan\alpha = 5$
$\cos\alpha = \frac{4}{5}$	$\sin\alpha = 1{,}2$	$\cos\alpha = 0{,}3$	$\tan\alpha = 4$	$\cos\alpha = 0{,}2$
$\tan\alpha = \frac{4}{5}$	$\sin\alpha = 0{,}6$	$\cos\alpha = 1{,}7$	$\sin\alpha = 0{,}2$	$\sin\alpha = 0{,}9$

BESTIMMEN VON WERTEN FÜR SINUS, KOSINUS UND TANGENS

Zeichnerisches Bestimmen von Näherungswerten – Beziehungen zwischen Sinus, Kosinus und Tangens

Einstieg

DGS

Zeichne mit einem dynamischen Geometrie-System eine Strecke $\overline{AP}$, eine dazu senkrechte Gerade durch A sowie dann dazu einen Viertelkreis um A mit dem Radius $\overline{AP}$. Erzeuge nun auf dem Kreisbogen einen Punkt B. Zeichne durch diesen die Senkrechte zu $\overline{AP}$. Benenne ihren Schnittpunkt mit $\overline{AP}$ mit C.

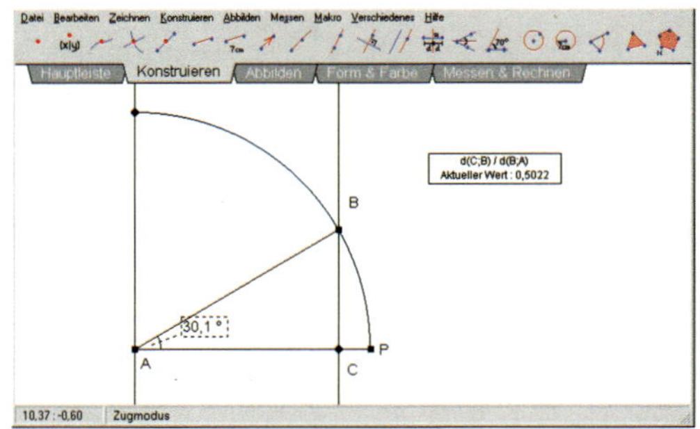

→ Erzeuge ein Termobjekt, das den Sinus des Winkels bei A angibt. Verändere den Winkel und notiere so eine Wertetabelle für Sinuswerte in deinem Heft.

→ Erstelle entsprechend eine Wertetabelle für Kosinuswerte und für die Tangenswerte.

Aufgabe

1. Bestimme zeichnerisch Näherungswerte von $\sin\alpha$, $\cos\alpha$ und $\tan\alpha$ für $\alpha = 10°, 20°, \ldots, 80°$. Lege eine Tabelle an.

Anleitung:

(1) Zeichne auf Millimeterpapier einen Viertelkreis mit dem Radius 1 dm.

(2) Zeichne in den Viertelkreis rechtwinklige Dreiecke mit den Winkelgrößen 10°, 20°, ..., 80°. Die Hypotenuse ist jeweils ein Kreisradius, sie hat also die Länge 1 dm.

(3) Lies aus der Zeichnung die Werte für $\sin\alpha$ und $\cos\alpha$ auf Hundertstel ab.

(4) Bestimme dann die Werte für $\tan\alpha$.

Lösung

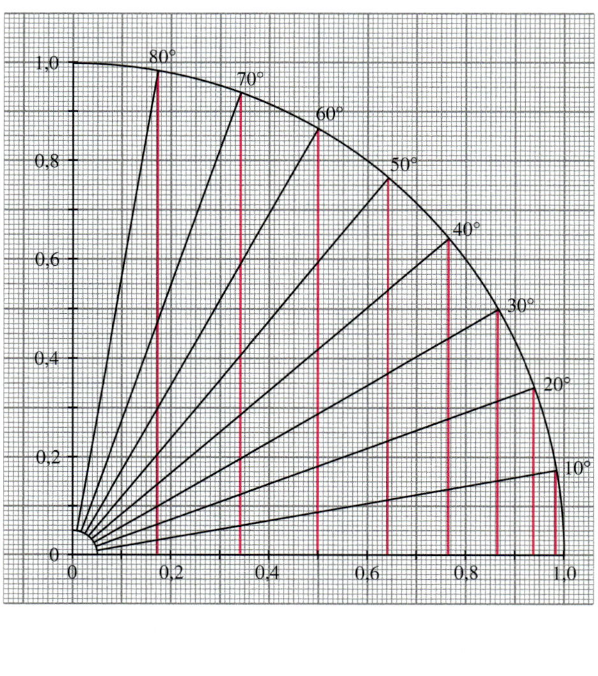

α	Näherungswerte für $\sin\alpha$	$\cos\alpha$	$\tan\alpha$
10°	0,17	0,98	0,18
20°	0,34	0,94	0,36
30°	0,50	0,87	0,58
40°	0,64	0,77	0,84
50°	0,77	0,64	1,19
60°	0,87	0,50	1,73
70°	0,94	0,34	2,75
80°	0,98	0,17	5,67

Zum Festigen und Weiterarbeiten

2. Bestimme wie in Aufgabe 1 Näherungswerte von $\sin\alpha$, $\cos\alpha$ und $\tan\alpha$ für $\alpha = 5°, 15°, 25°, \ldots, 85°$.

3. *Sinus, Kosinus und Tangens am Einheitskreis*
Zeichne in ein Koordinatensystem einen Viertelkreis mit dem Radius 1. Einen Kreis mit dem Radius 1 um den Koordinatenursprung O nennt man **Einheitskreis.**

a) Betrachte die rechtwinkligen Dreiecke OAP und OTQ. Begründe:
$\cos\alpha = \overline{OA}$; $\sin\alpha = \overline{AP}$; $\tan\alpha = \overline{TQ}$
Beachte: $\overline{OP} = 1$ und $\overline{OT} = 1$

b) Was kann man anhand der Zeichnung über $\sin\alpha$, $\cos\alpha$ und $\tan\alpha$ aussagen, wenn sich α immer mehr (1) dem Wert 0°, (2) dem Wert 90° annähert?

c) Begründe am Einheitskreis: $(\sin\alpha)^2 + (\cos\alpha)^2 = 1$

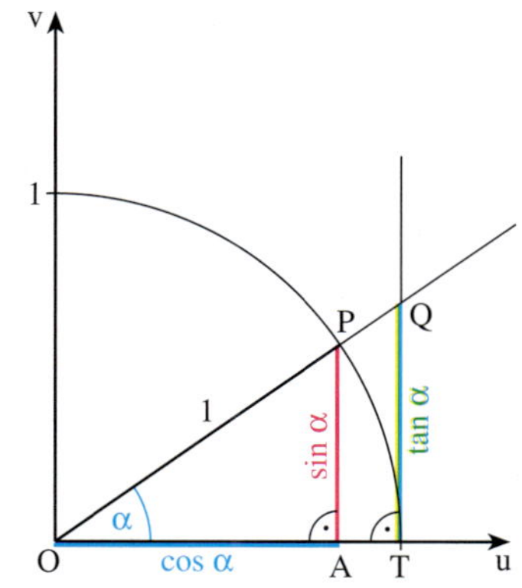

4. *Beziehungen zwischen sin α, cos α und tan α*

a) Anhand der Tabelle in Aufgabe 1 erkennst du: $\sin 10° = \cos 80° = \cos(90° - 10°)$
Bestätige anhand der Tabelle: $\sin\alpha = \cos(90° - \alpha)$ und $\cos\alpha = \sin(90° - \alpha)$.
Begründe dies auch mit den Längenverhältnissen am rechtwinkligen Dreieck.

b) Anhand der Berechnung von $\tan\alpha$ in Aufgabe 1 erkennst du: $\tan\alpha = \frac{\sin\alpha}{\cos\alpha}$
Begründe dies auch mithilfe des Längenverhältnisses am rechtwinkligen Dreieck.

Information

(1) Erweiterung von Sinus, Kosinus und Tangens für 0° und 90°

Bisher haben wir $\sin\alpha$, $\cos\alpha$ und $\tan\alpha$ nur für Winkelgrößen α mit $0° < \alpha < 90°$ definiert. Wir haben am Einheitskreis gesehen (vgl. Aufgabe 3 oben):

(a) Wenn sich α dem Wert 0° annähert, nähert sich $\sin\alpha$ der Zahl 0, $\cos\alpha$ der Zahl 1 und $\tan\alpha$ der Zahl 0 an.

(b) Wenn sich α dem Wert 90° annähert, nähert sich $\sin\alpha$ der Zahl 1, $\cos\alpha$ der Zahl 0 an. Der Wert von $\tan\alpha$ wächst über alle Grenzen. Er ist daher für 90° nicht definiert.

Man setzt fest: $\sin 0° = 0$; $\sin 90° = 1$; $\cos 0° = 1$; $\cos 90° = 0$; $\tan 0° = 0$

(2) Beziehungen zwischen Sinus, Kosinus und Tangens

Die Lösungen der Aufgaben 3 und 4 oben führen uns auf folgende Beziehungen:

(a) $\cos\alpha = \sin(90° - \alpha)$
$\sin\alpha = \cos(90° - \alpha)$
(b) $\tan\alpha = \frac{\sin\alpha}{\cos\alpha}$
(c) $(\sin\alpha)^2 + (\cos\alpha)^2 = 1$

Übungen

5. Ordne die Werte der Größe nach.
Denke an die Deutung von Sinus, Kosinus und Tangens am Einheitskreis.

a) sin 80°, sin 30°, sin 10°, sin 50°, sin 70°, sin 89°, sin 25°, sin 66°

b) cos 80°, cos 30°, cos 10°, cos 50°, cos 70°, cos 89°, cos 25°, cos 66°

c) tan 80°, tan 30°, tan 10°, tan 50°, tan 70°, tan 89°, tan 25°, tan 66°

6. Die nebenstehende Gleichung ist durchgestrichen.
Zeige anhand der Tabelle auf Seite 100, dass sie nicht gilt.

~~$\sin(\alpha + \beta) = \sin\alpha + \sin\beta$~~

7. Welche Informationen kann man der Tabelle auf Seite 100 für $\sin\alpha$, $\cos\alpha$ und $\tan\alpha$ entnehmen?
Notiere als Antwort eine Ungleichung.

$0{,}50 < \sin 34° < 0{,}64$

a) $\alpha = 82°$ **b)** $\alpha = 7°$ **c)** $\alpha = 65°$ **d)** $\alpha = 89°$ **e)** $\alpha = 33°$ **f)** $\alpha = 22°$

8. Welche Information kann man der Tabelle auf Seite 100 für die Winkelgrößen α entnehmen?
Notiere das Ergebnis als Ungleichung.

$\sin\alpha = 0{,}79$
$50° < \alpha < 60°$

a) $\sin\alpha = 0{,}8$; $\cos\alpha = 0{,}8$ **b)** $\sin\alpha = 0{,}38$; $\cos\alpha = 0{,}38$ **c)** $\sin\alpha = 0{,}71$; $\cos\alpha = 0{,}71$ **d)** $\tan\alpha = 0{,}3$; $\tan\alpha = 2{,}5$ **e)** $\tan\alpha = 5{,}5$; $\tan\alpha = 1{,}0$

9. Lies am Viertelkreis auf Seite 100 ab.
Für welche Winkelgrößen α gilt:

a) $\sin\alpha = 0{,}2$; $\cos\alpha = 0{,}2$ **b)** $\sin\alpha = 0{,}4$; $\cos\alpha = 0{,}4$ **c)** $\sin\alpha = 0{,}6$; $\cos\alpha = 0{,}6$ **d)** $\sin\alpha = 0{,}7$; $\cos\alpha = 0{,}7$ **e)** $\sin\alpha = 0{,}8$; $\cos\alpha = 0{,}8$

10. Zeichne den Graphen von **a)** $y = \sin\alpha$; **b)** $y = \cos\alpha$; **c)** $y = \tan\alpha$.
Wähle auf der α-Achse (nach rechts gerichtete Achse) 1 cm für 10° und auf der y-Achse (nach oben gerichtete Achse) 5 cm für 1.
Untersuche, ob eine proportionale Zuordnung vorliegt. Erkläre.

11. Fülle die Tabelle aus. Benutze dabei $\cos\alpha = \sin(90° - \alpha)$ und $\sin\alpha = \cos(90° - \alpha)$.

α	5°	15°	25°	35°	45°	55°	65°	75°	85°
sin α		0,26		0,57		0,82		0,97	
cos α	0,99		0,91		0,71		0,42		0,09

12. Gegeben ist $\cos 53° = 0{,}60$. Berechne unter Anwendung der Formeln auf Seite 101:
(1) $\sin 53°$; (2) $\tan 53°$; (3) $\sin 37°$; (4) $\cos 37°$; (5) $\tan 37°$.

▲ **13.** Als es noch keine Taschenrechner mit Sinus, Kosinus und Tangens gab, mussten die Werte aus Tabellen abgelesen werden.
Einen Ausschnitt aus einer solchen Tabelle siehst du rechts. Um Platz zu sparen, benutzt man eine Regelmäßigkeit.
Um welche handelt es sich?

α	sin α	cos α	
0°	0,0000	1,0000	90°
5°	0,0872	0,9962	85°
10°	0,1736	0,9848	80°
15°	0,2588	0,9659	75°
20°	0,3420	0,9397	70°
25°	0,4226	0,9063	65°
30°	0,5000	0,8660	60°
35°	0,5736	0,8192	55°
40°	0,6428	0,7660	50°
45°	0,7071	0,7071	45°
	cos α	sin α	α

14. Betrachte in der Figur in Aufgabe 3 das Dreieck OTQ.
Wie lang ist die Strecke $\overline{OQ}$?

Bestimmen von Werten mit dem Taschenrechner

Information

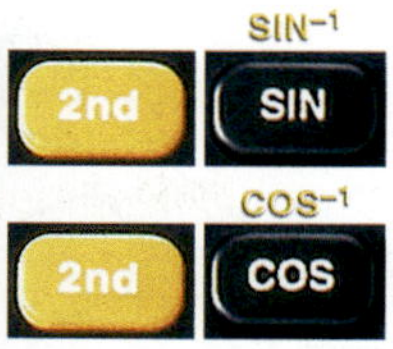

(1) Bestimmen des Wertes zu vorgegebener Winkelgröße

Je nach Taschenrechner musst du erst die Winkelgröße eingeben und dann die Taste für z. B. Sinus drücken oder erst die Taste für Sinus und dann die Winkelgröße eingeben. Probiere das bei deinem Taschenrechner am Beispiel sin 27° aus. Achte darauf, dass der Taschenrechner DEG (von *degree*, engl. Grad) für die Winkelgröße anzeigt.
Als Ergebnis musst du 0,45399 ... erhalten.

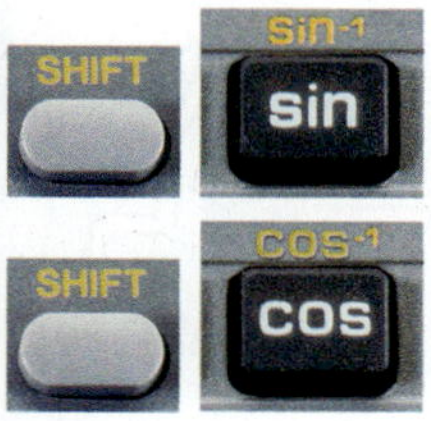

(2) Bestimmen der Winkelgröße zu vorgegebenem Wert

Die Tasten deines Taschenrechners sind doppelt belegt. Die Tasten [sin] [cos] und [tan] haben $\sin^{-1}$, $\cos^{-1}$ und $\tan^{-1}$ als zweite Belegung.
Man erhält diese, indem man vorher die Taste [2nd] (engl. *second*) bzw. [SHIFT] drückt.
$\sin^{-1}$ bedeutet: Man erhält umgekehrt zu einem Sinuswert die zugehörige Winkelgröße. Entsprechendes gilt für $\cos^{-1}$ und $\tan^{-1}$. Probiere das am Beispiel $\sin\alpha = 0{,}6$ zur Bestimmung von α aus. Als Ergebnis musst du 36,869 ...° erhalten.

Zum Festigen und Weiterarbeiten

1. Bestimme die Winkelgröße α mithilfe des Taschenrechners. Runde auf Zehntel.

a) $\sin\alpha = 0{,}7$ **b)** $\cos\alpha = 0{,}35$ **c)** $\tan\alpha = 4$

2. Was zeigt dein Taschenrechner an, wenn du die Tastenfolge 1.2 [sin⁻¹] bzw. [sin⁻¹] 1.2 [=] ausführst, was bei der Tastenfolge 1.2 [cos⁻¹] bzw. [cos⁻¹] 1.2 [=]?
Probiere auch 1.2 [tan⁻¹] bzw. [tan⁻¹] 1.2 [=]. Erkläre.

3. Vergleiche $\sin\alpha$ und $\tan\alpha$ für: (1) $\alpha = 1°$; (2) $\alpha = 0{,}9°$; (3) $\alpha = 0{,}8°$; (4) $\alpha = 0{,}7°$.
Was stellst du fest? Beschreibe.

Übungen

4. Gib $\sin\alpha$, $\cos\alpha$ und $\tan\alpha$ an auf vier Stellen nach dem Komma gerundet.

a) $\alpha = 16°$ **b)** $\alpha = 24°$ **c)** $\alpha = 38°$ **d)** $\alpha = 49{,}7°$ **e)** $\alpha = 51{,}2°$ **f)** $\alpha = 68{,}5°$

5. Bestimme die Winkelgröße α, gerundet auf eine Stelle nach dem Komma.

a) $\sin\alpha = 0{,}1$; $\cos\alpha = 0{,}1$; $\tan\alpha = 0{,}1$
b) $\sin\alpha = 0{,}4$; $\cos\alpha = 0{,}4$; $\tan\alpha = 0{,}4$
c) $\sin\alpha = 0{,}75$; $\cos\alpha = 0{,}75$; $\tan\alpha = 0{,}75$
d) $\cos\alpha = 0{,}88$; $\sin\alpha = 0{,}88$; $\tan\alpha = 0{,}88$
e) $\cos\alpha = 0{,}643$; $\tan\alpha = 0{,}643$; $\sin\alpha = 0{,}643$

6. a) Bestimme die Werte tan 89°; tan 89,9°; tan 89,99°; tan 89,999°; tan 89,9999°; tan 89,999999°. Was fällt auf? Beschreibe.

b) Bestimme die Winkelgröße, gerundet auf eine Stelle nach dem Komma:
$\tan\alpha = 3$; $\tan\alpha = 10$; $\tan\alpha = 1\,000$; $\tan\alpha = 10\,000$. Was fällt auf? Beschreibe.

7. Fülle die Tabelle aus.

α									
sin α	0,4067			0,7193		0,2419			
cos α		0,9744			0,0872			0,9659	
tan α			0,3443				2,475		0,9657

BERECHNEN VON WINKELN UND LÄNGEN IM RECHTWINKLIGEN DREIECK

Anwendungen zu Sinus, Kosinus und Tangens

Einstieg

Ein Sendemast soll mit vier Seilen von je 40 m Länge abgespannt werden. Der Neigungswinkel α der Seile soll 55° betragen.

- ➜ In welcher Höhe müssen die Seile befestigt werden?
- ➜ Wie weit vom unteren Ende des Mastes müssen die Seile befestigt werden?

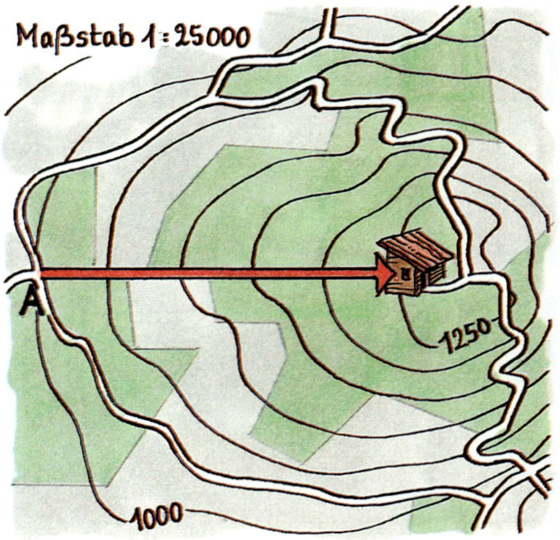

Von der Stelle A führt ein fast gerader Weg hoch zur Hütte.

- ➜ Wie groß ist der Steigungswinkel?
- ➜ Gib die Steigung (den Anstieg) auch in Prozent an.

Aufgabe

1. *Anwendungen zu Sinus und Kosinus*

a) Eine (aufgeklappte) Leiter von 6 m Länge soll an eine Hauswand gelehnt werden.
Damit sie nicht abrutscht, muss nach Sicherheitsvorschriften der Neigungswinkel, den sie mit dem waagerechten Erdboden bildet, mindestens 68°, höchstens 75° betragen.
Die Leiter wird mit einem Neigungswinkel von 70° aufgestellt.
Welchen Abstand muss das Fußende der Leiter von der Hauswand haben?
Wie hoch reicht die Leiter dann?
Verwende zur Berechnung nur gegebene Größen.

b) Eine 7,00 m lange Leiter soll an einer Wand 6,70 m hoch reichen. Ist dann der Neigungswinkel nach den Sicherheitsvorschriften noch eingehalten worden?

Lösung

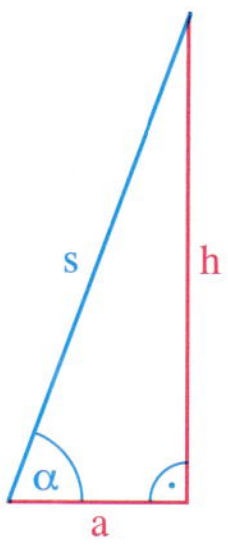

a) Die Leiter bildet zusammen mit der Hauswand und der Standfläche ein rechtwinkliges Dreieck mit:

$s = 6{,}00$ m Länge der Leiter
$\alpha = 70°$ Neigungswinkel der Leiter
h gesuchte Höhe an der Hauswand
a gesuchter Abstand von der Hauswand

Der Skizze entnehmen wir:

$\sin\alpha = \frac{h}{s}$ und $\cos\alpha = \frac{a}{s}$.

Wir stellen nach den Variablen h bzw. a um und setzen die gegebenen Werte ein:

$h = s \cdot \sin\alpha$, also $h = 6\text{ m} \cdot \sin 70°$; $h \approx 5{,}64$ m
$a = s \cdot \cos\alpha$, also $a = 6\text{ m} \cdot \cos 70°$; $a \approx 2{,}05$ m

Ergebnis: Das Fußende der Leiter muss etwa 2,00 m von der Hauswand entfernt aufgestellt werden; sie reicht dann etwa 5,65 m hoch.

b) Der Skizze zu Teilaufgabe a) entnehmen wir:

$\sin\alpha = \frac{h}{s} = \frac{6{,}70\text{ m}}{7{,}00\text{ m}}$; $\sin\alpha \approx 0{,}957142857$, also: $\alpha \approx 73{,}16501933°$

Ergebnis: Die Größe des Neigungswinkels der Leiter beträgt etwa 73°. Die Sicherheitsvorschriften wurden eingehalten.

Aufgabe

Theodolit
Winkelmessgerät

2. *Anwendungen zum Tangens*

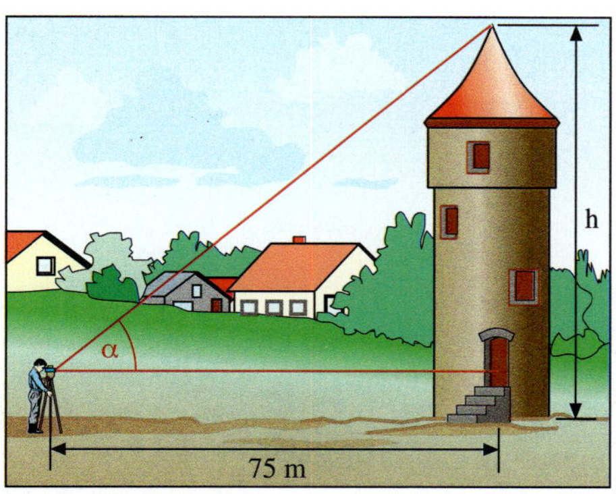

a) Die Höhe h eines Turmes soll bestimmt werden. Dazu wird in einer Entfernung von 75 m ein 1,50 m hoher Theodolit aufgestellt. Mit dem Theodolit wird die Spitze des Turmes angepeilt und der Höhenwinkel $\alpha = 38°$ gemessen.
Wie hoch ist der Turm?
Verwende zur Berechnung nur gegebene Größen.

b) Wie groß ist der Höhenwinkel α in einer Entfernung von 120 m?

Lösung

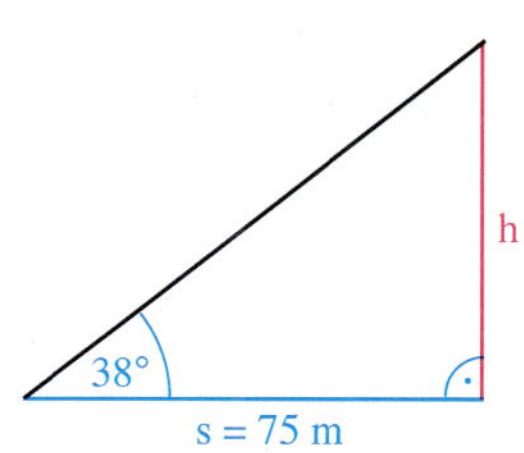

a) Aus der Skizze rechts entnehmen wir: $\tan\alpha = \frac{h}{s}$

Wir stellen nach der Variable h um: $h = s \cdot \tan\alpha$
Einsetzen ergibt:
$h = 75\text{ m} \cdot \tan 38°$; $h \approx 58{,}60$ m
Dazu kommt noch die Höhe des Theodoliten.

Ergebnis: Der Turm ist ungefähr 60 m hoch.

b) Wir rechnen mit dem für h berechneten Wert weiter und finden:

$\tan\alpha = \frac{h}{s}$; $\tan\alpha \approx \frac{58{,}60\text{ m}}{120\text{ m}} \approx 0{,}488333333$, also $\alpha \approx 26°$.

Ergebnis: In einer Entfernung von 120 m ist der Höhenwinkel ungefähr 26° groß.

Zum Festigen und Weiterarbeiten

3. Versuche die Aufgaben 1 und 2 nur mit dem Sinus (also ohne Kosinus oder Tangens) zu lösen. Du darfst jetzt auch berechnete Größen verwenden, die du z. B. mit dem Satz des Pythagoras oder dem Innenwinkelsatz findest.
Welchen Nachteil kann dieses Vorgehen haben?

4. Berechne die rot markierte Größe.

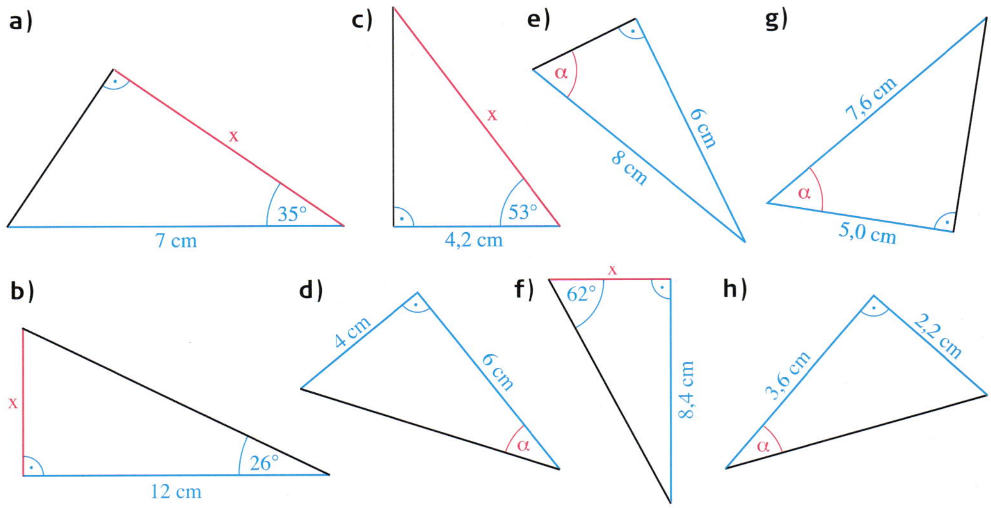

5. Die Frauenkirche in Dresden ist 93 m hoch. In welcher Entfernung von der Frauenkirche erscheint sie unter einem Höhenwinkel (1) von 20°, (2) von 9°? Fertige eine Skizze an.

6. **a)** Eine Leiter soll 3,50 m hoch reichen.
Wie lang muss sie bei einem Neigungswinkel von 70° sein?

b) Eine Leiter von 3,60 m Länge lehnt an einer Wand. Ihr Fußende ist 1,50 m von der Wand entfernt.

7. **a)** An einer geradlinig verlaufenden Straße zeigt ein Straßenschild ein Gefälle von 14% an. Das bedeutet: Auf 100 m horizontal gemessener Entfernung beträgt der Höhenunterschied 14 m.
Wie groß ist der Neigungswinkel α?

b) Wie viel m beträgt der Höhenunterschied auf 4 km Straßenlänge (bei gleichbleibendem Gefälle)?

c) Tim behauptet, der Neigungswinkel von 90° gehört zu einem Gefälle von 100%.
Was meinst du dazu? Erkläre.

d) Wie groß ist das Gefälle in Prozent bei einem Neigungswinkel von 60°?

Übungen

Kontrolliere durch Konstruktion. Wähle ggf. einen geeigneten Maßstab.

8. In einem Dreieck ABC mit $\alpha = 90°$ sind außerdem folgende Stücke gegeben:

a) $a = 13{,}7$ cm, $c = 5{,}9$ cm **b)** $a = 14{,}10$ m, $b = 7{,}80$ m **c)** $b = 8$ m, $c = 11$ m **d)** $c = 29{,}3$ cm, $b = 25{,}6$ cm **e)** $a = 5{,}3$ dm, $c = 3{,}7$ dm

Berechne die Länge der anderen Seite sowie die Größe der beiden anderen Winkel.

9. In einem Dreieck ABC mit $c = 6{,}7$ cm sind außerdem folgende Stücke gegeben:

a) $\alpha = 35°$, $\gamma = 90°$ **b)** $\alpha = 90°$, $\beta = 78°$ **c)** $\beta = 90°$, $\gamma = 11°$ **d)** $\alpha = 90°$, $\gamma = 45°$ **e)** $\beta = 47°$, $\gamma = 90°$ **f)** $\alpha = 25°$, $\beta = 90°$

Berechne die fehlenden Stücke. Kontrolliere deine Ergebnisse.

10. Kontrolliere die Hausaufgaben.

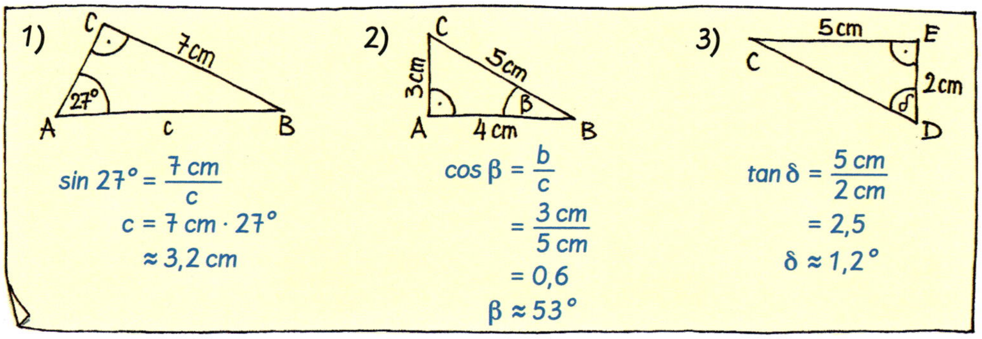

11. **a)** Eine Rampe für Rollstuhlfahrer ist 4,50 m lang. Der Neigungswinkel beträgt 3,4°.
Welche Höhe wird mit der Rampe überwunden?

b) Die Neigung einer Rampe für Rollstuhlfahrer beträgt laut Bauvorschrift maximal 6%.
Wurde diese Bestimmung in Teilaufgabe a) eingehalten?

c) Eine Rampe für Rollstuhlfahrer darf höchstens 6 m lang sein.
Welche Höhe kann damit erreicht werden?

12. Eine Seilbahn überwindet auf einer ersten Teilstrecke von 250 m Länge eine Höhendifferenz von 180 m. Auf einer zweiten Teilstrecke von 124 m Länge beträgt die Höhendifferenz 78 m.
Wie groß sind die Steigungswinkel der beiden Teilstrecken?
Fertige eine Skizze an.

13. In einem Dreieck ABC sind gegeben:

Kontrolliere durch Konstruktion. Wähle ggf. einen geeigneten Maßstab.

a) $a = 12{,}3$ cm, $c = 9{,}4$ cm, $\beta = 90°$ **b)** $a = 7{,}80$ m, $b = 5{,}20$ m, $\gamma = 90°$ **c)** $b = 23$ dm, $c = 16$ dm, $\alpha = 90°$ **d)** $a = 10{,}4$ cm, $c = 2{,}5$ cm, $\beta = 90°$ **e)** $a = 4{,}3$ dm, $b = 5{,}7$ dm, $\gamma = 90°$

Berechne die Größe der beiden anderen Winkel sowie die Länge der dritten Seite.

14. In einem Dreieck ABC sind gegeben:

a) $a = 5{,}5$ cm, $\gamma = 90°$, $\beta = 67°$ **b)** $c = 13{,}70$ m, $\beta = 90°$, $\gamma = 22°$ **c)** $b = 15$ m, $\gamma = 90°$, $\alpha = 79°$ **d)** $a = 27{,}4$ dm, $\gamma = 90°$, $\alpha = 51°$ **e)** $b = 4{,}9$ cm, $\alpha = 90°$, $\beta = 50°$

Berechne die Länge der anderen Kathete und die Länge der Hypotenuse.

15. Der Schatten eines 4,50 m hohen Baumes ist 6,00 m lang.
Wie hoch steht die Sonne, d. h. unter welchem Winkel α treffen die Sonnenstrahlen auf den Boden?

16. Wie groß ist die Steigung (in %) einer Bahnlinie, wenn der Steigungswinkel
a) 0,7°, **b)** 1,4°, **c)** 2,1° beträgt?

Statt Steigung sagt man auch Anstieg, z. B. bei Geraden im Koordinatensystem

17. **a)** Leite allgemein eine Beziehung zwischen der Steigung m und dem Steigungswinkel α her.
b) Berechne mit dieser Formel den Steigungswinkel α für
(1) $m = \frac{1}{4}$ (2) $m = 0{,}7$ (3) $m = 15\%$

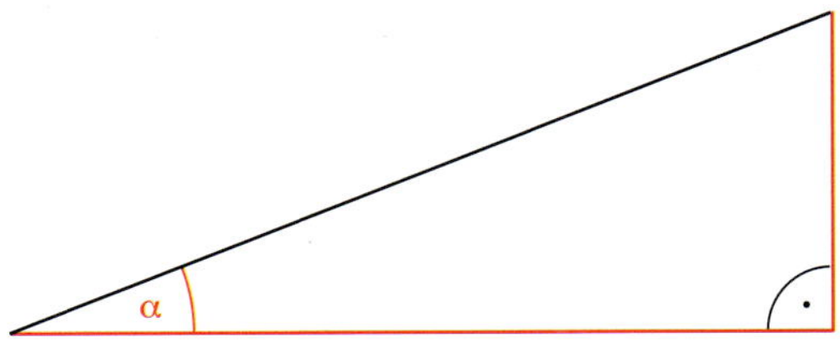

Vermischte Übungen

18. Eine Firma stellt verschieden lange Anlegeleitern her. Der Neigungswinkel soll jeweils 70° betragen.
Die erreichbare Arbeitshöhe ist um 1,35 m höher als die Höhe, bis zu der die Leiter reicht.
Stelle selbst geeignete Aufgaben und löse sie.
Untersuche ob die Zuordnungen
(1) *Länge der Leiter → erreichte Höhe*
(2) *Länge der Leiter → erreichbare Arbeitshöhe*
proportional sind.

Anzahl der Sprossen	Länge der Leiter
9	2,65 m
12	3,50 m
15	4,35 m
18	5,20 m

19. Bei Passstraßen ist auf Straßenkarten stets die größte Steigung angegeben:

Jaufenpass: 12% Timmelsjoch: 13% St. Gotthard: 10% Furkapass: 11%

a) Gib jeweils den Steigungswinkel an.
b) Welcher Höhenunterschied wird jeweils bei gleichbleibender Steigung auf einer 1,2 km langen Strecke überwunden?

20. In welcher waagerechten Entfernung vom Fußpunkt erscheint unter einem Höhenwinkel von 12°
a) die Turmspitze des Nordturms des Straßburger Münsters (h = 142 m);
b) die Spitze des Eiffelturmes in Paris (h = 320 m);
c) das Taipeh 101 in Taiwan (h = 508 m)?
Fertige eine Skizze an.

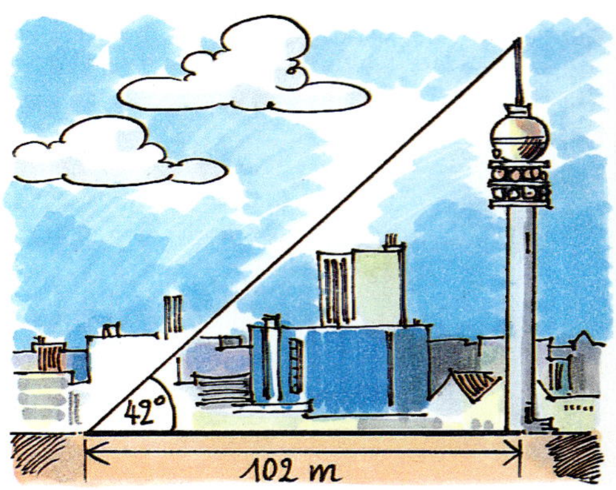

21. Wie hoch ist der Fernsehturm rechts?

22. Gegeben ist ein Würfel mit der Kantenlänge 5 cm.
Wie groß ist der Winkel, den die Raumdiagonale des Würfels

a) mit einer Kante bildet;

b) mit der Diagonalen einer Seitenfläche bildet?

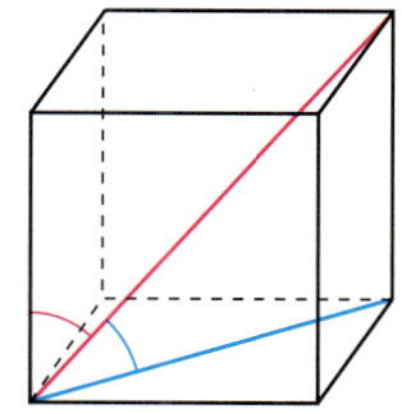

23.

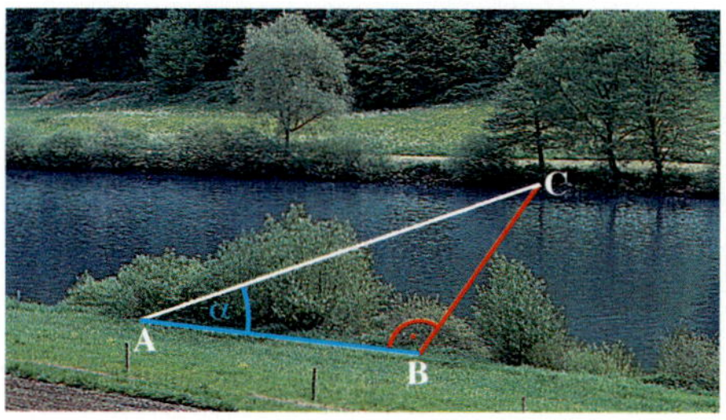

a) Das nebenstehende Bild zeigt, wie man die Breite eines Flusses an der Stelle B bestimmen kann. Man misst die Länge einer Strecke $\overline{AB}$ (parallel zum Flussufer) und den Winkel α zu einem gegenüberliegenden Punkt C.
Es soll $\overline{AB} = 30$ m und $\alpha = 52{,}3°$ sein.
Wie breit ist der Fluss?

b) Markus will die Breite des Flusses *nur* durch Messen bestimmen. Er schreitet von B aus am Ufer entlang, bis er den Punkt C unter 45° sieht. Erkläre.

24.

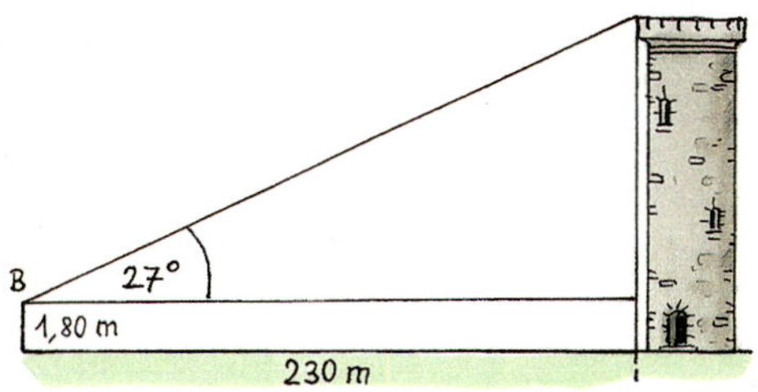

Um die Höhe eines Turms zu bestimmen, wird der Höhenwinkel zur Turmspitze aus einer Entfernung von 230 m bestimmt. Man misst 27°. Der Beobachtungspunkt B liegt 1,80 m höher als der Fußpunkt des Turms. Wie hoch ist er?

25. Die Kantenlänge des Würfels beträgt $a = 5{,}5$ cm. Der Winkel α ist 62° groß und die Länge des Streckenzuges MNO beträgt 13,0 cm.
Berechne die Größe des Winkels β.

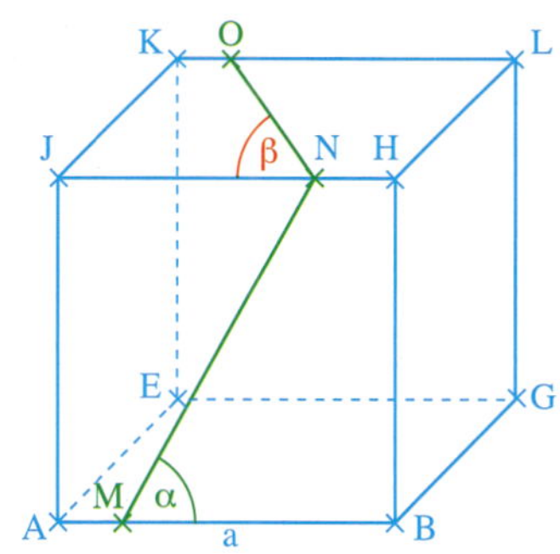

Verschiedene Aufgabentypen beim Berechnen rechtwinkliger Dreiecke

Einstieg

Verschafft euch einen Überblick über die möglichen Aufgabentypen bei der Berechnung rechtwinkliger Dreiecke.

→ Wie viele Stücke (Seitenlängen bzw. Winkelgrößen) müssen in einem *rechtwinkligen* Dreieck ABC gegeben sein, damit die übrigen berechnet werden können?

→ Stellt verschiedene Typen zusammen.

Aufgabe

1. In einem rechtwinkligen Dreieck ABC sind gegeben:

a) $b = 7{,}3$ cm, $\alpha = 90°$, $\gamma = 32°$ (wsw) **b)** $a = 5{,}7$ cm, $b = 3{,}2$ cm, $\alpha = 90°$ (Ssw)

Berechne mithilfe des Taschenrechners die nicht gegebenen Seitenlängen und Winkelgrößen direkt aus den gegebenen Stücken.
Runde bei den Längen und bei den Winkelgrößen auf eine Stelle nach dem Komma.

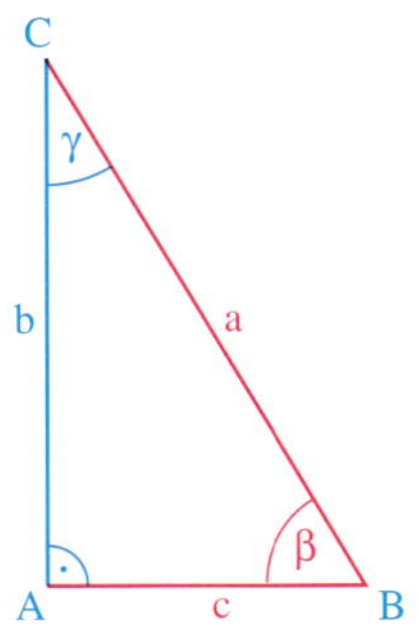

Lösung

a) Gesucht sind β, a und c.

Berechnen von β:

$\beta + \gamma = 90°$

$\beta = 90° - \gamma$

$\beta = 90° - 32°$

$\beta = 58°$

Berechnen von a:

$\cos\gamma = \frac{b}{a}$

$a = \frac{b}{\cos\gamma}$

$a = \frac{7{,}3\text{ cm}}{\cos 32°}$

$a \approx 8{,}608002345\text{ cm}$

Berechnen von c:

$\tan\gamma = \frac{c}{b}$

$c = b \cdot \tan\gamma$

$c = 7{,}3\text{ cm} \cdot \tan 32°$

$c \approx 4{,}561546269\text{ cm}$

Ergebnis: $a \approx 8{,}6$ cm; $c \approx 4{,}6$ cm; $\beta = 58°$

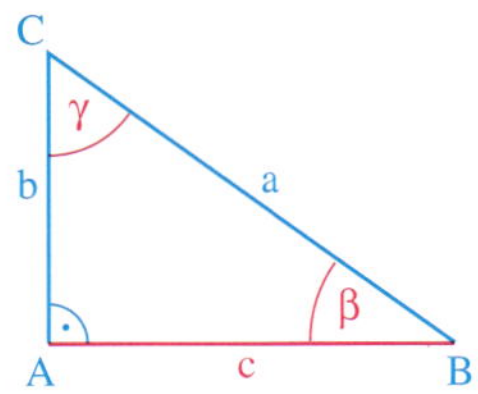

b) Gesucht sind c, β und γ.

Berechnen von c:

$c^2 = a^2 - b^2$

$c = \sqrt{a^2 - b^2}$

$c = \sqrt{5{,}7^2 - 3{,}2^2}\text{ cm}$

$c \approx 4{,}716990566\text{ cm}$

Berechnen von β:

$\sin\beta = \frac{b}{a}$

$\sin\beta = \frac{3{,}2\text{ cm}}{5{,}7\text{ cm}}$

$\sin\beta \approx 0{,}561403509$

$\beta \approx 34{,}1529154°$

Berechnen von γ:

$\cos\gamma = \frac{b}{a}$

$\cos\gamma = \frac{3{,}2\text{ cm}}{5{,}7\text{ cm}}$

$\cos\gamma \approx 0{,}561403509$

$\gamma \approx 55{,}8470846°$

Beim Bestimmen von β und γ mit dem Taschenrechner wurde der vorher ermittelte Sinus- bzw. Kosinuswert im Taschenrechner belassen und weitergerechnet.

Ergebnis: $c \approx 4{,}7$ cm; $\beta \approx 34{,}2°$; $\gamma \approx 55{,}9°$

Zum Festigen und Weiterarbeiten

2. *Berechnungen im Falle sws und wsw*

Berechne die fehlenden Stücke des rechtwinkligen Dreiecks ABC. Verwende dazu jeweils nur die gegebenen Stücke. Welcher Kongruenzsatz liegt zugrunde?

a) $b = 3{,}8$ cm; $a = 4{,}7$ cm; $\gamma = 90°$ **b)** $b = 4{,}5$ cm; $\alpha = 55°$; $\gamma = 90°$

Übungen

3. In einem Dreieck ABC ist $\gamma = 90°$. Berechne die übrigen Stücke.

a) $a = 4{,}9$ cm, $\alpha = 32°$
b) $b = 6{,}1$ cm, $\beta = 75°$
c) $a = 3{,}7$ cm, $c = 5{,}6$ cm
d) $b = 4{,}1$ cm, $c = 6{,}2$ cm
e) $c = 4{,}5$ cm, $\beta = 42°$
f) $a = 5{,}4$ cm, $b = 3{,}6$ cm
g) $a = 7{,}5$ cm, $\beta = 55°$
h) $c = 7{,}8$ cm, $\alpha = 66°$
i) $a = 2{,}5$ cm, $\alpha = 25°$
j) $b = 7{,}8$ cm, $\alpha = 43°$

4. Berechne die fehlenden Stücke des rechtwinkligen Dreiecks ABC.

a) $\gamma = 90°$, $a = 4{,}2$ cm, $c = 7{,}9$ cm
b) $\alpha = 90°$, $b = 5{,}5$ cm, $c = 3{,}1$ cm
c) $\beta = 90°$, $a = 3{,}2$ cm, $b = 4{,}9$ cm
d) $\gamma = 90°$, $\alpha = 35{,}3°$, $b = 5{,}2$ cm
e) $\beta = 90°$, $\gamma = 65{,}9°$, $b = 6{,}3$ cm

5. Berechne die übrigen Stücke des Dreiecks ABC mit $\gamma = 90°$ nur mithilfe (1) von Sinus, (2) von Tangens.

a) $a = 4{,}5$ cm, $b = 3{,}9$ cm
b) $b = 9{,}7$ cm, $c = 12{,}5$ cm
c) $a = 5{,}5$ cm, $b = 7{,}7$ cm
d) $c = 9{,}3$ cm, $\alpha = 23°$
e) $a = 4{,}7$ cm, $\alpha = 71°$

6. Stelle die Formeln zusammen, die du beim Berechnen des rechtwinkligen Dreiecks verwenden kannst.

BERECHNEN GLEICHSCHENKLIGER DREIECKE

Bisher haben wir nur Seitenlängen und Winkelgrößen in *rechtwinkligen* Dreiecken berechnet. Wir wollen nun eine Strategie (einen zielgerichteten Plan) entwickeln, wie man solche Stücke auch in *gleichschenkligen*, speziell in *gleichseitigen* Dreiecken berechnen kann.

Einstieg

Eine Stehleiter ist zusammengeklappt 2,50 m lang. Sie wird mit dem Öffnungswinkel von $\gamma = 50°$ auf einer waagerechten Fläche aufgestellt.

→ Wie hoch reicht die Leiter?

→ Wie weit stehen die Fußpunkte der Leiter auseinander?

→ Die Leiter soll genau 2,20 m hoch reichen.
Wie groß muss der Öffnungswinkel γ sein?

Aufgabe

1. In einer Ferienanlage werden Dachhäuser gebaut. Der Giebel hat die Form eines gleichschenkligen Dreiecks. Die Dachsparren sind 6,50 m lang, der Winkel an der Dachspitze beträgt 50°.
Wie groß ist die Dachneigung?
Wie breit ist der Giebel am Boden?

Lösung

In einem gleichschenkligen Dreieck ABC sind die Länge der beiden Schenkel $a = b = 6{,}50$ m sowie die Größe des Winkels an der Spitze $\gamma = 50°$ gegeben.
Gesucht sind die Länge der Basis sowie die Größe eines Basiswinkels.
Eine solche Aufgabe haben wir bisher zeichnerisch gelöst. Zur rechnerischen Lösung zerlegen wir das gleichschenklige Dreieck ABC durch die Höhe h_c zur Basis $\overline{AB}$ in zwei rechtwinklige Dreiecke.
Wir wissen:
Im gleichschenkligen Dreieck halbiert diese Höhe (Symmetrieachse) die Basis und den Winkel an der Spitze.
In dem rechtwinkligen Teildreieck ADC können wir folgende Berechnungen durchführen:

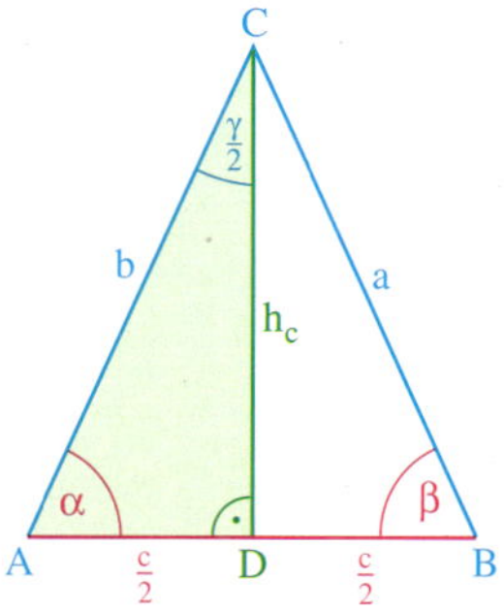

(1) *Berechnen des Basiswinkels α*

$\alpha + \frac{\gamma}{2} = 90°$

$\alpha = 90° - \frac{\gamma}{2}$

$\alpha = 90° - 25°$

$\alpha = 65°$

$\beta = 65°$ — Basiswinkel sind gleich groß

(2) *Berechnen der Basis c*

$\sin\frac{\gamma}{2} = \frac{\frac{c}{2}}{b} \quad | \cdot b$

$b \cdot \sin\frac{\gamma}{2} = \frac{c}{2} \quad | \cdot 2$

$c = 2b\sin\frac{\gamma}{2}$

$c = 2 \cdot 6{,}50\text{ m} \cdot \sin 25°$

$c \approx 5{,}49\text{ m}$

Beachte: $\left(\sin\frac{\gamma}{2}\right) \cdot 2 \neq \sin\gamma$

Ergebnis: Der Giebel ist am Boden ungefähr 5,50 m breit; die beiden Dachneigungen betragen 65°.

Information

Strategie zur Berechnung von Stücken im gleichschenkligen Dreieck

Das Berechnen von Stücken in gleichschenkligen und damit auch gleichseitigen Dreiecken kann man auf das Berechnen in rechtwinkligen Dreiecken zurückführen, indem man das gleichschenklige Dreieck durch eine geeignete Höhe (Symmetrieachse) in zwei rechtwinklige Dreiecke zerlegt.

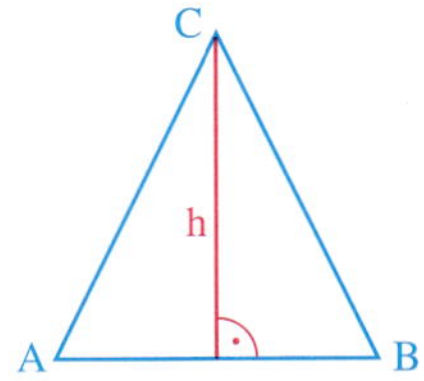

Zum Festigen und Weiterarbeiten

2. Berechne die Höhe h_c und den Flächeninhalt des Dreiecks ABC in Aufgabe 1.

3. Von einem gleichschenkligen Dreieck ABC mit der Basis $\overline{AB}$ sind gegeben:
$c = 5{,}8$ cm; $\alpha = 48°$.
Berechne die Größe des Winkels γ an der Spitze, die Länge eines Schenkels, die Höhe zur Basis sowie den Flächeninhalt.

4. Ein gleichseitiges Dreieck ABC hat die Seitenlänge $a = 4{,}8$ cm. Berechne ohne Verwendung des Satzes des Pythagoras die Höhe. Gib auch den Flächeninhalt an.

5. Von einem gleichschenkligen Dreieck ABC sind gegeben: $\alpha = \beta = 65°$ und $A = 11{,}5\text{ cm}^2$. Wie lang ist die Basis $\overline{AB}$?

Übungen

6. ABC sei ein gleichschenkliges Dreieck mit der Basis $\overline{AB}$.
Berechne aus den Seitenlängen a und c die Winkelgrößen α, β und γ.

a) $a = 5{,}3$ cm; $c = 3{,}7$ cm
b) $a = 4{,}3$ cm; $c = 7{,}9$ cm
c) $a = 6{,}9$ cm; $c = 1{,}3$ cm
d) $a = 3{,}4$ cm; $c = 5{,}7$ cm

7. ABC sei ein gleichschenkliges Dreieck mit der Basis $\overline{AB}$. Berechne aus den gegebenen Stücken die übrigen Seitenlängen und Winkel sowie die Höhe zur Basis und den Flächeninhalt.

a) $c = 25$ m; $\gamma = 72°$
b) $c = 34$ cm; $\beta = 62°$
c) $b = 112{,}4$ cm; $\beta = 34°$
d) $a = 85$ m; $\alpha = 57°$

8. Bei einem Rechteck ABCD sollen a und b die Seitenlängen, e die Länge einer Diagonalen sowie α_1, γ_1 und ε die Größe der Winkel, die die Diagonalen und Seiten bzw. die beiden Diagonalen miteinander bilden, sein.
Berechne die fehlenden Stücke.

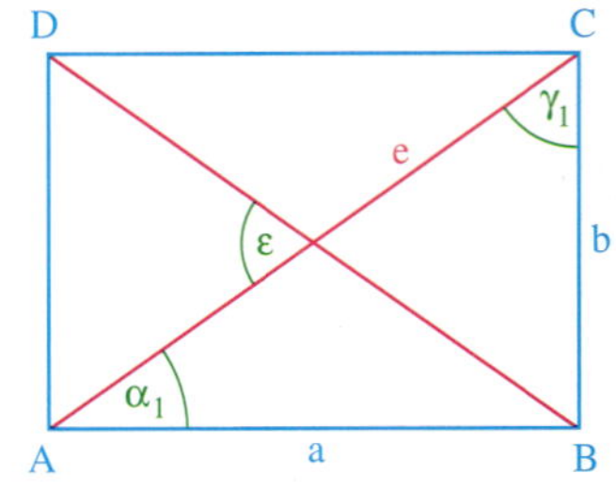

a) $a = 5{,}5$ cm; $b = 3{,}8$ cm
b) $e = 6{,}4$ cm; $\varepsilon = 35°$
c) $a = 4{,}8$ cm; $e = 5{,}9$ cm
d) $e = 5{,}4$ cm; $\alpha_1 = 23°$
e) $e = 4{,}9$ cm; $\gamma_1 = 41°$
f) $e = 7{,}4$ cm; $\varepsilon = 44°$

9. Von einem Drachenviereck ABCD sind die Seitenlängen $a = 3{,}5$ cm und $b = 6{,}5$ cm, ferner die Winkelgröße $\alpha = 88°$ bekannt.
Wie groß sind f, e, β, γ und δ?

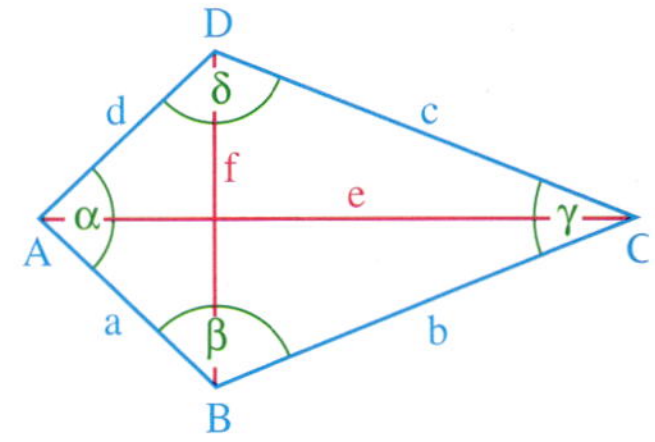

10. Bei einem Rhombus ABCD sind von den Stücken a, e, f, α und β zwei Größen bekannt.
Berechne die fehlenden Stücke und den Flächeninhalt.

a) $a = 17$ cm; $\alpha = 69°$
b) $a = 34$ cm; $f = 61$ cm
c) $e = 6{,}4$ cm; $f = 8{,}7$ cm
d) $f = 12{,}5$ cm; $\alpha = 58°$
e) $e = 17{,}4$ cm; $\beta = 126°$
f) $a = 8{,}3$ cm; $e = 11{,}8$ cm

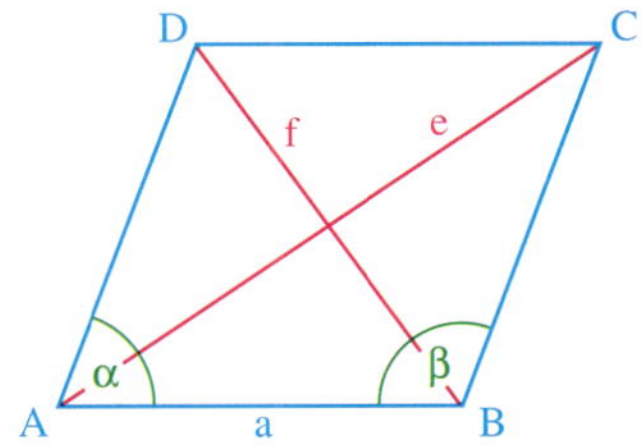

11.

Ein Haus mit Satteldach ist 10,40 m breit. Die Dachsparren sind 6,30 m lang (d); sie stehen 30 cm über. Vernachlässige die Dicke der Dachsparren.

a) Bestimme die Größe des Neigungswinkels α der Sparren.

b) Bestimme den Winkel am First.

c) Bestimme die Höhe h des Daches.

12. Bei einem Kreis mit dem Radius r sollen s die Länge der Sehne, die zum Zentriwinkel ε gehört, sowie d der Abstand des Mittelpunktes von der Sehne sein.
Berechne die fehlenden Größen.

a) $r = 6{,}5$ cm, $\varepsilon = 65°$
b) $r = 9$ cm, $s = 12$ cm
c) $s = 2{,}5$ cm, $d = 1{,}4$ cm

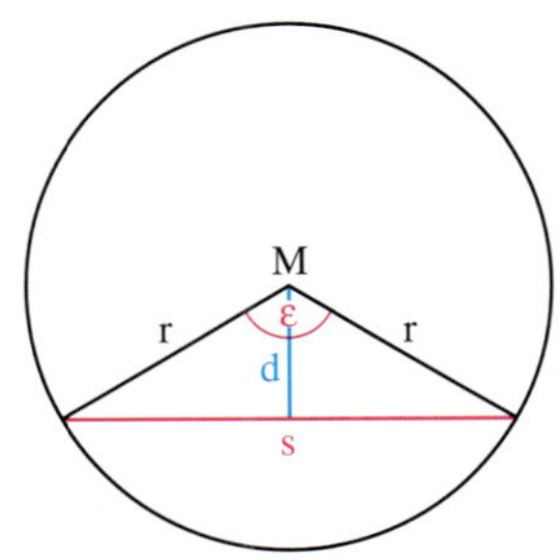

13. Die Sonne sieht man unter einem Winkel von 32′ (gelesen: 32 Minuten). Dies ist ein Winkel, der kleiner ist als 1°. Man teilt einen 1° großen Winkel in 60 gleich große Teile. Ein solcher Teilwinkel ist dann 1 Minute (in Zeichen: 1′) groß. Es gilt: $32' = \left(\frac{32}{60}\right)^{\circ}$
Die Sonne ist $1{,}5 \cdot 10^8$ km von der Erde entfernt.
Welchen Durchmesser besitzt die Sonne ungefähr?
Welche Vereinfachung muss man zur Lösung der Aufgabe machen? Betrachte dazu die Skizze rechts.

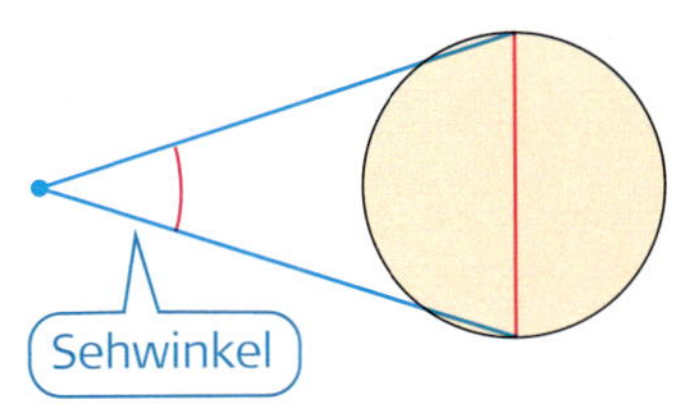

14. Gegeben ist ein regelmäßiges Sechseck ABCDEF mit der Seitenlänge $a = 30$ cm.

(1) Wie groß ist der Winkel α?
Was für ein Dreieck ist ABM?

(2) Wie lang ist der Radius r_a des Umkreises und der Radius r_i des Inkreises des Sechsecks?

(3) Wie groß ist der Flächeninhalt des Sechsecks?

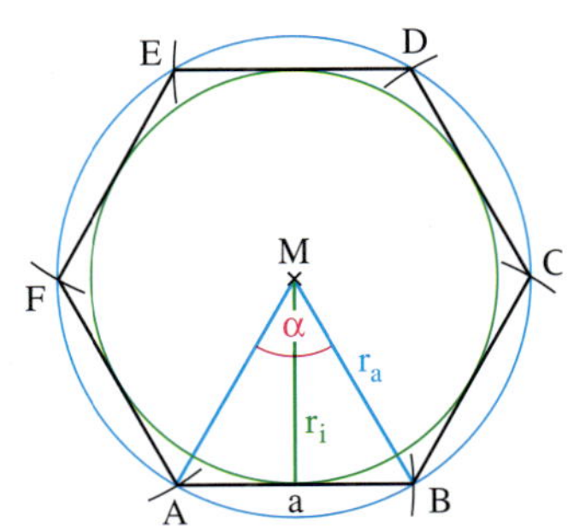

15. a) In einen Kreis mit dem Radius 10 cm ist ein regelmäßiges 5-Eck einbeschrieben. Berechne mithilfe des Zentriwinkels den Umfang und den Flächeninhalt des 5-Ecks.

b) Löse die Teilaufgabe a) für ein (1) 100-Eck, (2) 1 000-Eck und vergleiche die Ergebnisse mit dem Umfang und dem Flächeninhalt des Kreises.

BERECHNEN VON SINUS, KOSINUS UND TANGENS FÜR SPEZIELLE WINKELGRÖSSEN

Einstieg

Für einige spezielle Winkelgrößen ergeben sich besondere Werte für Sinus, Kosinus und Tangens.

- ➜ Zeichne ein rechtwinkliges Dreieck mit $\alpha = 45°$. Berechne tan 45°.
- ➜ Gilt dieser Tangenswert für *jedes* rechtwinklige Dreieck mit $\alpha = 45°$? Begründe.

Aufgabe

1. Es sollen für die speziellen Winkelgrößen 30° und 60° die Sinus-, Kosinus- und Tangenswerte berechnet werden. Zeichne dazu ein gleichseitiges Dreieck mit der Seitenlänge a (z. B. a = 3 cm).

Lösung

In jedem gleichseitigen Dreieck sind alle Winkel 60° groß. Die Höhe zu einer Seite im gleichseitigen Dreieck halbiert auch den gegenüberliegenden Winkel. In jedem der beiden rechtwinkligen Teildreiecke kommen daher Winkel der Größe 30° und 60° vor.

Nach dem Satz des Pythagoras gilt im gleichseitigen Dreieck:

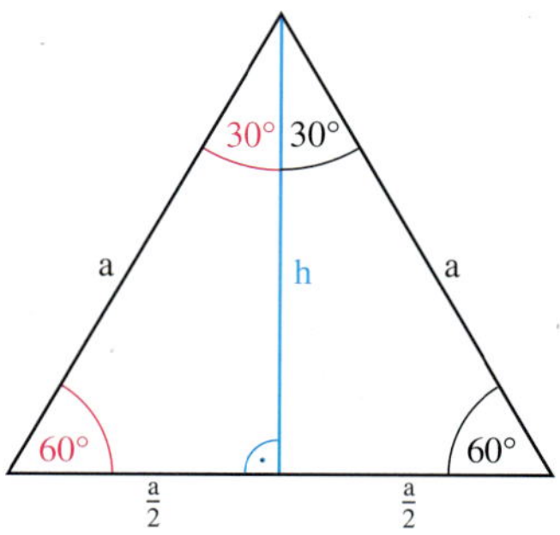

$h^2 = a^2 - \left(\frac{a}{2}\right)^2 = \frac{3}{4}a^2$,

also: $h = \sqrt{\frac{3}{4}a^2} = \frac{a}{2}\sqrt{3}$

$\sin 30° = \cos 60° = \frac{\frac{a}{2}}{a} = \frac{a}{2a} = \frac{1}{2}$

$\tan 30° = \frac{\frac{a}{2}}{h} = \frac{\frac{a}{2}}{\frac{a}{2}\sqrt{3}} = \frac{1}{\sqrt{3}} = \frac{1 \cdot \sqrt{3}}{\sqrt{3} \cdot \sqrt{3}} = \frac{1}{3}\sqrt{3}$

$\sin 60° = \cos 30° = \frac{h}{a} = \frac{\frac{a}{2}\sqrt{3}}{a} = \frac{1}{2}\sqrt{3}$

$\tan 60° = \frac{h}{\frac{a}{2}} = \frac{\frac{a}{2}\sqrt{3}}{\frac{a}{2}} = \sqrt{3}$

Zusammenfassung

Wir notieren die Ergebnisse aus Aufgabe 1 sowie die Werte für 0° und 90° in einer Tabelle.

α	0°	30°	45°	60°	90°
sin α	0	$\frac{1}{2}$	$\frac{1}{2}\sqrt{2}$	$\frac{1}{2}\sqrt{3}$	1
cos α	1	$\frac{1}{2}\sqrt{3}$	$\frac{1}{2}\sqrt{2}$	$\frac{1}{2}$	0
tan α	0	$\frac{1}{3}\sqrt{3}$	1	$\sqrt{3}$	–

Zum Festigen und Weiterarbeiten

2. a) Berechne den Umfang u und den Flächeninhalt A des rechtwinkligen Dreiecks.
Verwende zur Berechnung von x und z nur die in der Skizze gegebenen Größen.

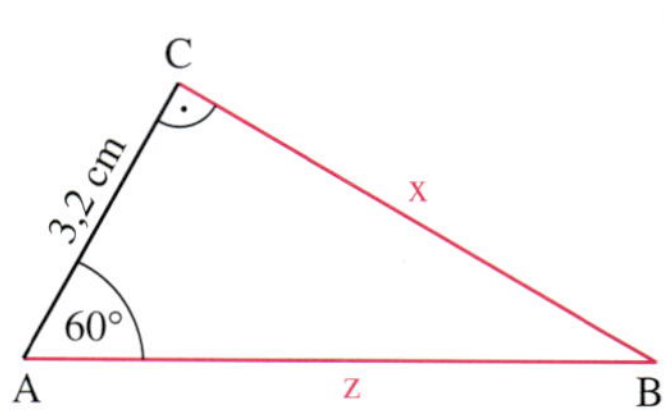

b) Löse die Teilaufgabe a) allgemein für ein Dreieck mit gegebener Seitenlänge b und gegebener Winkelgröße α.

Übungen

3. Kontrolliere die Tangenswerte in der Tabelle für 30°, 45° und 60° auf Seite 114 mithilfe der Formel: $\tan\alpha = \frac{\sin\alpha}{\cos\alpha}$.

4. ABC ist ein gleichschenkliges Dreieck mit $\gamma = 45°$ und $\overline{CA} = \overline{CB} = 10$ cm.

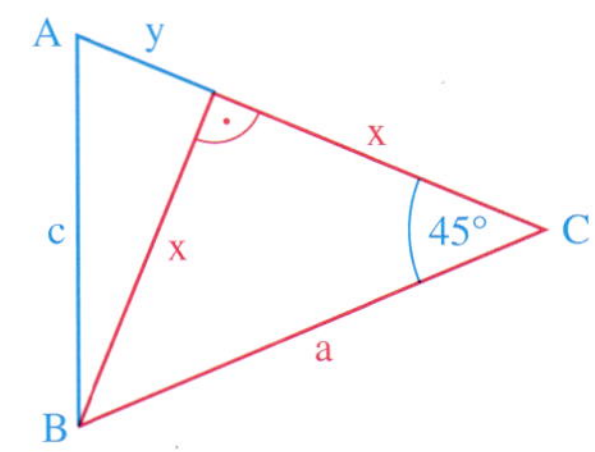

a) Berechne nacheinander x, y und c.

b) Berechne anschließend sin 22,5°, cos 22,5° und tan 22,5°.

5. Berechne den Flächeninhalt des gefärbten Dreiecks in Abhängigkeit von e. Verwende keine Näherungswerte.

a)

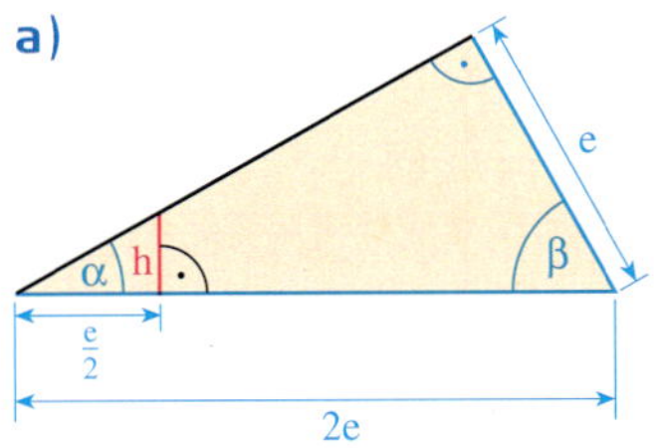

b)

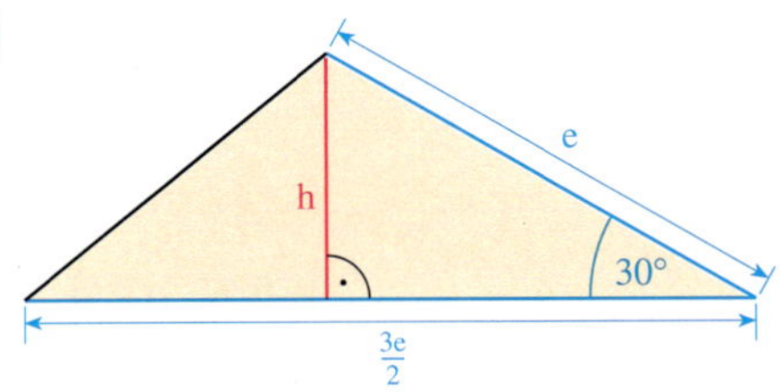

6. Berechne den Umfang und den Flächeninhalt des gleichschenkligen Trapezes in Abhängigkeit von e.

a)

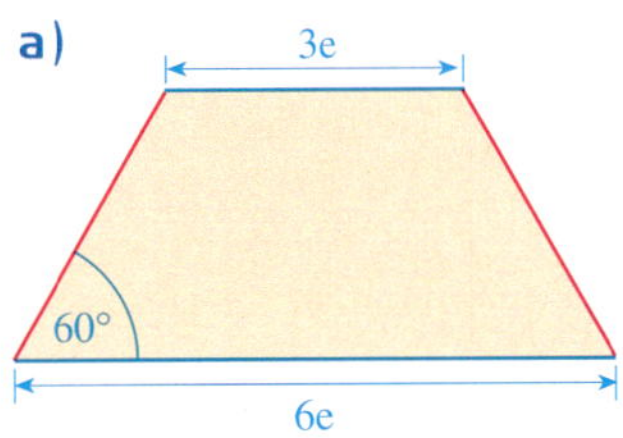

b)

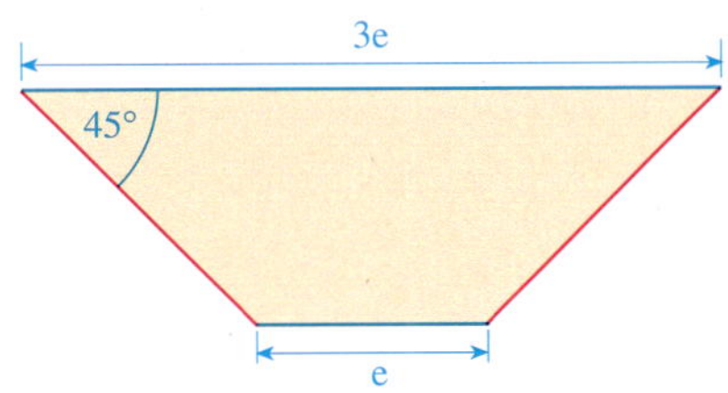

7. Stelle eine Formel zur Berechnung des Flächeninhaltes des Parallelogramms auf.

a)

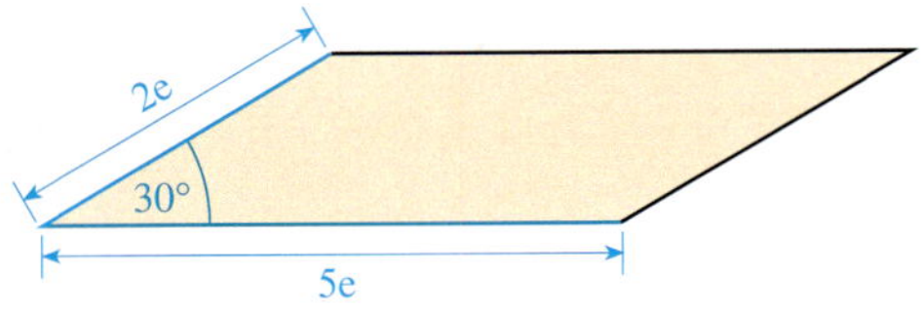

b)

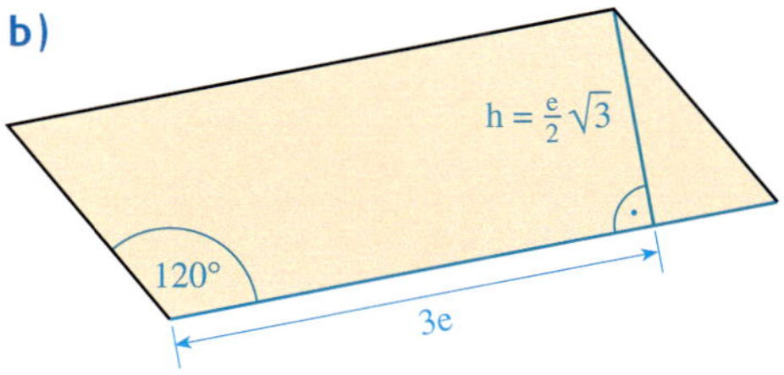

8. Gegeben ist der Flächeninhalt A der achsensymmetrischen Figur. Berechne den rot gekennzeichneten Winkel.

a)

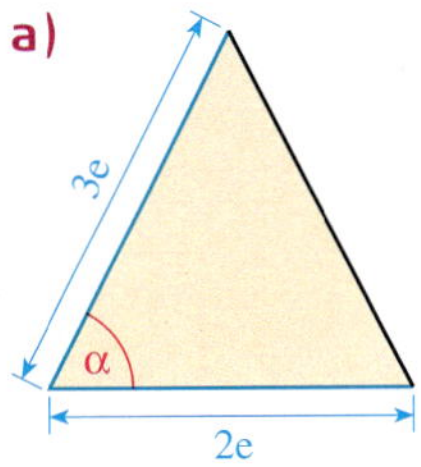

$A = \frac{3}{2}e^2\sqrt{3}$

b)

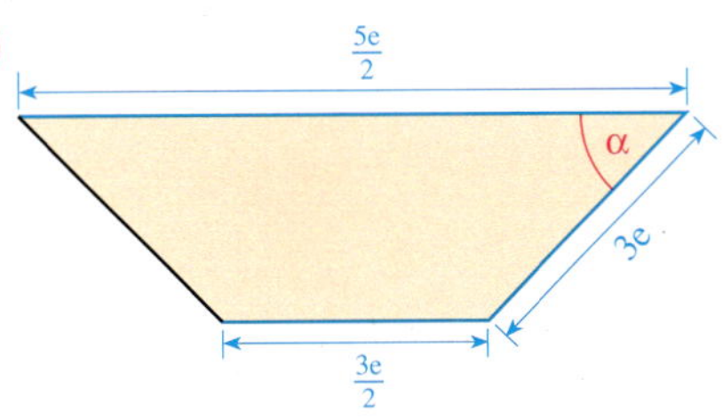

$A = \frac{3}{2}e^2\sqrt{3}$

BERECHNEN ALLGEMEINER DREIECKE – SINUS- UND KOSINUSSATZ

Bisher haben wir Berechnungen nur bei besonderen Dreiecken, nämlich bei rechtwinkligen und bei gleichschenkligen Dreiecken, durchgeführt. Wir wollen nun Berechnungen bei *beliebigen* Dreiecken durchführen. Dabei wird uns die Strategie, die wir schon bei gleichschenkligen Dreiecken kennengelernt haben (Zerlegen des Dreiecks in rechtwinklige Dreiecke, siehe auch Seite 112), hilfreich sein.
Bei den verschiedenen Aufgabentypen orientieren wir uns an den Kongruenzsätzen (wsw, Ssw, sws und sss), da wir damit alle Möglichkeiten erfassen, nach denen ein Dreieck durch drei Stücke vollständig festgelegt ist.

Berechnen eines allgemeinen Dreiecks im Falle wsw und Ssw – Sinussatz

Einstieg

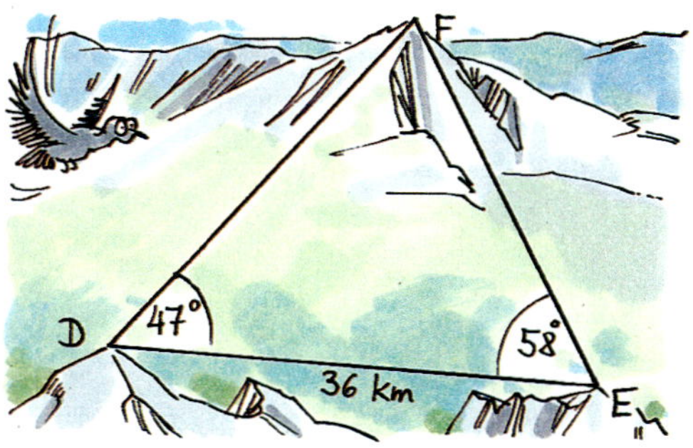

Die Entfernung zwischen zwei Berggipfeln D und E beträgt 36 km (Bild links). Von D aus sieht man den Gipfel E und einen weiteren Gipfel F unter dem Sehwinkel von 47°, von E aus sieht man D und F unter dem Sehwinkel von 58°.

→ Wie weit ist der Gipfel F von den Gipfeln D und E entfernt?

Aufgabe

1. a) A, B und C sind die Kirchtürme dreier Dörfer, wobei A von B und C durch einen Fluss getrennt ist.
Man kann die Entfernung $\overline{AC}$ bestimmen, ohne diese (wegen des Flusses) direkt zu messen. Dazu misst man die Entfernung $\overline{BC}$ und die Winkelgrößen β und γ. Es ist:
$\overline{BC} = 5{,}4$ km; $\beta = 44°$; $\gamma = 69°$
Aus diesen Daten kann man die Entfernung $\overline{AC}$ bestimmen.

(1) Zeichne ein Dreieck ABC mit den entsprechenden Maßen (Maßstab 1 : 200 000) und bestimme einen Näherungswert für die Seitenlänge $\overline{AC}$ durch Messen.
(2) Zerlege das Dreieck in zwei rechtwinklige Teildreiecke und bestimme die Seitenlänge $\overline{AC}$ durch Rechnung.

b) In einem Dreieck ABC sind gegeben: $a = 8{,}0$ cm; $\beta = 115°$; $\gamma = 20°$.
Berechne die Seitenlänge b.

Lösung

a) Wir lösen die Aufgabe zunächst zeichnerisch und dann rechnerisch.

(1) Der Zeichnung entnehmen wir nach maßstäblicher Umrechnung den Näherungswert $\overline{AC} = b = 4{,}0$ km.

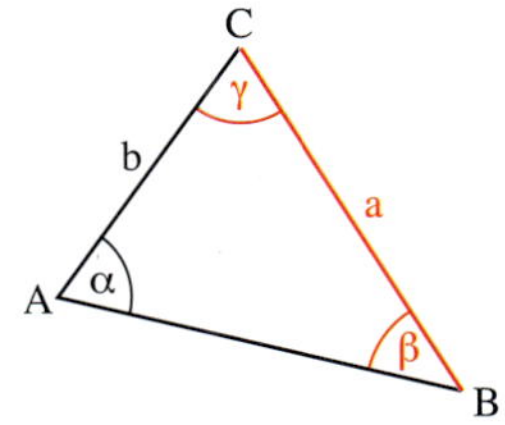

(2) *Vorüberlegung:* Wir zerlegen das *spitzwinklige* Dreieck ABC mithilfe einer Höhe so in zwei rechtwinklige Teildreiecke, dass in einem der beiden Teildreiecke zwei Stücke gegeben sind. Wir erreichen dieses, indem wir die Höhe h_c zu der Seite $\overline{AB}$ einzeichnen. In dem Teildreieck DBC können wir dann h_c berechnen und anschließend im Teildreieck ADC auch die gesuchte Länge b.

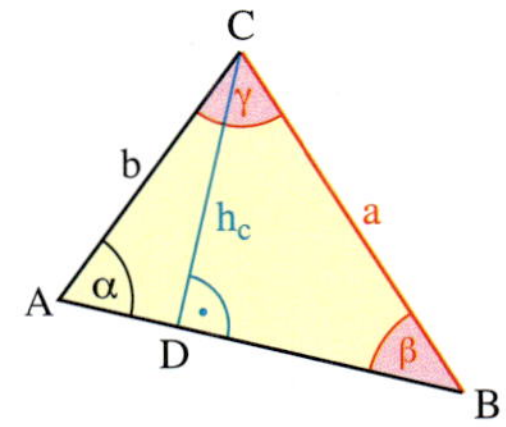

Berechnen von h_c im Dreieck DBC:

$\sin\beta = \frac{h_c}{a}$

$h_c = a \cdot \sin\beta$

$h_c = 5{,}4\text{ km} \cdot \sin 44°$

$h_c \approx 3{,}75$ km

Berechnen von α im Dreieck ABC:

$\alpha = 180° - (\beta + \gamma)$

$\alpha = 180° - (44° + 69°)$

$\alpha = 67°$

Berechnen von b im Dreieck ADC:

$\sin\alpha = \frac{h_c}{b}$

$b = \frac{h_c}{\sin\alpha}$

$b \approx \frac{3{,}75\text{ km}}{\sin 67°} \approx 4{,}08$ km

Ergebnis: Die Entfernung $b = \overline{AC}$ beträgt ungefähr 4,1 km.

b) Wir ergänzen das *stumpfwinklige* Dreieck ABC durch die äußere Höhe h_c zur Seite $\overline{AB}$ zu dem rechtwinkligen Dreieck ADC. Im Teildreieck BDC können wir h_c und anschließend im Teildreieck ADC die gesuchte Länge b berechnen.

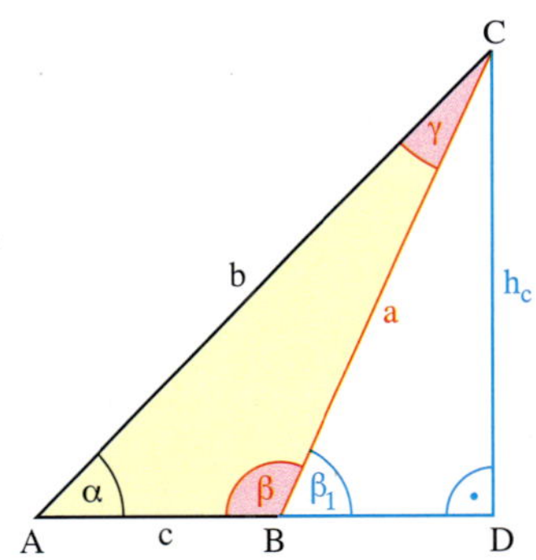

Berechnen von β_1 und h_c im Dreieck BDC:

$\beta_1 + \beta = 180°$

$\beta_1 = 180° - \beta_1$

$\beta_1 = 180° - 115°$

$\beta_1 = 65°$

$\sin\beta_1 = \frac{h_c}{a}$

$h_c = a \cdot \sin\beta_1$

$h_c = 8\text{ cm} \cdot \sin 65°$

$h_c \approx 7{,}3$ cm

Berechnen von α und b im Dreieck ADC:

$\alpha = 180° - (\beta + \gamma)$

$\alpha = 180° - (115° + 20°)$

$\alpha = 45°$

$\sin\alpha = \frac{h_c}{b}$

$b = \frac{h_c}{\sin\alpha}$, also: $b \approx \frac{7{,}3\text{ cm}}{\sin 45°} \approx 10{,}3$ cm

Ergebnis: Die Seite $\overline{AC}$ ist ungefähr 10,3 cm lang.

Information

(1) Berechnen eines Dreiecks im Falle wsw, sww und Ssw

In Aufgabe 1 haben wir ein Dreieck berechnet, in dem eine Seite und die anliegenden Winkel gegeben sind (wsw). Falls in einem Dreieck eine Seite, ein anliegender Winkel und der gegenüberliegende Winkel gegeben sind, kann man den anderen anliegenden Winkel mit dem Innenwinkelsatz berechnen; damit ist dieser Fall auf den Fall wsw zurückgeführt.
Sind in einem Dreieck zwei Seiten und der der größeren Seite gegenüberliegende Winkel gegeben (Ssw), kann man durch geeignete Zerlegung bzw. Ergänzung des Dreiecks in zwei rechtwinkligen Dreiecke die übrigen Stücke mit zweimaligem Anwenden des Sinus und des Innenwinkelsatzes berechnen.

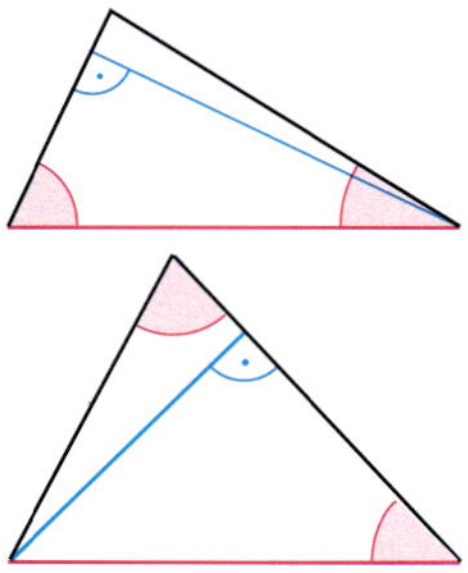

In einem beliebigen Dreieck kann man aus vorgegebenen Stücken wsw bzw. sww und Ssw die übrigen mit dem Sinus und dem Innenwinkelsatz berechnen.
Durch Einzeichnen einer geeigneten Höhe zerlegt bzw. ergänzt man das gegebene Dreieck so, dass rechtwinklige Dreiecke entstehen. Man wählt dabei die Höhe so, dass in einem der beiden Teildreiecke zwei Stücke gegeben sind.

(2) Herleitung des Sinussatzes

In einem Dreieck ABC sollen wie in Aufgabe 1 die Stücke a, β, γ und damit auch α gegeben sein. Wir wollen nun die Seitenlänge b allgemein berechnen.

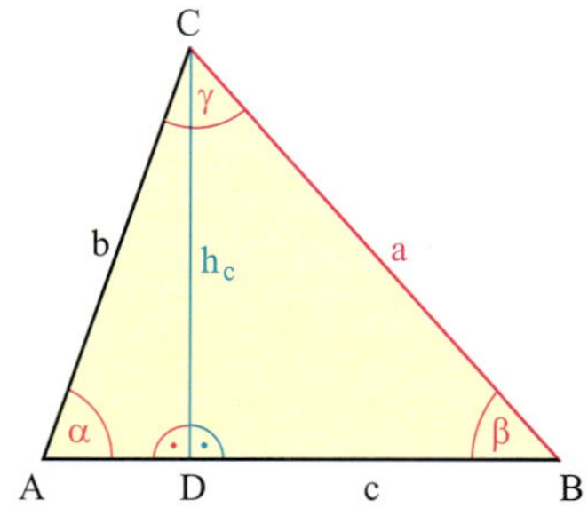

1. Fall: $0° < \alpha < 90°$

Wir zerlegen das spitzwinklige Dreieck ABC durch die Höhe h_c in zwei rechtwinklige Dreiecke ADC und DBC.

Für das Dreieck DBC gilt: $\sin\beta = \frac{h_c}{a}$, also $h_c = a \cdot \sin\beta$

Für das Dreieck ADC gilt: $\sin\alpha = \frac{h_c}{b}$, also $h_c = b \cdot \sin\alpha$

Gleichsetzen ergibt: $a \cdot \sin\beta = b \cdot \sin\alpha$

Durch Dividieren durch $\sin\beta$ und durch $\sin\alpha$ erhalten wir die folgende einprägsame Gleichung:

$$\frac{a}{\sin\alpha} = \frac{b}{\sin\beta} \quad \text{für} \quad 0° < \alpha < 90°$$

2. Fall: $90° < \alpha < 180°$

Dazu ergänzen wir das stumpfwinklige Dreieck ABC durch die Höhe h_c zu einem rechtwinkligen Dreieck DBC mit dem rechtwinkligen Teildreieck DAC.

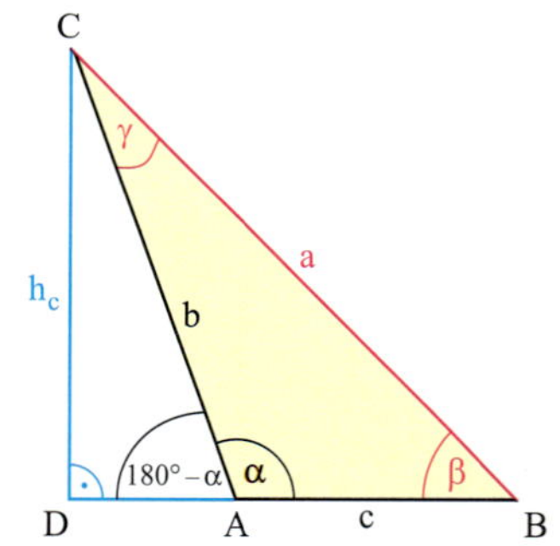

(1) $\sin\beta = \frac{h_c}{a}$, also $h_c = a \cdot \sin\beta$

(2) $\sin(180° - \alpha) = \frac{h_c}{b}$, also $h_c = b \cdot \sin(180° - \alpha)$

Gleichsetzen ergibt: $a \cdot \sin\beta = b \cdot \sin(180° - \alpha)$

Wir dividieren beide Seiten dieser Gleichung durch $\sin(180° - \alpha)$ und dann durch $\sin\beta$. Somit erhalten wir:

$$\frac{a}{\sin(180° - \alpha)} = \frac{b}{\sin\beta} \quad \text{für} \quad 90° < \alpha < 180°$$

(3) Sinus im Bereich $90° < \alpha \leq 180°$

Um zu erreichen, dass die Formel $\frac{a}{\sin\alpha} = \frac{b}{\sin\beta}$ auch für stumpfe Winkel gilt, erklären wir den Sinus auch für Winkelgrößen zwischen 90° und 180°.

Festlegung:
Für Winkelgrößen α mit $90° < \alpha \leq 180°$ soll gelten:
$\mathbf{\sin\alpha = \sin(180° - \alpha)}$

Aufgrund dieser Festlegung (Definition) ist unmittelbar klar:
Für alle α mit $90° \leq \alpha \leq 180°$ gilt: $0 \leq \sin\alpha \leq 1$.
Dass die Festlegung sinnvoll ist, zeigen auch die folgenden Überlegungen unter (4).

(4) Deutung des Sinus am Einheitskreis

Die Festlegung des Sinus unter (3) können wir am rechtwinkligen Dreieck *nicht* als Längenverhältnis deuten. Wir greifen deshalb die Darstellung des Sinus am Einheitskreis von Seite 101 auf.

Deutung des Sinus am Einheitskreis

Gegeben ist ein Punkt P(u|v) auf dem *Einheitskreis* (Kreis mit dem Radius 1) im 1. Quadranten.
α soll die Größe des Winkels sein, den der Radius $\overline{OP}$ mit der u-Achse bildet.
Dann gilt:

sin α = v (*2. Koordinate von P*)

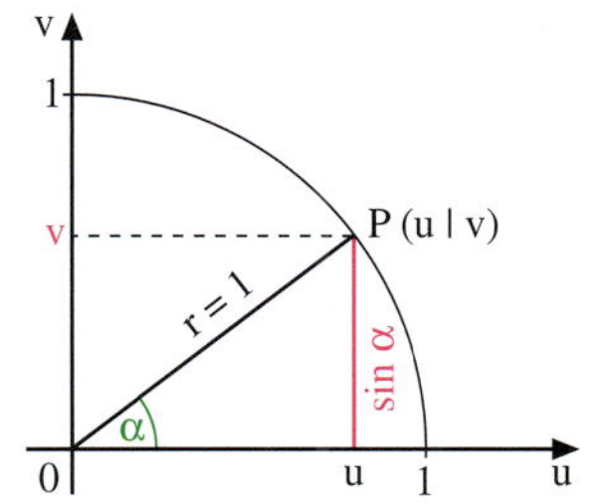

Dass die Festlegung des Sinus unter (3) sinnvoll ist, erkennen wir auch, wenn wir den Einheitskreis im 2. Quadranten betrachten. Es gilt dann nämlich auch für $90° < \alpha \leq 180°$:
$\sin\alpha = v$ (2. Koordinate von P).
Denn wegen $\sin\alpha = \sin(180° - \alpha) = v' = v$ gilt: $\sin\alpha = v$.

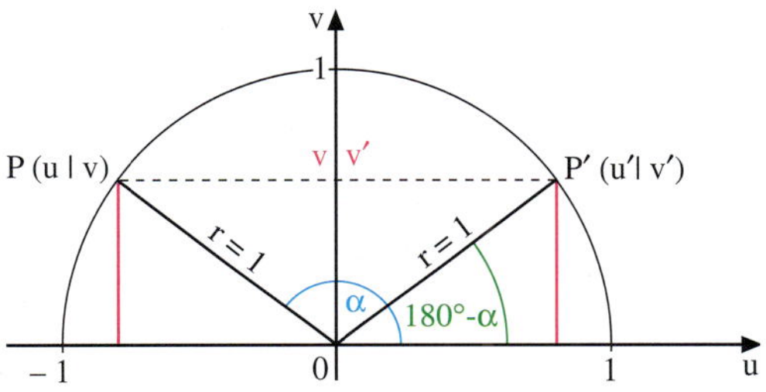

(5) Formulierung des Sinussatzes

Sinussatz

In jedem Dreieck sind die Quotienten aus einer Seitenlänge und dem Sinus des gegenüberliegenden Winkels gleich groß.

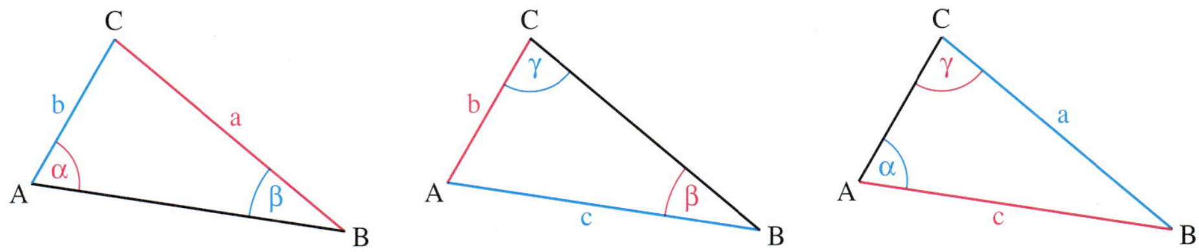

$\frac{a}{\sin\alpha} = \frac{b}{\sin\beta}$ bzw. $\frac{b}{\sin\beta} = \frac{c}{\sin\gamma}$ bzw. $\frac{a}{\sin\alpha} = \frac{c}{\sin\gamma}$

Sind in einem Dreieck zwei Winkel und eine Seite oder zwei Seiten und der der größeren Seite gegenüberliegende Winkel gegeben, so kann man die übrigen Stücke mithilfe des Sinussatzes und des Innenwinkelsatzes berechnen.

(6) Verwenden des Taschenrechners bei stumpfen Winkeln

(a) *Bestimmen von Sinuswerten zu vorgegebenen Winkeln*

Der Taschenrechner liefert auch für alle Winkelgrößen im Bereich $90° < \alpha \leq 180°$ beim Drücken der Taste sin die zugehörigen Sinuswerte.

Bestimme mit deinem Taschenrechner sin 130°.

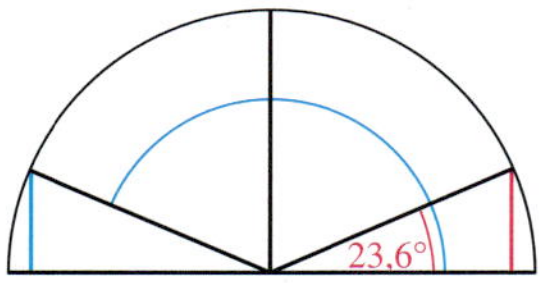

(b) *Bestimmen von Winkelgrößen zu vorgegebenen Sinuswerten*
Am Einheitskreis ist unmittelbar klar, dass es zu einem Sinuswert zwischen 0 und 1 stets zwei Winkelgrößen gibt. Der Taschenrechner liefert aber nur die Winkelgröße im Bereich $0° \leq \alpha \leq 90°$.

Julia hat mit ihrem Taschenrechner den Winkel $\alpha \approx 23,6°$ aus $\sin\alpha = 0,4$ bestimmt. Prüfe es.

Wegen $\sin\alpha = \sin(180° - \alpha)$ besitzt die Gleichung $\sin\alpha = 0,4$ noch eine zweite Lösung, nämlich $\alpha_2 = 180° - \alpha_1$, also $\alpha_2 \approx 180° - 23,6° = 156,4°$.

Aufgabe

2. *Vollständige Berechnung eines Dreiecks mithilfe des Sinussatzes*
In einem Dreieck ABC sind gegeben: $a = 3,7$ cm; $c = 4,8$ cm; $\gamma = 64°$
Berechne die übrigen Stücke des Dreiecks.

Planfigur

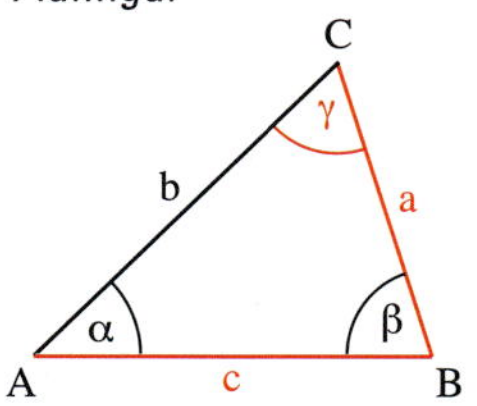

Lösung

Berechnung von α: $\frac{a}{\sin\alpha} = \frac{c}{\sin\gamma}$, also: $\sin\alpha = \frac{a}{c} \cdot \sin\gamma$

Einsetzen ergibt: $\sin\alpha = \frac{3,7\text{ cm}}{4,8\text{ cm}} \cdot \sin 64° = 0,692820\ldots$

Aus $\sin\alpha = 0,692820\ldots$ folgt $\alpha \approx 43,9°$ oder $\alpha \approx 136,1°$.
Da der kürzeren Seite der kleinere Winkel gegenüberliegt, gilt wegen $a < c$ auch $\alpha < 64°$.
Somit kommt nur $\alpha = 43,9$ als Lösung in Frage.

Berechnung von β: $\beta = 180° - (\alpha + \gamma)$; $\beta \approx 180° - (43,9° + 64°)$, also $\beta \approx 72,1°$

Berechnung von b: $\frac{b}{\sin\beta} = \frac{a}{\sin\alpha}$; $b = a \cdot \frac{\sin\beta}{\sin\alpha}$; $b = 3,7\text{ cm} \cdot \frac{\sin 72,1°}{\sin 43,9°}$, also $b \approx 5,1$ cm

Zum Festigen und Weiterarbeiten

3. **a)** Bestimme $\sin\alpha$ mit dem Taschenrechner für folgende Winkelgrößen α:
106°; 134°; 171°; 159°.

b) Für welche Winkelgrößen α zwischen 0° und 180° gilt
$\sin\alpha = 0,7771$; $\sin\alpha = 0,4695$; $\sin\alpha = 0,1234$?

4. Berechne die übrigen Stücke des Dreiecks ABC:
a) $b = 7$ cm; $\alpha = 25°$; $\beta = 52°$ **b)** $b = 4$ cm; $\beta = 28°$; $\alpha = 65°$ **c)** $a = 9$ cm; $\alpha = 51°$; $\gamma = 33°$

5. In einem Dreieck ABC sind gegeben: $a = 3,7$ cm; $c = 4,8$ cm; $\gamma = 112°$.
Berechne die übrigen Stücke des Dreiecks; kontrolliere zeichnerisch.

Übungen

α	sin α
10°	0,17
20°	0,34
30°	0,50
40°	0,64
50°	0,77
60°	0,87
70°	0,94
80°	0,98

6. **a)** Mithilfe der Festlegung auf Seite 118 kann man alle Sinuswerte aus dem Intervall $90° < \alpha \leq 180°$ berechnen, indem man sie auf das Intervall $0° \leq \alpha \leq 90°$ zurückführt.
Berechne wie im Beispiel:
sin 135°; sin 120°; sin 180°.

$\sin 150° = \sin(180° - 150°)$
$\sin 150° = \sin 30°$
$\sin 150° = \frac{1}{2}$

b) Begründe, dass die Gleichung $\sin\alpha = \sin(180° - \alpha)$ auch für $0° \leq \alpha \leq 90°$ gilt.

7. Bestimme zeichnerisch am Einheitskreis ($r = 1$ dm) die unten angegebenen Sinuswerte auf zwei Stellen nach dem Komma. Kontrolliere das Ergebnis mithilfe der Festlegung auf Seite 118 und der Tabelle links.
sin 100°; sin 130°; sin 140°; sin 110°; sin 160°; sin 170°

8. **a)** Bestimme $\sin\alpha$ mit dem Taschenrechner für folgende Winkelgrößen; runde auf vier Stellen nach dem Komma.
117°; 175°; 95°; 143°; 167,4°; 99,5°; 156,1°; 108,8°

b) Für welche Winkelgrößen α zwischen 0° und 180° gilt:
$\sin\alpha = 0{,}9945$; $\sin\alpha = 0{,}5978$; $\sin\alpha = 0{,}7384$; $\sin\alpha = 0{,}2345$?
Runde auf Zehntel.

9. Konstruiere ein Dreieck ABC aus den Stücken $\alpha = 24°$; $\beta = 101°$ und $c = 6{,}3$ cm. Berechne die übrigen Stücke und kontrolliere die Ergebnisse an der Zeichnung.

10. Berechne die Längen der beiden anderen Seiten des Dreiecks ABC.

a) $c = 7{,}7$ cm, $\alpha = 15°$, $\gamma = 85°$
b) $a = 7{,}1$ cm, $\alpha = 55°$, $\beta = 73°$
c) $a = 8{,}9$ cm, $\alpha = 63°$, $\gamma = 37°$
d) $b = 2{,}6$ cm, $\beta = 28{,}3°$, $\gamma = 69{,}1°$
e) $c = 5{,}4$ cm, $\beta = 65{,}6°$, $\gamma = 48{,}2°$
f) $b = 34$ cm, $\alpha = 107°$, $\beta = 19°$
g) $a = 12$ cm, $\alpha = 107°$, $\beta = 22°$
h) $c = 4{,}8$ cm, $\alpha = 115°$, $\gamma = 48°$

11. An den Stellen A und B befinden sich Anlagestellen für ein Ausflugsschiff. Wie lang ist der Weg, den das Schiff zurücklegt?

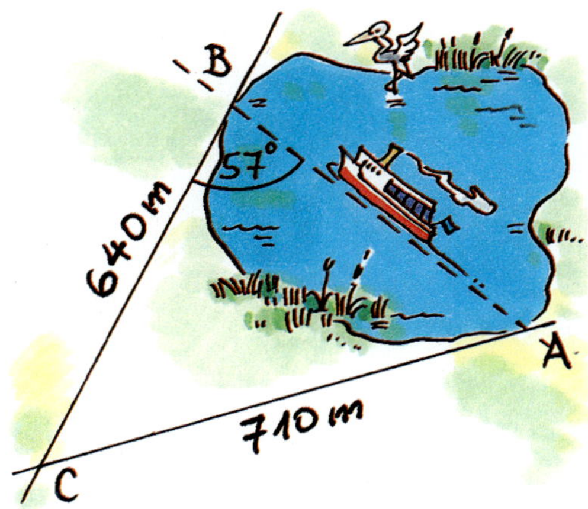

12. Konstruiere ein Dreieck ABC aus den Stücken $b = 4{,}2$ cm, $c = 5{,}6$ cm und $\gamma = 105°$.
Berechne die übrigen Stücke und kontrolliere das Ergebnis an der Zeichnung.

13. In einem Dreieck ABC sind gegeben: $a = 4$ cm; $b = 6$ cm; $\alpha = 51°$.
Versuche, den Winkel β zu berechnen. Was fällt auf? Erkläre.

14. Berechne die übrigen Stücke des Dreiecks ABC.

a) $a = 4{,}4$ cm, $b = 6{,}9$ cm, $\beta = 67°$
b) $b = 8{,}5$ cm, $c = 6{,}9$ cm, $\beta = 111°$
c) $a = 4{,}9$ cm, $c = 5{,}7$ cm, $\alpha = 95°$
d) $a = 3{,}9$ cm, $b = 7{,}8$ cm, $\beta = 135{,}6°$
e) $b = 5{,}9$ cm, $c = 3{,}2$ cm, $\gamma = 41{,}7°$

15. Das Grundstück soll vermessen werden. Dazu werden die folgenden Stücke gemessen:
$\overline{BD} = 46$ m; $\sphericalangle ADB = 44°$; $\sphericalangle DBA = 42°$;
$\sphericalangle BDC = 69°$; $\sphericalangle CBD = 55°$
Bestimme die Längen von $\overline{AB}$, $\overline{AD}$, $\overline{DC}$ und $\overline{BC}$. Fertige eine Skizze an.

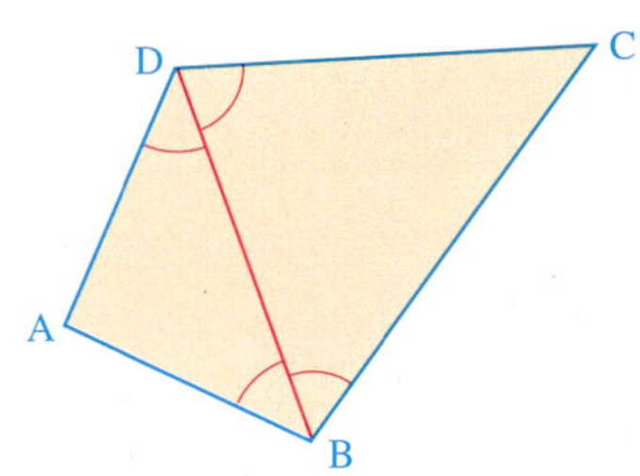

16. Gilt der Sinussatz auch, falls ein gegebener Winkel ein rechter ist?

Berechnen eines allgemeinen Dreiecks im Falle sws und sss – Kosinussatz

Einstieg

Vom Punkt D eines Bergwerks sind zwei Stollen in den Berg getrieben worden. Von E nach F soll nun ein Verbindungsstollen angelegt werden.

→ Wie lang wird der Verbindungsstollen?

→ Welche Winkel bildet er mit den bestehenden Stollen?

Aufgabe

1. a) Ein Straßentunnel soll geradlinig durch einen Berg gebaut werden. Um seine Länge zu bestimmen, werden von einem geeigneten Punkt C aus die Entfernungen $\overline{CB}$ und $\overline{CA}$ zu den Tunneleingängen sowie die Winkelgröße γ gemessen:
$\overline{CB} = 2{,}85$ km; $\overline{CA} = 4{,}42$ km;
$\gamma = 52{,}3°$

(1) Zeichne ein Dreieck ABC mit den angegebenen Maßen (Maßstab 1 : 100 000) und bestimme einen Näherungswert für die Seitenlänge c durch Messen.

(2) Zerlege das Dreieck in zwei rechtwinklige Teildreiecke; bestimme die Seitenlänge c durch Rechnung.

b) In einem Dreieck ABC sind gegeben:
$a = 6$ cm; $b = 8$ cm; $\gamma = 140°$. Berechne die Seitenlänge c.

Lösung

a) Wir lösen die Aufgabe zunächst zeichnerisch und dann rechnerisch.

(1) Der Zeichnung entnehmen wir nach maßstäblicher Umrechnung als Näherungswert $c = 3{,}5$ km.

(2) Wir zerlegen das *spitzwinklige* Dreieck ABC in zwei Teildreiecke, indem wir die Höhe h_b zur Seite $\overline{AC}$ einzeichnen. Die Längen der Teilstrecken $\overline{FC}$ und $\overline{FA}$ nennen wir u bzw. v. In dem Teildreieck BCF sind dann die Stücke a und γ gegeben; die Stücke h_b, u und v können wir damit berechnen.

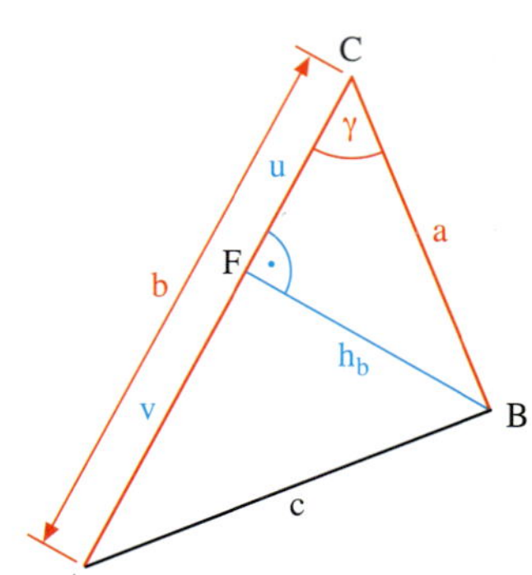

Nun sind uns im Teildreieck ABF auch zwei Stücke bekannt, mit denen sich die Länge c berechnen lässt.

Berechnen von h_b im Dreieck BCF:

$\sin \gamma = \frac{h_b}{a}$

$h_b = a \cdot \sin \gamma$

$h_b = 2{,}85\text{ km} \cdot \sin 52{,}3°$

$h_b \approx 2{,}25\text{ km}$

Berechnen von u im Dreieck BCF:

$\cos \gamma = \frac{u}{a}$

$u = a \cdot \cos \gamma$

$u = 2{,}85\text{ km} \cdot \cos 52{,}3°$

$u \approx 1{,}74\text{ km}$

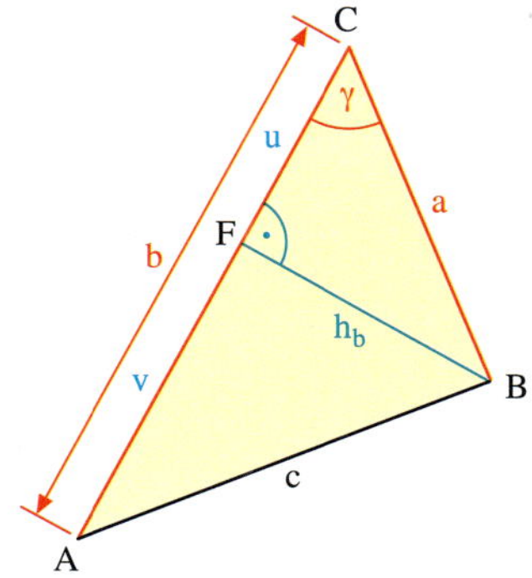

Berechnen von v im Dreieck ABC:

$u + v = b$

$v = b - u$

$v \approx 4{,}42\text{ km} - 1{,}74\text{ km}$

$v \approx 2{,}68\text{ km}$

Berechnen von c im Dreieck ABF:

$c^2 = h_b^2 + v^2$

$c = \sqrt{h_b^2 + v^2}$

$c = \sqrt{(2{,}25\text{ km})^2 + (2{,}68\text{ km})^2}$

$c = 3{,}50\text{ km}$

Ergebnis: Die Länge des Tunnels beträgt ungefähr 3,5 km.

b) Wir ergänzen das *stumpfwinklige* Dreieck ABC durch die äußere Höhe h_b zu einem rechtwinkligen Dreieck ABF. In dem Teildreieck BFC sind uns dann zwei Stücke bekannt und wir können die Höhe h_b bestimmen.
Anschließend berechnen wir im Dreieck ABF die gesuchte Länge c.

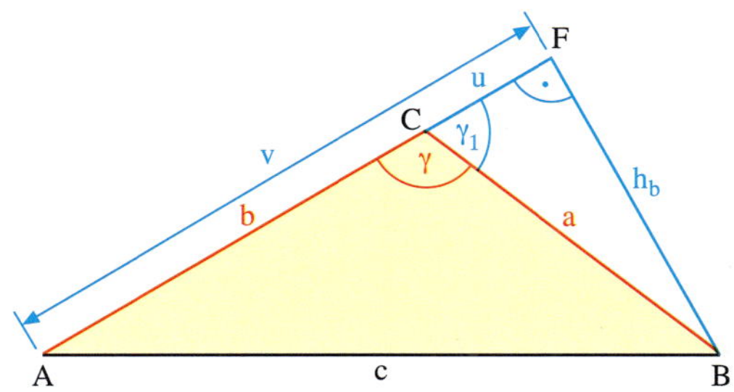

Berechnen von γ_1 im Dreieck BFC:

$\gamma + \gamma_1 = 180°$, also $\gamma_1 = 180° - \gamma$.

Einsetzen ergibt:

$\gamma_1 = 180° - 140°$, also $\gamma_1 = 40°$

Berechnen von h_b im Dreieck BFC:

$\sin \gamma_1 = \frac{h_b}{a}$

$h_b = a \cdot \sin \gamma_1$

$h_b = 6\text{ cm} \cdot \sin 40°$

$h_b \approx 3{,}9\text{ cm}$

Berechnen von u im Dreieck BFC:

$\cos \gamma_1 = \frac{u}{a}$

$u = a \cdot \cos \gamma_1$

$u = 6\text{ cm} \cdot \cos 40°$

$u \approx 4{,}6\text{ cm}$

Berechnen von v im Dreieck ABF:

$v = b + u$

$v \approx 8\text{ cm} + 4{,}6\text{ cm}$

$v \approx 12{,}6\text{ cm}$

Berechnen von c im Dreieck ABF:

$c^2 = h_b^2 + v^2$

$c = \sqrt{h_b^2 + v^2}$

$c = \sqrt{(3{,}9\text{ cm})^2 + (12{,}6\text{ cm})^2}$

$c \approx 13{,}2\text{ cm}$

Ergebnis: Die Seitenlänge c beträgt ungefähr 13,2 cm.

Information

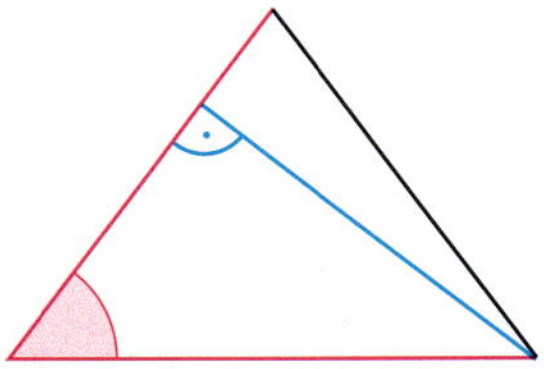

(1) Berechnen eines Dreiecks im Falle sws

In einem beliebigen Dreieck kann man aus vorgegebenen Stücken im Sinne des Kongruenzsatzes sws die übrigen mit dem Kosinus, dem Sinus und dem Innenwinkelsatz berechnen. Durch Einzeichnen einer geeigneten Höhe zerlegt bzw. ergänzt man das gegebene Dreieck so, dass rechtwinklige Dreiecke entstehen. Man wählt die Höhe so, dass in einem der beiden Teildreiecke zwei Stücke gegeben sind.

(2) Herleitung des Kosinussatzes

In einem Dreieck ABC sollen die Stücke a, b und γ gegeben sein. Wir wollen nun wie in der Aufgabe 1 (Seite 122) unten die Seitenlänge c allgemein berechnen.

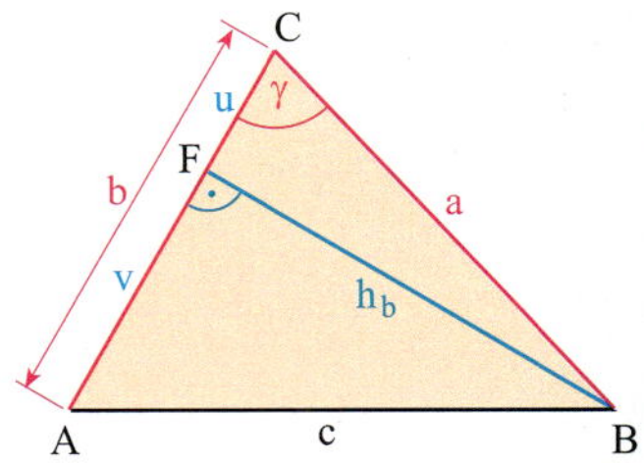

1. Fall: $\gamma < 90°$

Wir zerlegen das Dreieck ABC durch die Höhe h_b in zwei rechtwinklige Dreiecke ABF und BCF.
Im rechtwinkligen Teildreieck ABF ist die Seitenlänge c gesucht. Nach dem Satz des Pythagoras gilt:

$c^2 = h_b^2 + v^2$

Da $v = b - u$ ist, folgt durch Einsetzen:

$c^2 = h_b^2 + (b - u)^2$

$c^2 = h_b^2 + b^2 - 2\,b\,u + u^2$

Da in dem Teildreieck BCF die Stücke a und γ gegeben sind, können wir h_b und u bestimmen:

$h_b^2 = a^2 - u^2$ und $\cos\gamma = \frac{u}{a}$, also $u = a \cdot \cos\gamma$

Diese Ergebnisse setzen wir in die Gleichung für c^2 ein:

$c^2 = a^2 - u^2 + b^2 - 2 \cdot b \cdot a \cdot \cos\gamma + u^2$, also

$$c^2 = a^2 + b^2 - 2\,a\,b \cdot \cos\gamma$$

2. Fall: $90° < \gamma < 180°$

Wir ergänzen das Dreieck ABC durch die äußere Höhe h_b zu dem rechtwinkligen Dreieck ABF mit dem rechtwinkligen Teildreieck BFC.
In dem rechtwinkligen Dreieck ABF ist die Seitenlänge c gesucht. Nach dem Satz des Pythagoras gilt:

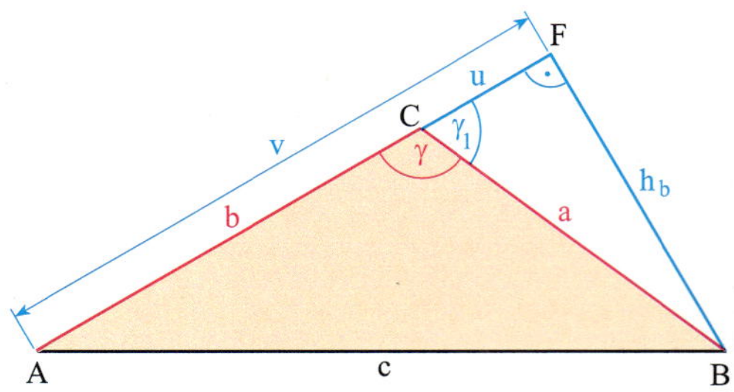

$c^2 = h_b^2 + v^2$

Da $v = b + u$ ist, folgt durch Einsetzen:

$c^2 = h_b^2 + (b + u)^2$

$c^2 = h_b^2 + b^2 + 2\,b\,u + u^2$

Da im Teildreieck BFC die Stücke a und $\gamma_1 = 180° - \gamma$ bekannt sind, können wir h_b und u bestimmen:

$h_b^2 = a^2 - u^2$ und $\cos(180° - \gamma) = \frac{u}{a}$, also $u = a \cdot \cos(180° - \gamma)$

Diese Ergebnisse setzen wir in die Gleichung für c^2 ein:

$c^2 = a^2 - u^2 + b^2 + 2\,b \cdot a \cdot \cos(180° - \gamma) + u^2$, also

$$c^2 = a^2 + b^2 + 2\,a\,b \cdot \cos(180° - \gamma)$$

(3) Kosinus im Bereich $90° < \alpha \leq 180°$

Um zu erreichen, dass die Formel $c^2 = a^2 + b^2 - 2ab \cdot \cos\gamma$ auch für stumpfe Winkel gilt, legen wir den Kosinus auch für Winkelgrößen zwischen 90° und 180° fest.

Festlegung:
Für Winkelgrößen α mit $90° < \alpha \leq 180°$ soll gelten:
$\mathbf{\cos\alpha = -\cos(180° - \alpha)}$

Aufgrund dieser Festlegung (Definition) des Kosinus ist unmittelbar klar:
Für alle α mit $90° \leq \alpha \leq 180°$ gilt: $\quad -1 \leq \cos\alpha \leq 0$

(4) Deutung des Kosinus am Einheitskreis

Wie auf Seite 119 deuten wir nun auch den Kosinus am Einheitskreis.

Deutung des Kosinus am Einheitskreis
Es soll P(u|v) ein Punkt des Einheitskreises sein.
α soll die Größe des Winkels sein, den der Schenkel $\overline{OP}$ mit der u-Achse bildet.
Dann gilt:
$\mathbf{\cos\alpha = u}$ *(1. Koordinate von P)*

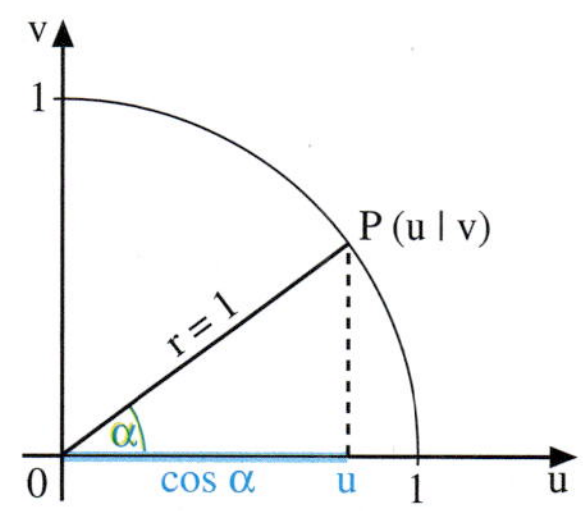

Die Festlegung unter (3) steht im Einklang mit der Deutung des Kosinus als 1. Koordinate eines Punktes am Einheitskreis.
Denn es gilt für $90° < \alpha \leq 180°$:
$\cos\alpha = -\cos(180° - \alpha) = -u' = u$, also
$u = \cos\alpha$

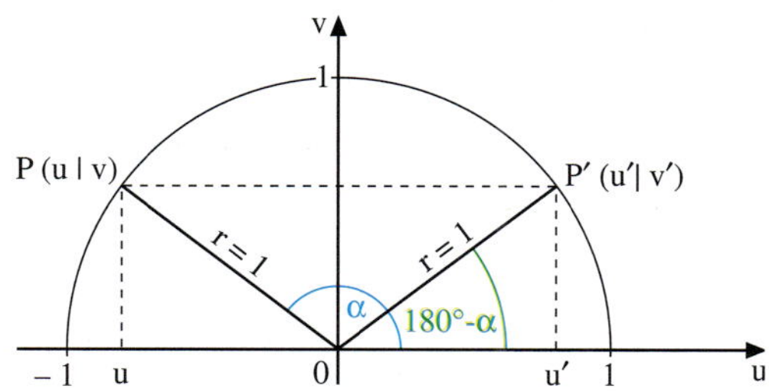

(5) Formulierung des Kosinussatzes

Kosinussatz
In *jedem* Dreieck ABC gilt:

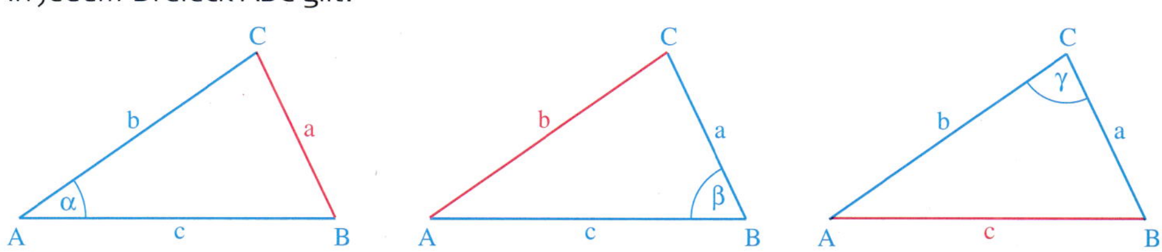

$\mathbf{a^2 = b^2 + c^2 - 2bc \cdot \cos\alpha}$ $\quad$ $\mathbf{b^2 = c^2 + a^2 - 2ca \cdot \cos\beta}$ $\quad$ $\mathbf{c^2 = a^2 + b^2 - 2ab \cdot \cos\gamma}$

Das Quadrat einer Seitenlänge eines Dreiecks ist gleich der Summe der Quadrate der beiden anderen Seitenlängen vermindert um das Doppelte des Produkts aus diesen Seitenlängen und dem Kosinus des eingeschlossenen Winkels.

Den Kosinussatz nutzt man zur Berechnung eines Dreiecks, wenn die Längen zweier Seiten und die Größe des eingeschlossenen Winkels oder die Längen aller drei Seiten gegeben sind.

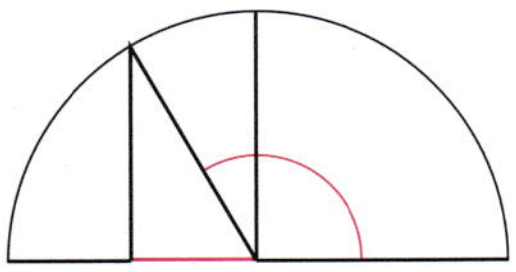

(6) Verwenden des Taschenrechners bei stumpfen Winkeln

(a) Der Taschenrechner liefert auch für alle Winkelgrößen im Bereich $90° < \alpha \leq 180°$ beim Drücken der Taste [cos] die zugehörigen Kosinuswerte. Versuche mit deinem Taschenrechner cos 130° zu bestimmen.

(b) Bestimmen von Winkelgrößen zu vorgegebenen Kosinuswerten. Bestimme mit deinem Taschenrechner einen Winkel α mit $\cos\alpha = -0{,}4$. Kontrolliere dein Ergebnis.

Aufgabe

2. *Vollständige Berechnung eines Dreiecks mithilfe von Kosinus- und Sinussatz*

Von einem Dreieck ABC sind gegeben: $b = 8{,}1$ km; $c = 5{,}3$ km; $\alpha = 36{,}4°$.
Berechne die übrigen Stücke des Dreiecks.

Planfigur

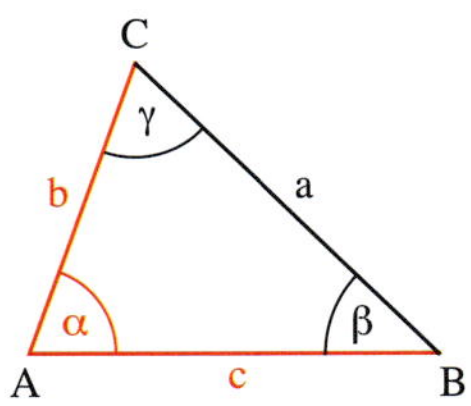

Strategie:
Kleinere Winkel mit dem Sinussatz berechnen, den dritten Winkel mit dem Innenwinkelsatz.

Lösung

(1) Aus den gegebenen Stücken (sws) kann man mithilfe des Kosinussatzes direkt die Seitenlänge a berechnen:

$a^2 = b^2 + c^2 - 2bc \cdot \cos\alpha$

$a = \sqrt{b^2 + c^2 - 2bc \cdot \cos\alpha}$

$a = \sqrt{(8{,}1\text{ km})^2 + (5{,}3\text{ km})^2 - 2 \cdot 8{,}1\text{ km} \cdot 5{,}3\text{ km} \cdot \cos 36{,}4°}$

$a \approx 5{,}0$ km

(2) Einen der beiden Winkel β und γ müssen wir mit dem Kosinus- oder Sinussatz berechnen. Der Kosinussatz ist rechentechnisch aufwändig, liefert aber stets nur *eine* Winkelgröße. Dagegen ist die Anwendung des Sinussatzes rechentechnisch weniger aufwändig, liefert jedoch zwei Lösungen. Man weiß dann nicht, welche Winkelgröße die geeignete ist. Berechnet man mit dem Sinussatz den Winkel, hier γ, der der kleineren Seite c gegenüberliegt, so kommt nur eine der beiden Lösungen in Frage.

$\frac{c}{\sin\gamma} = \frac{a}{\sin\alpha}$, also $\sin\gamma = \frac{c}{a} \cdot \sin\alpha$

Einsetzen ergibt: $\sin\gamma = \frac{5{,}3\text{ km}}{4{,}96\text{ km}} \cdot \sin 36{,}4°$; $\sin\gamma \approx 0{,}63409\ldots$, also $\gamma \approx 39{,}4°$

(3) Nach dem Innenwinkelsatz für Dreiecke ergibt sich dann für den Winkel β:
$\beta = 180° - (\alpha + \gamma)$; $\beta \approx 180° - (36{,}4° + 39{,}4°)$, also: $\beta \approx 104{,}2°$

Zum Festigen und Weiterarbeiten

3. a) Bestimme $\cos\alpha$ mit dem Taschenrechner für $\alpha = 106°$; $\alpha = 134°$; $\alpha = 171°$; $\alpha = 159°$.

b) Für welche Winkelgrößen α zwischen 0° und 180° gilt:
$\cos\alpha = -0{,}7771$; $\cos\alpha = -0{,}4695$; $\cos\alpha = 0{,}1234$; $\cos\alpha = 0{,}9183$?

4. Berechne die fehlenden Stücke des Dreiecks ABC.

a) $a = 5$ cm, $b = 7$ cm, $\gamma = 40°$

b) $a = 9$ cm, $c = 8$ cm, $\beta = 41°$

c) $b = 8{,}9$ cm, $c = 11{,}0$ cm, $\alpha = 118°$

d) $a = 9{,}4$ cm, $b = 6{,}9$ cm, $\gamma = 57°$

5. a) Gilt die Formel $c^2 = a^2 + b^2 - 2ab \cdot \cos\gamma$ auch für $\gamma = 90°$?

b) Gilt die Formel $c^2 = a^2 + b^2 - 2ab \cdot \cos\gamma$ auch für den Grenzfall $\gamma = 180°$?

c) Begründe: Für ein beliebiges Dreieck ABC gilt:
(1) $a^2 + b^2 > c^2$, falls $0° < \gamma < 90°$; (2) $a^2 + b^2 < c^2$, falls $90° < \gamma < 180°$.

▲ **6.** *Berechnen eines Dreiecks aus den drei Seitenlängen*
In einem Dreieck ABC sind gegeben: $a = 5$ cm; $b = 3{,}5$ cm; $c = 6{,}5$ cm.

a) Erkläre die folgende Umstellung nach $\cos\gamma$.

$$\begin{aligned} c^2 &= a^2 + b^2 - 2ab\cdot\cos\gamma && \mid +2ab\cdot\cos\gamma \\ c^2 + 2ab\cdot\cos\gamma &= a^2 + b^2 && \mid -c^2 \\ 2ab\cdot\cos\gamma &= a^2 + b^2 - c^2 && \mid :(2ab) \\ \cos\gamma &= \frac{a^2 + b^2 - c^2}{2ab} \end{aligned}$$

b) Berechne zunächst den größten Innenwinkel, nämlich γ des gegebenen Dreiecks ABC. Warum?

c) Berechne dann die Innenwinkel α und β des Dreiecks ABC. Kontrolliere.

Übungen

7. a) Mithilfe der Festlegung auf Seite 125 kann man alle Kosinuswerte aus dem Intervall $90° < \alpha \leq 180°$ berechnen, indem man sie auf das Intervall $0° \leq \alpha \leq 90°$ zurückführt.
Berechne wie im Beispiel:
$\cos 135°$; $\cos 120°$; $\cos 180°$

$$\begin{aligned} \cos 150° &= -\cos(180° - 150°) \\ \cos 150° &= -\cos 30° \\ \cos 150° &= -\tfrac{1}{2}\sqrt{3} \end{aligned}$$

b) Begründe, dass die Gleichung $\cos\alpha = -\cos(180° - \alpha)$ auch für $0° \leq \alpha \leq 90°$ gilt.

α	cos α
10°	0,98
20°	0,94
30°	0,87
40°	0,77
50°	0,64
60°	0,50
70°	0,34
80°	0,17

8. Bestimme zeichnerisch am Einheitskreis ($r = 1$ dm) die unten angegebenen Kosinuswerte auf zwei Stellen nach dem Komma. Kontrolliere das Ergebnis mithilfe der Festlegung auf Seite 125 und der Tabelle links.
$\cos 100°$; $\cos 110°$; $\cos 130°$; $\cos 140°$; $\cos 160°$; $\cos 170°$

9. a) Bestimme $\cos\alpha$ mit dem Taschenrechner für folgende Winkelgrößen α:
117°; 175°; 95°; 143°; 167,4°; 99,5°; 156,1°; 104,8°

b) Für welche Winkelgrößen α zwischen 0° und 180° gilt:
$\cos\alpha = -0{,}2588$; $\cos\alpha = 0{,}9397$; $\cos\alpha = -0{,}5461$; $\cos\alpha = 0{,}1212$?

10. Konstruiere ein Dreieck ABC aus $a = 3{,}7$ cm, $c = 4{,}8$ cm und $\beta = 100°$.
Berechne die übrigen Stücke und kontrolliere die berechneten Werte an der Zeichnung.

11. Berechne die übrigen Stücke des Dreiecks.

a) $a = 7{,}1$ cm, $b = 6{,}3$ cm, $\gamma = 66°$
b) $a = 2{,}7$ cm, $b = 3{,}5$ cm, $\gamma = 102°$
c) $a = 12{,}3$ cm, $c = 8{,}9$ cm, $\beta = 53°$
d) $b = 9{,}1$ cm, $c = 6{,}4$ cm, $\alpha = 115°$
e) $b = 8{,}1$ cm, $c = 10{,}4$ cm, $\alpha = 67°$
f) $a = 8{,}3$ cm, $c = 9{,}9$ cm, $\beta = 95°$
g) $a = 3{,}8$ cm, $c = 4{,}5$ cm, $\beta = 49°$
h) $a = 5{,}87$ km, $b = 22{,}47$ km, $\gamma = 122{,}7°$
i) $a = 6{,}8$ cm, $b = 6{,}4$ cm, $\gamma = 47°$
j) $b = 6{,}3$ m, $c = 5{,}7$ m, $\alpha = 135{,}4°$

▲ **12.** Konstruiere ein Dreieck ABC aus $a = 5{,}7$ cm, $b = 6{,}3$ cm und $c = 4{,}3$ cm.
Berechne die übrigen Stücke und kontrolliere die berechneten Werte an der Zeichnung.

▲ **13.** Berechne die übrigen Stücke des Dreiecks. Finde verschiedene Lösungswege. Beschreibe sie.

a) $a = 3{,}8$ cm, $b = 5{,}1$ cm, $c = 4{,}4$ cm
b) $a = 12$ cm, $b = 15$ cm, $c = 18$ cm
c) $a = 7{,}3$ m, $b = 5{,}8$ m, $c = 11{,}6$ m
d) $a = 112$ km, $b = 75$ km, $c = 52$ km

14. Von einer Straße aus gehen zwei geradlinig verlaufende Wege in den Wald. Sie sind 412 m und 520 m lang; ihre Richtungen bilden einen Winkel von 69°.
Die Endpunkte sollen durch einen Weg verbunden werden.
Wie lang ist dieser neue Weg?
Welche Winkel bildet der neue Weg mit den vorhandenen Wegen?

15. Zwischen zwei Orten A und B liegt ein Berg. Um die Entfernung der beiden Orte zu bestimmen, wird ein Punkt C im Gelände gewählt.
Folgende Größen werden gemessen:
$b = 8{,}3$ km; $a = 6{,}7$ km; $\gamma = 55°$.
Berechne die Entfernung der beiden Orte A und B. Fertige zunächst eine Skizze an.

▲ **16.** Die Entfernung zwischen drei Burgen A, B und C beträgt:
$\overline{AB} = 5{,}1$ km, $\overline{BC} = 4{,}4$ km und
$\overline{AC} = 3{,}6$ km.
Anne fotografiert gern. Sie möchte von einer Burg aus die beiden anderen Burgen auf einem Bild aufnehmen.
Auf welcher Burg muss sie dazu den größeren Bildwinkel (durch Zoomen) einstellen?

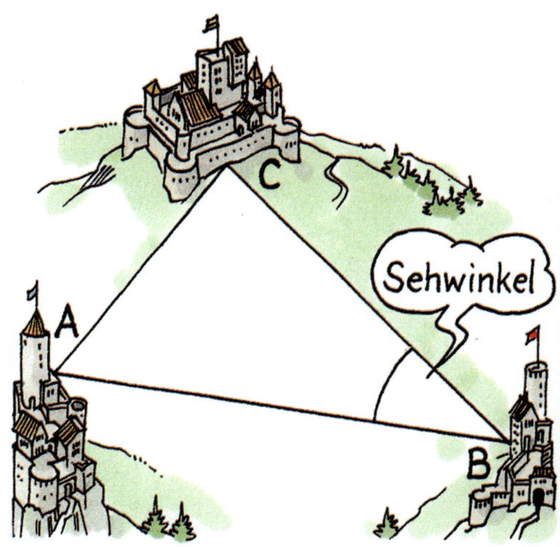

▲ **17.** *Überblick über die Berechnungen in beliebigen Dreiecken*
Sind von einem Dreieck eine Seitenlänge und zwei weitere Stücke (Seitenlängen bzw. Winkelgrößen) gegeben, so lassen sich die übrigen drei Stücke mithilfe von Innenwinkelsatz, Sinussatz oder Kosinussatz eindeutig berechnen.
Ausnahme: Gegeben sind zwei unterschiedliche Seitenlängen und die Größe des der kleineren Seite gegenüberliegenden Winkels. Ergänze die Tabelle.

Typ	**gegeben**	**gesucht**		
wsw	c, α, β	$\gamma = 180° - (\alpha + \beta)$		
wws	a, α, β		$b = \alpha \cdot \frac{\sin\beta}{\sin\alpha}$	
Ssw	a, b, α $a > b$	$\sin\beta = \frac{b}{a} \cdot \sin\alpha$		
sws	a, b, γ		$\sin\alpha = \frac{a}{c} \cdot \sin\gamma$	
sss	a, b, c	$\cos\alpha = \frac{b^2 + c^2 - a^2}{2bc}$		

BERECHNEN DES FLÄCHENINHALTS EINES DREIECKS MIT TRIGONOMETRISCHEN MITTELN

Einstieg

Das Bild zeigt ein Eckgrundstück mit den angegebenen Maßen.

→ Bestimme die Größe des Grundstücks.

→ Beschreibe dein Vorgehen.

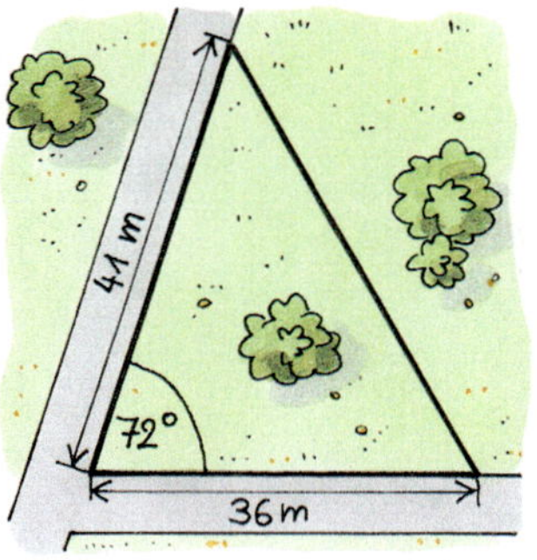

Aufgabe

1. Von einem Dreieck ABC sind die Stücke b, c und α gegeben. Leite eine Formel zur Berechnung des Flächeninhalts des Dreiecks aus diesen Stücken her.
Berechne mit dieser Formel die Größe des Grundstücks aus der Einstiegsaufgabe.

Lösung

Wir wählen c als Grundseite; dann ist h_c die zugehörige Höhe. Es gilt:

$A = \frac{c \cdot h_c}{2}$ bzw. $A = \frac{1}{2} c \cdot h_c$

Da $\sin\alpha = \frac{h_c}{b}$, also: $h_c = b \cdot \sin\alpha$

gilt für den Flächeninhalt des Dreiecks ABC:

$A = \frac{1}{2} c \cdot h_c = \frac{1}{2} c \cdot b \cdot \sin\alpha$, also:

$A = \frac{1}{2} b c \cdot \sin\alpha$

Wir setzen die gegebenen Größen des Grundstücks ein:

$A = \frac{1}{2} \cdot 41\ \text{m} \cdot 36\ \text{m} \cdot \sin 72°$

$A \approx 702\ \text{m}^2$

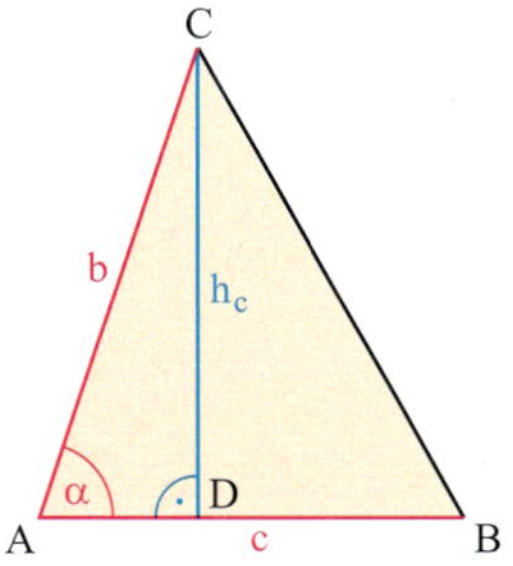

Information

Der Flächeninhalt eines Dreiecks ist gleich der Hälfte des Produktes aus zwei Seitenlängen und dem Sinus des eingeschlossenen Winkels.

$\mathbf{A = \frac{1}{2} a b \cdot \sin\gamma;\quad A = \frac{1}{2} b c \cdot \sin\alpha;\quad A = \frac{1}{2} a c \cdot \sin\beta}$

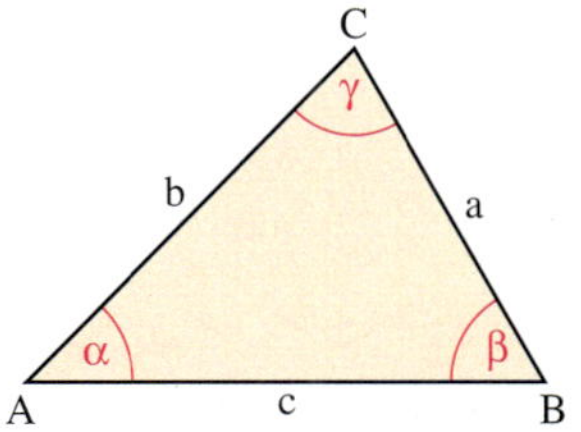

Zum Festigen und Weiterarbeiten

2. Überprüfe die in Teilaufgabe 1 hergeleitete Formel für $\alpha = 90°$ und für $\alpha > 90°$.

3. Berechne den Flächeninhalt eines Dreiecks ABC mit:

a) $a = 4{,}8$ cm; $b = 3{,}2$ cm; $\gamma = 37°$ **b)** $a = 5{,}9$ cm; $c = 4{,}6$ cm; $\beta = 116°$

Übungen

4. Berechne den Flächeninhalt des Dreiecks ABC.

a) $a = 7{,}1$ cm; $b = 6{,}3$ cm; $\gamma = 66°$

b) $a = 2{,}7$ cm; $b = 3{,}5$ cm; $\gamma = 102°$

c) $a = 12{,}3$ cm; $c = 8{,}9$ cm; $\beta = 53°$

d) $b = 9{,}1$ cm; $c = 6{,}4$ cm; $\alpha = 115°$

e) $b = 8{,}1$ cm; $c = 10{,}4$ cm; $\alpha = 67°$

f) $a = 8{,}3$ cm; $c = 9{,}9$ cm; $\beta = 95°$

g) $a = 3{,}8$ cm; $c = 4{,}5$ cm; $\beta = 49°$

h) $a = 5{,}87$ km; $b = 22{,}47$ km; $\gamma = 122{,}7°$

i) $a = 6{,}8$ cm; $b = 6{,}4$ cm; $\gamma = 47°$

j) $b = 6{,}3$ m; $c = 5{,}7$ m; $\alpha = 135{,}4°$

5. Berechne den Flächeninhalt des Dreiecks ABC.

a) $b = 7$ cm; $\alpha = 35°$; $\beta = 52°$

b) $b = 4$ cm; $\beta = 28°$; $\gamma = 65°$

c) $a = 9$ cm; $\alpha = 51°$; $\gamma = 33°$

d) $c = 6$ cm; $\gamma = 24°$; $\alpha = 47°$

e) $b = 5$ cm; $\gamma = 42°$; $\alpha = 28°$

f) $a = 5{,}3$ cm; $b = 3{,}1$ cm; $c = 4{,}8$ cm

6. Ein dreieckiges Waldstück soll aufgeforstet werden. Die Kosten pro Hektar Mischwald betragen 6 800 €. Um die jungen Pflanzen vor Wildfraß zu schützen, wird die Fläche eingezäunt. Der laufende Meter Zaun kostet 25 €.
Um die gesamten Kosten zu ermitteln, wird die Fläche vermessen:
$\overline{AB} = 942$ m; $\alpha = 57°$; $\beta = 39°$.
Stelle selbst geeignete Fragen und berechne.

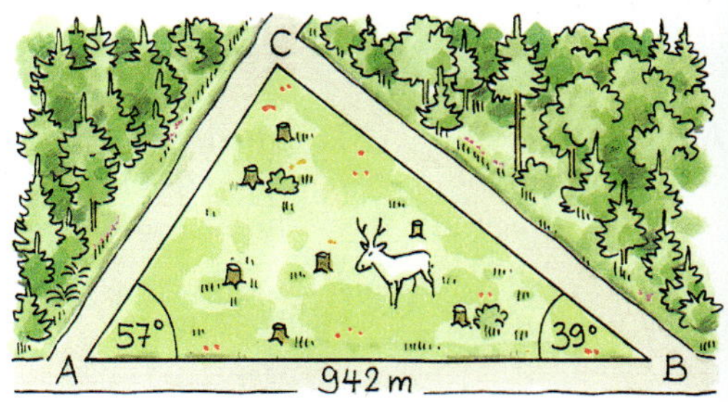

7. a) Leite mithilfe der Formel $A = \frac{1}{2} a b \cdot \sin\gamma$ eine Flächenformel für ein gleichschenkliges Dreieck ABC mit $\overline{AB}$ als Basis her.

▲ **b)** Leite mithilfe der Formel $A = \frac{1}{2} a b \cdot \sin\gamma$ eine Flächenformel für ein gleichseitiges Dreieck her.

8. Ein gleichseitiges Dreieck ABC hat die Seitenlänge $c = 4{,}5$ cm.
Berechne den Flächeninhalt des Dreiecks.

9. Von einem gleichschenkligen Dreieck ABC mit $\overline{AB}$ als Basis sind die Seitenlängen $c = 4{,}5$ cm und $a = 5{,}7$ cm bekannt.
Berechne den Flächeninhalt des Dreiecks.

▲ **10.** Berechne den Flächeninhalt des Dreiecks ABC mit den angegebenen Seitenlängen.

a) $a = 4$ cm; $b = 5$ cm; $c = 3$ cm

b) $a = 6{,}5$ cm; $b = 2{,}9$ cm; $c = 7{,}4$ cm

▲ **11.** Die Fläche eines Baugeländes hat die Form eines Dreiecks (siehe Skizze).

a) Fertige eine Zeichnung im Maßstab 1 : 20 000 an.

b) 40% des Baugeländes sollen Grünanlage werden.
Wie viel Hektar stehen dann für die Bebauung zur Verfügung?

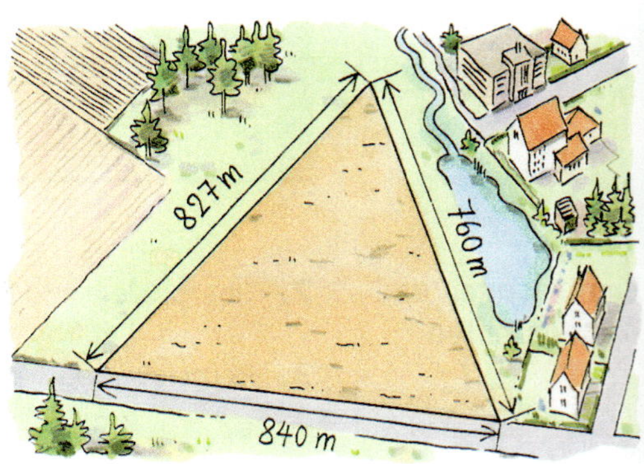

BERECHNEN VON VIELECKEN

Einstieg

Das Rechteck ABCD ist durch die Strecke $\overline{BF}$ in zwei Teilfiguren zerlegt. Es ist bekannt: $\overline{AB} = 10{,}4\ \text{cm}$; $\overline{AE} = 9{,}4\ \text{cm}$.

➜ Mache dich mit der Figur rechts vertraut; überlege dir auch, wie die Strecke $\overline{BF}$ gewählt wurde.

➜ Ermittle den Umfang und den Flächeninhalt des Trapezes ABFD.

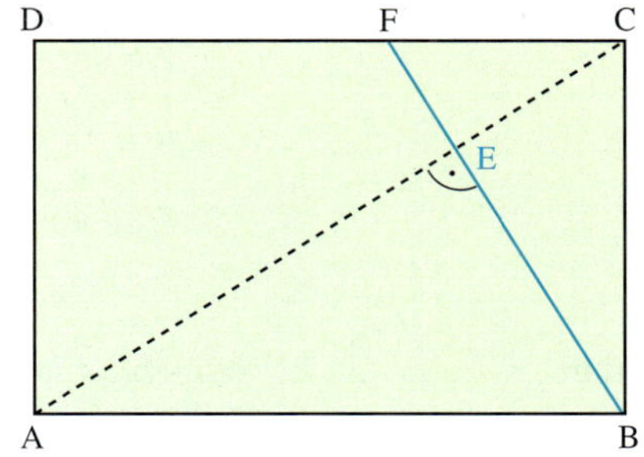

Aufgabe

1. *Berechnen eines Vierecks*

Familie Müller besitzt ein trapezförmiges Grundstück ABCD (AB || CD) mit den Maßen: $\overline{AB} = 28{,}50\ \text{m}$; $\overline{AD} = 23{,}40\ \text{m}$; $\alpha = 125°$; $\beta = 110°$.

a) Das Grundstück soll eingezäunt werden. Wie lang wird der Zaun?

b) Wie groß ist die Fläche des Grundstücks?

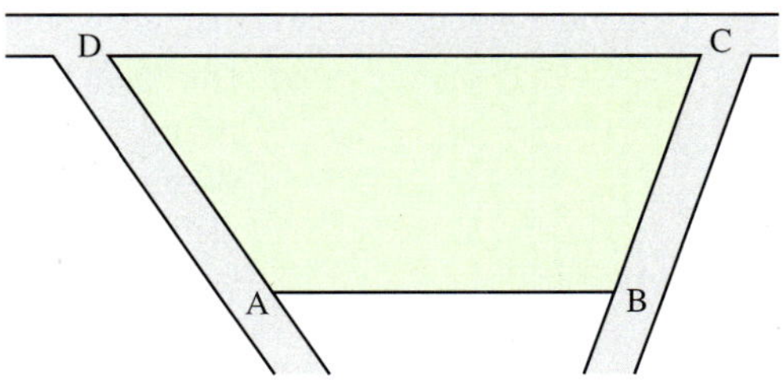

Lösung

Strategie:
Zerlegen in rechtwinklige Dreiecke und Rechtecke

a) Um den Umfang des Trapezes zu bestimmen, benötigen wir noch die Längen der Seiten $\overline{BC}$ und $\overline{CD}$. Dazu zerlegen wir das Trapez ABCD durch die Höhen $\overline{AF}$ und $\overline{BE}$ in das Rechteck ABEF und die beiden rechtwinkligen Dreiecke AFD und BCE.

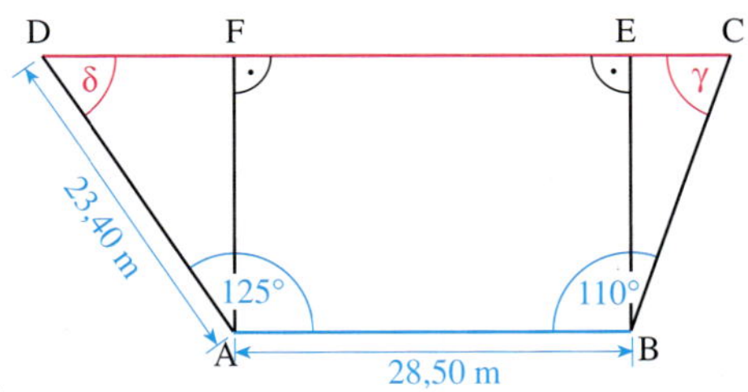

Für das rechtwinklige Teildreieck AFD gilt:
$\overline{AD} = 23{,}40\ \text{m}$ und $\delta = 180° - 125° = 55°$,
da sich wegen der Parallelität von AB und CD die Winkel α und δ zu 180° ergänzen.

$\cos\delta = \frac{\overline{FD}}{\overline{AD}}$, also $\overline{FD} = \overline{AD} \cdot \cos\delta$ und somit $\overline{FD} = 23{,}40\ \text{m} \cdot \cos 55°$; $\overline{FD} \approx 13{,}42\ \text{m}$

Für das rechtwinklige Dreieck BCE gilt:
$\gamma = 180° - 110° = 70°$, da $\beta + \gamma = 180°$

$\overline{BE} = \overline{AF}$ mit $\sin 55° = \frac{\overline{AF}}{\overline{AD}}$, also $\overline{AF} = 23{,}40\ \text{m} \cdot \sin 55°$; $\overline{AF} \approx 19{,}17\ \text{m}$.
$\overline{BE} \approx 19{,}17\ \text{m}$

$\tan\gamma = \frac{\overline{BE}}{\overline{EC}}$, also $\overline{EC} = \frac{\overline{BE}}{\tan\gamma}$ und somit $\overline{EC} = \frac{19{,}17\ \text{m}}{\tan 70°}$; $\overline{EC} \approx 6{,}98\ \text{m}$

$\sin\gamma = \frac{\overline{BE}}{\overline{BC}}$, also $\overline{BC} = \frac{\overline{BE}}{\sin\gamma}$ und somit $\overline{BC} = \frac{19{,}17\ \text{m}}{\sin 70°}$; $\overline{BC} \approx 20{,}40\ \text{m}$

Für das Rechteck ABEF gilt: $\overline{FE} = \overline{AB} = 28{,}50\ \text{m}$
Damit ergibt sich für den Umfang des Trapezes ABCD:
$u = \overline{AB} + \overline{BC} + \overline{CE} + \overline{FE} + \overline{DF} + \overline{AD}$
$u = 28{,}50\ \text{m} + 20{,}40\ \text{m} + 6{,}98\ \text{m} + 28{,}50\ \text{m} + 13{,}42\ \text{m} + 23{,}40\ \text{m} = 121{,}20\ \text{m}$

Ergebnis: Der Zaun wird etwa 121,20 m lang.

b) Für den Flächeninhalt des Trapezes ABCD gilt:

$A = \frac{(a + c) \cdot h}{2}$

Dabei ist a = 28,50 m; c = 6,98 m + 28,50 m + 13,42 m = 48,90 m; h = 19,17 m.
Wir setzen ein:

$A = \frac{(28{,}50\text{ m} + 48{,}90\text{ m}) \cdot 19{,}17\text{ m}}{2}$, also $A \approx 741{,}88\text{ m}^2$

Ergebnis: Das Grundstück ist etwa 742 m² groß.

Aufgabe

2. *Berechnen eines Fünfecks*

Die Skizze zeigt den Giebel eines Hauses. Es gilt:

a = 7,50 m c = 3,15 m
b = e = 5,00 m d = 6,00 m

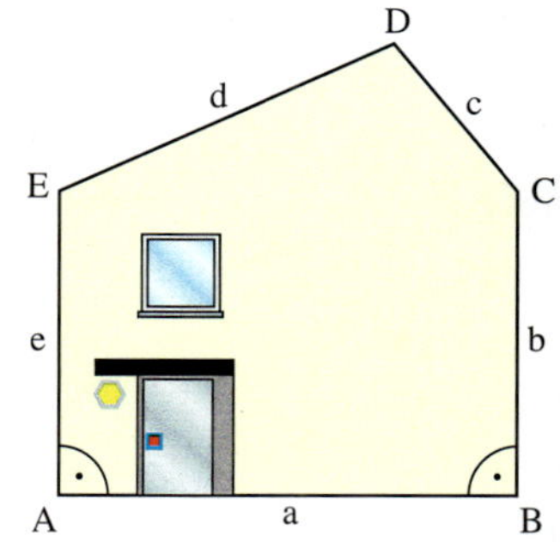

a) Wie groß sind die Neigungswinkel des Daches?

b) Der Giebel soll neu verputzt werden. Pro Quadratmeter muss mit einem Preis von 78 € gerechnet werden. Das Fenster und die Tür bleiben unberücksichtigt.
Wie teuer wird das Verputzen?

Lösung

Der Giebel des Hauses ist ein Fünfeck ABCDE. Wir zerlegen es durch die Strecke $\overline{EC}$ in das Rechteck ABCE und das Dreieck ECD.

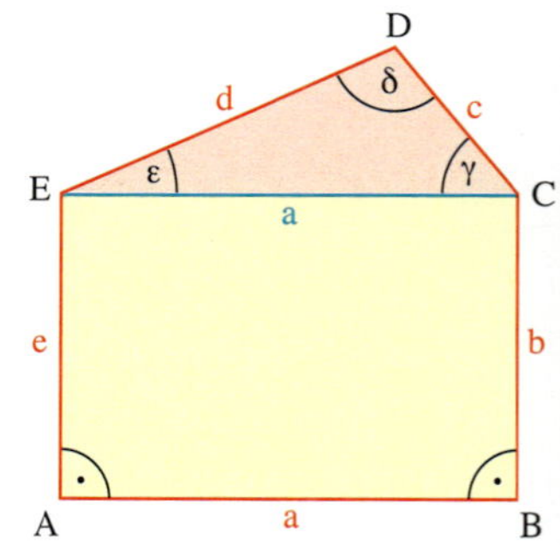

a) (1) Der Neigungswinkel γ ist der größere von beiden, denn er liegt der größeren Seite gegenüber. Wir berechnen ihn mit dem Kosinussatz:

$d^2 = c^2 + a^2 - 2ca \cdot \cos\gamma$

$\cos\gamma = \frac{c^2 + a^2 - d^2}{2ca}$

$\cos\gamma = \frac{(3{,}15\text{ m})^2 + (7{,}50\text{ m})^2 - (6{,}00\text{ m})^2}{2 \cdot 3{,}15\text{ m} \cdot 7{,}50\text{ m}}$

$\cos\gamma \approx 0{,}638571428$, also $\gamma \approx 50{,}3°$

(2) Wir berechnen nun den nächst kleineren Winkel im Dreieck ECD mit dem Sinussatz. Es ist $\varepsilon < \delta$, weil $c < a$, also $\sin\varepsilon = \frac{c}{d} \cdot \sin\gamma$

$\sin\varepsilon \approx \frac{3{,}15\text{ m}}{6{,}00\text{ m}} \cdot \sin 50{,}3°$; $\sin\varepsilon \approx 0{,}403934\ldots$, also $\varepsilon \approx 23{,}8°$

Ergebnis: Die beiden Neigungswinkel betragen 50,3° und 23,8°.

b) *(1) Berechnen des Flächeninhalts A_R des Rechtecks*

$A_R = a \cdot b$; $A = 7{,}50\text{ m} \cdot 5\text{ m}$, also $A = 37{,}50\text{ m}^2$

(2) Berechnen des Flächeninhalts A_D des Dreiecks

$A_D = \frac{1}{2} ac \cdot \sin\gamma$; $A_D \approx \frac{1}{2} \cdot 7{,}50\text{ m} \cdot 3{,}15\text{ m} \cdot \sin 50{,}3°$, also $A_D \approx 9{,}09\text{ m}^2$

(3) Berechnen des Flächeninhalts A des Fünfecks

$A = A_R + A_D$; $A \approx 37{,}50\text{ m}^2 + 9{,}09\text{ m}^2$, also $A \approx 46{,}59\text{ m}^2$

(4) Berechnen der Kosten K

$K \approx 46{,}59\text{ m}^2 \cdot 78\,\frac{€}{\text{m}^2} = 3\,634{,}02\text{ €}$

Ergebnis: Die Kosten betragen ungefähr 3 634 €.

Information

Strategie zur Berechnung von Vielecken

Um Größen in Vielecken zu berechnen, zerlegt man das gegebene Vieleck in geeignete Teilfiguren, wie z. B. rechtwinklige Dreiecke, Rechtecke oder Quadrate.
Gegebenenfalls muss man das Vieleck auch geeignet ergänzen.

Zum Festigen und Weiterarbeiten

3. Das Dreieck ABD ist gleichseitig. Das Viereck ABCD hat den Flächeninhalt:

$A = \frac{5a^2}{3}\sqrt{3}$

Berechne ohne Verwendung gerundeter Werte den Winkel $\beta_2 = \sphericalangle CBD$.
Denke an die Sinuswerte spezieller Winkelgrößen (Seite 114).

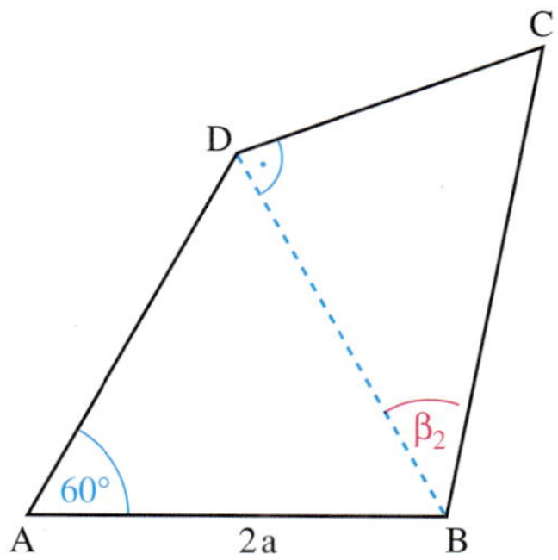

Übungen

4.

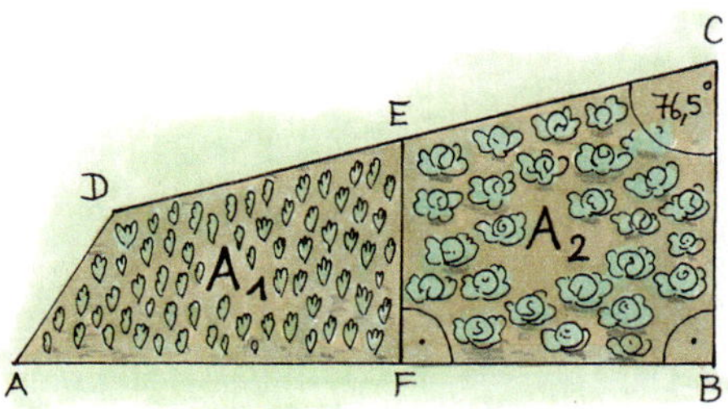

Zu Forschungszwecken soll eine Anbaufläche ABCD in zwei kleinere Felder geteilt werden, um die Wirkung unterschiedlicher Düngemittel zu testen.
Folgende Messwerte wurden ermittelt:

$\overline{AB} = 75{,}0$ m $\quad \overline{CF} = 34{,}5$ m
$\overline{BC} = 32{,}0$ m $\quad \overline{FD} = 28{,}5$ m
$\sphericalangle ECB = 76{,}5°$

a) Ermittle die Länge der Grenzlinie $\overline{EF}$.

b) Der Dünger, der auf Feld A_2 eingesetzt wird, wurde in 10-*l*-Kanistern geliefert. Pro Quadratmeter müssen 25 ml Dünger verwendet werden.
Wie viele Kanister müssen von diesem Dünger im Lager sein?

5. Berechne von den Stücken a, b, α, β, e, f und ε eines Parallelogramms die fehlenden Stücke.

a) a = 5 cm; d = 4 cm; β = 130°

b) e = 8 cm; f = 6 cm; ε = 55°

c) a = 7 cm; b = 4,3 cm; β = 65°

d) a = 5,3 cm; f = 5,1 cm; β = 115°

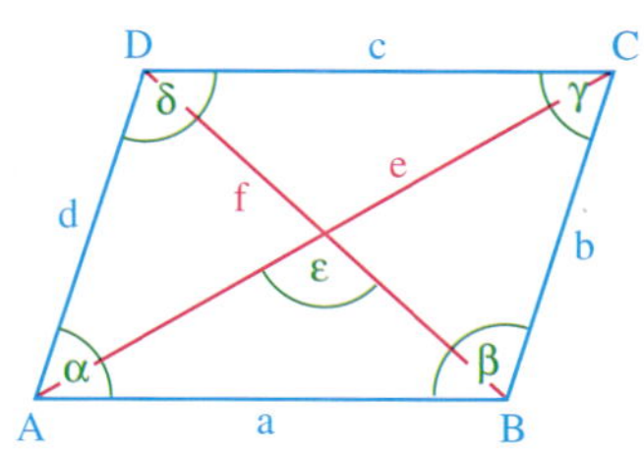

6. Berechne von den Stücken a, b, c, α, γ, e eines gleichschenkligen Trapezes ABCD die fehlenden Stücke.

a) a = 5,4 cm; d = 3,1 cm; β = 64,5°

b) c = 3,5 m; d = 2,8 m; γ = 125,7°

c) a = 6,1 km; c = 2,9 km; β = 68,8°

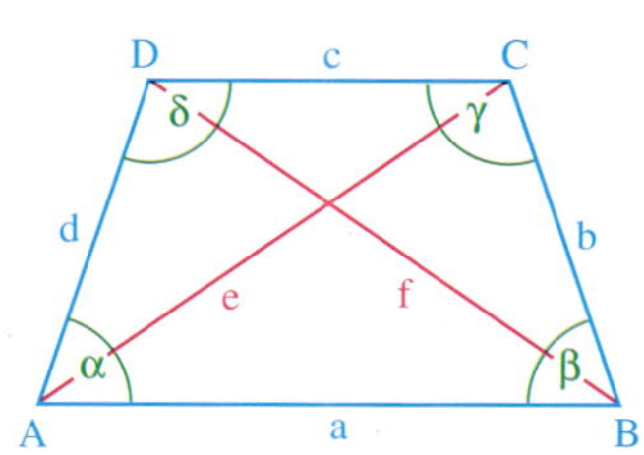

7. Berechne von den Stücken a, b, f, α, β, γ eines Drachenvierecks ABCD die fehlenden Stücke.

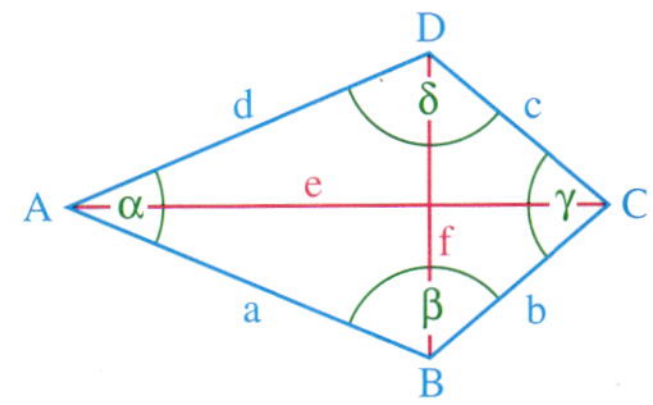

a) $a = 6$ cm; $b = 4$ cm; $\alpha = 40°$

b) $e = 6{,}2$ cm; $\alpha = 110°$; $\gamma = 44°$

c) $e = 8{,}4$ cm; $\beta = 70°$; $a = 5{,}3$ cm

8. a) Es soll α der Winkel zwischen den Seiten a und b eines Parallelogramms sein.
Begründe: Für den Flächeninhalt A des Parallelogramms gilt: $A = a \cdot b \cdot \sin\alpha$

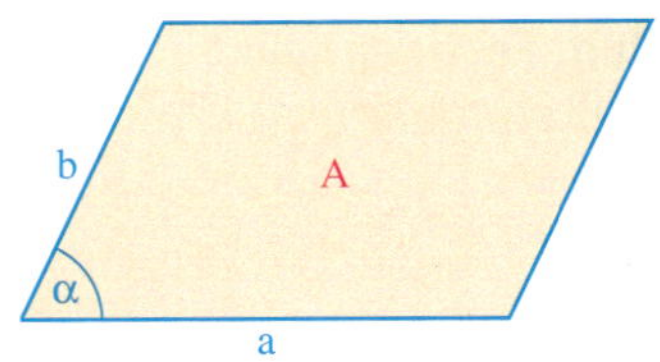

b) Berechne die Höhen eines Parallelogramms mit $a = 7{,}3$ cm, $b = 4{,}9$ cm und $\alpha = 126°$.

c) Berechne von den Größen A, a, b, α eines Parallelogramms die fehlende.

(1)	(2)	(3)	(4)
$a = 4{,}8$ cm	$a = 17{,}8$ m	$a = 23{,}5$ cm	$a = 14{,}9$ m
$b = 2{,}7$ cm	$b = 29{,}7$ m	$\alpha = 104°$	$b = 8{,}4$ m
$\alpha = 43{,}1°$	$\alpha = 151{,}8°$	$A = 310{,}1\ \text{cm}^2$	$A = 113{,}4\ \text{m}^2$

9.

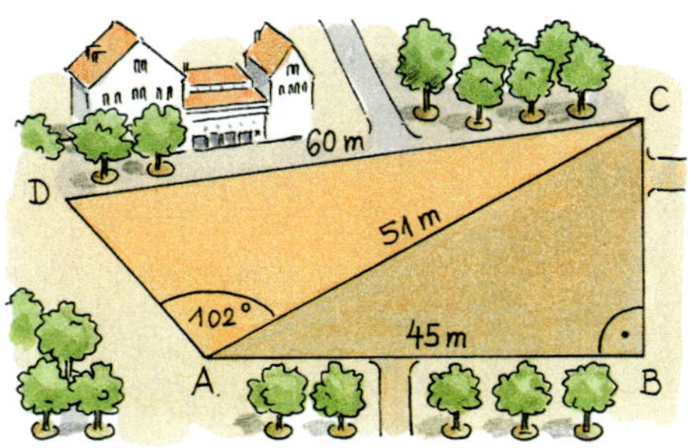

Ein Parkplatz soll vergrößert werden. Dazu wird die ursprüngliche Parkfläche (Dreieck ABC) zum Viereck ABCD erweitert.
Wie groß war die ursprüngliche Parkfläche?
Wie groß ist die Fläche des neuen Parkplatzes?
Um wie viel Prozent vergrößert sich durch den Ausbau die Parkkapazität?

▲ **10.** Berechne ohne Verwendung gerundeter Werte den Flächeninhalt des Trapezes ABCD in Abhängigkeit von e.

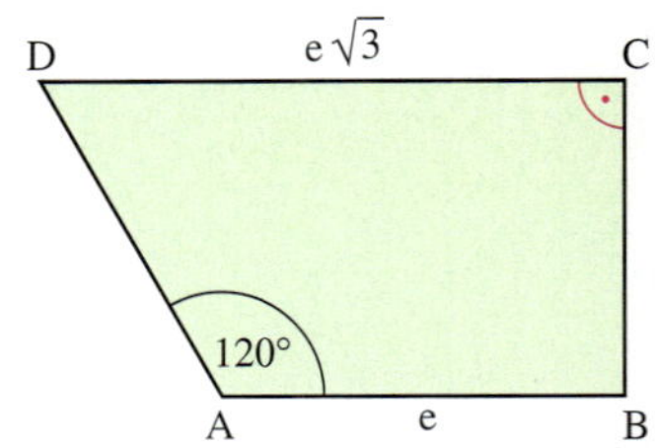

11. Im gleichschenkligen Trapez ABCD gilt:
$\overline{AB} = 3a$; $\overline{BC} = 2a$; $\alpha = 60°$.

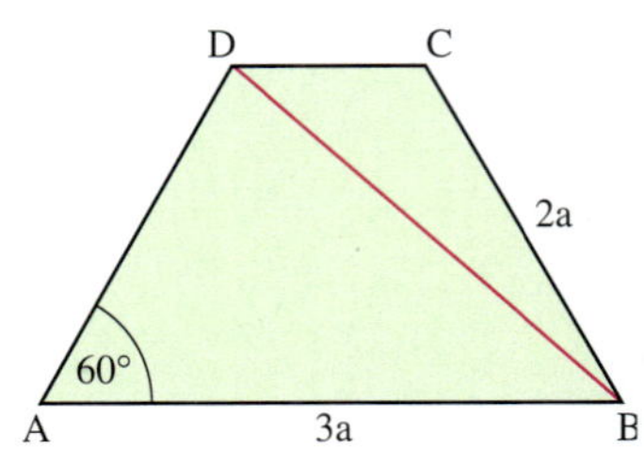

a) Berechne ohne Verwendung gerundeter Werte den Flächeninhalt A des Trapezes in Abhängigkeit von a.

b) Berechne die Länge der Strecke $\overline{BD}$ in Abhängigkeit von a.

12. Das Fünfeck ABCDE setzt sich zusammen aus einem gleichschenkligen Trapez und einem rechtwinkligen Dreieck. Es gilt:
$\overline{CD} = 7{,}6$ cm; $\overline{AE} = 3{,}3$ cm;
$\gamma = 119°$; $A_{Dreieck} = 52{,}3\ \text{cm}^2$.
Berechne die Länge der Seite $\overline{AB}$ des Fünfecks ABCDE.

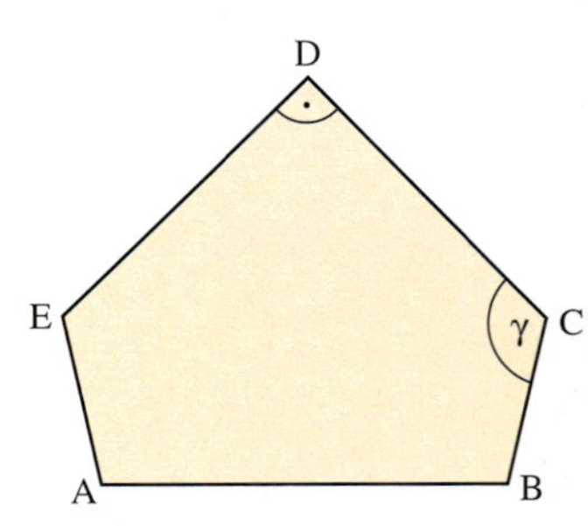

VERMISCHTE UND KOMPLEXE ÜBUNGEN

1. In einem Fluss liegt eine Insel mit einem Turm T. Um die Entfernung des Turmes vom Ufer zu bestimmen, werden am Ufer eine 40 m lange Strecke $\overline{AB}$ abgesteckt und die beiden Winkelgrößen α und β gemessen: $\alpha = 62°$; $\beta = 51°$.
Berechne die Entfernung vom Punkt D aus.

2. Die beiden Neigungswinkel eines 10,50 m breiten Satteldaches (siehe Seite 113) betragen jeweils 38°.
(1) Wie hoch ist der Dachraum?
(2) Wie lang sind die Dachsparren, wenn sie 60 cm überstehen sollen?

3. Vor der Insel Rügen kommt eine Fähre am Kap Arkona vorbei. Bei geradem Kurs wurde vom Punkt A aus der Leuchtturm C angepeilt. Dabei wurde der Winkel α gemessen: $\alpha = 46{,}3°$.
Nach einer Fahrstrecke $\overline{AB} = 14{,}6$ sm wurde der Leuchtturm vom Punkt B aus erneut angepeilt und der Winkel β gemessen: $\beta = 61{,}4°$.

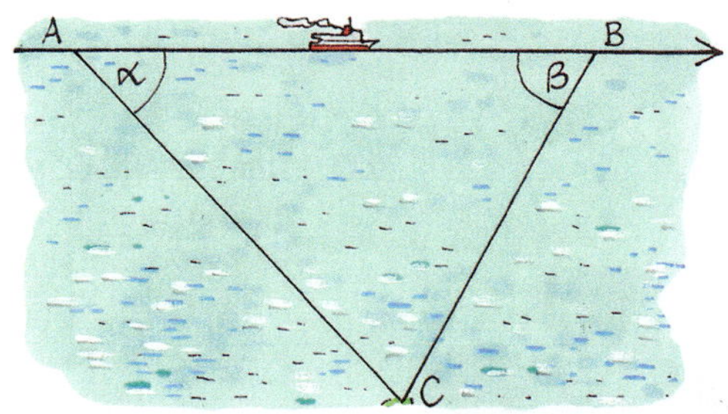

a) Gib die Länge der Fahrstrecke $\overline{AB}$ in Kilometern an.

b) Eine Seemeile ist 1 852 m lang. Berechne die Entfernung von A nach C in sm.

c) Auf der Fahrt von A nach B hatte das Schiff im Punkt D den kürzesten Abstand zu C. Berechne, wie weit das Schiff in D vom Leuchtturm C entfernt war.

4. Ein Hubschrauber fliegt in 32 m Höhe. Vom Hubschrauber aus werden die Ufer eines Flusses angepeilt und die Tiefenwinkel α und β gemessen:
$\alpha = 25{,}5°$; $\beta = 60{,}7°$.
Wie breit ist der Fluss?

5. Ein Graben ist 1,6 m tief, die Sohlenbreite beträgt 2,3 m, der Böschungswinkel ist beiderseits 60°.

a) Welche Weite hat der Graben oben?

b) Wie viel Liter Wasser fasst er auf 10 m Länge bei einem Wasserstand von 1 m Höhe?

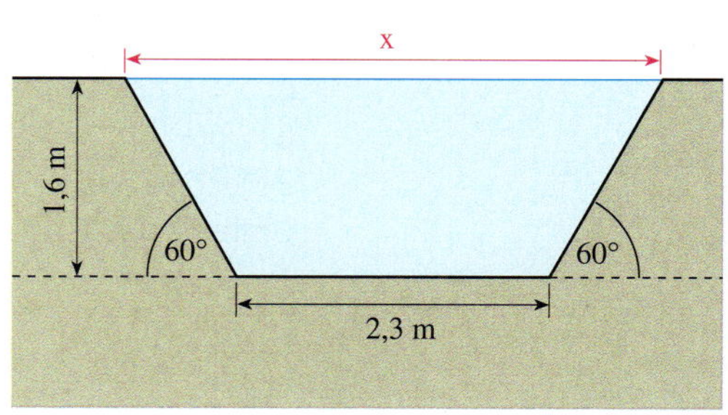

6. Berechne die fehlenden Stücke des rechtwinkligen Dreiecks ABC; berechne auch den Umfang und den Flächeninhalt.

a) $a = 7$ cm; $\beta = 14°$; $\gamma = 90°$
b) $a = 4{,}4$ cm; $\alpha = 44°$; $\beta = 90°$
c) $\alpha = 90°$; $a = 185$ m; $\gamma = 58°$
d) $c = 41$ m; $\beta = 34°$; $\gamma = 90°$
e) $\gamma = 90°$; $b = 84$ cm; $\beta = 43°$
f) $c = 7{,}8$ cm; $\gamma = 51°$; $\beta = 90°$

7. Gegeben ist ein gleichschenkliges Dreieck ABC mit $\overline{AB}$ als Basis.
Bestimme aus den gegebenen Stücken die übrigen. Berechne auch den Flächeninhalt.

a) $c = 17$ cm; $a = 14$ cm
b) $c = 150$ m; $\gamma = 126°$
c) $c = 23$ m; $\alpha = 77°$
d) $a = 67$ m; $\gamma = 55°$
e) $a = 104{,}7$ cm; $\alpha = 17°$
f) $h_c = 25$ m; $\alpha = 36°$

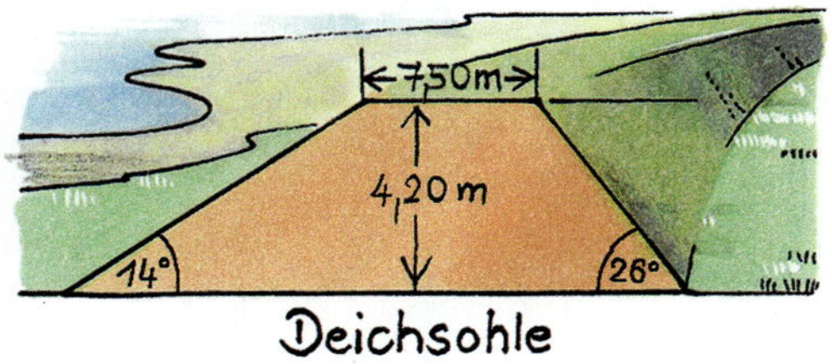

8. Der Böschungswinkel eines Deiches beträgt zur Seeseite 14°, zur Landseite 26°. Der Deich ist 4,20 m hoch, die Deichkrone 7,50 m breit. Wie lang ist die Deichsohle?

9. Auf einem Berg steht ein 10 m hoher Turm. Von einem Punkt im Tal aus sieht man den Fußpunkt des Turmes unter dem Höhenwinkel $\alpha = 44°$ und die Spitze des Turmes unter dem Höhenwinkel $\beta = 45{,}5°$. Wie hoch erhebt sich der Berg über die Talsohle? Fertige zunächst eine Skizze an.

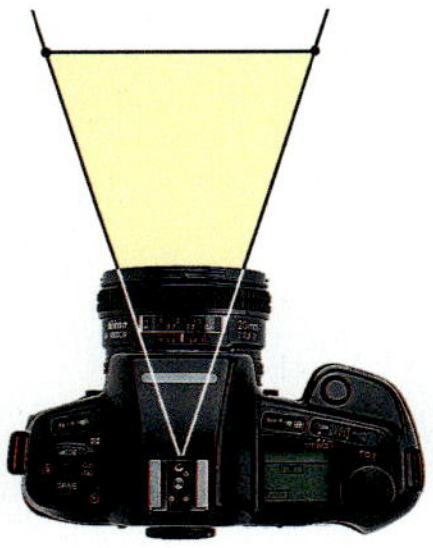

10. Der Hersteller von Objektiven für Spiegelreflexkameras gibt zu den verschiedenen Objektiven die horizontalen Bildwinkel an.
Ein 90 m breites Schloss soll fotografiert werden.
Welchen Abstand vom Gebäude muss man bei den verschiedenen Objektiven mindestens haben, um es vollständig auf das Bild zu bekommen?

Objektiv	**Bildwinkel**
50 mm (Normal)	47°
28 mm (Weitwinkel)	75°
135 mm (Tele)	18°

11. Auf dem Foto siehst du eine Art Steigungsangabe für Fahrradfahrer.

a) Erkläre sie.

b) Wie kann man die Steigung des Fahrradweges auf andere Weise angeben?

12. Die neue Schanze in der Vogtland-Arena in Klingenthal wurde in den Jahren 2003 – 2005 gebaut.

a) Der Anlaufturm ist 30,27 m hoch; der geradlinige Teil des Anlaufs besitzt eine Neigung (Gefälle) von 35°. Wie lang ist der Anlauf?

b) Der Schanzentisch hat eine Neigung von 11°. Gib sie in Prozent an.

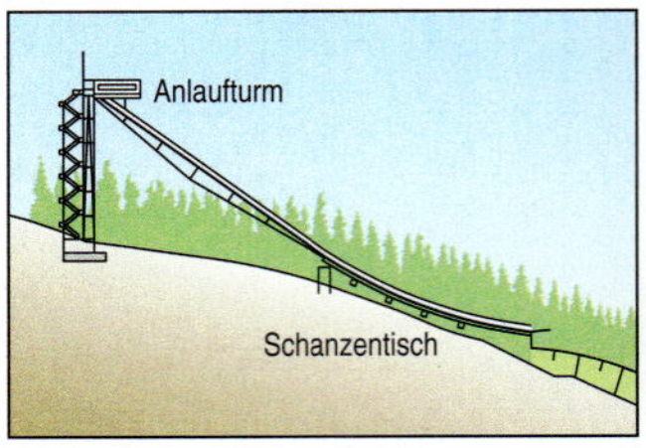

13. Gegeben ist ein Trapez ABCD mit:
$b = 4{,}5$ cm; $d = 4{,}0$ cm; $f = 6{,}8$ cm;
$\beta = 60°$; $\beta_1 = 25°$.
Berechne den Flächeninhalt und den Umfang des Trapezes.

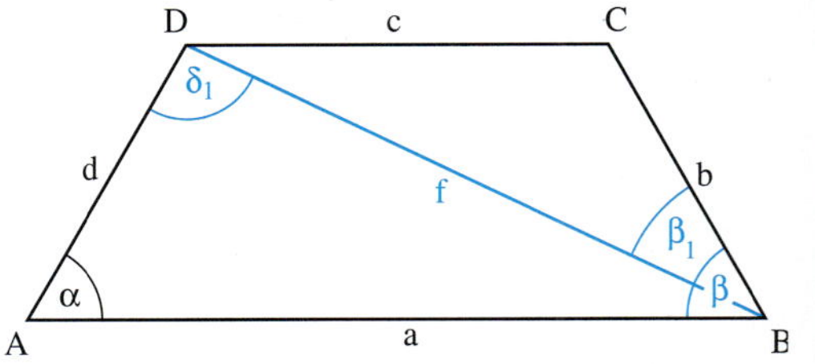

14. Der Flächeninhalt A eines Rhombus (einer Raute) hängt außer von der Seitenlänge a auch vom Winkel α ab.

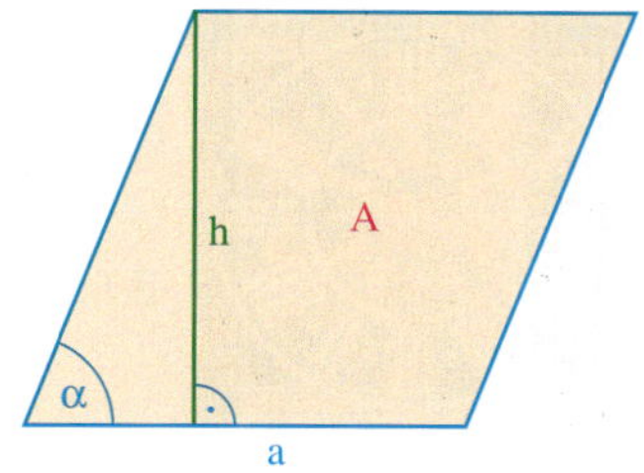

a) Leite eine Formel her, mit der man zu vorgegebener Seitenlänge a und vorgegebenem Winkel α den Flächeninhalt berechnen kann.

b) Bei einem Rhombus (einer Raute) mit der Seitenlänge a = 3,5 cm hängt der Flächeninhalt nur noch vom Winkel α ab.
Gib die Funktionsgleichung der Funktion
Winkel α (in Grad) → Flächeninhalt A (in cm^2) an.
In welchem Bereich kann α liegen? Zeichne den Graphen der Funktion.

15. Um die Entfernung zweier Orte A und B zu bestimmen, die wegen eines Hindernisses nicht direkt gemessen werden kann, werden von einem dritten Punkt C aus die Entfernungen $\overline{AC}$ und $\overline{BC}$ gemessen, ebenso der Winkel γ, unter dem $\overline{AB}$ von C aus erscheint.
Berechne die Entfernung $\overline{AB}$ für $\overline{AC}$ = 290 m, $\overline{BC}$ = 600 m und γ = 100,3°.

16. Die Entfernung der beiden Berggipfel P und Q soll bestimmt werden. Dazu wird eine 2,943 km lange Standlinie $\overline{AB}$ abgesteckt, von den Endpunkten A und B aus der Punkt P angepeilt und die Winkel α_1 und β_1 gemessen:
α_1 = 87,7°; β_1 = 47,4°.
Dieses Verfahren heißt *Vorwärtseinschneiden.*
Dann wird auf dieselbe Weise von A und B aus der Punkt Q angepeilt und die Winkel α_2 und β_2 gemessen:
α_2 = 42,3°; β_2 = 109,5°.
Berechne die Entfernung von P und Q.

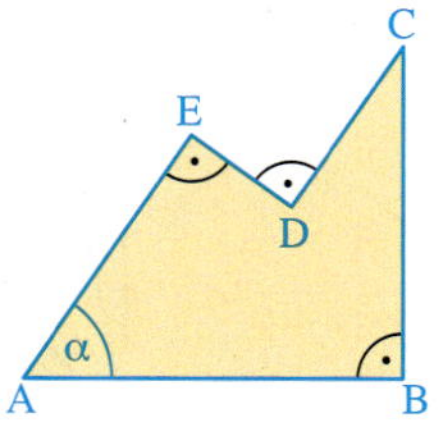

17. Von der Figur ABCDE sind gegeben:
$\overline{BC}$ = 9,8 cm; $\overline{AE}$ = 8,8 cm; $\overline{DE}$ = 3,7 cm; α = 55,0°.
Berechne den Flächeninhalt der Figur.

18. Auf einem Berg steht ein 10 m hoher Turm. Von einem Punkt im Tal aus sieht man den Fußpunkt des Turmes unter dem Winkel α = 44,3° (gegen die Horizontale) und die Spitze des Turmes unter dem Winkel β = 45,5°.
Wie hoch erhebt sich der Berg über die Talsohle?
Fertige zunächst eine Skizze an.

19. Familie Hase kauft sich ein Baugrundstück. In der Zeichnung sind die Längen zweier Grundstücksseiten und die Größe dreier Winkel eingetragen.

a) Gib den Umfang des Baugrundstücks an.

b) 1 m^2 des Grundstücks kostet 45 €.
Wie viel Euro kostet es?

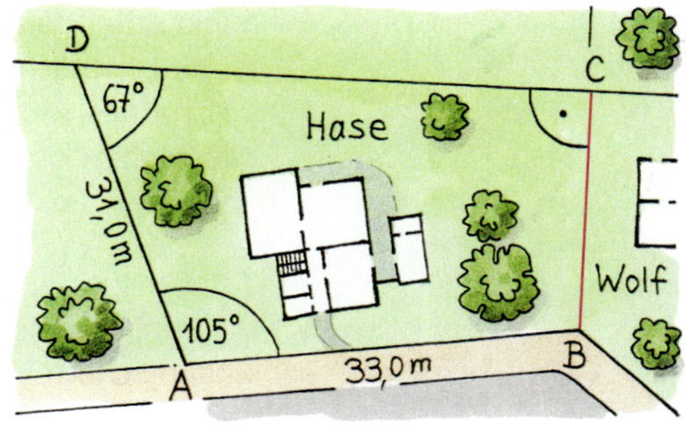

20. Eine Turmuhr wird aus 35 m Entfernung am oberen und unteren Rand des kreisförmigen Zifferblatts angepeilt. Es ergeben sich die Höhenwinkel 29° und 24°.
Berechne daraus den Flächeninhalt des Zifferblattes.

21. **a)** Vom Viereck ABCD sind gegeben:
$\overline{AB} = 6{,}40$ cm; $\overline{BC} = \overline{CD}$;
$\overline{AD} = 3{,}80$ cm; $\delta = 129°$.
Wie weit ist D von $\overline{BC}$ entfernt?

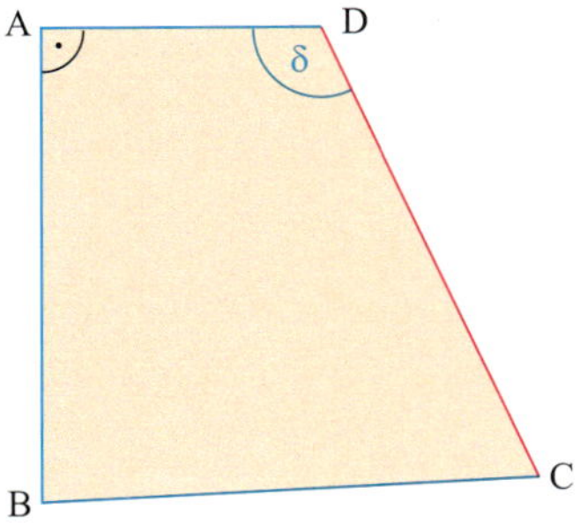

b) In der Figur gilt:
$\overline{AB} = 9{,}70$ cm;
$\overline{AE} = 6{,}50$ cm; $\beta = 54{,}0°$.
Berechne die Länge $\overline{CD}$.

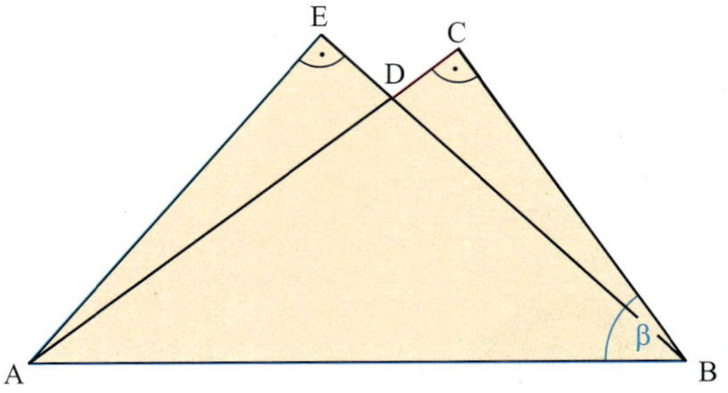

22. Ein Quader besitzt die Kantenlängen $a = 8{,}5$ cm; $b = 4{,}2$ cm; $c = 5{,}9$ cm.
Wie groß ist der Winkel, den
a) eine Flächendiagonale mit den Kanten bildet;
b) eine Raumdiagonale mit den Kanten bildet;
c) eine Raum- mit einer Flächendiagonalen bildet;
d) zwei Raumdiagonalen miteinander bilden?

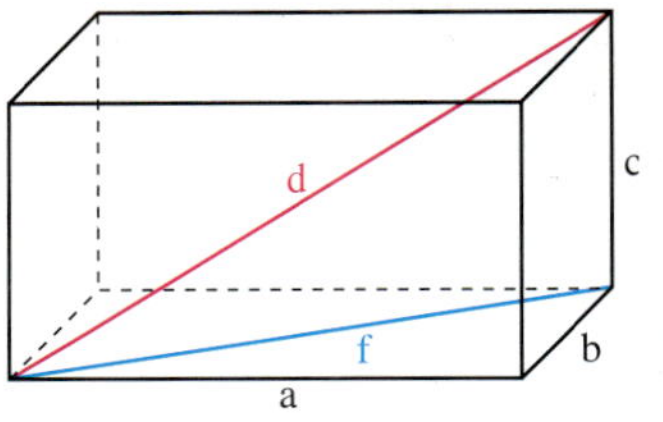

23. Berechne den Umfang, den Flächeninhalt und die Innenwinkel des rotgefärbten Dreiecks.

a)

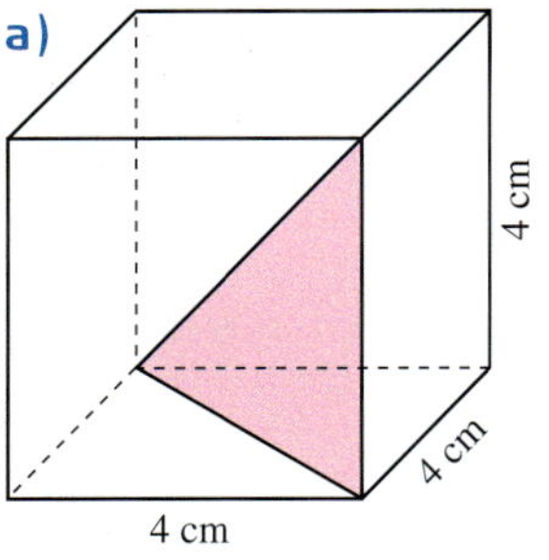

b)

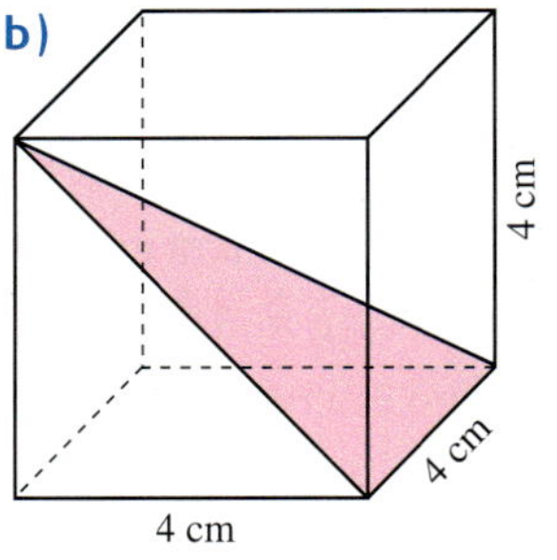

c)

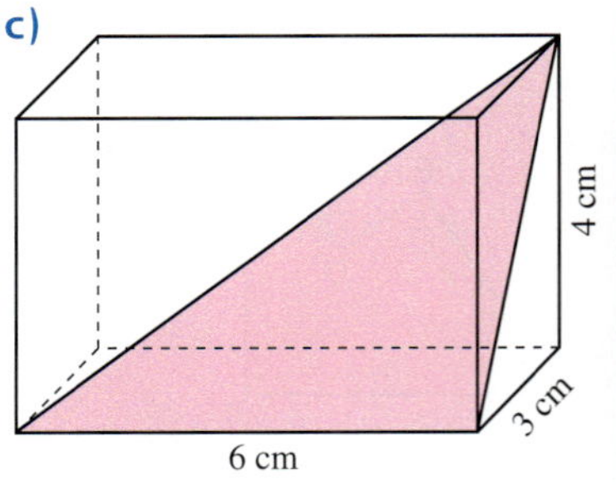

24. Von einem 7 m hohen Beobachtungspunkt B (z. B. Fenster eines Hauses) sieht man die Spitze eines Turms unter dem Höhenwinkel $\alpha = 17°$ und den Fußpunkt unter dem Tiefenwinkel $\beta = 10°$.
Welches ist die waagerechte Entfernung des Turmes vom Beobachtungspunkt?
Wie hoch ist der Turm?

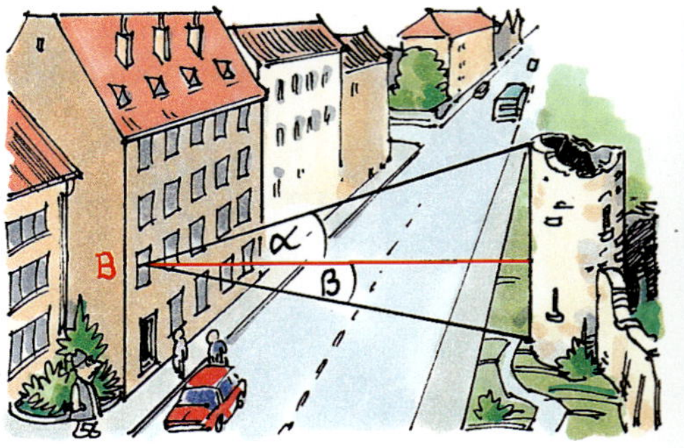

25. Die Sonnenhöhe beträgt 46°. Eine Säule wirft auf eine waagerechte Ebene einen 8,72 m langen Schatten. Wie hoch ist die Säule?

26. Bei einer quadratischen Pyramide beträgt die Länge der Grundkante a = 12 cm und die Höhe h = 15 cm.

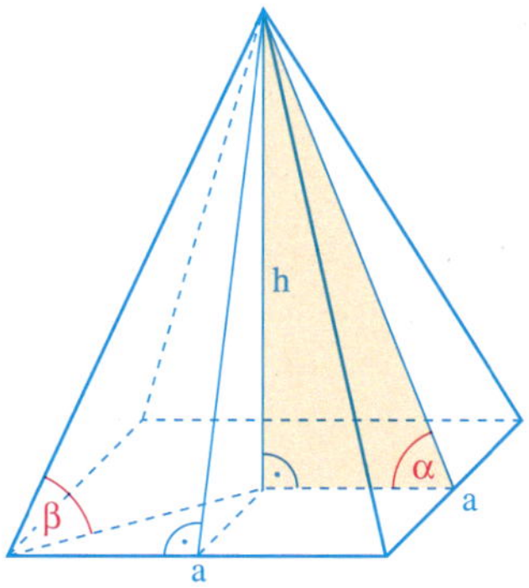

a) Wie groß ist der Neigungswinkel α einer Seitenfläche?

b) Wie groß sind die drei Innenwinkel der Seitenflächen?

c) Wie groß ist der Neigungswinkel β einer Seitenkante?

d) Löse die Teilaufgaben a) bis c) für die Cheopspyramide (a = 227 m, h = 137 m).

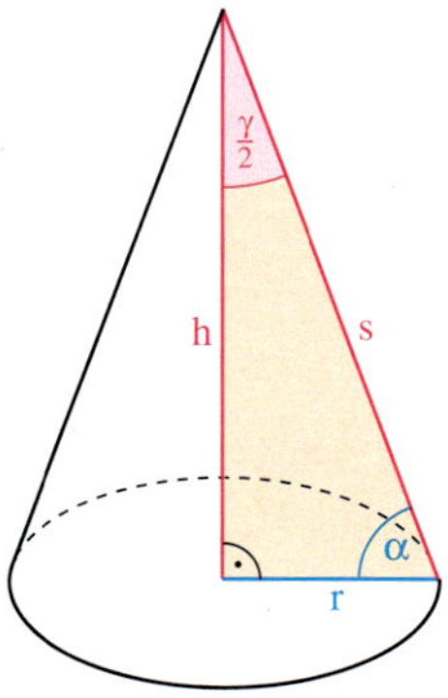

27. Von einem Kegel ist bekannt:

a) der Radius r = 11,4 cm des Grundkreises und die Körperhöhe h = 30 cm. Wie lang ist eine Mantellinie?
Wie groß ist der Neigungswinkel α einer Mantellinie gegen die Grundfläche?
Wie groß ist der Öffnungswinkel γ an der Spitze?

b) der Radius r = 7,4 cm des Grundkreises und der Neigungswinkel $\alpha = 75°$ einer Mantellinie gegen den Grundkreis. Berechne die Länge s einer Mantellinie, die Körperhöhe h und den Öffnungswinkel γ an der Spitze.

c) der Radius r = 5,30 cm des Grundkreises und der Öffnungswinkel $\gamma = 37{,}8°$ an der Spitze. Berechne die Körperhöhe h und die Länge s einer Mantellinie.

28. Ein regelmäßiges Fünfeck hat eine Seitenlänge a = 4,5 cm.

a) Zeichne das Fünfeck.

b) Berechne den Flächeninhalt des Fünfecks auf zwei unterschiedlichen Wegen.

c) Welche Kantenlänge hat ein regelmäßiges Fünfeck mit dem halben Flächeninhalt des gegebenen Fünfecks?

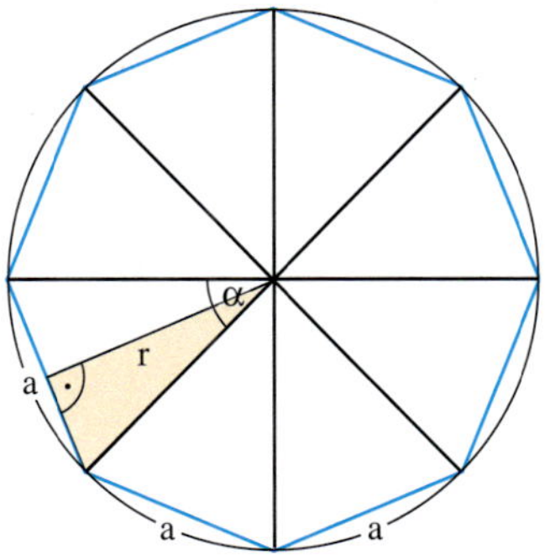

29. Einem Kreis mit dem Radius r wird ein regelmäßiges Vieleck einbeschrieben.
Berechne die Seitenlänge a des Vielecks.

a) r = 5,80 cm; einbeschrieben ist ein regelmäßiges Fünfeck.

b) r = 6,40 cm; einbeschrieben ist ein regelmäßiges Achteck.

30. Gegeben ist der Würfel mit der Kantenlänge a = 6,60 cm.
Der Winkel α beträgt 30,0°; der Winkel β beträgt 40,0°.
Berechne die Länge des Streckenzugs $\overline{PQRS}$.

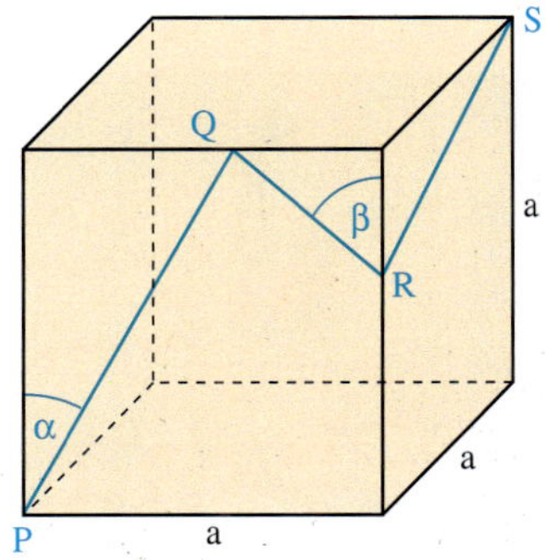

31. Von einem Viereck ABCD ist bekannt:
$\overline{AB} = 4{,}5$ cm; $\overline{CD} = 7{,}0$ cm;
$\sphericalangle BCD = 110°$; $\sphericalangle CDA = 40°$.
Berechne den Abstand des Punktes D von der Seite $\overline{AB}$ bzw. deren Verlängerung. Fertige zunächst eine Skizze an.

BIST DU FIT?

1. Berechne die fehlenden Stücke des rechtwinkligen Dreiecks ABC; berechne auch den Umfang und den Flächeninhalt.

a) $a = 7$ cm; $\beta = 14°$; $\gamma = 90°$
b) $a = 4{,}4$ cm; $\alpha = 44°$; $\beta = 90°$
c) $\alpha = 90°$; $a = 185$ m; $\gamma = 58°$
d) $c = 41$ m; $\beta = 34°$; $\gamma = 90°$
e) $\gamma = 90°$; $b = 84$ cm; $\beta = 43°$
f) $c = 7{,}8$ cm; $\gamma = 51°$; $\beta = 90°$

2. Gegeben ist ein gleichschenkliges Dreieck ABC mit $\overline{AB}$ als Basis.
Bestimme aus den gegebenen Stücken die übrigen. Berechne auch den Flächeninhalt.

a) $c = 17$ cm; $a = 14$ cm
b) $c = 150$ m; $\gamma = 126°$
c) $c = 23$ m; $\alpha = 77°$
d) $a = 67$ m; $\gamma = 55°$
e) $a = 104{,}7$ cm; $\alpha = 17°$
f) $h_c = 25$ m; $\alpha = 36°$

3. **a)** Wie groß ist in der nebenstehenden Dachkonstruktion der Neigungswinkel α?
b) Berechne die Höhe des Dachraumes.

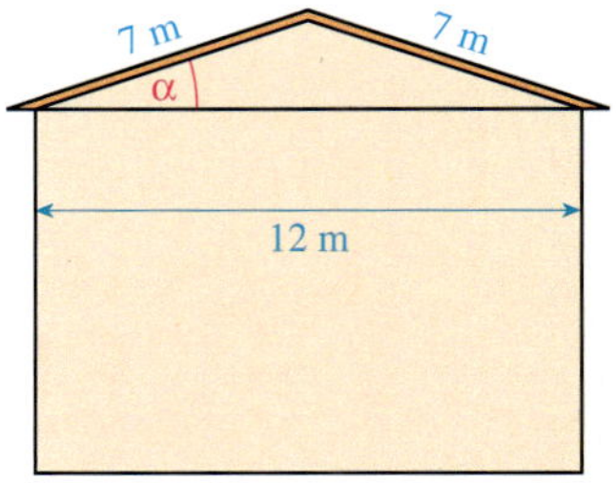

4. Die Sonnenhöhe beträgt 39°. Ein Strommast wirft auf eine waagerechte Ebene einen 12,15 m langen Schatten. Wie hoch ist der Mast?

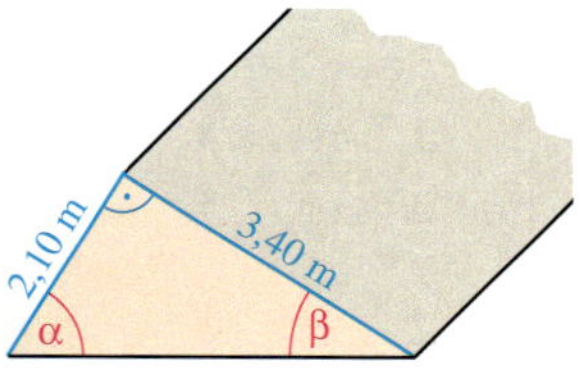

5. Eine Dachform wie links heißt Sägedach. Der Querschnitt soll aus einem rechtwinkligen Dreieck mit den angegebenen Maßen bestehen. Berechne die Dachneigungen.

6. Die Neigung einer Garageneinfahrt darf höchstens 16% betragen.
Wie groß darf maximal der Höhenunterschied auf einer 5 m langen Einfahrt sein?

7. Bei einer bequemen Treppe beträgt die Stufenhöhe 18 cm und die Stufenbreite 27 cm.
Wie groß ist der Anstiegswinkel α der Treppe?
Gib den Anstieg auch in Prozent an.

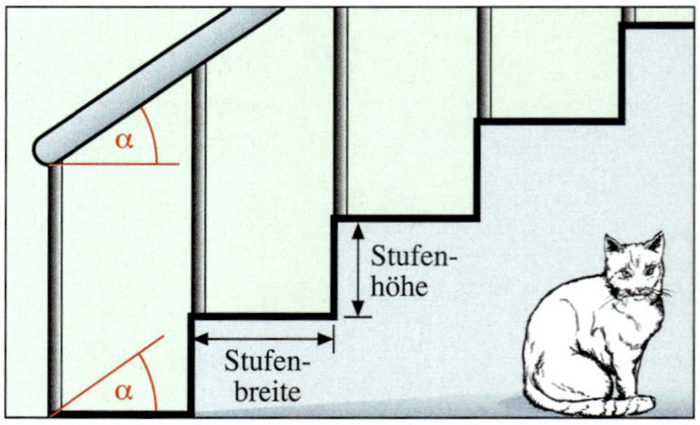

8. Mit der *Fichtelberg-Schwebebahn* in Oberwiesenthal erreichen die Skibegeisterten die wichtigsten Abfahrtsstrecken am Fichtelberg. Die Trasse ist 1 175 m lang und überwindet einen Höhenunterschied von 303 m.

a) Wie groß ist der durchschnittliche Steigungswinkel der Bahn? Gib die Steigung auch in Prozent an.

b) Die Fahrgeschwindigkeit der Gondeln beträgt $7{,}0\,\frac{m}{s}$. Wie lange dauert danach die Fahrt?
Im Internet findet man die Angabe 3 min 33 s. Vergleiche und erkläre.

c) Wie lang erscheint die Trasse auf einer Wanderkarte (Maßstab 1 : 50 000)?

9. Berechne aus den gegebenen Stücken des Dreiecks ABC die übrigen.

a) $a = 5$ cm; $b = 4$ cm; $\gamma = 67°$
b) $c = 9$ cm; $a = 6$ cm; $\gamma = 53{,}5°$
c) $a = 4{,}5$ cm; $\beta = 57{,}3°$; $\gamma = 43{,}8°$
d) $c = 5{,}3$ km; $\alpha = 44{,}4°$; $\beta = 61{,}2°$
e) $b = 8{,}1$ km; $c = 5{,}3$ km; $\alpha = 36{,}4°$
f) $c = 6{,}2$ cm; $a = 5{,}4$ cm; $\gamma = 129°$
g) $b = 8{,}4$ cm; $c = 5{,}9$ cm; $\gamma = 28{,}2°$
▲ **h)** $a = 3{,}6$ cm; $b = 2{,}9$ cm; $c = 3{,}2$ cm

10. Für den Bau einer Brücke über einen Fluss werden verschiedene Varianten besprochen.

a) Wie lang ist die Brückenvariante von A nach C?
b) Wie lang muss die Brücke mindestens sein?

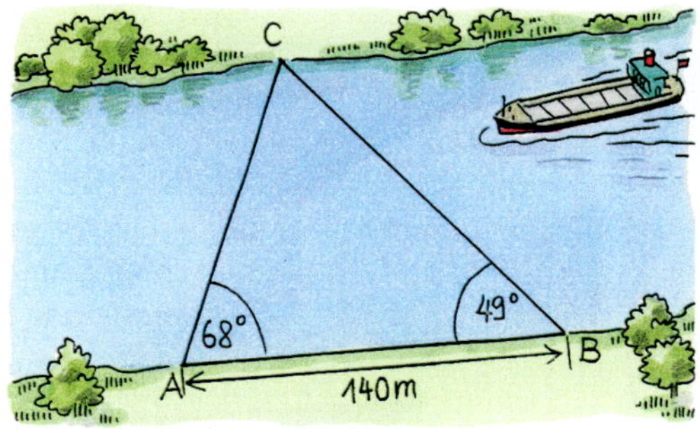

11. Ein Vermessungsteam hat die Länge einer unzugänglichen Strecke $\overline{AB}$ zu bestimmen. Dazu wurden nebenstehende Messwerte ermittelt.

a) Wie weit sind die Punkte A und B voneinander entfernt?
b) Stelle das Dreieck ABC in einem geeigneten Maßstab dar und gib diesen an.

12.

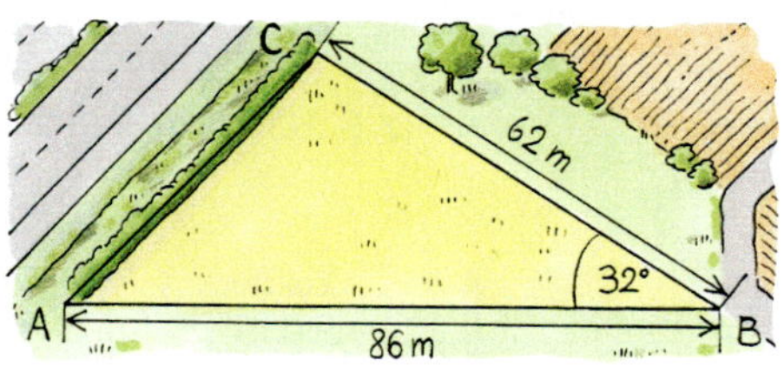

Bei den Arbeiten zur Verbreiterung der Autobahn A13 wurde es notwendig, das Feld der Familie Korn aufzukaufen.

a) Wie groß ist die Fläche des Feldes?
b) Die kürzeste Seite des Feldes war mit einer Hecke begrenzt.

Für 1 m^2 Feld wurden Familie Korn 15 € Entschädigung gezahlt, für 1 m Hecke 2,50 €. Wie viel Euro erhielt Familie Korn?

13. Der Böschungswinkel eines Deiches beträgt zur Seeseite 9°, zur Landseite 18°. Der Deich ist 9,50 m hoch, die Deichkrone 7,50 m breit.
Wie breit ist die Deichsohle?

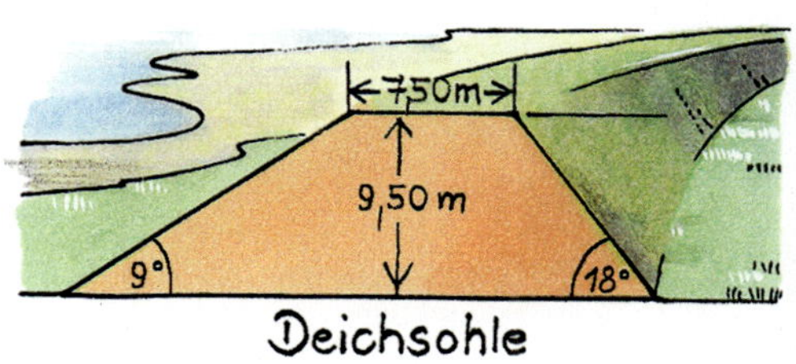

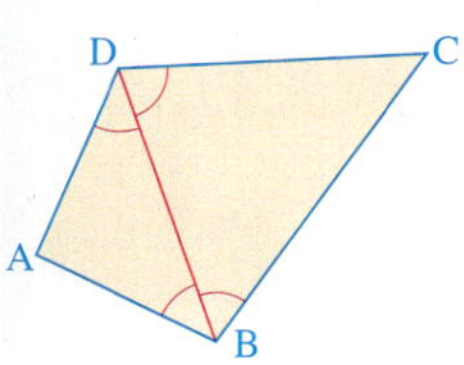

14. Das Grundstück soll vermessen werden. Dazu werden die folgenden Stücke gemessen:
$\overline{BD} = 36$ m; $\sphericalangle ADB = 44°$; $\sphericalangle DBA = 42°$; $\sphericalangle BDC = 69°$; $\sphericalangle CBD = 55°$
Bestimme die Längen von $\overline{AB}$, $\overline{AD}$, $\overline{DC}$ und $\overline{BC}$.

IM BLICKPUNKT: WIE HOCH IST EIGENTLICH ... EUER SCHULGEBÄUDE?

Mit etwas handwerklichem Geschick könnt ihr euch selbst einfache Geräte basteln, mit denen ihr Gebäude vermessen könnt. Die Geräte eignen sich auch dazu, im freien Gelände beispielsweise die Breite eines Flusses zu bestimmen. Wie das funktioniert, erfahrt ihr hier.

Vermessen mit einem Försterdreieck

1. Auf dieser Seite ist unten die Bauanleitung zu einem Försterdreieck abgebildet. Seht euch die Skizze an und erläutert das Funktionsprinzip des Gerätes (Tipp: ähnliche Dreiecke!). Baut euch selbst ein Försterdreieck. Worauf müsst ihr achten, wenn ihr das Gerät zur Höhenmessung einsetzt? Besprecht euch untereinander!

2. Bestimmt mithilfe von Maßband und Försterdreieck die Gebäudehöhe eines Flachbaus. Schätzt zunächst!
Fertigt anschließend eine Planfigur an und messt die notwendigen Größen.

3. Sucht euch im Gelände weitere Objekte (z. B. Bäume, Fahnenstangen usw.) und bestimmt ihre Höhe.

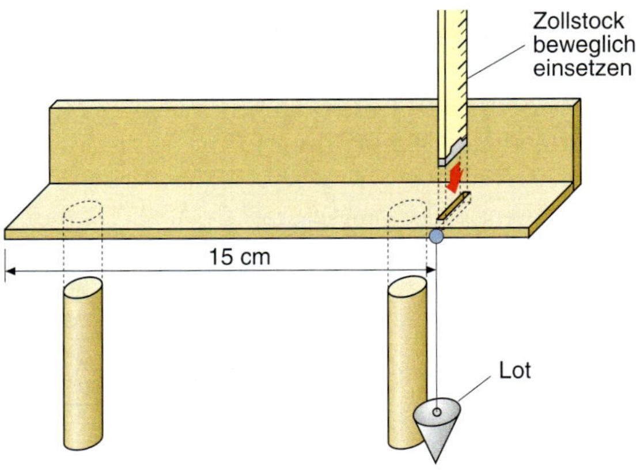

Vermessen mit einem Winkelmesser

4. Auf dieser Seite findet ihr unten die Bauanleitung zu einem Winkelmesser. Seht euch die Skizze an und erläutert die Funktionsweise des Gerätes. Baut euch selbst einen Winkelmesser.

5. Mit dem Winkelmesser könnt ihr nun auch dann die Höhe eurer Schule bestimmen, wenn das Schulgebäude kein Flachbau ist.
Peilt dazu die höchste Stelle von zwei Punkten an, die auf einer Linie liegen.
Fertigt zunächst eine Skizze an.
Messt dann die notwendigen Größen und bestimmt hieraus die Gebäudehöhe.

In der nächsten Aufgabe lernt ihr ein Verfahren kennen, um beispielsweise die Breite eines Flusses zu bestimmen.

6. Nehmt an, der Schulhof ist euer Fluss. Peilt von zwei Stellen auf der einen Seite des Schulhofes eine Stelle auf der gegenüberliegenden Seite an, wobei einer der beiden Peilwinkel 90° groß sein soll. Bestimmt die Größe des anderen Peilungswinkels. Mithilfe dieses Winkels und der Entfernung der beiden Peilstellen könnt ihr die Breite des Schulhofes (Flusses) berechnen. Fertigt zuerst eine Skizze an. Überprüft am Ende euer berechnetes Ergebnis durch Nachmessen.
Hinweis: Zum Peilen müsst ihr den Winkelmesser auf die Seitenplatte legen.

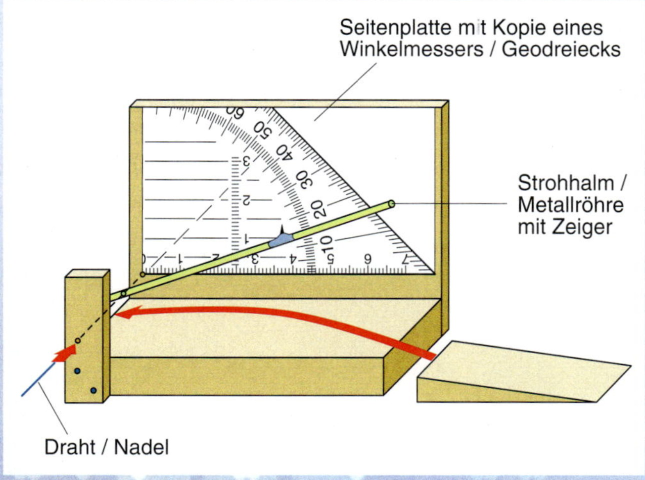

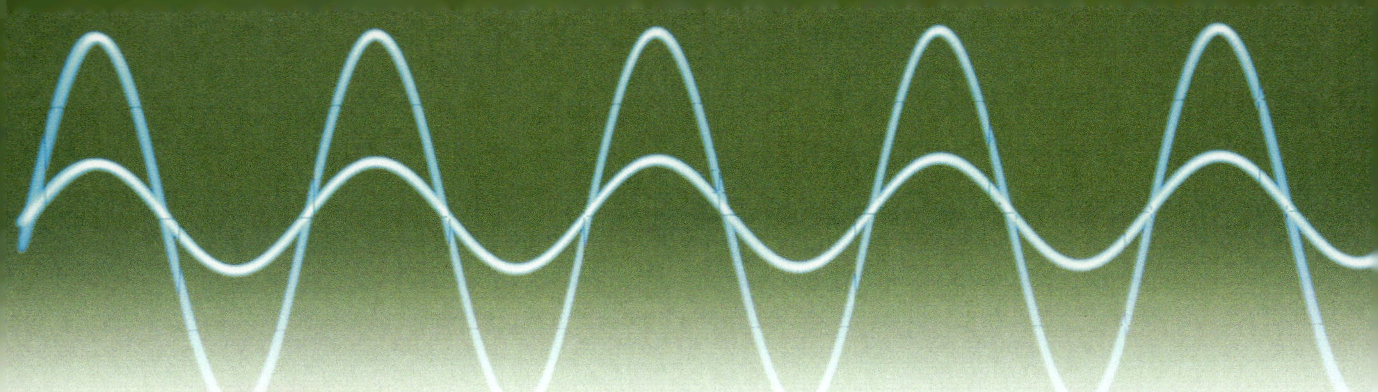

6 Sinus- und Kosinusfunktionen

In der Natur und im Alltag gibt es viele periodische (d. h. regelmäßig wiederkehrende) Vorgänge. Im Bild unten siehst du Skifahrer mit Parallelschwüngen einen Hang hinabfahren, deren Spur man im Schnee sieht.
Im Bild rechts wird der Ton eines Musikinstrumentes mit einem Mikrofon aufgenommen und die Schallschwingungen werden auf einem Oszillograf sichtbar gemacht.

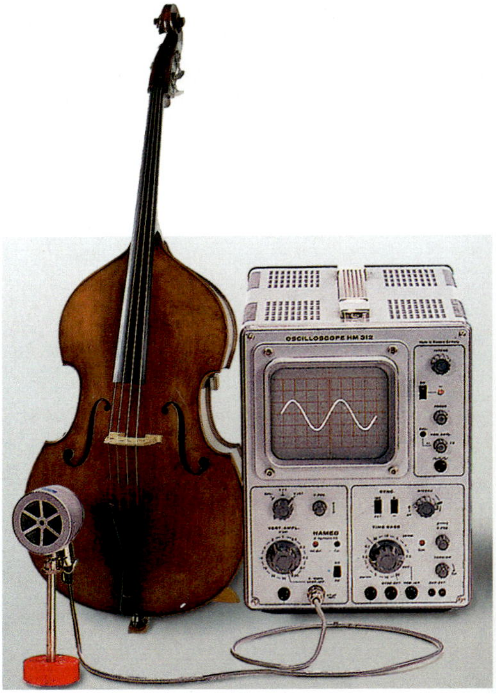

In Hammerfest, der nördlichsten Stadt Europas, scheint die Sonne vom 13. Mai bis zum 29. Juli Tag und Nacht. Selbst bei Mitternacht sehen die Menschen in der Polarregion die *Mitternachtssonne*. Der Stand der Sonne über dem Horizont wurde in stündlichen Abständen fotografiert.

In diesem Kapitel lernst du ...

... Vorgänge, die sich in regelmäßigen Zeitabschnitten wiederholen, mathematisch zu beschreiben.

SINUS UND KOSINUS EINES WINKELS AM EINHEITSKREIS

Einstieg

Ein sich gleichmäßig drehendes Fahrradpedal zeigt bei Betrachtung von hinten eine besondere Auf- und Abbewegung. Diese Bewegung soll durch ein mathematisches Modell untersucht werden.

Anstelle des Fahrradpedals betrachten wir einen Zeiger der Länge r. Er dreht sich um einen Mittelpunkt M mit gleich bleibender Geschwindigkeit. Beleuchtet man den Zeiger von der linken Seite (Ansicht des Pedals von hinten), so entsteht an der Wand ein Schatten des Zeigers. Die Länge v des Schattens ist dabei abhängig von der Größe α des Drehwinkels des Zeigers.

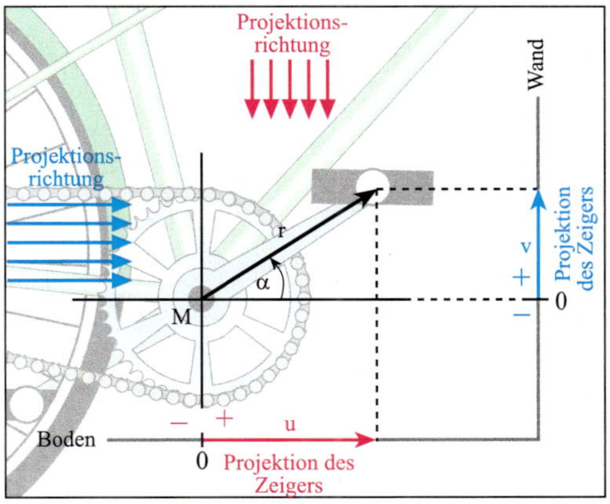

→ Zeichne den Graphen der Funktion, die jeder Größe α des Drehwinkels die Länge v des Schattens an der Wand zuordnet. Zeigt die Pfeilspitze des Schattens nach oben, so wählen wir v positiv, sonst negativ.

→ Beschreibe die Funktion im Intervall $0° \le \alpha \le 180°$ durch eine Gleichung.

→ Verfahre entsprechend mit der Länge u des Schattens auf dem Boden.

Aufgabe

1. Wir betrachten die Drehbewegung eines Kreissägeblattes mit dem Radius r entgegen dem Uhrzeigersinn. Einer der Zähne des Sägeblattes ist rot markiert. Den Abstand des markierten Zahnes vom Sägetisch nennen wir h. Falls sich der Zahn unterhalb des Sägetisches befindet, wählen wir h negativ.

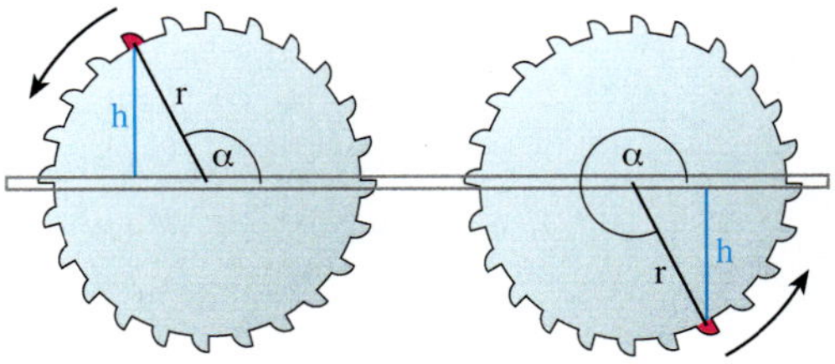

Wir untersuchen, wie der Abstand h des Sägeblattes vom Tisch bei einer vollen Umdrehung vom Drehwinkel α abhängt.

a) Zeichne den Graphen der Funktion, die jedem Drehwinkel α bei einer vollen Umdrehung den (positiven bzw. negativen) Abstand h zur Tischplatte zuordnet.
(Die Dicke des Sägetisches soll klein sein und daher außer Betracht bleiben.)

b) Beschreibe die Funktion aus Teilaufgabe a) im Intervall $0° \le \alpha \le 180°$ durch eine Funktionsgleichung.

Lösung

a)

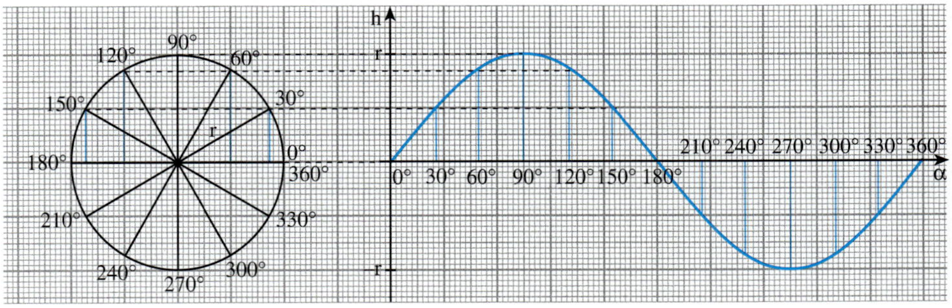

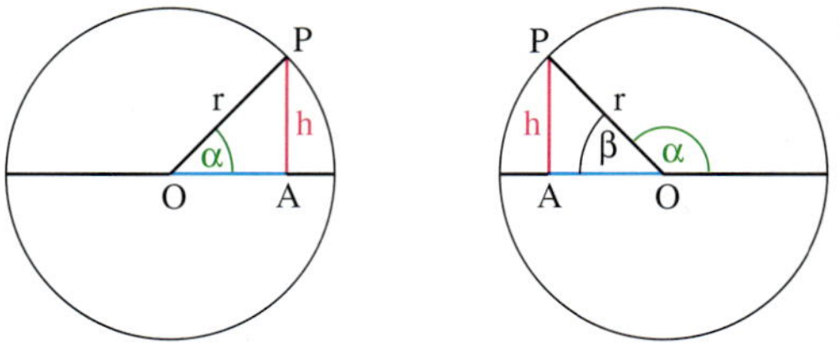

b) Wir unterscheiden verschiedene Fälle.

Fall 1: $0° < \alpha < 90°$

In dem Dreieck OAP gilt: $\frac{h}{r} = \sin\alpha$.

Daraus folgt: $h = r \cdot \sin\alpha$.

Fall 2: $90° < \alpha < 180°$

In dem Dreieck OAP gilt: $\frac{h}{r} = \sin\beta$.

Daraus folgt: $h = r \cdot \sin\beta = r \cdot \sin(180° - \alpha)$
Für $90° < \alpha < 180°$ gilt aber (vgl. Seite 118): $\sin\alpha = \sin(180° - \alpha)$.
Somit gilt auch in diesem Fall: $h = r \cdot \sin\alpha$.

Fall 3: $\alpha = 0°$ oder $\alpha = 180°$
In beiden Fällen ist $h = 0$. Da $\sin 0° = \sin 180° = 0$, gilt auch hier: $h = r \cdot \sin\alpha$.

Fall 4: $\alpha = 90°$
In diesem Fall ist $h = r$. Da $\sin 90° = 1$, gilt hier ebenso: $h = r \cdot \sin\alpha$.

Ergebnis: Im Bereich $0° \le \alpha \le 180°$ wird die Funktion, die jedem Drehwinkel α den Abstand h zuordnet, durch die Funktionsgleichung $h = r \cdot \sin\alpha$ beschrieben.

Information

(1) Erklärung von Sinus und Kosinus am Einheitskreis

Die nebenstehenden Figuren zeigen jeweils einen Kreis im Koordinatensystem. Der Kreismittelpunkt liegt im Koordinatenursprung O, der Radius ist 1 (Koordinateneinheit). Ein solcher Kreis heißt **Einheitskreis**. $P(u|v)$ ist ein Punkt auf dem Einheitskreis. Wir wissen (siehe Seiten 101, 119 und 125):

Für $0° \le \alpha \le 180°$ gilt:

$\sin\alpha = v$ und $\cos\alpha = u$

Diese Beziehung übertragen wir nun auf den ganzen Einheitskreis; sie soll also für alle Winkel α mit $0° \le \alpha \le 360°$ gelten.

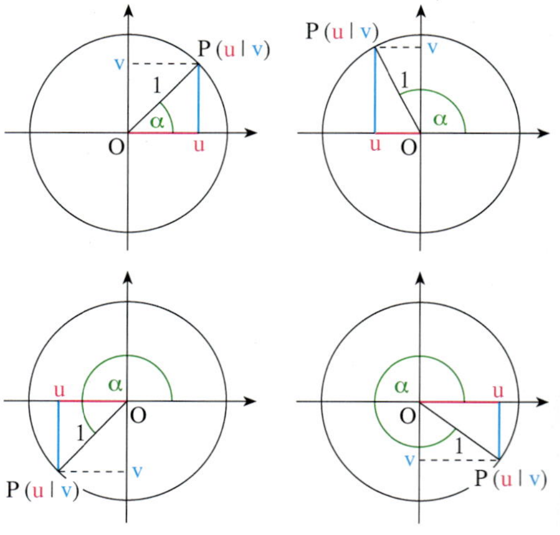

Sinus und Kosinus im Bereich $0° \le \alpha \le 360°$

Der Punkt $P_\alpha(u|v)$ liegt auf dem Einheitskreis. α ist die Größe des Winkels, den die u-Achse mit dem Schenkel $\overline{OP_\alpha}$ bildet.

Für alle Winkelgrößen α mit $0° \le \alpha \le 360°$ setzen wir fest:

$\sin\alpha = v$ (= 2. Koordinate des Punktes P_α)
$\cos\alpha = u$ (= 1. Koordinate des Punktes P_α)

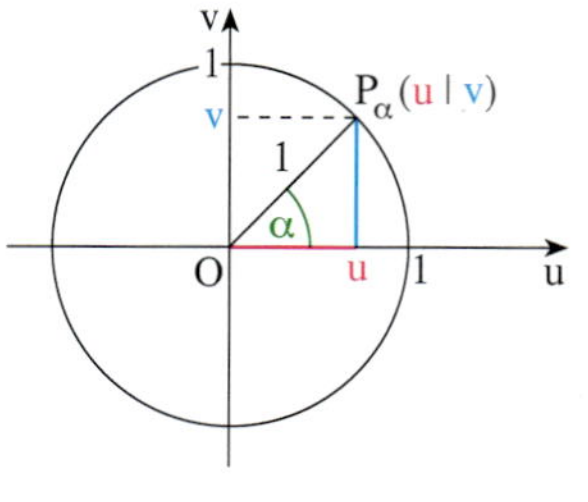

Aus dieser Erklärung folgt unmittelbar:

$\sin 0° = 0$	$\sin 90° = 1$	$\sin 180° = 0$	$\sin 270° = -1$	$\sin 360° = 0$
$\cos 0° = 1$	$\cos 90° = 0$	$\cos 180° = -1$	$\cos 270° = 0$	$\cos 360° = 1$

(2) Winkelgrößen über 360° und negative Winkelgrößen

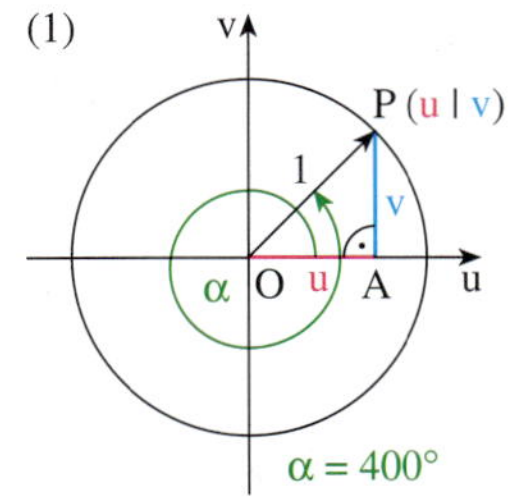

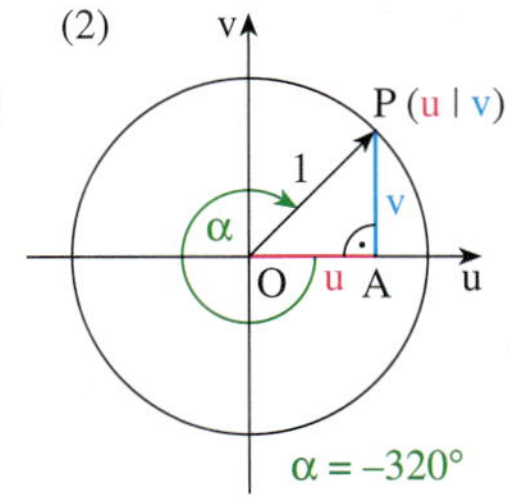

Den Schenkel $\overline{OP_\alpha}$ haben wir bisher entgegen dem Uhrzeigersinn (mathematisch positiv genannt) mit einem Drehwinkel von 0° bis 360° gedreht. So, wie ein Kreissägeblatt auch mehr als eine volle Drehung ausführt, können wir auch den Schenkel $\overline{OP_\alpha}$ über eine volle Drehung hinaus weiterdrehen.
Im Bild (1) bildet der Schenkel mit der u-Achse einen Winkel von 40°. Der Schenkel hat diese Lage durch eine Volldrehung und zusätzlich durch eine Drehung um 40°, also insgesamt durch eine Drehung von 400° erreicht: $360° + 40° = 400°$.
Ebenso kann man die Lage des Schenkels durch eine Drehung entgegen dem Uhrzeigersinn um $40° + 2 \cdot 360°$ (= 760°), um $40° + 3 \cdot 360°$ (= 1 120°) usw. erreichen.
Dreht man den Schenkel im Uhrzeigersinn (mathematisch negativ genannt), so gibt man den Drehwinkel durch eine negative Maßzahl an, z. B. – 320° im Bild (2).

(3) Sinus und Kosinus für beliebige Winkelgrößen

Auch für Winkelgrößen über 360° und für negative Winkelgrößen können wir die Koordinaten v und u des Punktes P_α auf dem Einheitskreis zeichnerisch ermitteln bzw. auf das Intervall $0° \le \alpha \le 360°$ zurückführen.
An den obigen Bildern (1) und (2) lesen wir ab:

$\sin 400° = \sin(40° + 360°) = \sin 40°$, also $\sin 400° \approx 0{,}64$
$\sin(-680°) = \sin(40° - 720°) = \sin 40°$, also $\sin(-680°) \approx 0{,}64$

$\cos 400° = \cos(40° + 360°) = \cos 40°$, also $\cos 400° \approx 0{,}77$
$\cos(-680°) = \cos(40° - 720°) = \cos 40°$, also $\cos(-680°) \approx 0{,}77$

Wir erweitern die Erklärung für Sinus und Kosinus auf beliebige Winkelgrößen, also für positive Winkelgrößen über 360° und für negative Winkelgrößen.

Für beliebige Winkelgrößen soll gelten:

$\sin\alpha = \sin(\alpha + 360°)$	$\cos\alpha = \cos(\alpha + 360°)$
$\sin\alpha = \sin(\alpha - 360°)$	$\cos\alpha = \cos(\alpha - 360°)$
$\sin\alpha = \sin(\alpha + 2 \cdot 360°)$	$\cos\alpha = \cos(\alpha + 2 \cdot 360°)$
$\sin\alpha = \sin(\alpha - 2 \cdot 360°)$	$\cos\alpha = \cos(\alpha - 2 \cdot 360°)$
$\sin\alpha = \sin(\alpha + 3 \cdot 360°)$	$\cos\alpha = \cos(\alpha + 3 \cdot 360°)$
$\sin\alpha = \sin(\alpha - 3 \cdot 360°)$ usw.	$\cos\alpha = \cos(\alpha - 3 \cdot 360°)$ usw.

(4) Bestimmen von Sinus- und Kosinuswerten für beliebige Winkelgrößen mit dem Taschenrechner

Der Taschenrechner liefert für beliebige Winkelgrößen α, also auch für $\alpha < 0°$ und $\alpha > 180°$ beim Drücken der Tasten sin und cos sofort die Werte für $\sin\alpha$ bzw. $\cos\alpha$.
Achte darauf, dass der Taschenrechner den Modus *Deg* anzeigt.
Bestimme mit dem Taschenrechner sin 748° und sin (– 23°) sowie cos 748° und cos (– 23°).

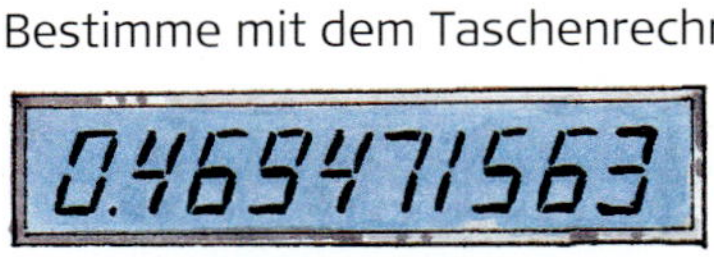

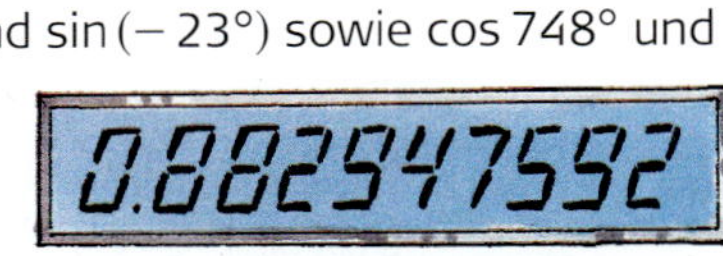

Zum Festigen und Weiterarbeiten

2. Der Taschenrechner liefert auch für Winkelgrößen α aus dem Intervall $0° \leq \alpha \leq 360°$ Werte für $\sin\alpha$ und $\cos\alpha$. Bestimme, gerundet auf vier Stellen nach dem Komma:
(1) $\sin 137{,}4°$ (2) $\cos 142{,}7°$ (3) $\sin 219{,}8°$ (4) $\cos 254{,}1°$ (5) $\sin 294{,}5°$ (6) $\cos 324{,}2°$

3. Für welche α mit $0° \leq \alpha \leq 360°$ gilt jeweils $\sin\alpha > 0$, $\sin\alpha < 0$, $\cos\alpha > 0$, $\cos\alpha < 0$?

△ **4.** **a)** Begründe am Einheitskreis:

$\sin(180° - \alpha) = \sin\alpha$; $\sin(180° + \alpha) = -\sin\alpha$; $\sin(360° - \alpha) = -\sin\alpha$
$\cos(180° - \alpha) = -\cos\alpha$; $\cos(180° + \alpha) = -\cos\alpha$; $\cos(360° - \alpha) = -\cos\alpha$

b) Mithilfe der Formeln in Teilaufgabe a) kann man alle Werte von Sinus im Bereich $90° < \alpha \leq 360°$ berechnen, indem man sie auf das Intervall $0° \leq \alpha \leq 90°$ zurückführt.
Tim berechnet $\sin 245°$ wie im Beispiel rechts. Julia verwendet dabei die Formel $\sin(180° + \alpha) = -\sin\alpha$. Verfahre ebenso.

$\sin 245° = -\sin(360° - 245°)$
$\sin 245° = -\sin 115°$
$\sin 245° = -\sin(180° - 115°)$
$\sin 245° = -\sin 65°$
$\sin 245° \approx -0{,}9063$

c) Es ist $\sin 58° = 0{,}8480$. Berechne: (1) $\sin 122°$; (2) $\sin 234°$; (3) $\sin 289°$.

d) Es ist $\cos 58° = 0{,}5299$. Berechne durch Zurückführen auf das Intervall $0° \leq \alpha \leq 90°$:
(1) $\cos 122°$; (2) $\cos 234°$; (3) $\cos 289°$

5. Zum Punkt P_α auf dem Einheitskreis gehöre der Drehwinkel α.
a) $\alpha = 72°$ **b)** $\alpha = 124°$ **c)** $\alpha = 207°$ **d)** $\alpha = 325°$
Gib fünf weitere Winkelgrößen an, die dieselbe Lage des Punktes P_α beschreiben.

6. Zu dem Punkt P_α gehöre der Drehwinkel α.
a) $\alpha = 539°$ **b)** $\alpha = 1\,206°$ **c)** $\alpha = 227°$ **d)** $\alpha = -418°$
Durch welche Winkelgrößen aus dem Intervall $0° \leq \alpha \leq 360°$ wird dieselbe Lage des Punktes P_α beschrieben?

7. Die Werte für Sinus und Kosinus für beliebige Winkelgrößen können wir stets auf die für Winkelgrößen aus dem Intervall $0° \leq \alpha \leq 360°$ zurückführen.
Bestimme wie im Beispiel rechts:

$\sin 940° = \sin(940° - 2 \cdot 360°)$
$\sin 940° = \sin 220°$
$\sin 940° \approx -0{,}6428$

a) $\sin 610°$, $\cos 610°$ **b)** $\sin 1\,110°$, $\cos 1\,110°$ **c)** $\sin(-350°)$, $\cos(-350°)$ **d)** $\sin(-560°)$, $\cos(-560°)$

Übungen

8. Bestimme die Sinus- und Kosinuswerte zeichnerisch am Einheitskreis (r = 1 dm) auf Hundertstel. Verwende Millimeterpapier.
a) $\sin 115°$, $\cos 115°$ **b)** $\sin 156°$, $\cos 156°$ **c)** $\sin 214°$, $\cos 214°$ **d)** $\sin 258°$, $\cos 258°$ **e)** $\sin 281°$, $\cos 281°$ **f)** $\sin 349°$, $\cos 349°$

9. Bestimme zeichnerisch am Einheitskreis (r = 1 dm) die Winkelgrößen aus dem Intervall $0° \leq \alpha \leq 360°$, für die gilt:
a) $\sin\alpha = 0{,}24$, $\cos\alpha = 0{,}24$ **b)** $\sin\alpha = -0{,}56$, $\cos\alpha = -0{,}56$ **c)** $\sin\alpha \geq 0{,}35$, $\cos\alpha \geq 0{,}35$ **d)** $\sin\alpha \leq -0{,}45$, $\cos\alpha \leq -0{,}45$

10. Bestimme mithilfe des Taschenrechners. Runde auf vier Stellen nach dem Komma.

a) sin 119,5° cos 119,5° **b)** sin 202,8° cos 202,8° **c)** sin 299,9° cos 299,9° **d)** sin 98,4° cos 98,4° **e)** sin 358,1° cos 358,1°

11. Gib an ohne den Taschenrechner zu verwenden, ob der eingegebene Wert größer oder kleiner als 0 ist. Begründe.

a) sin 34°; sin 329°; – sin 104°; sin 202° **b)** – cos 55°; cos 224°; – cos 308°; cos 148

12. In Formelsammlungen findet man die nebenstehende Tabelle für die Sinus- und Kosinuswerte der speziellen Winkelgrößen 0°, 30°, 45°, 60° und 90°. Vergleiche auch Seite 114.
Ergänze die Tabelle für:
120°; 135°; 150°; 180°; 210°; 225°; 240°; 270°; 300°; 315°; 330°; 360°.

α	0°	30°	45°	60°	90°
sin α	0	$\frac{1}{2}$	$\frac{1}{2}\sqrt{2}$	$\frac{1}{2}\sqrt{3}$	1
cos α	1	$\frac{1}{2}\sqrt{3}$	$\frac{1}{2}\sqrt{2}$	$\frac{1}{2}$	0

13. Für welche Winkelgrößen α im Intervall $0° \leq \alpha \leq 360°$ gilt:

a) $\cos\alpha = 0$, $\sin\alpha = 0$ **b)** $\cos\alpha = 1$, $\sin\alpha = 1$ **c)** $\cos\alpha = -1$? $\sin\alpha = -1$?

14. Bestimme mit dem Taschenrechner; runde auf vier Stellen nach dem Komma.
sin 578°; cos 481°; sin (– 1 000°); cos (– 701°); sin (– 125°); cos (– 157°); sin 2 050°

15. a) Zum Punkt P_α auf dem Einheitskreis soll der Drehwinkel α gehören.
(1) $\alpha = 43°$ (2) $\alpha = 157°$ (3) $\alpha = 206°$ (4) $\alpha = 311°$
Gib alle Winkelgrößen aus dem Intervall $-720° \leq \alpha \leq 1\,080°$ an, die dieselbe Lage des Punktes P_α beschreiben.

b) Zu dem Punkt P_α soll der Drehwinkel α gehören.
(1) $\alpha = 466°$ (2) $\alpha = 1\,718°$ (3) $\alpha = -341°$ (4) $\alpha = -633°$
Durch welche Winkelgröße aus dem Intervall $0° \leq \alpha \leq 360°$ wird dieselbe Lage des Punktes beschrieben?

△ **16.** Gib den Sinus- oder Kosinuswert durch eine Winkelgröße mit $0° \leq \alpha \leq 360°$ an.

a) sin 768° **c)** sin 920° **e)** sin (– 102°) **g)** sin (– 416°) **i)** sin 1 248°
b) cos 432° **d)** cos 860° **f)** cos (– 136°) **h)** cos (– 502°) **j)** cos 1 083°

17. Gib folgende Werte an:

a) sin 530° cos 530° **b)** sin 950° cos 950° **c)** sin (– 260°) cos (– 260°) **d)** sin (– 990°) cos (– 990°)

18. Der Taschenrechner liefert für beliebige Winkelgrößen α, also auch für $\alpha < 0°$ und $\alpha > 360°$ Werte für $\sin\alpha$ und $\cos\alpha$.
Bestimme mit dem Taschenrechner. Runde auf vier Stellen nach dem Komma.
sin 875°; cos 1 043°; sin (– 84°); cos (– 26°); sin (– 685°); cos (– 500°); sin (– 1 246°)

19. Bestimme mit dem Taschenrechner die Sinus- und Kosinuswerte für:

a) 563° **c)** – 63° **e)** – 9 855° **g)** 888° **i)** 497° **k)** – 319°
b) 1 273° **d)** – 615° **f)** – 124° **h)** 409° **j)** 705° **l)** – 500°

SINUS- UND KOSINUSFUNKTION – EIGENSCHAFTEN

Sinus- und Kosinusfunktion und ihre Darstellungen

Einstieg

Zu jeder Winkelgröße α gehört ein ganz bestimmter Kosinuswert. Diese Zuordnung ist also eine Funktion.

→ Zeichne den Graphen der Kosinusfunktion mit $y = \cos\alpha$ im Intervall $-360° \le \alpha \le 720°$.

→ In welchen Abständen wiederholen sich die Kosinuswerte? Erläutere am Einheitskreis.

Aufgabe

1. a) Zeichne den Graphen der Sinusfunktion mit $y = \sin\alpha$ für $-360° \le \alpha \le 720°$.

b) In welchen Abständen wiederholen sich die Sinuswerte? Erläutere am Einheitskreis.

Lösung

a)

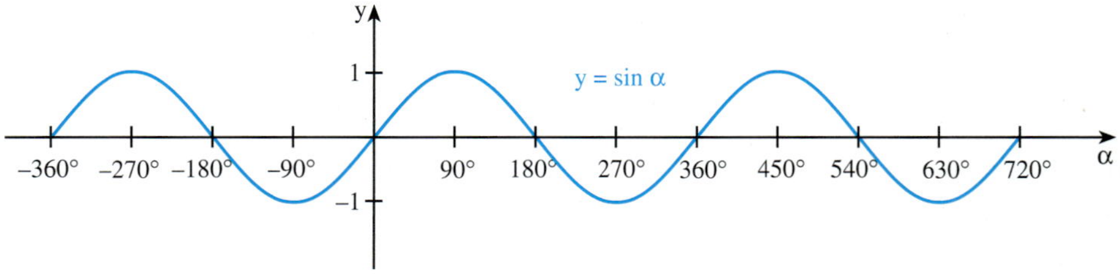

b) Die Sinuswerte sind am Einheitskreis als 2. Koordinate eines Punktes P_α in Abhängigkeit von der Winkelgröße α definiert. Vergrößert sich die Winkelgröße α, zu dem der Sinuswert bestimmt werden soll, um 360°, so verändert der Punkt P_α auf dem Einheitskreis seine Lage nicht. Es gilt also:

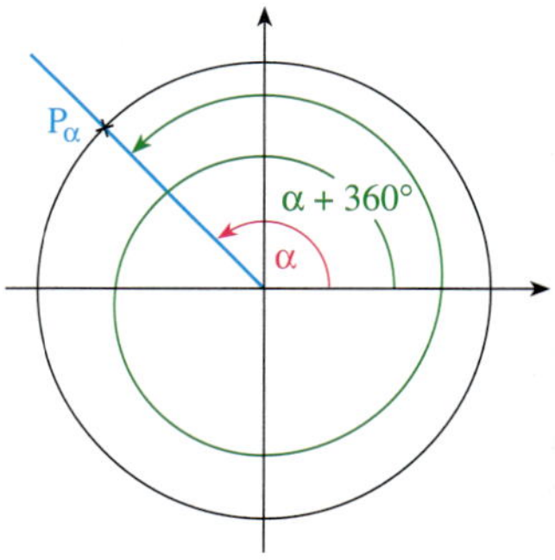

$\sin\alpha = \sin(\alpha + 360°)$

Bei weiterer Vergrößerung um ganzzalige Vielfache von 360° bleiben die Sinuswerte ebenfalls gleich.
Es gilt also z. B.

$\sin\alpha = \sin(\alpha - 2 \cdot 360°)$, $\sin\alpha = \sin(\alpha - 360°)$, $\sin\alpha = \sin(\alpha + 360°)$, $\sin(\alpha + 2 \cdot 360°)$,

allgemein: $\sin\alpha = \sin(\alpha + k \cdot 360°)$, wobei k eine ganze Zahl ist.

Ganze Zahlen sind:
...; –3; –2; –1; 0; 1; 2; 3; ...

Information

(1) Die Sinusfunktion als periodische Funktion

Die Funktion mit der Gleichung $y = \sin\alpha$ heißt **Sinusfunktion**. Ihren Graphen nennt man auch **Sinuskurve**.

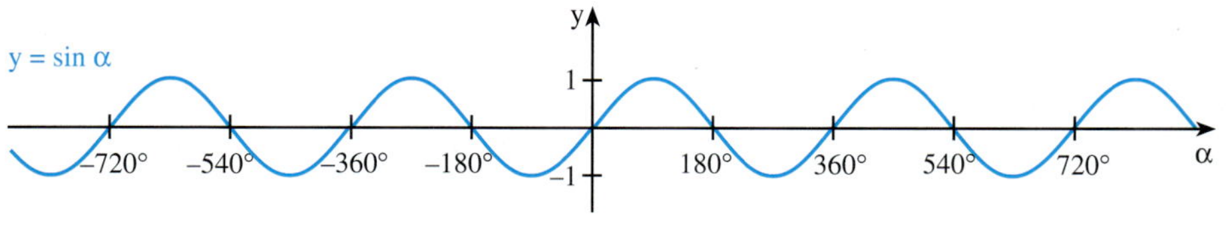

Die Funktionswerte der Sinusfunktion wiederholen sich in festen Abständen bzw. *Perioden*. Die kleinste Periode ist bei der Sinusfunktion 360°.

(2) Die Kosinusfunktion als periodische Funktion

Die Funktion mit der Gleichung y = cos α heißt **Kosinusfunktion**. Ihren Graphen nennt man auch **Kosinuskurve**.

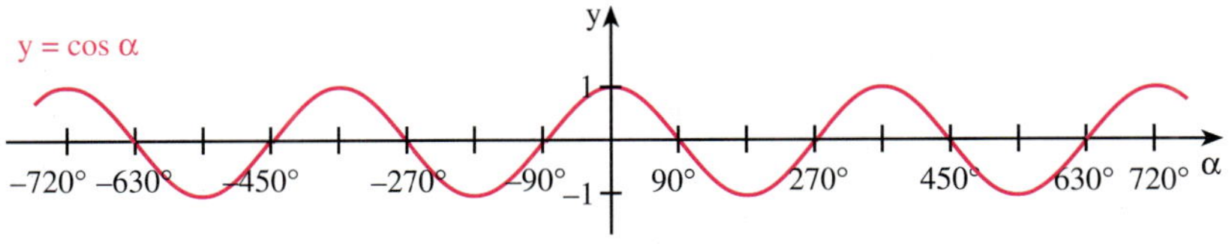

Die kleinste Periode der Kosinusfunktion beträgt 360°.

Sinus- und Kosinusfunktion sind Beispiele für periodische Funktionen.

(3) Darstellen der Sinusfunktion mithilfe eines Tabellenkalkulationsprogramms

Bei der Erstellung der Wertetabelle für die Sinusfunktion musst du beachten, dass ein Kalkulationsprogramm die Werte der Sinus- und Kosinusfunktion nicht direkt für Winkelgrößen im Gradmaß berechnet.
Die Winkelgrößen müssen in eine andere Maßeinheit umgerechnet werden. Für diese Umrechnung muss das Gradmaß mit π multipliziert und durch 180 dividiert werden.
Mithilfe der Formel **= sin (60 · pi( )/180)** berechnet das Kalkulationsprogramm den Sinuswert für den Winkel 60°.
Allgemein können mit einem Tabellenkalkulationsprogramm Sinus- und Kosinuswerte für Winkelgrößen α im Gradmaß mithilfe der Formeln **= sin (α · pi( )/180)** und **= cos (α · pi( )/180)** berechnet werden.

Sinus- und Kosinuskurve mit Tabellenkalkulation

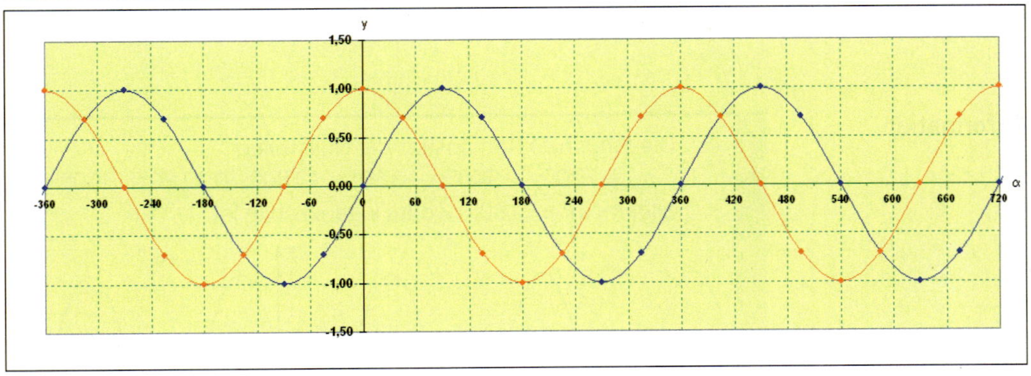

Übungen

2. a) Zeichne den Graphen der Sinus- und Kosinusfunktion im Intervall 0° ≤ α ≤ 360°. Nimm 1 cm für 20° auf der α-Achse und 5 cm für die Einheit auf der y-Achse.

b) Lies am Graphen ab:
(1) sin 14° (3) sin 152° (5) sin 324° (7) cos 82° (9) cos 198°
(2) sin 66° (4) sin 228° (6) cos 28° (8) cos 144° (10) cos 306°

c) Lies am Graphen die Winkelgrößen α im Intervall 0° ≤ α ≤ 360° ab, für die gilt:
(1) sin α = 0,25 (3) sin α = 0,75 (5) cos α = 0,25 (7) cos α = 0,75
(2) sin α = – 0,25 (4) sin α = – 0,75 (6) cos α = – 0,25 (8) cos α = – 0,75
Gib nun entsprechende Winkelgrößen α im Intervall – 720° ≤ α ≤ 1 080° an. Beachte die Periodenlänge. Beschreibe dein Vorgehen.

Eigenschaften der Sinus- und Kosinusfunktion

Einstieg

Betrachte die Kosinuskurve auf Seite 151 im Intervall $-360° \leq \alpha \leq 720°$.

→ Beschreibe den Verlauf der Kosinuskurve.

→ Gib besondere Punkte des Graphen an.

Aufgabe

Beachte die unterschiedliche Einteilung der Achsen.

1. *Nullstellen der Sinusfunktion*

Betrachte den Graphen der Sinusfunktion im Intervall $-720° \leq \alpha \leq 720°$.

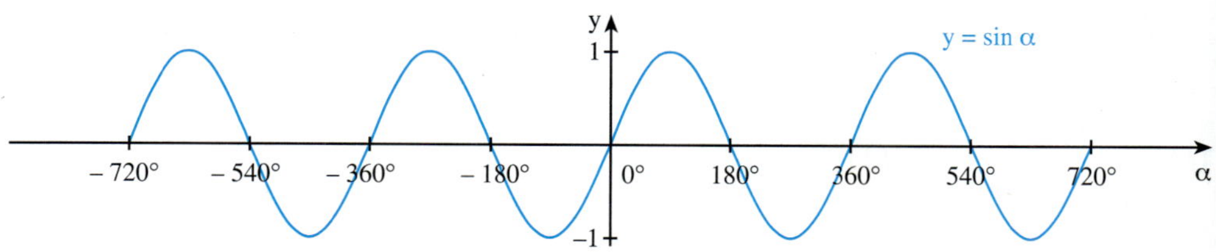

Gib die Nullstellen der Sinusfunktion an. Welche Besonderheit fällt dir auf?

Lösung

An den Nullstellen schneidet die Sinuskurve die α-Achse.
Nullstellen der Sinusfunktion im Intervall $-720° \leq \alpha \leq 720°$ sind:

$-720°$; $-540°$; $-360°$; $-180°$; 0; 180°; 360°; 540°; 720°.

Da sich jeder Sinuswert, also auch der Wert null, im Abstand von 360° wiederholt, sind z. B. auch $-1\,080°$; $-900°$; 900°; 1 080° Nullstellen der Sinusfunktion.
Hat man eine Nullstelle gefunden, so erhält man eine weitere, indem man 180° addiert oder subtrahiert.

Information

(1) Die Sinusfunktion besitzt die Nullstellen
...; $-720°$; $-540°$; $-360°$; $-180°$; 0; 180°; 360°; 540°; 720°; ...,
allgemein $k \cdot 180°$, wobei k ganzzahlig ist.

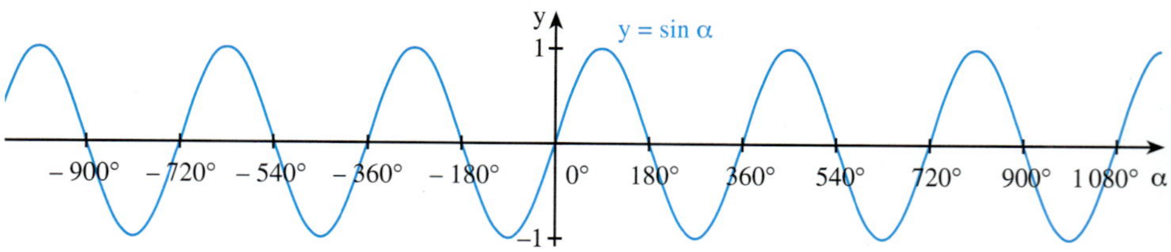

(2) Die Kosinusfunktion besitzt die Nullstellen
...; $-810°$; $-630°$; $-450°$; $-270°$; $-90°$; 90°; 270°; 450°; 630°; 810°; ...,
allgemein $(2k + 1) \cdot 90°$, wobei k ganzzahlig ist.

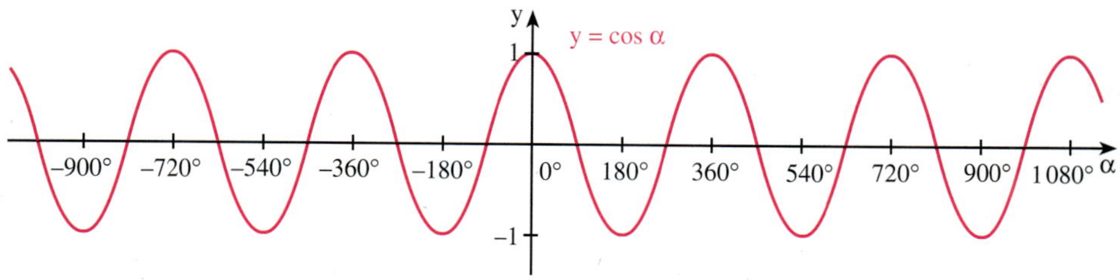

Zum Festigen und Weiterarbeiten

2. **a)** Der *größte* Sinuswert ist 1. Lies am Graphen der Sinusfunktion von Aufgabe 1 ab, für welche Winkelgrößen die Sinusfunktion diesen größten Wert im Intervall $-360° \le \alpha \le 720°$ annimmt.
Nenne 4 weitere solche Winkelgrößen außerhalb des angegebenen Intervalls.
Denke an die Periode.

b) Verfahre entsprechend mit dem kleinsten Sinuswert -1. Lies am Graphen der Sinusfunktion von Aufgabe 1 ab, für welche Winkelgrößen die Sinusfunktion diesen kleinsten Wert annimmt.
Nenne 4 weitere solche Winkelgrößen.

c) Der größte Kosinuswert ist 1, der kleinste -1.
Verfahre entsprechend wie in den Teilaufgaben a) und b).

Information

(1) Die Sinusfunktion nimmt ihren *größten Wert*, nämlich 1, für die Winkelgrößen
$\ldots;\ -990°;\ -630°;\ -270°;\ 90°;\ 450°;\ 810°;\ \ldots,$
allgemein $90° + k \cdot 360°$ (k ganzzahlig) an.

Der *kleinste Wert* der Sinusfunktion, nämlich -1, wird für die Winkelgrößen
$\ldots;\ -810°;\ -450°;\ -90°;\ 270°;\ 630°;\ 990°;\ \ldots,$
allgemein $270° + k \cdot 360°$ (k ganzzahlig) angenommen.
Der Wertebereich der Sinusfunktion ist die Menge aller reellen Zahlen y mit $-1 \le y \le 1$.

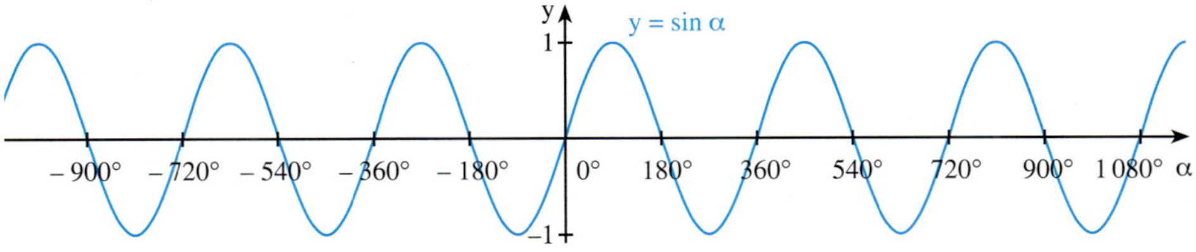

(2) Die Kosinusfunktion nimmt ihren *größten Wert*, nämlich 1, für die Winkelgrößen
$\ldots;\ -720°;\ -360°;\ 0;\ 360°;\ 720;\ 1\,080;\ \ldots,$
allgemein $k \cdot 360$ (k ganzahlig) an.

Der *kleinste Wert*, nämlich -1, wird für die Winkelgrößen
$\ldots;\ -900°;\ -540°;\ -180°;\ 180°;\ 540°;\ 900°;\ \ldots,$
allgemein $180° + k \cdot 360°$ (k ganzzahlig) angenommen.
Der Wertebereich der Kosinusfunktion ist die Menge aller reellen Zahlen y mit $-1 \le y \le 1$.

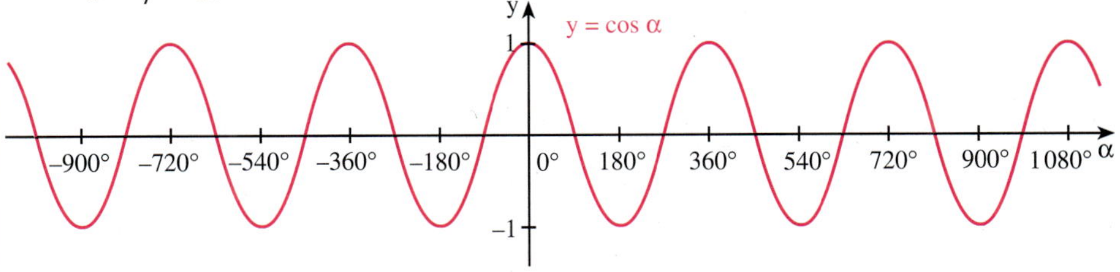

Aufgabe

3. *Symmetrieeigenschaften der Sinus- und Kosinuskurve*

Zeichne den Graphen der Sinusfunktion und den Graphen der Kosinusfunktion im Intervall $-1\,080° \le \alpha \le 1\,080°$.
Untersuche die Graphen auf Symmetrien.

Lösung

(1) *Symmetrie der Sinuskurve*

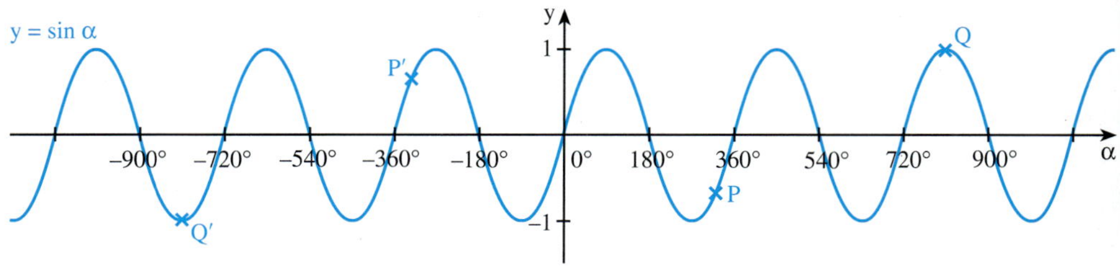

Die Sinuskurve ist punktsymmetrisch zum Koordinatenursprung.
Durch eine Drehung um 180° um den Koordinatenursprung O (0° | 0) geht sie nämlich in sich über.

(2) *Symmetrie der Kosinuskurve*

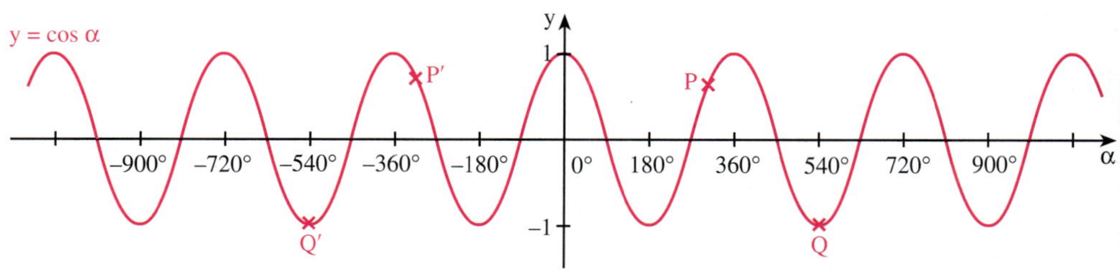

Die Kosinuskurve ist symmetrisch zur y-Achse.
Bei Spiegelung an der y-Achse geht sie nämlich in sich über.

Information

Symmetrien von Sinus- und Kosinuskurve

(1) Die Sinuskurve ist punktsymmetrisch zum Koordinatenursprung O (0° | 0).
Es gilt also (siehe Einheitskreis oder Sinuskurve):
$\sin\alpha = -\sin(-\alpha)$

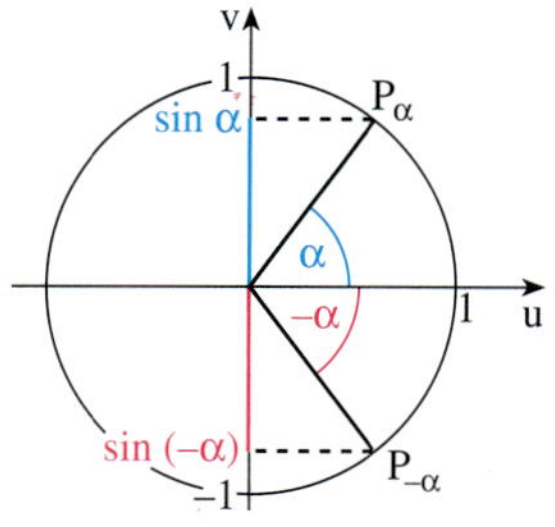

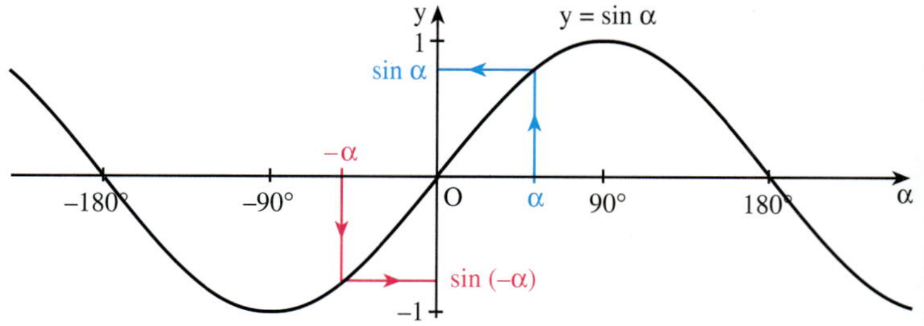

(2) Die Kosinuskurve ist achsensymmetrisch zur y-Achse.
Es gilt also (siehe Einheitskreis oder Kosinuskurve):
$\cos\alpha = \cos(-\alpha)$

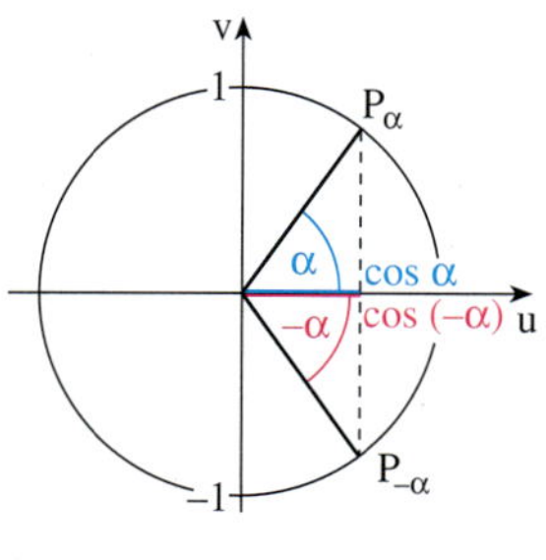

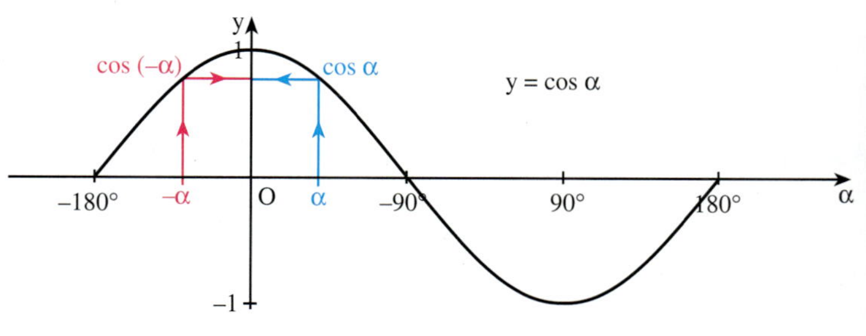

Symmetrien der Sinus- und Kosinuskurve

Die Graphen der Sinusfunktion und der Kosinusfunktion sind symmetrisch. Insbesondere gilt:

(a) Der Graph der Sinusfunktion ist punktsymmetrisch zum Koordinatenursprung O. Es gilt:
$\sin\alpha = -\sin(-\alpha)$

(b) Der Graph der Kosinusfunktion ist achsensymmetrisch zur y-Achse. Es gilt:
$\cos\alpha = \cos(-\alpha)$

Beispiele: $\sin(-45°) = -\sin 45° = -\frac{1}{2}\sqrt{2} \approx -0{,}707$ $\cos(-60°) = \cos 60° = 0{,}5$

Mithilfe dieses Satzes kann man Sinus- und Kosinuswerte für alle negativen Winkelgrößen auf solche für positive Winkelgrößen zurückführen.

Übungen

4. a) Zeichne die Sinuskurve für (1) $-720° \le \alpha \le 360°$; (2) $0° \le \alpha \le 1080°$.
Gib 4 Nullstellen an, die außerhalb des angegebenen Intervalls liegen.

b) Zeichne die Kosinuskurve für
(1) $-720° \le \alpha \le 360°$; (2) $0° \le \alpha \le 1080°$.
Gib 4 Nullstellen an, die außerhalb des angegebenen Intervalls liegen.

5. Drücke den angebenen Sinuswert bzw. Kosinuswert mithilfe einer Winkelgröße aus dem Intervall $0° \le \alpha \le 360°$ aus.

a)	b)	c)	d)
$\sin(-82°)$	$\sin(-138°)$	$\sin(-218°)$	$\sin(-340°)$
$\cos(-64°)$	$\cos(-100°)$	$\cos(-249°)$	$\cos(-333°)$
$\sin(-17°)$	$\sin(-154°)$	$\sin(-195°)$	$\sin(-285°)$
$\cos(-23°)$	$\cos(-99°)$	$\cos(-264°)$	$\cos(-304°)$

6. Betrachte die (1) Sinusfunktion, (2) Kosinusfunktion im Intervall $-360° \le \alpha \le 360°$.
In welchen Teilintervallen steigt der Graph der (1) Sinusfunktion, (2) Kosinusfunktion, in welchen fällt er?

7. a) Betrachte den Graphen der (1) Sinusfunktion, (2) Kosinusfunktion im Intervall $-1080° \le \alpha \le 1080°$.
In welchen Teilintervallen steigt die (1) Sinuskurve, (2) Kosinuskurve, in welchen fällt sie?

b) Verallgemeinere das Ergebnis aus Teilaufgabe a).

8. a) Du weißt: Die Sinuskurve ist punktsymmetrisch zum Ursprung O (0° | 0).
Versuche, weitere Punkte anzugeben, zu denen die Sinuskurve punktsymmetrisch ist.

b) Untersuche, ob die Sinuskurve auch achsensymmetrisch ist.
Gib gegebenenfalls Symmetrieachsen an.

9. a) Du weißt: Die Kosinuskurve ist achsensymmetrisch zur y-Achse.
Untersuche, ob es weitere Symmetrieachsen der Kosinuskurve gibt.

b) Untersuche, ob die Kosinuskurve auch punktsymmetrisch ist.
Gib gegebenenfalls Symmetriepunkte an.

FUNKTIONEN MIT DER GLEICHUNG $y = a \cdot \sin(b \cdot \alpha)$

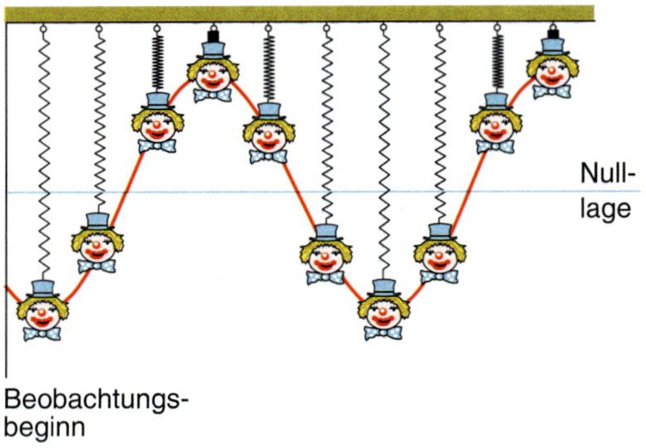

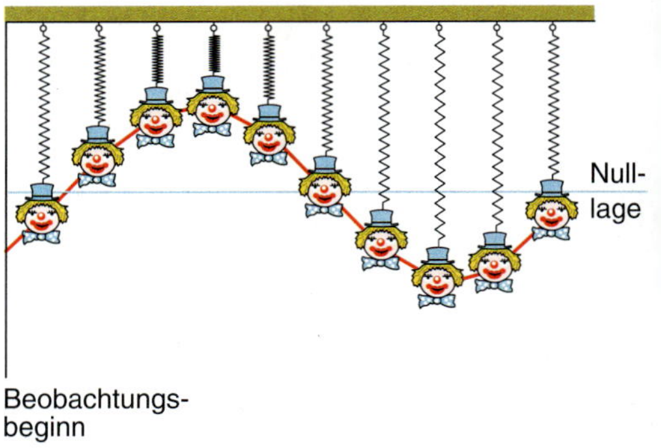

Die Bilder zeigen Bewegungen verschiedener auf- und abschwingender Federclowns. Es ergeben sich Graphen, die der Sinuskurve sehr ähnlich sind. Im Vergleich zur Sinuskurve sind sie in Richtung der x- und y-Achse gestreckt oder gestaucht. Stauchen ist ein Strecken mit einem Faktor zwischen 0 und 1.
Solche Funktionen werden auch als *allgemeine Sinusfunktionen* bezeichnet.

Funktionen mit der Gleichung $y = a \cdot \sin\alpha$

Einstieg

TAB

Untersuche mit deinem Kalkulationsprogramm den Graphen der Funktion mit der Gleichung $y = a \cdot \sin\alpha$. Gestalte die Tabelle so, dass du den Wert für a verändern kannst.

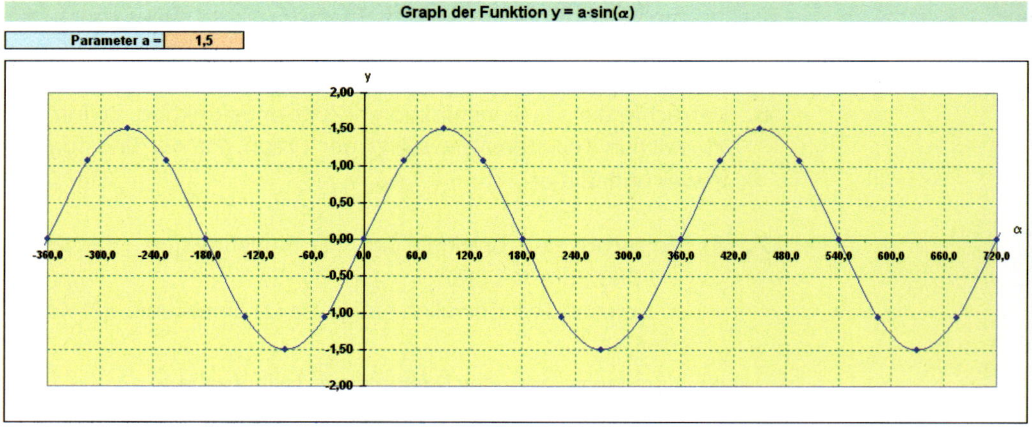

→ Wähle für a verschiedene positive Werte. Vergleiche mit dem Graphen der Funktion $y = \sin\alpha$.

→ Wähle $a = -1$. Wie erhältst du diesen Graphen aus der Sinuskurve?

Aufgabe

1. Zeichne die Sinuskurve im Intervall $-360° \leq \alpha \leq 360°$. Zeichne in dasselbe Koordinatensystem den Graphen der Funktion mit:

a) $y = 2 \cdot \sin\alpha$ **b)** $y = \frac{1}{2} \cdot \sin\alpha$

Vergleiche beide Graphen mit der Sinuskurve; vergleiche auch ihre Eigenschaften.

Lösung

a)

α	−360°	−315°	−270°	−225°	−180°	−135°	−90°	−45°	0°	45°	90°	135°	180°	225°	270°	315°	360°
sin α	0	0,58	1	0,70	0	−0,58	−1	−0,70	0	0,70	1	0,58	0	−0,70	−1	−0,58	0
2 · sin α	0	1,16	2	1,40	0	−1,16	−2	−1,40	0	1,40	2	1,16	0	−1,40	−2	−1,16	0

$\cdot 2$

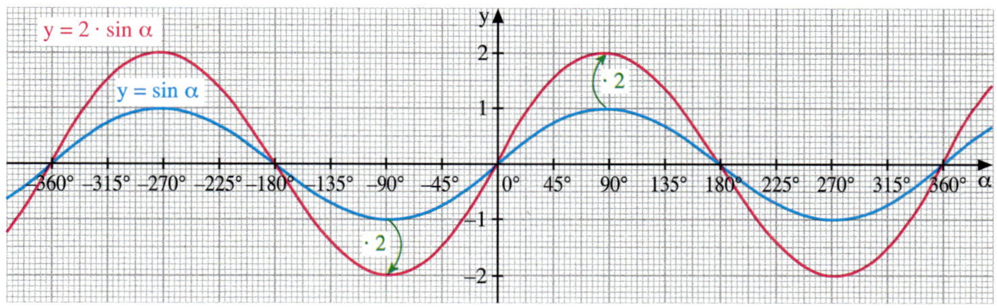

Der Graph der Funktion zu $y = 2 \cdot \sin\alpha$ entsteht aus der Sinuskurve durch Streckung von der α-Achse aus in Richtung der y-Achse mit dem Faktor 2. Deshalb gilt:

Beide Graphen besitzen

- dieselben Nullstellen …, −360°; −180°; 0°; 180°; 360°; …
- dieselben Bereiche, in denen sie steigen bzw. fallen.
- dieselbe (kleinste) Periode 360°.

Beide Funktionen unterscheiden sich allerdings bei dem größten und kleinsten Funktionswert:

Funktion zu	größter Funktionswert	kleinster Funktionswert
$y = \sin\alpha$	1	−1
$y = 2 \cdot \sin\alpha$	2	−2

b)

α	−360°	−315°	−270°	−225°	−180°	−135°	−90°	−45°	0°	45°	90°	135°	180°	225°	270°	315°	360°
sin α	0	0,58	1	0,70	0	−0,58	−1	−0,70	0	0,70	1	0,58	0	−0,70	−1	−0,58	0
$\frac{1}{2} \cdot \sin\alpha$	0	0,29	0,5	0,35	0	−0,29	$-\frac{1}{2}$	−0,35	0	0,35	$\frac{1}{2}$	0,29	0	−0,35	−0,5	−0,29	0

$\cdot \frac{1}{2}$

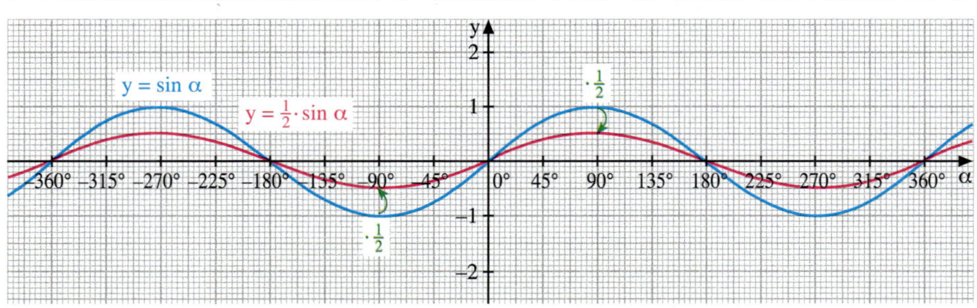

Der Graph der Funktion zu $y = \frac{1}{2} \cdot \sin\alpha$ entsteht aus der Sinuskurve durch Streckung von der α-Achse aus in Richtung der y-Achse mit dem Faktor $\frac{1}{2}$.

Beachte: Man spricht in der Mathematik auch von Streckung, wenn der positive Streckungsfaktor kleiner als 1 ist, also eine Stauchung vorliegt.

Beide Graphen besitzen

- dieselben Nullstellen …, −360°; −180°; 0; 180°; 360°; …
- dieselben Bereiche, in denen sie steigen bzw. fallen.
- dieselbe (kleinste) Periode 360°.

Beide Funktionen unterscheiden sich jedoch bei dem kleinsten und größten Funktionswert:

Funktion zu	größter Funktionswert	kleinster Funktionswert
$y = \sin\alpha$	1	−1
$y = \frac{1}{2} \cdot \sin\alpha$	$\frac{1}{2}$	$-\frac{1}{2}$

Zum Festigen und Weiterarbeiten

2. Zeichne den Graphen der Sinusfunktion im Intervall $-360° \le \alpha \le 360°$. Zeichne in dasselbe Koordinatensystem den Graphen der Funktion mit:

a) $y = 3 \cdot \sin\alpha$ **b)** $y = 0{,}8 \cdot \sin\alpha$

Vergleiche die Eigenschaften beider Funktionen.

Information

Durch Strecken bzw. Stauchen der Sinuskurve von der α-Achse aus in Richtung der y-Achse erhält man Graphen zur Beschreibung der Bewegung von Federclowns, deren maximale Auslenkung verschieden ist.

Amplitude ⟨lat.⟩
Physik: maximale Schwingungsweite
Math.: größter absoluter Funktionswert einer periodischen Funktion

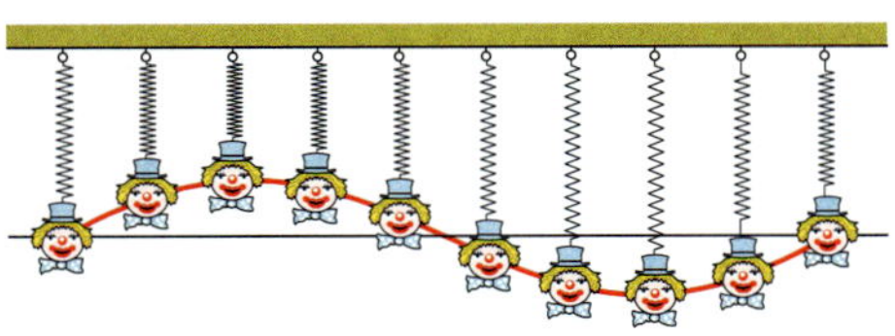

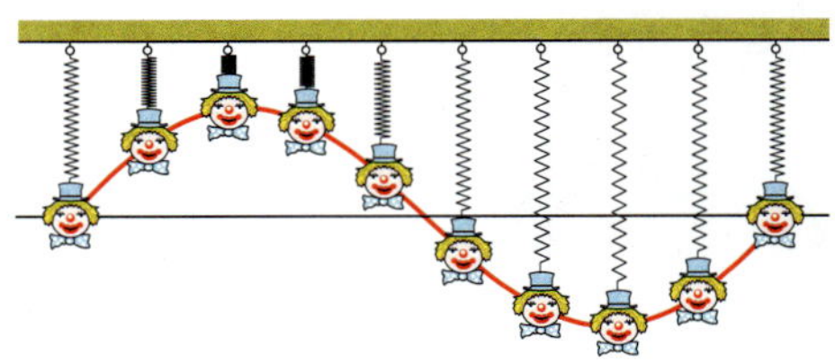

Die maximale Auslenkung bezeichnet man auch als *Amplitude*.

Eigenschaften der Funktionen mit $y = a \cdot \sin\alpha$ $(a > 0)$

(1) Nullstellen sind …; −540°; −360°; −180°; 0°; 180°; 360°; 540°; …, allgemein $k \cdot 180°$, wobei k ganzzahlig ist.
(2) Die (kleinste) Periode ist 360°.
(3) Der größte Funktionswert ist a, der kleinste −a.
(4) Der Wertebereich ist die Menge aller reellen Zahlen y mit $-a \le \; < \le a$.
(5) Der Graph entsteht aus der Sinuskurve durch Strecken bzw. Stauchen von der α-Achse aus mit dem Faktor a in Richtung der y-Achse.

Beachte: Für a = 1 erhältst du die Eigenschaften der Sinusfunktion.

Da der Faktor a in der Funktionsgleichung $y = a \cdot \sin\alpha$ die Amplitude beeinflusst, ist diese Funktion gut geeignet, z. B. Wechselspannungen mit unterschiedlichen Maximalwerten zu beschreiben. Das zeigen die folgenden Bilder auf dem Schirm eines Oszilloskops.

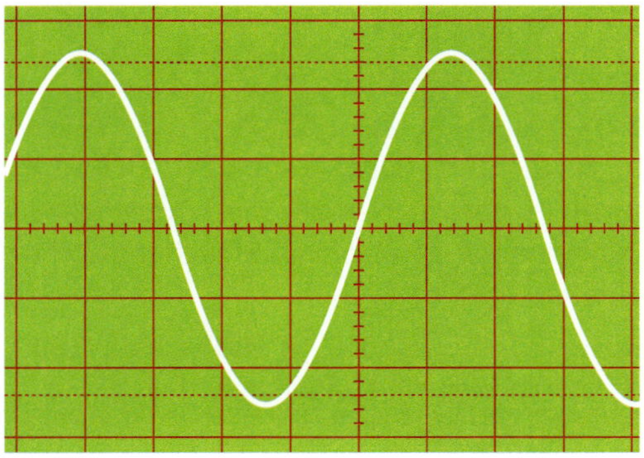

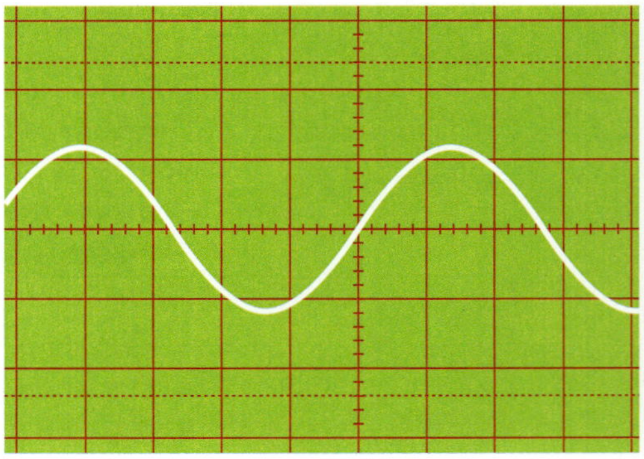

Übungen

3. Zeichne im Intervall $-360° \le \alpha \le 360°$ den Graphen der Funktion mit:

a) $y = 2{,}5 \cdot \sin\alpha$ **b)** $y = 0{,}4 \cdot \sin\alpha$ **c)** $y = 1{,}5 \cdot \sin\alpha$

Gib Eigenschaften der Funktion an.

4. Der Graph der Sinusfunktion mit $y = \sin\alpha$ wird in Richtung der y-Achse gestreckt

a) mit dem Faktor 2,6; **c)** mit dem Faktor $3\frac{1}{2}$;

b) mit dem Faktor 0,3; **d)** mit dem Faktor $\frac{3}{4}$.

Gib die Funktionsgleichung zu diesem Graphen an.
Zeichne ihn auch im Intervall $-360° \le \alpha \le 720°$.

5. Beschreibe, wie der Graph mit der angegebenen Gleichung aus der Sinuskurve entsteht.

a) $y = 1{,}8 \sin\alpha$ **b)** $y = 0{,}8 \sin\alpha$ **c)** $y = 2{,}1 \sin\alpha$ **d)** $y = 0{,}7 \sin\alpha$

6. Gib zu den Graphen die Funktionsgleichung an.

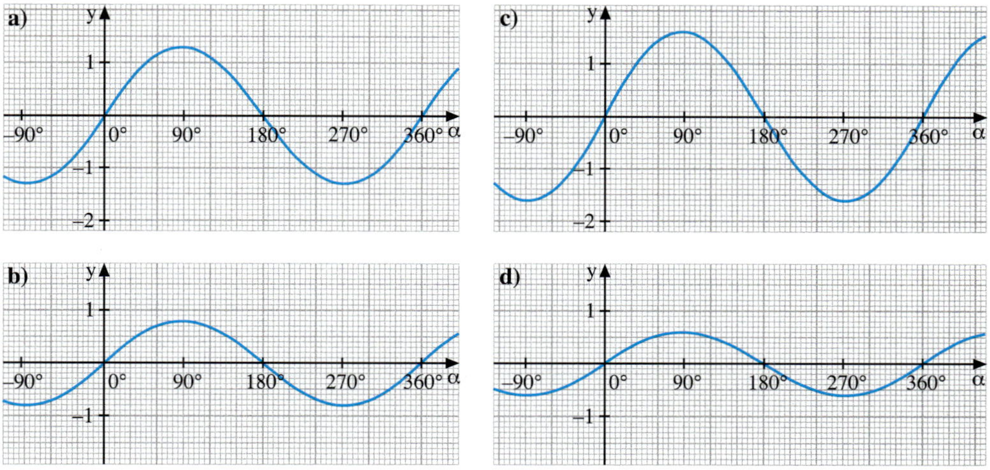

7. Der Radius des Sägeblattes in Aufgabe 1 auf Seite 145 soll 20 cm sein. Die Zuordnung *Drehwinkelgröße α → Abstand y zur Tischplatte* ist eine allgemeine Sinusfunktion.
Wie lautet die Funktionsgleichung?

8. Gegeben ist die Funktion mit $y = 2{,}5 \cdot \sin\alpha$ im Intervall $-90° \le \alpha \le 90°$.

a) Der Punkt $P_1(45°\,|\,y_1)$ soll zum Graphen gehören. Bestimme die fehlende Koordinate.

b) Der Punkt $P_2(\alpha_2\,|\,-1{,}25)$ soll zum Graphen gehören. Bestimme die fehlende Koordinate.

9. Durch die Gleichung $y = a \cdot \sin\alpha$ ist eine Funktion gegeben. Bestimme den Faktor a, falls gilt:

a) Der kleinste Funktionswert ist −1,3, der größte 1,3.

b) Der Graph geht durch den Punkt $P(30°\,|\,3)$.

10. Durch die Gleichung $y = a \cdot \sin\alpha$ ist eine Funktion gegeben. Der Graph dieser Funktion geht durch den Punkt:

a) $P(30°\,|\,1{,}4)$ **b)** $P(-60°\,|\,-1{,}9)$ **c)** $P(315°\,|\,-0{,}4)$ **d)** $P(-225°\,|\,1{,}5)$

Wie lautet die Funktionsgleichung?
Wie entsteht der Graph aus der Sinuskurve?

Funktionen mit der Gleichung y = sin (b · α)

Einstieg

Untersuche mit deinem Kalkulationsprogramm den Graphen der Funktion mit der Gleichung $y = \sin(b \cdot \alpha)$. Gestalte deine Tabelle so, dass du den Wert für b verändern kannst.

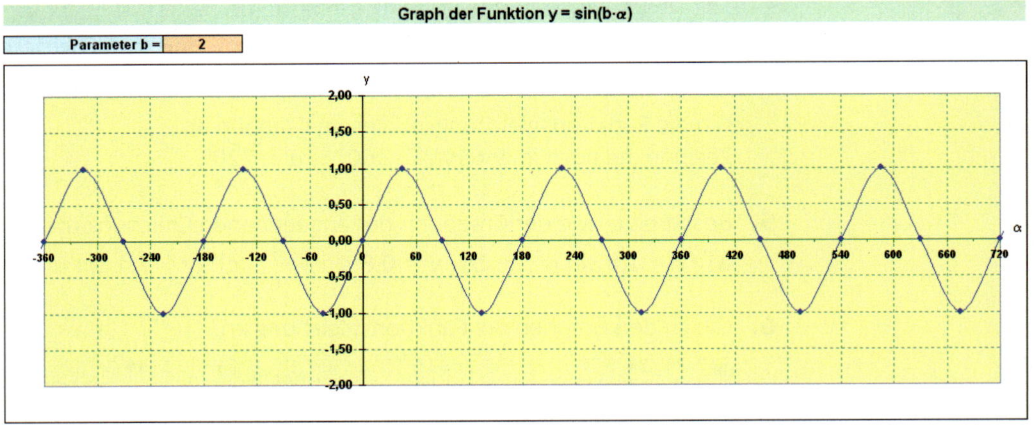

→ Untersuche, wie du den Graphen der Funktion für verschiedene positive Werte von b aus der Sinuskurve erhältst.

Information

(1) Strecken der Sinuskurve in Richtung der α-Achse mit dem Faktor 2

Gegeben ist die Sinusfunktion mit $y = \sin\alpha$ im Intervall $0° \le \alpha \le 360°$. Ihr Graph soll von der y-Achse aus in Richtung der α-Achse mit dem Faktor 2 gestreckt werden. Dabei wird die α-Koordinate jedes Punktes der Sinuskurve verdoppelt, während die y-Koordinate beibehalten wird. Es entsteht der Graph einer neuen Funktion.

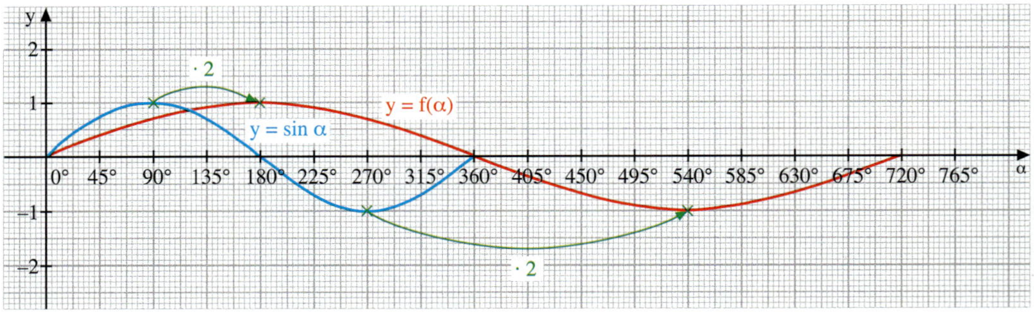

Am Graphen erkennen wir:
Die neue Funktion hat an der Stelle α denselben Wert wie die Sinusfunktion an der Stelle $\frac{\alpha}{2}$.
Es gilt also:

$y = \sin\frac{\alpha}{2}$ mit $0° \le \alpha \le 720°$

Eine Wertetabelle bestätigt diesen Zusammenhang:

α	0°	90°	180°	270°	360°	450°	540°	630°	720°
sin α	0	1	0	−1	0				
$\sin\frac{\alpha}{2}$	0	0,707	1	0,707	0	−0,707	−1	−0,707	0
$\frac{\alpha}{2}$	0°	45°	90°	135°	180°	225°	270°	315°	360°

(2) Strecken der Sinuskurve in Richtung der α-Achse mit dem Faktor $\frac{1}{2}$

Gegeben ist die Sinusfunktion mit $y = \sin\alpha$ im Intervall $0° \le \alpha \le 360°$. Ihr Graph soll von der y-Achse aus in Richtung der α-Achse mit dem Faktor $\frac{1}{2}$ gestreckt werden. Das bedeutet, dass die α-Koordinate jedes Punktes der Sinuskurve halbiert wird, die y-Koordinate bleibt erhalten. Es entsteht der Graph einer neuen Funktion.

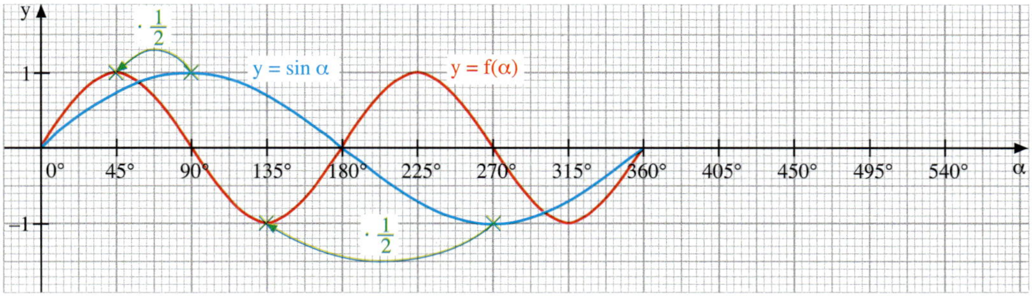

Am Graphen erkennt man wiederum:
Die neue Funktion hat an der Stelle α denselben Wert wie die Sinusfunktion an der Stelle 2 α.
Es gilt also:

$y = \sin(2 \cdot \alpha)$ mit $0° \le \alpha \le 360°$

Auch hier bestätigen wir das Ergebnis mit einer Wertetabelle:

α	0°	45°	90°	135°	180°	225°	270°	315°	360°
sin α	0	0,701	1	0,701	0	– 0,701	– 1	– 0,701	0
sin (2 α)	0	1	0	– 1	0				
2 α	0°	90°	180°	270°	360°				

Aufgabe

1. Gegeben ist die Funktion mit:

a) $y = \sin(2 \cdot \alpha)$ **b)** $y = \sin\left(\frac{1}{2} \cdot \alpha\right)$

Gib ihre Eigenschaften an; vergleiche sie mit der Sinusfunktion.

Lösung

a) Der Graph der Funktion zu $y = \sin(2 \cdot \alpha)$ geht aus der Sinuskurve durch Streckung von der y-Achse aus in Richtung der α-Achse mit dem Faktor $\frac{1}{2}$ hervor.
Deshalb gilt:

- Beide Funktionen besitzen 1 als größten Funktionswert und – 1 als kleinsten Funktionswert.

Beide Funktionen unterscheiden sich

- in der (kleinsten) Periode und
- in der Lage der Nullstellen:

Funktion zu	(kleinste) Periode	Nullstellen
$y = \sin\alpha$	360°	…; –540°; –360°; –180°; 0°; 180; 360; 540°; …, allgemein k · 180°
$y = \sin(2 \cdot \alpha)$	180°	…; –270°; –180°; –90°; 0°; 90; 180; 270°; …, allgemein k · 90°

b) Der Graph der Funktion zu $y = \sin\left(\frac{1}{2} \cdot \alpha\right)$ geht aus der Sinuskurve durch Streckung von der y-Achse aus in Richtung der α-Achse mit dem Faktor 2 hervor.
Deshalb gilt:

- Beide Funktionen besitzen 1 als größten Funktionswert und −1 als kleinsten.

Beide Funktionen unterscheiden sich

- in der (kleinsten) Periode und
- in der Lage der Nullstellen:

Funktion zu	(kleinste) Periode	Nullstellen
$y = \sin\alpha$	360°	…; −360°; −180°; 0°; 180; 360; …, allgemein $k \cdot 180°$
$y = \sin\left(\frac{1}{2}\alpha\right)$	720°	…; −720°; −360°; 0°; 360; 720; …, allgemein $k \cdot 360°$

Zum Festigen und Weiterarbeiten

2. Zeichne den Graphen der Sinusfunktion im Intervall $-360° \leq \alpha \leq 360°$. Zeichne in dasselbe Koordinatensystem den Graphen der Funktion zu:

a) $y = \sin(1{,}5\,\alpha)$ **b)** $y = \sin\left(\frac{\alpha}{1{,}5}\right)$

Vergleiche die Eigenschaften beider Funktionen.

Information

Durch Strecken der Sinuskurve von der y-Achse aus in Richtung der α-Achse erhält man Graphen zur Beschreibung der Bewegung von Federclowns, deren Periode verschieden von 360° ist.

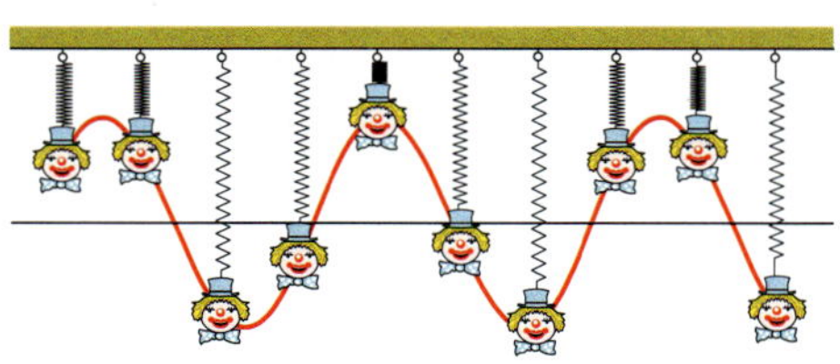

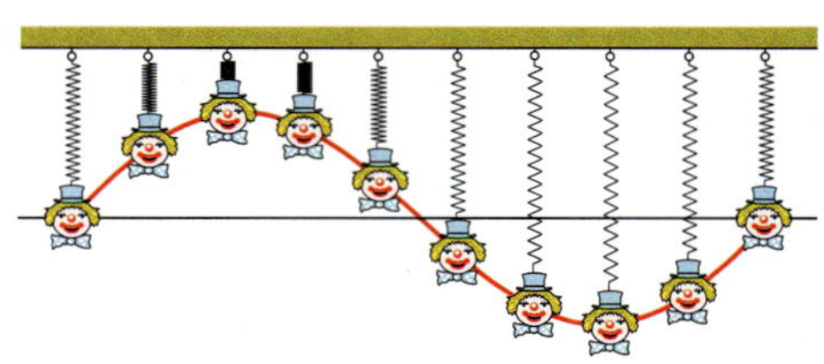

Eigenschaften der Funktionen mit $y = \sin(b \cdot \alpha)$ mit $b > 0$

(1) Die Nullstellen sind $k \cdot \frac{180°}{b}$, wobei k ganzzahlig ist.

(2) Die (kleinste) Periode ist $\frac{360°}{b}$.

(3) Der größte Funktionswert ist 1, der kleinste −1.

(4) Der Wertebereich ist die Menge aller reellen Zahlen y mit $-1 \leq y \leq 1$.

(5) Der Graph entsteht aus der Sinuskurve durch Strecken bzw. Stauchen von der y-Achse aus mit dem Faktor $\frac{1}{b}$ in Richtung der α-Achse.

Merke: Streckt man mit dem Faktor 2, 3, 4 … in Richtung der α-Achse, so wird die Periodenlänge halbiert, gedrittelt, geviertelt.
Staucht man mit dem Faktor $\frac{1}{2}, \frac{1}{3}, \frac{1}{4}, \ldots$, so wird die Periodenlänge verdoppelt, verdreifacht, vervierfacht.
Streckungsfaktor und Periodenlänge sind antiproportional zueinander.
Für den Graphen bedeutet dies z. B.: Streckt man mit dem Faktor 2 [3], so passen in das Intervall $0° \leq \alpha \leq 360°$ zwei [drei] „Wellen“.
Staucht man mit dem Faktor $\frac{1}{2}$ $\left[\frac{1}{4}\right]$, so passt in das Intervall $0° \leq \alpha \leq 360°$ eine halbe [viertel] Welle.

Übungen

3. Zeichne im Intervall $-360° \leq \alpha \leq 360°$ den Graphen der Funktion mit:

a) $y = \sin\left(\frac{1}{3}\alpha\right)$ **b)** $y = \sin(3\alpha)$ **c)** $y = \sin(2{,}5\alpha)$

Beschreibe, wie der Graph aus der Sinuskurve entsteht. Gib die Eigenschaften an.

4. Der Graph der Sinusfunktion mit $y = \sin\alpha$ wird in Richtung der α-Achse gestreckt

a) mit dem Faktor 2,5;
b) mit dem Faktor 0,4;
c) mit dem Faktor $1\frac{1}{2}$;
d) mit dem Faktor $\frac{3}{4}$.

Gib die Funktionsgleichung zu diesem Graphen an. Zeichne ihn auch für $-360° \leq \alpha \leq 360°$.

5. Gib die Funktionsgleichung zum Graphen an.

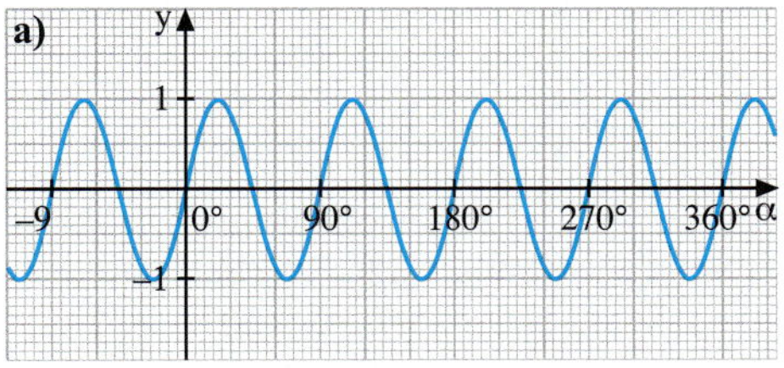

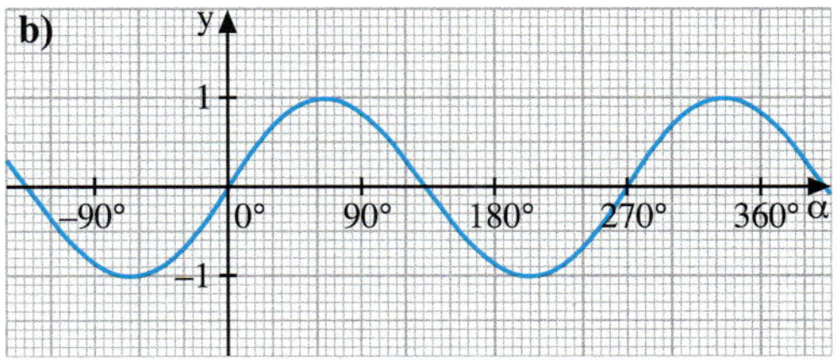

6. Gegeben ist die Funktion mit $y = \sin\left(\frac{1}{3}\alpha\right)$ im Intervall $-540° \leq \alpha \leq 540°$.

a) Der Punkt $P_1(90° \mid y_1)$ soll zum Graphen gehören. Bestimme die fehlende Koordinate.

b) Der Punkt $P_2\left(\alpha_2 \mid -\frac{1}{2}\right)$ soll zum Graphen gehören. Bestimme die fehlende Koordinate.

7. Durch die Gleichung $y = \sin(b \cdot \alpha)$ ist eine Funktion gegeben. Bestimme den Faktor b, falls gilt:

a) Die kleinste Periode ist 90°. ▲ **b)** Der Graph geht durch den Punkt $P\left(15° \mid \frac{1}{2}\sqrt{2}\right)$.

Funktionen mit der Gleichung $y = a \cdot \sin(b \cdot \alpha)$

Einstieg

Untersuche mit deinem Kalkulationsprogramm den Graphen der Funktion mit der Gleichung $y = a \cdot \sin(b \cdot \alpha)$.
Gestalte deine Tabelle so, dass du die Werte für a und b verändern kannst.

Graph der Funktion y = a·sin(b·α)

Parameter a =	1,75
Parameter b =	1,5

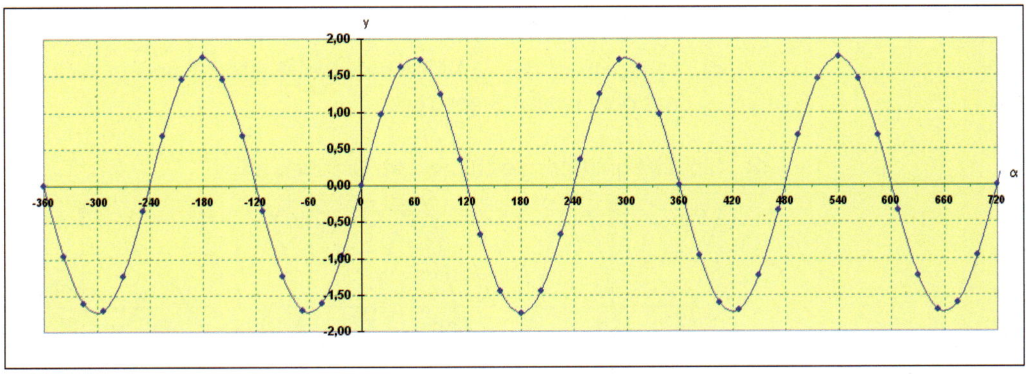

→ Wähle für a und b verschiedene positive Werte. Untersuche, wie du den Graphen der Funktion schrittweise aus der Sinuskurve erhältst.

Aufgabe

1. Gegeben ist die Funktion mit der Gleichung $y = 1{,}5 \cdot \sin(2\alpha)$ im Intervall $-360° \leq \alpha \leq 360°$.

a) Beschreibe, wie der Graph dieser Funktion aus der Sinuskurve entsteht. Zeichne auch den Graphen.

b) Gib die Eigenschaften der Funktion an.

Lösung

a) Der Graph zu $y = 1{,}5 \cdot \sin(2\alpha)$ entsteht aus der Sinuskurve, indem man sie
- zunächst von der y-Achse aus in Richtung der α-Achse mit dem Faktor 2 streckt (Halbierung der Periodenlänge) und diesen Graphen
- dann von der α-Achse aus in Richtung der y-Achse mit dem Faktor 1,5 streckt.

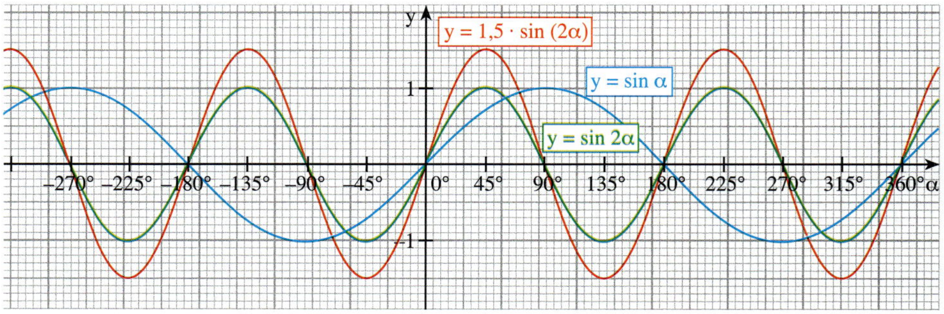

b) Für die Funktion mit $y = 1{,}5 \cdot \sin(2\alpha)$ gilt
- Die (kleinste) Periode ist π.
- Die Nullstellen sind ... $-360°$; $-270°$; $-180°$; $-90°$; $0°$; $90°$; $180°$; $270°$; $360°$.
- Der größte Funktionswert ist 1,5, der kleinste Funktionswert ist $-1{,}5$.
- Der Wertebereich ist die Menge aller reellen Zahlen y mit $-1{,}5 \leq y \leq 1{,}5$.

Übungen

2. Zeichne im Intervall $-360° \leq \alpha \leq 360°$ den Graphen der Funktion zu:

a) $y = 3 \cdot \sin(0{,}5\alpha)$ **b)** $y = 3 \cdot \sin(2\alpha)$ **c)** $y = 2 \cdot \sin(3\alpha)$ **d)** $y = 2 \cdot \sin\left(\frac{1}{4}\alpha\right)$

Beschreibe, wie der Graph aus der Sinuskurve entsteht.
Gib auch die Eigenschaften an.

3. Der Graph der Sinusfunktion wird

a) in Richtung der α-Achse mit dem Faktor 1,5 und in Richtung der y-Achse mit dem Faktor $\frac{3}{4}$ gestreckt;

b) in Richtung der α-Achse mit dem Faktor $\frac{3}{4}$ und in Richtung der y-Achse mit dem Faktor 4 gestreckt;

c) in Richtung der α-Achse mit dem Faktor 3 und in Richtung der y-Achse ebenfalls mit dem Faktor 3 gestreckt.

4. Gib die Funktionsgleichung zum Graphen an.

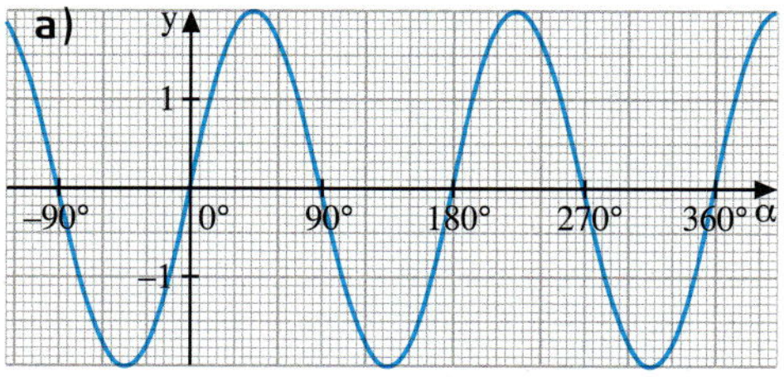

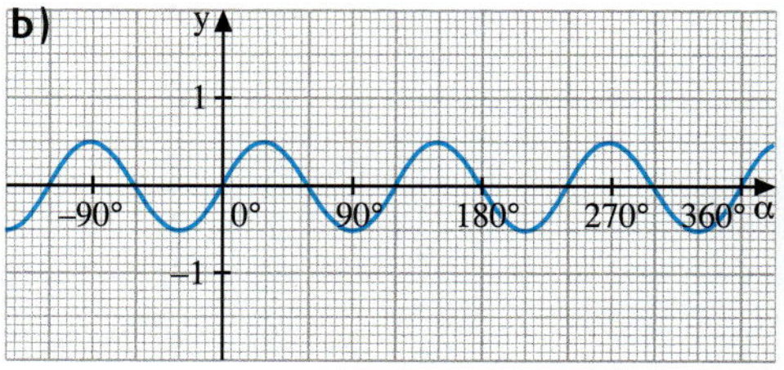

TAB

IM BLICKPUNKT: FUNKTIONEN MIT DER GLEICHUNG $y = a \cdot \cos(b \cdot \alpha)$

Untersuche mit deinem Tabellenkalkulationsprogramm die Graphen der Funktion mit der Gleichung $y = a \cdot \cos(b \cdot \alpha)$.
Gestalte die Tabelle so, dass du die Werte für die Parameter a und b verändern kannst.

1. Untersuche, welche Auswirkungen die Parameter a und b auf den Verlauf des Graphen der Funktion haben. Wähle dazu verschiedene positive Werte für a und b.
Du kannst schrittweise vorgehen:
(1) Wähle zunächst $b = 1$ und verändere den Parameter a.
(2) Wähle $a = 1$ und verändere den Parameter b.
Beschreibe jeweils, welche Auswirkung die Veränderung der Werte für a und b auf den Verlauf des Graphen der Funktion haben.
Vergleiche mit der Kosinuskurve.

2. Verändere nun die Werte für a und b. Wähle dabei für a und b nur positive Werte.
Beschreibe, wie du den Graphen der Funktion schrittweise aus der Kosinuskurve erhältst.

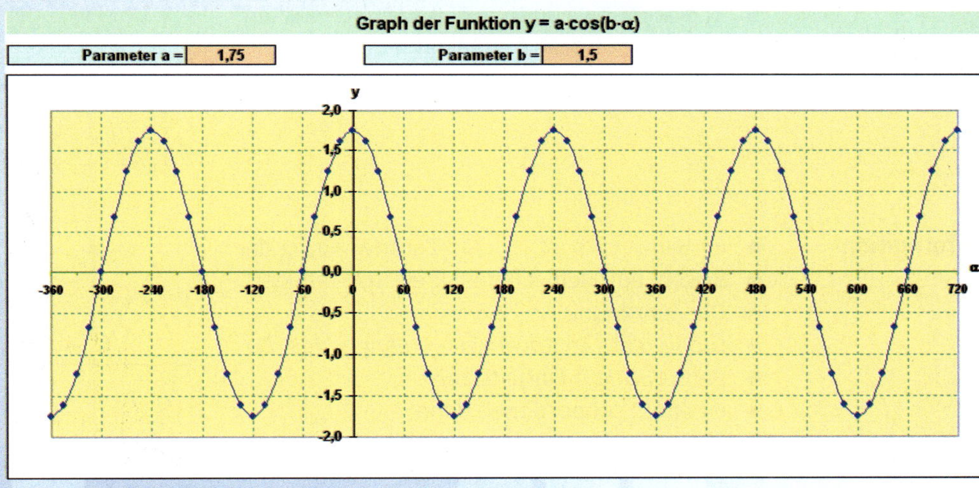

3. Untersuche die Veränderung des Graphen der Funktion, wenn für die Parameter a und b negative Werte gewählt werden.
Überlege, wie du systematisch verschiedene Fälle untersuchen kannst.
Beschreibe deine Überlegungen und notiere die Ergebnisse deiner Untersuchung.

4. Gesucht ist die Funktionsgleichung einer allgemeinen Kosinusfunktion mit den angegebenen Eigenschaften. Überprüfe mit deinem Tabellenkalkulationsprogramm.

a) Die Amplitude ist 1,8, die kleinste Periode der Funktion ist 120°.

b) Die Amplitude ist 1,3, die kleinste Periode der Funktion ist 540°.

c) Die kleinste Periode der Funktion ist 180°, an der Stelle 0 hat die Funktion den Wert $-1{,}2$.

5. Ändere dein Tabellenblatt ab und zeichne den Graphen zur Funktion mit der Gleichung $y = \cos(\alpha - 90°)$.
Welche bekannte Kurve erhältst du? Wie erhält man diese Kurve aus der Kosinuskurve.

SINUS- UND KOSINUSFUNKTION MIT ℝ ALS DEFINITIONSBEREICH

Bogenmaß eines Winkels

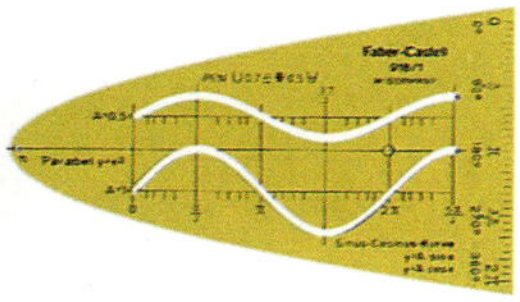

Die nebenstehenden Zeichnungen zeigen drei Graphen der Zuordnung
Größe α des Drehwinkels → Ordinate des Punktes P_α auf dem Einheitskreis,
bei denen die Länge der Strecke für den Winkelbereich von 0° bis 360° unterschiedlich gewählt wurde.
Die untere Darstellung wurde dabei mit einer im Handel erhältlichen Schablone angefertigt. Bei diesen Schablonen wird für eine Einheit auf der y-Achse stets 1 cm und für den Winkelbereich von 0° bis 360° immer eine feste Strecke verwendet (nämlich ungefähr 6,3 cm).
In diesem Abschnitt wollen wir untersuchen, wie diese Strecke festgelegt wird.

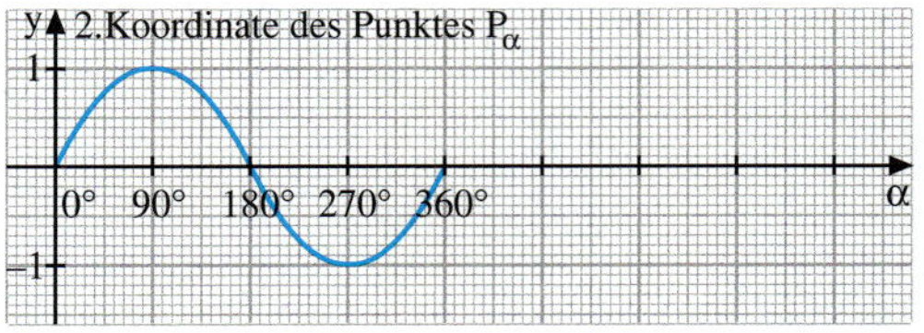

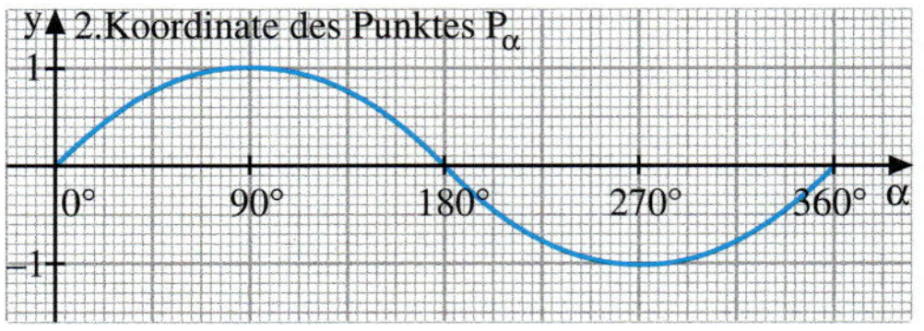

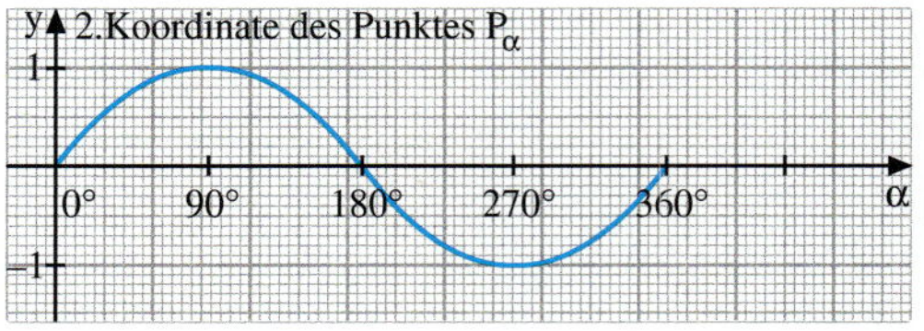

Information

Im Bild rechts ist zu dem Zentriwinkel α der Bogen auf dem Einheitskreis rot markiert.
Die Zuordnung
Größe des Zentriwinkels → Länge des Bogens auf dem Einheitskreis
ist direkt proportional, denn:
Bei doppelt (dreimal, viermal, ...) so großem Zentriwinkel ist der zugehörige Bogen des Einheitskreises auch doppelt (dreimal, viermal, ...) so lang.
Zum Vollwinkel (360°) gehört die Maßzahl 2π (≈ 6,28) der zugehörigen Bogenlänge, hier des Umfangs des Einheitskreises.
Mithilfe des Dreisatzes kann man so zu jeder Winkelgröße α (im Gradmaß) die Maßzahl x der Bogenlänge auf dem Einheitskreis berechnen (s. Tabelle rechts).
Die Zahl x nennt man das **Bogenmaß** der Winkelgröße.

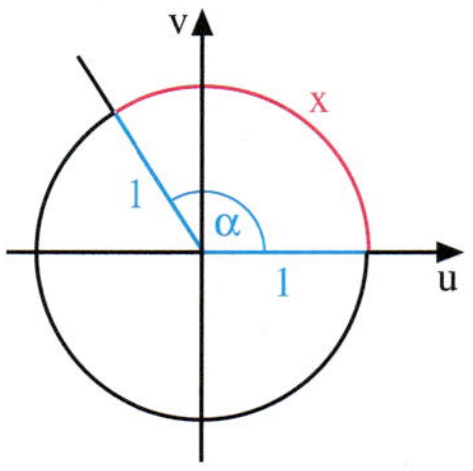

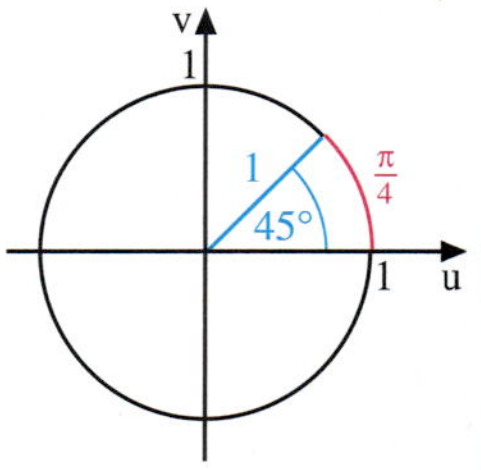

	Größe α des Zentriwinkels	Maßzahl x der Bogenlänge am Einheitskreis	
	360°	2π	
: 2	180°	π	: 2
: 180	1°	$\frac{\pi}{180°}$	: 180
· 37	37°	$37 \cdot \frac{\pi}{180°}$	· 37
	α	$\alpha \cdot \frac{\pi}{180°}$	

Die Überlegung in der Dreisatztabelle liefert die Formel: $x = \alpha \cdot \frac{\pi}{180°}$

Mit dieser Formel können wir zu jeder Winkelgröße, deren Gradmaß α bekannt ist, das zugehörige Bogenmaß x berechnen.

Löst man die Formel nach α auf, so erhält man: $\alpha = x \cdot \frac{180°}{\pi}$

Hiermit kann man umgekehrt zum Bogenmaß x das zugehörige Gradmaß berechnen.

Größen kann man in verschiedenen Einheiten messen:

Länge:
Meter ⟷ inch

Temperatur:
Grad Celsius ⟷ Grad Fahrenheit

Winkel:
Gradmaß ⟷ Bogenmaß

Unter dem **Bogenmaß x** einer Winkelgröße im Gradmaß α versteht man die Maßzahl der zugehörigen Bogenlänge im Einheitskreis.

(1) Zu dem Gradmaß α eines Winkels gehört das Bogenmaß $\mathbf{x = \alpha \cdot \frac{\pi}{180°}}$.

(2) Zu dem Bogenmaß x eines Winkels gehört das Gradmaß $\mathbf{\alpha = x \cdot \frac{180°}{\pi}}$.

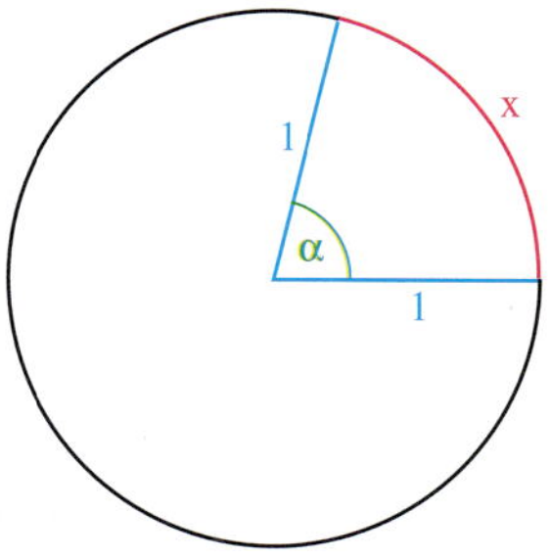

Beispiele: $\alpha = 152°$

$x = \alpha \cdot \frac{\pi}{180°}$

$x = 152° \cdot \frac{\pi}{180°}$

$x \approx 2{,}65$

$x = 5{,}5$

$\alpha = x \cdot \frac{180°}{\pi}$

$\alpha = 5{,}5 \cdot \frac{180°}{\pi}$

$\alpha \approx 315{,}1°$

Am Einheitskreis gibt das Bogenmaß eines Winkels die Länge des zum Winkel gehörenden Kreisbogens ohne Einheit an. Zum Gradmaß 360° des Vollwinkels gehört das Bogenmaß $2\pi \approx 6{,}3$. Das ist genau die Länge, die auf den handelsüblichen Schablonen für das Intervall $0° \le \alpha \le 360°$ verwendet wird (siehe 3. Bild von oben auf Seite 166).

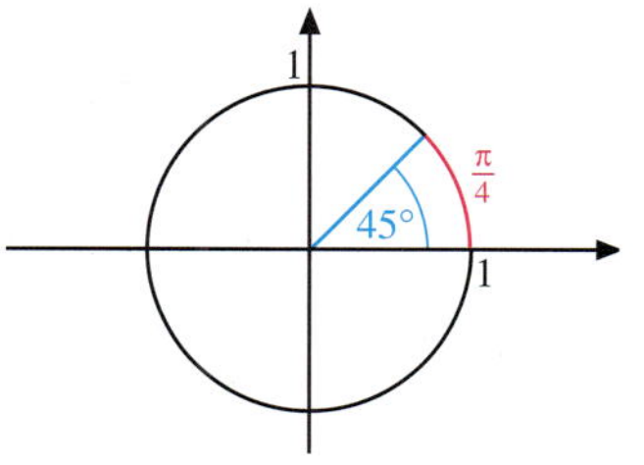

Aufgabe

1. Gib für −90°, 0°, 30°, 45°, 60°, 90°, 180°, 270°, 360° und 720° den Zusammenhang zwischen Gradmaß und Bogenmaß an. Beginne bei 90° und nutze Rechenvorteile.

Lösung

Zu dem Gradmaß $\alpha = 90°$ eines Winkels gehört das Bogenmaß $x = 90° \cdot \frac{\pi}{180°}$, also $x = \frac{\pi}{2}$.
Die weiteren Werte für das Bogenmaß ergeben sich aus der Tatsache, dass die Zuordnung zwischen Gradmaß und Bogenmaß direkt proportional ist.

180° entspricht π

(Pfeile: von 90° zu 45° „: 2“, von 90° zu 270° „· 3“; ebenso in der Zeile Bogenmaß)

Gradmaß	−90°	0°	30°	45°	60°	90°	180°	270°	360°	720°
Bogenmaß	$-\frac{\pi}{2}$	0	$\frac{\pi}{6}$	$\frac{\pi}{4}$	$\frac{\pi}{3}$	$\frac{\pi}{2}$	π	$\frac{3}{2}\pi$	2π	4π

Information

Verschiedene Winkelmaße beim Taschenrechner

Der Taschenrechner kann neben dem bisher verwendeten Gradmaß auch das Bogenmaß für Berechnungen verwenden. Dazu muss er aber auf das Bogenmaß umgeschaltet werden. Die Umschaltung zwischen den Winkelmaßen wird bei vielen Taschenrechnern mit der Taste DRG oder mithilfe der Taste MODE vorgenommen. Im Anzeigefeld wird das eingestellte Winkelmaß angezeigt. Für das Gradmaß wird dabei die Abkürzung *Deg* (Degree) und für das Bogenmaß die Abkürzung *Rad* (Radiant) verwendet. Weitere Winkelmaße, die der Taschenrechner verarbeiten kann, sind für uns ohne Bedeutung.

Auch Tabellenkalkulationsprogramme verwenden das Bogenmaß für Winkelgrößen. Siehe dazu auch Seite 151.

Zum Festigen und Weiterarbeiten

2. a) Berechne das Bogenmaß der im Gradmaß angegebenen Winkelgröße, gerundet auf Hundertstel.
58°; 150°; 12°; 1°; 250°; 300°; 570°; −210°; 34,4°; −65,8°; −299,1°

b) Berechne das Winkelmaß zu dem Bogenmaß, gerundet auf eine Stelle nach dem Komma.
(1) 4; 3; 6; 1; 5; 2; 10; −6; −1; −3
(2) 0,4; 1,4; 2,8; 3,7; 4,1; 8,2; −3,5; −7,2; −10,5
(3) 0,38; 1,45; 2,33; 3,17; 4,81; −2,42; −4,67; −8,11

Übungen

3. Gegeben sind Winkelgrößen im Gradmaß. Berechne jeweils das zugehörige Bogenmaß, gerundet auf Hundertstel.

a) 37°; 109°; 204°; 291°; 348°; 258°
b) 17,5°; 339,8°; 127,1°; 222,2°; 56,4°
c) −55°; 456°; −125°; 3 576°; −518°
d) 81,1°; −256,8°; 1 200,5°; −750,6°

4. Gegeben sind Winkelgrößen im Gradmaß. Bestimme jeweils das zugehörige Bogenmaß; gib es als Vielfaches von π an.

a) 120°; 135°; 210°; 225°; 240°; 300°; 315°; 330°
b) 15°; 75°; 105°; 165°; 195°; 285°; 405°; 465°

5. Gegeben sind Winkelgrößen im Bogenmaß. Berechne jeweils das zugehörige Gradmaß, gerundet auf Zehntel.

a) 2,67; 5,14; 0,5; 4,85; 5,34
b) 10,34; −3,25; 23,6; −1,3; 20,4
c) $\frac{3}{2}\pi$; $\frac{5}{2}\pi$; $\frac{\pi}{4}$; $\frac{3}{4}\pi$; $-\frac{7}{4}\pi$; $-\frac{11}{2}\pi$
d) $\frac{\pi}{8}$; $-\frac{3}{8}\pi$; $-\frac{5}{8}\pi$; $\frac{7}{8}\pi$; $-\frac{\pi}{6}$; $\frac{35}{12}\pi$; $-\frac{\pi}{18}$

6. Rechne jeweils in das andere Winkelmaß um, gerundet auf Zehntel.

a) 17°; 3,4°; 2,7°; 93°; 1,9°; −1,9°
b) 13,4°; 13,4; 48°; 48; −13,7°; −13,7
c) 1°; 1; −1; −1°; 5°; 5; −5; −5°
d) π; $-\frac{\pi}{2}$; 3π; $-\frac{\pi}{3}$; 4π

7. a) Welche Winkelgröße im Gradmaß hat das folgende Bogenmaß (auf Zehntel gerundet)?
(1) 5; 2; −6; 8; −5; 4 (2) 0,6; −1,3; 2,7; 3,1; −4,2

b) Welche Winkelgröße im Bogenmaß hat das folgende Gradmaß (auf Zehntel gerundet)?
(1) 56°; −159°; 14°; −1°; 256° (2) 26°; 17°; −183°; 270°; −100°

8. a) Zum Punkt P auf dem Einheitskreis gehört der Drehwinkel x im Bogenmaß mit:
(1) $x = \frac{\pi}{2}$ (2) $x = \frac{\pi}{4}$ (3) $x = \pi$ (4) $x = \frac{3}{2}\pi$ (5) $x = \frac{5}{4}\pi$
Gib alle Winkelgrößen x im Bogenmaß aus dem Intervall $-4\pi \le x \le 4\pi$ an, die dieselbe Lage des Punktes P beschreiben.

b) Zum Punkt P auf dem Einheitskreis gehört der Drehwinkel x im Bogenmaß mit:
(1) $x = \frac{7}{3}\pi$ (2) $x = \frac{19}{4}\pi$ (3) $x = \frac{25}{6}\pi$ (4) $x = -\frac{7}{4}\pi$ (5) $x = -\frac{7}{3}\pi$
Durch welche Winkelgröße im Bogenmaß aus dem Bereich $0 \le x \le 2\pi$ wird dieselbe Lage des Punktes beschrieben?

9. Zum Punkt P auf dem Einheitskreis gehört der Drehwinkel $x = k \cdot \frac{\pi}{6}$ mit k = −6; −5; −4; …; −1; 0; 1; …; 10; 11; 12.
Welche dieser Winkel beschreiben dieselbe Lage des Punktes P?

Sinus- und Kosinusfunktion

Wir haben $\sin\alpha$ als die Ordinate des Punktes P_α auf dem Einheitskreis eingeführt. Dabei haben wir die Winkelgröße α im Gradmaß angegeben. Statt dessen kann man sie auch im Bogenmaß, also durch eine reelle Zahl angeben. Wir schreiben dann x statt α für die Winkelgröße.
Entsprechendes gilt für $\cos\alpha$.

Information

(1) Die Funktion mit der Gleichung $y = \sin x$ und $\mathbb{R}$ (bzw. einer Teilmenge von $\mathbb{R}$) als Definitionsbereich heißt **Sinusfunktion**. Sie hat die (kleinste) Periode 2π.
Ihr Graph heißt auch *Sinuskurve*.

(2) Die Funktion mit der Gleichung $y = \cos x$ und $\mathbb{R}$ (bzw. einer Teilmenge von $\mathbb{R}$) als Definitionsbereich heißt **Kosinusfunktion**. Sie hat die (kleinste) Periode 2π.
Ihr Graph heißt auch *Kosinuskurve*.

Aufgabe

1. a) Zeichne den Graphen der Sinusfunktion im Intervall $-2\pi \le x \le 2\pi$; gib an der x-Achse zusätzlich die Werte für das Gradmaß an.

b) Lies am Graphen Näherungswerte für die Funktionswerte $\sin 0{,}5$; $\sin 1$; $\sin 4$; $\sin\frac{\pi}{2}$; $\sin\pi$; $\sin(-1)$; $\sin\left(-\frac{3}{2}\pi\right)$ ab.

c) Gib den Wertebereich der Sinusfunktion an.

d) Gib die Nullstellen im Intervall $-2\pi \le x \le 2\pi$ an.

Lösung

a)

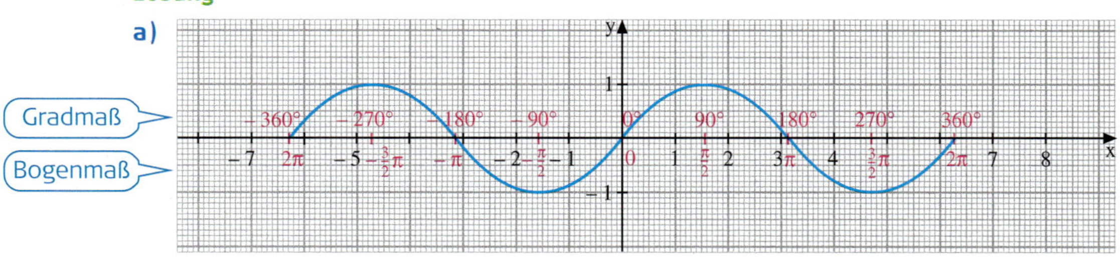

b) Unter Berücksichtigung der Ablesegenauigkeit ergibt sich: $\sin 0{,}5 \approx 0{,}5$; $\sin 1 \approx 0{,}8$; $\sin\frac{\pi}{2} = 1$; $\sin 4 \approx -0{,}8$; $\sin\pi = 0$; $\sin(-1) \approx -0{,}8$; $\sin\left(-\frac{3}{2}\pi\right) = 1$.

c) Der größte Funktionswert der Sinusfunktion ist 1, der kleinste Funktionswert ist -1. Der Wertebereich der Sinusfunktion besteht aus allen reellen Zahlen y mit $-1 \le y \le 1$.

d) Nullstellen sind: -2π; $-\pi$; 0; π; 2π.

Zum Festigen und Weiterarbeiten

2. a) Zeichne den Graphen der Kosinusfunktion im Intervall $-2\pi \le x \le 2\pi$.

b) Lies am Graphen Näherungswerte für die Funktionswerte $\cos 0{,}5$; $\cos 1$; $\cos\frac{\pi}{2}$; $\cos\pi$; $\cos(-1)$; $\cos(-0{,}5)$; $\cos(-\pi)$ ab.

c) Gib den Wertebereich der Kosinusfunktion an.

d) Gib die Nullstellen im Intervall $-2\pi \le x \le 2\pi$ an.

3. Stelle auf dem Taschenrechner den Modus *Rad* ein. In diesem Modus erhält man direkt zu jeder reellen Zahl die Werte der Sinus- und Kosinusfunktionen.
Gib auf vier Stellen nach dem Komma gerundet an:

a) sin 1,2; sin(−2,7); sin 7,9 **b)** cos 3,4; cos(−3,1); sin 0,8

Information

Die Sinusfunktion besitzt die Zahl 1 als größten Funktionswert und die Zahl −1 als kleinsten Funktionswert.
Der Wertebereich der Sinusfunktion ist die Menge aller reellen Zahlen y mit $-1 \leq y \leq 1$.

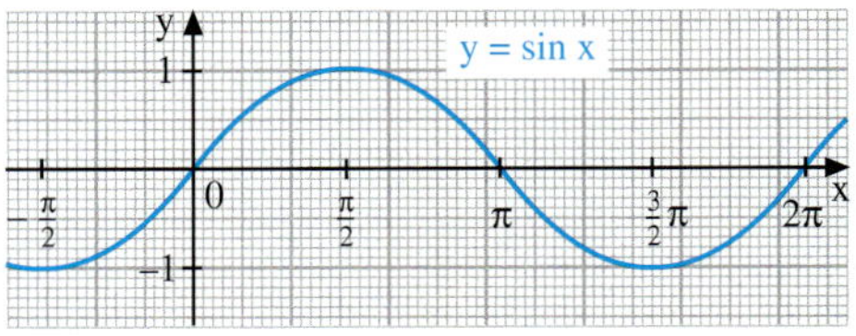

Die Kosinusfunktion besitzt die Zahl 1 als größten Funktionswert und die Zahl −1 als kleinsten Funktionswert.
Der Wertebereich der Kosinusfunktion ist die Menge aller reellen Zahlen y mit $-1 \leq y \leq 1$.

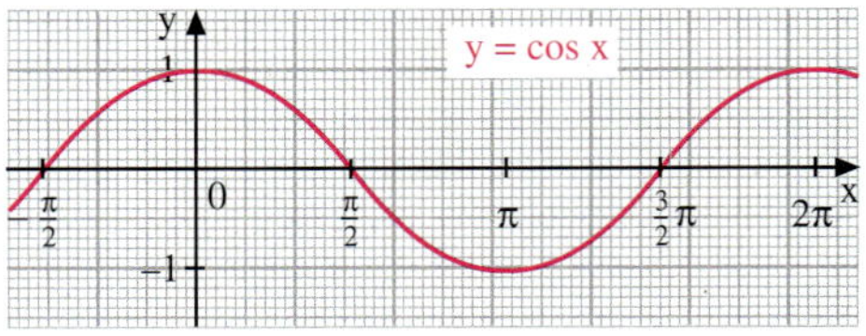

Übungen

4. Fülle die Tabelle im Heft aus.

x	0	$\frac{\pi}{6}$	$\frac{\pi}{4}$	$\frac{\pi}{3}$	$\frac{\pi}{2}$	$\frac{3}{2}\pi$	$\frac{3}{4}\pi$	$\frac{5}{6}\pi$	π	$\frac{7}{6}\pi$	$\frac{5}{4}\pi$	$\frac{4}{3}\pi$	$\frac{3}{2}\pi$	$\frac{5}{3}\pi$	$\frac{7}{4}\pi$	$\frac{11}{6}\pi$	2π
sin x																	
cos x																	

5. Bestimme:

a) $\sin\left(-\frac{\pi}{2}\right)$ **c)** $\sin\left(\frac{11}{4}\pi\right)$ **e)** $\sin\left(\frac{17}{6}\pi\right)$ **g)** $\sin(9\pi)$ **i)** $\sin\left(\frac{11}{3}\pi\right)$

b) $\cos\left(-\frac{3}{4}\pi\right)$ **d)** $\cos(-5\pi)$ **f)** $\cos\left(\frac{17}{6}\pi\right)$ **h)** $\cos\left(\frac{15}{2}\pi\right)$ **j)** $\cos\left(-\frac{15}{4}\pi\right)$

6. Bestimme mit dem Taschenrechner, gerundet auf 4 Stellen nach dem Komma.

a) sin 2,54; sin(−4,8) **c)** sin 1,56; sin(−2,5) **e)** sin 5,96; sin(−16,7) **g)** sin(−9,16); sin(−1,46) **i)** sin 1,95; sin(−8,9)

b) cos (−3,5); cos 3,9 **d)** cos 2,84; cos(−0,9) **f)** cos 2,75; cos(−14,9) **h)** cos(−5,84); cos 16,1 **j)** cos(−1,4); cos(−0,85)

7. Für welche Argumente im Intervall $-2\pi \leq x \leq 2\pi$ nimmt (1) die Sinusfunktion, (2) die Kosinusfunktion den größen Wert 1, den kleinsten Wert −1 an?

8. Zeichne den Graphen (1) der Sinusfunktion, (2) der Kosinusfunktion im Intervall

a) $-2\pi \leq x \leq 4\pi$; **b)** $-4\pi \leq x \leq 2\pi$; **c)** $0 \leq x \leq 6\pi$.

Gib in dem angegebenen Intervall die Nullstellen an.

9. Zeichne den Graphen (1) der Sinusfunktion, (2) der Kosinusfunktion im Intervall $-2\pi \leq x \leq 4\pi$. Lies am Graphen zu den Werten −0,3; 0,3; −0,8; 0,8 jeweils die zugehörigen Winkel im Bogenmaß ab. Kontrolliere mit dem Taschenrechner.

BIST DU FIT?

1. Bestimme die Funktionswerte.

a) $\sin 90°$ **b)** $\sin 210°$ **c)** $\cos(-270°)$ **d)** $4\sin(-33°)$ **e)** $\sin 270°$ **f)** $\sin(-420°)$ **g)** $\cos 420°$ **h)** $5\sin 120°$

2. Gegeben ist die Funktion mit $y = 2\sin\alpha$.

a) Skizziere den Graphen der Funktion im Intervall $-180° \leq \alpha \leq 540°$.

b) Gib die Nullstellen im genannten Intervall an.

c) In welchen Intervallen steigt der Graph, in welchen fällt er?

d) Der Punkt $P(30° \mid y)$ soll zum Graphen der Funktion gehören. Berechne die fehlende Koordinate.

3. Die Abbildung zeigt den Graphen einer Funktion mit der Gleichung $y = a \cdot \sin\alpha$ im Intervall $0° \leq \alpha \leq 720°$.

a) Gib für die Funktion die Funktionsgleichung an.

b) Gib die Nullstellen aus dem Intervall $0° \leq \alpha \leq 720°$ an.

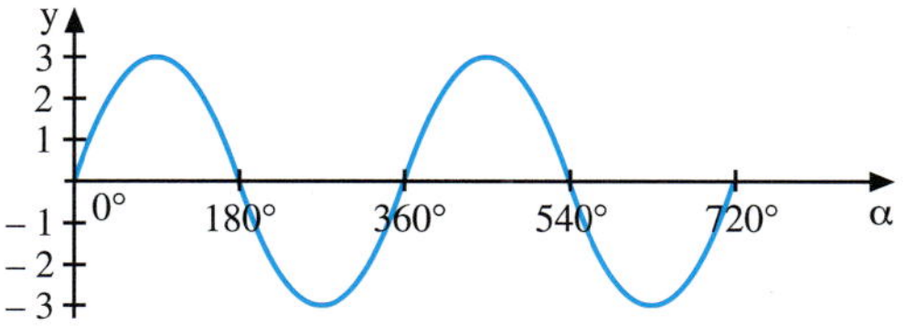

4. Die Abbildung zeigt den Graphen einer Funktion mit der Gleichung $y = a \cdot \sin(b \cdot \alpha)$ im Intervall $-180° \leq \alpha \leq 540°$.

a) Gib für die Funktion die Funktionsgleichung an.

b) Gib die Nullstellen aus dem Intervall $-180° \leq \alpha \leq 540°$ an.

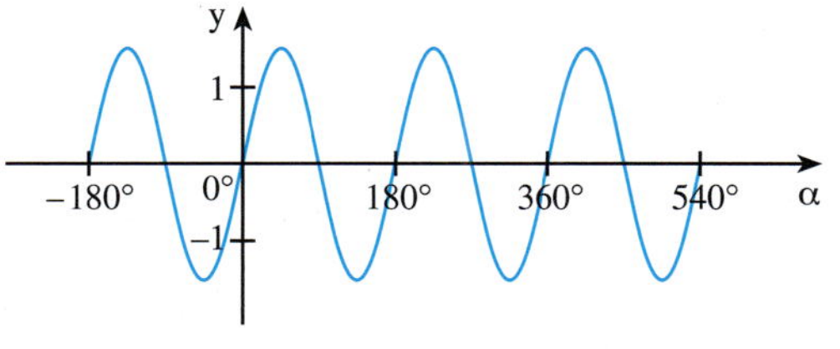

5. Durch die Gleichung $y = a \cdot \sin\alpha$ $(a > 0)$ ist eine Funktion gegeben.

a) Der Wertebereich der Funktion ist $-2{,}8 \leq y \leq 2{,}8$. Bestimme a und notiere die Funktionsgleichung.

b) Der Punkt $A(90° \mid 4)$ gehört zum Graphen der Funktion mit der angegebenen Gleichung. Bestimme a und notiere die Funktionsgleichung.

6. Rechne um.

a)

Gradmaß α	360°	30°	−120°			
Bogenmaß x (als Vielfaches von π)				4π	$-\frac{2}{3}\pi$	$\frac{\pi}{12}$

b)

Gradmaß α	81°	−115,4°	222°			
Bogenmaß x (als Dezimalbruch)				2,55	−0,55	10

7. Gegeben ist die Funktion mit $y = 2{,}5\sin x$ und $x \in \mathbb{R}$.

a) Skizziere den Graphen der Funktion im Intervall $-\pi \leq x \leq 3\pi$.

b) Gib die Nullstellen im genannten Intervall an.

c) Gib den Wertebereich der Funktion an.

Aufgabenpraktikum

$R = \frac{U}{I}$

1 cm²	=	100 mm²
1 dm²	=	100 cm²
1 m²	=	100 dm²
1 a	=	100 m²
1 ha	=	100 a
1 km²	=	100 ha

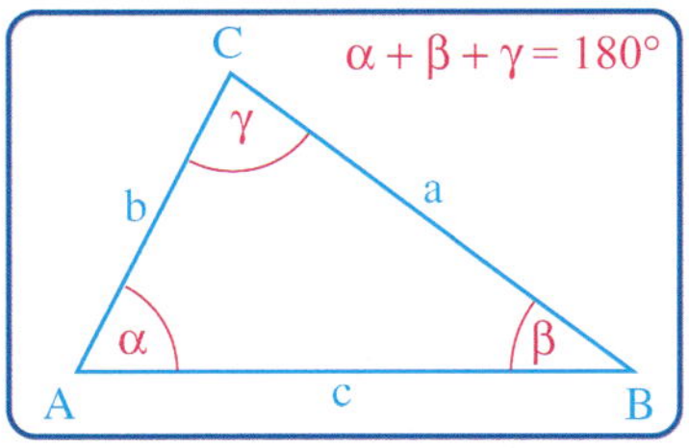

$A = \frac{g \cdot h}{2}$

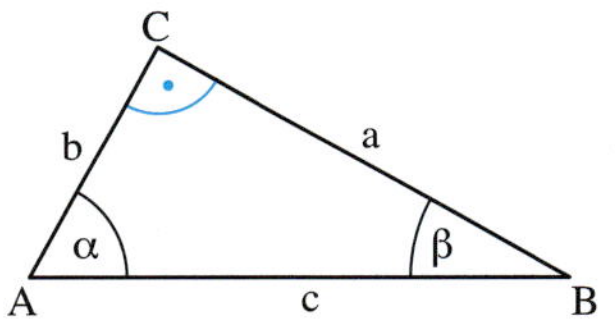

$c^2 = a^2 + b^2$

$\sin\alpha = \frac{a}{c}$

$\sin\beta = \frac{b}{c}$

$m = \rho \cdot V$

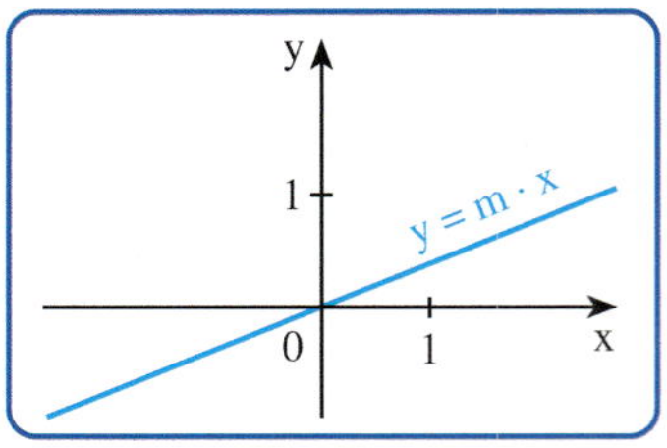

$A_O = 2 \cdot A_G + A_M$

$25\% = \frac{1}{4} = 0{,}25$

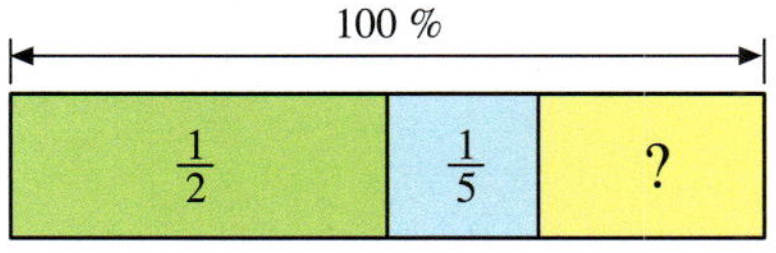

$V = a^3$

$1\% = \frac{1}{100} = 0{,}01$

ÜBUNGEN ZU VERSCHIEDENEN BEREICHEN

1. a) Berechne: $(8a + 3)\left(\frac{1}{2}a - 2b\right)$

b) Eine Schraubenfeder aus dem Physikkabinett dehnt sich durch Einwirken einer Kraft von 3 N um 1,2 cm aus.
(1) Welche Ausdehnung entsteht bei einer Kraft von 5 N?
(2) Welche Kraft wirkt bei einer Ausdehnung von 2,8 cm?

c) Berechne die Länge x der Seite $\overline{BC}$ im Dreieck SBC.

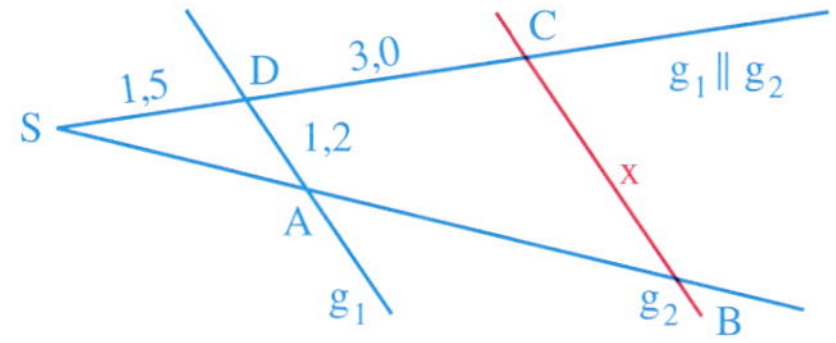

d) Vergleiche 2^3 mit 3^2; π mit 3,14; 0,3 mit $\frac{1}{3}$.

e) Ordne die Seiten von jedem der folgenden Dreiecke der Größe nach.
(1) $\alpha = 65°$; $\beta = 25°$; $\gamma = 90°$
(2) $a = 5\frac{1}{3}$ cm; $b = 5\frac{1}{5}$ cm; $c = 5{,}3$ cm
(3) $\alpha = 72°$; $\gamma = 45°$
(4) $\beta = 94°$; $a = 4{,}2$ cm; $c = 7{,}9$ cm

f) Wie groß ist ungefähr
(1) der Flächeninhalt? (2) das Volumen?

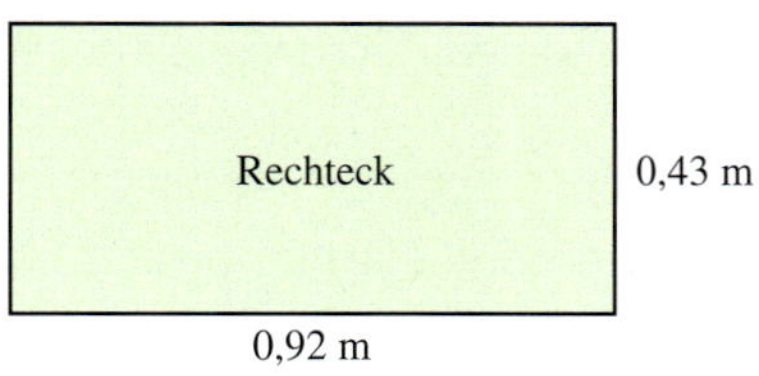

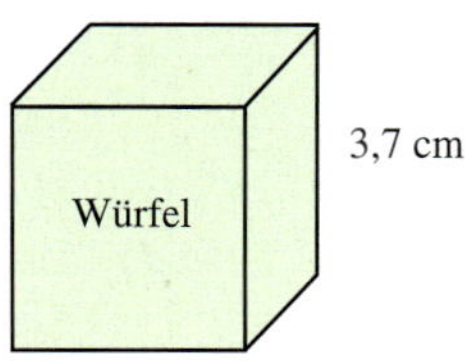

g) Wie groß ist die Wahrscheinlichkeit, beim einmaligen Würfeln
(1) eine durch 3 teilbare Zahl zu würfeln; (2) eine Primzahl zu würfeln?

h) Was kostete der 3. Artikel?

$$\begin{array}{r} 4{,}15\ € \\ +\ 13{,}99\ € \\ +\ \square\ € \\ \hline 25{,}74\ € \end{array}$$

i) Ein Holzbrett ist 1,80 m lang. Es wird in Stücke zu je 15 cm zersägt.
Wie viele Schnitte sind notwendig?

j) (1) Schreibe die Zahl „sechsmillionensiebenundzwanzigtausendfünfhundertsieben" mit Ziffern.
(2) Eine natürliche Zahl und ihr Nachfolger ergeben als Summe 157.
Wie heißen die beiden Zahlen?

2. a) Schreibe ohne Zehnerpotenz:
(1) 10^6 (2) $4{,}3 \cdot 10^2$ (3) 10^{-2} (4) $1{,}5 \cdot 10^{-3}$ (5) $0{,}028 \cdot 10^4$

b) Stelle die folgende Flächeninhaltsformel eines Kreises nach r um: $A = \pi r^2$

c) Berechne:
(1) 25% von 1 200 €; (2) 1% von 376 kg; (3) 4% von 70 t; (4) 150% von 30 m^2

d) Welche Terme haben den gleichen Wert wie $4(x - 2)$?
(1) $4x - 4$ (2) $2(2x - 4)$ (3) $8x - 4$ 4) $4(2x - 1)$ (5) $4x - 8$

e) Für welches x ($x \in \mathbb{R}$) ist der Term $\frac{3}{16 - 2x}$ nicht definiert?

Auf der nächsten Seite geht es weiter.

f) Setze das richtige Rechenzeichen, damit eine wahre Aussage entsteht:
4 ▢ 3 ▢ 7 = 25

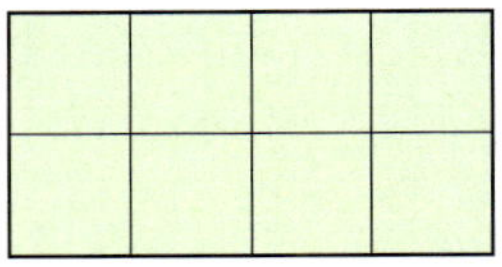

g) Wie viele Quadrate zählst du in der Figur rechts?

h) Berechne den Umfang und den Flächeninhalt des Kreises (es sei $\pi \approx 3{,}14$).
(1) r = 2 cm (2) d = 10 m (3) d = 200 km

i) Kann man 5 000 *l* in ein Wasserbecken mit a = 6,0 m; b = 2,0 m; h = 50,0 cm füllen?

j) Wie viele Straßenlampen müssen beidseitig einer 500 m langen Straße aufgestellt werden, wenn der Lampenabstand 50 m betragen soll und am Anfang und Ende der Straße auch eine Lampe steht?

3. a) Vereinfache den Term $3r(0{,}5 - 2r) + (r - 2)^2 - 2{,}5r^2$.

b) Gib den Dezimalbruch mit abgetrennten Zehnerpotenzen an:
(1) 63 780 (2) 4 527,51 (3) 0,000475.

c) Schreibe als Term:
Das Quadrat einer ungeraden Zahl vermehrt um 7.

d) Ermittle eine Funktionsgleichung der Form $y = mx + n$ für die rechts abgebildete Gerade.

zu **d)**

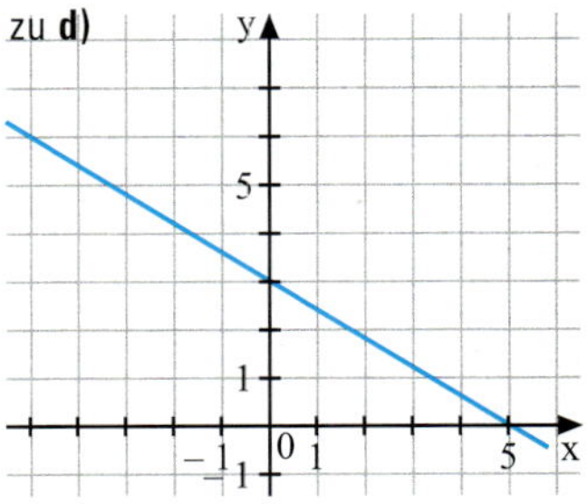

e) Schätze den Umfang und den Flächeninhalt des Kreises (es sei $\pi \approx 3$) mit einer Überschlagsrechnung.
(1) d = 3,9 cm (2) r = 7,2 cm (3) d = 48,7 m

f) Wie viele Ecken, Kanten und Flächen besitzt ein dreiseitiges Prisma? Skizziere ein Schrägbild und ein Netz des Prismas.

g) Die 45 Schüler der zehnten Klassen haben für 720 € einen Bus für die Abschlussfahrt gemietet.
(1) Wie viel musste jeder Schüler zahlen?
(2) Wegen Krankheit konnten jedoch 5 Schüler nicht mitfahren. Wie viel muss jeder Schüler nachzahlen?

h) Für eine Jacke wurde der Preis um 25 % gesenkt und sie kostet jetzt nur noch 60 €. Wie teuer war sie vorher?

i) Welches Volumen hat der Körper?

(1)

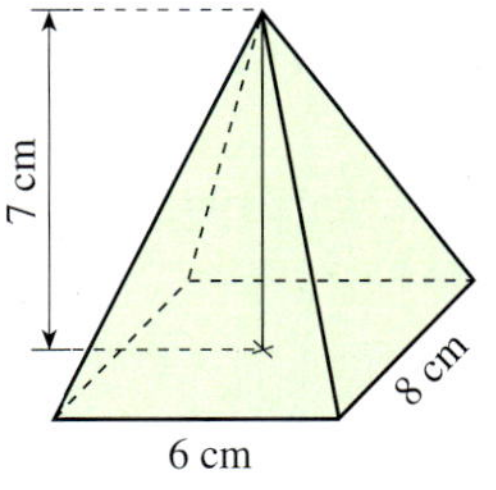

(2)

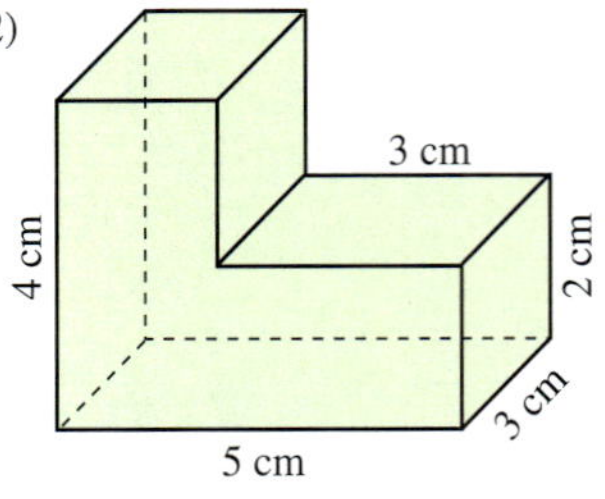

j) Wie lange ist der Zug jeweils unterwegs? Ergänze in deinem Heft.

	Abfahrt	Ankunft	Fahrzeit
(1)	7.10 Uhr	9.30 Uhr	
(2)	16.43 Uhr	22.37 Uhr	
(3)	21.37 Uhr	1.49 Uhr	

4. **a)** Es sollen a der (absolute) Betrag von $-8{,}2$ und b die Gegenzahl (entgegengesetzte Zahl) von 5,6 sein.
Berechne von a und b die Summe, die Differenz und das arithmetische Mittel.

b) Vereinfache die Terme.
(1) $2{,}5xy^2 \cdot 4xy^3$ (2) $(1{,}5a - 7)(1{,}5a - 7)$ (3) $(15x^2 - 0{,}6) : 0{,}3$

c) Stelle die Gleichung $V = \frac{\pi r^2 h}{3}$ für das Volumen eines Kreiskegels nach r um.

d) Berechne jeweils den Flächeninhalt der Figuren.

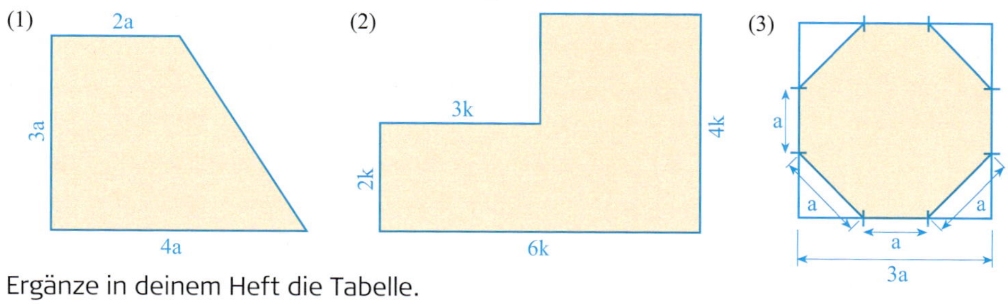

e) Ergänze in deinem Heft die Tabelle.

1 %	3 %	10 %	20 %	50 %	100 %	116 %
	6,30 €					

f) Beim Lotto „6 aus 49" wird von den 49 Kugeln die erste Zahl gezogen.
Was ist wahrscheinlicher? Die gezogene Zahl
(1) ist unter 30; (2) ist eine gerade Zahl; (3) enthält eine „5".

g) Berechne
(1) $\frac{1}{2}$ h + 25 min; (2) ein Viertel von 2 m; (3) 20 % von 1,5 kg.

h) Zeichne für folgende Körper das Netz auf Millimeterpapier.

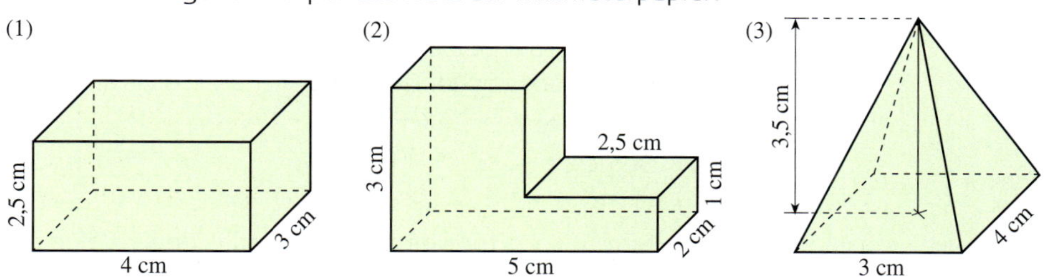

i) Ordne: $-2{,}3$; $\frac{1}{5}$; $2\frac{3}{10}$; $-\frac{9}{2}$; $\sqrt{9}$; $-(-2)$.

5. **a)** Runde
(1) 474 387 auf Tausender; (2) 25,4735 auf Hundertstel; (3) 239,57 auf Ganze.

b) Es soll $a = 4$; $b = -2{,}5$; $c = 0{,}2$ sein.
Berechne die Terme $a + b - c$ und $\frac{a-b}{c}$.

c) Verwandle die Teme durch Ausklammern in Produkte.
(1) $33xy^2 - 44xy + 22y$ (2) $0{,}25xy - 10x^2 + 5x$

d) Gib die Größe der fehlenden Winkel an.

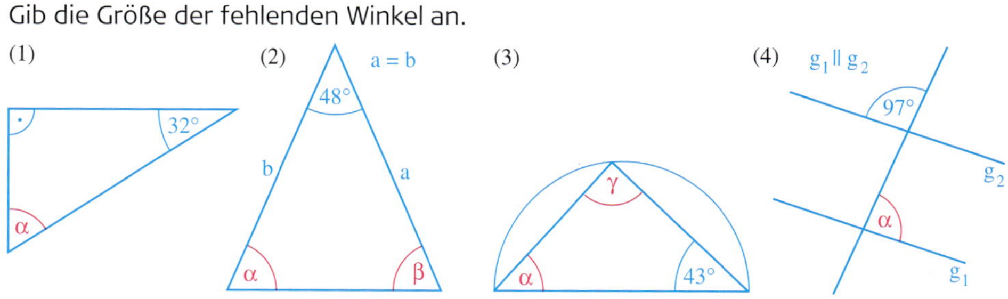

Auf der nächsten Seite geht es weiter.

e) Wie groß ist der Unterschied zwischen
(1) 0,9 und 0,10; (2) $-3{,}2$ und 1,7; (3) $\frac{1}{4}$ und $\frac{1}{5}$?

f) Mit welcher der Formeln lässt sich das Volumen des Prismas berechnen?

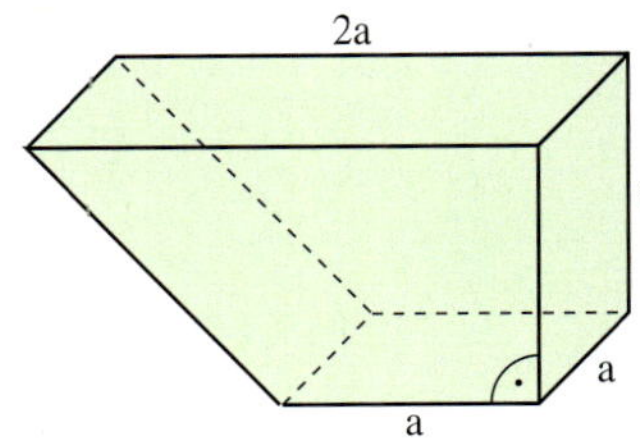

(1) $V = a \cdot a \cdot a$
(2) $V = a \cdot a \cdot a + \frac{a \cdot a \cdot a}{2}$
(3) $V = \frac{(a + 2a) \cdot a}{2} \cdot a$
(4) $V = 1{,}5\,a^3$

g) Erhöhe die folgende Größenangabe jeweils um 10 %:
(1) 80 m (2) 85 kg (3) 1 345 € (4) 1 h

h) Eine Keramikfirma stellt am Tag 5 000 Blumenübertöpfe her. Erfahrungsgemäß sind ca. 150 Töpfe fehlerhaft. Wie viel Prozent sind das?
(1) 0,5 % (2) 30 % (3) 3 % (4) $33\frac{1}{3}$ %

i) Wie viele Tassen Kakao sind etwa im Topf, wenn der ganze Topf 3 Liter fasst?

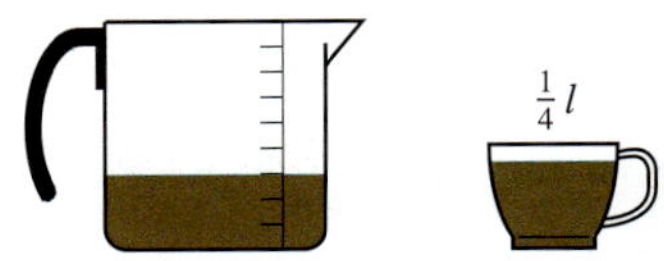

j) Teile das Hufeisen links mit 2 Geraden in 6 Stücke.

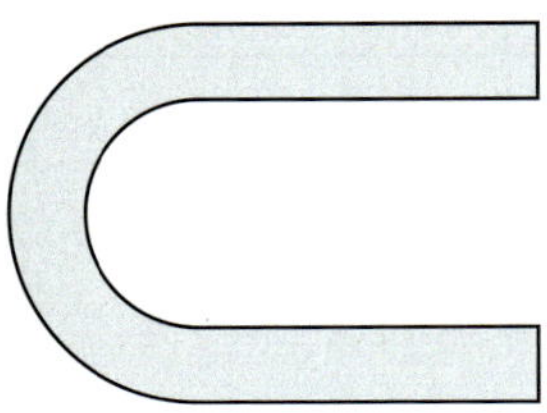

6. a) Ergänze:

a	4	−3	1,5	2	0	
3a − 2						13

b) In der Figur rechts soll $\alpha = 35°$ sein. Wie groß ist β?

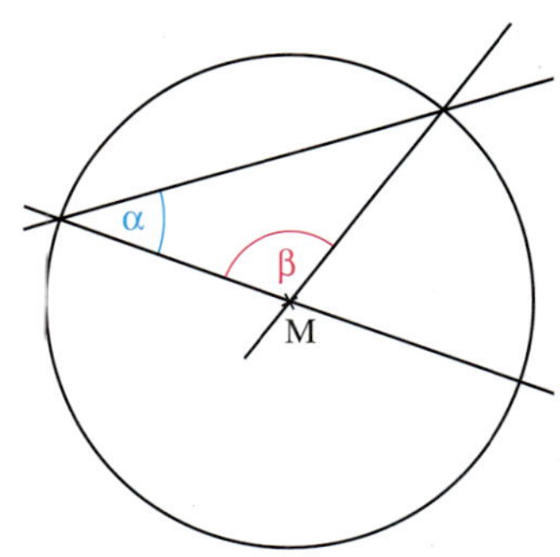

c) Welches der beiden Zahlenpaare (2 | 1) und (1 | 2) ist sowohl Lösung der Gleichung $y = 3x - 1$ als auch der Gleichung $y = -2x + 4$?

d) Berechne x.
(1) $x^2 + x - 12 = 0$ (2) $4x^2 - 1 = 0$

e) Birgit soll für das Prisma mit dem Volumen $V = 72\ cm^3$ die Höhe ermitteln. Welche Höhe kreuzt sie an?
(1) 6 cm (2) 12 cm (3) 3 cm

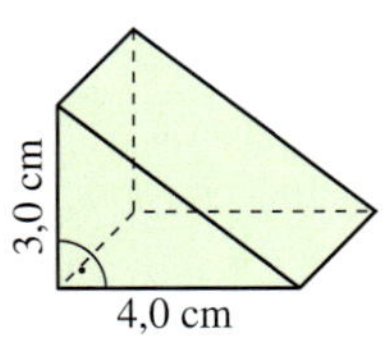

f) 3 Traktoren brauchen zum Pflügen einer Fläche 36 Stunden. Wie lange brauchen 2 Traktoren für dieselbe Fläche?

g) Welches Ergebnis ist richtig für 1 Stunde und 15 Minuten?
(1) 1,15 h (2) 1,25 h (3) 115 min (4) $1\frac{1}{4}$ h

h) Gib vier verschiedene Möglichkeiten für die Seitenlängen eines Rechtecks an, dessen Flächeninhalt $36\ cm^2$ ist.

	1. Rechteck	2. Rechteck	3. Rechteck	4. Rechteck
Länge				
Breite				

Auf der nächsten Seite geht es weiter.

i) Löse die Klammern auf.
(1) $-0{,}5\,ab(2-3a)$ (2) $(2x-0{,}5y)^2$ (3) $(3a-0{,}5)(3a+0{,}5)$

j) Vervollständige für $y = x^2 - 3x + 2$ die Wertetabelle.

x	2	1	0	−1	−2
y					

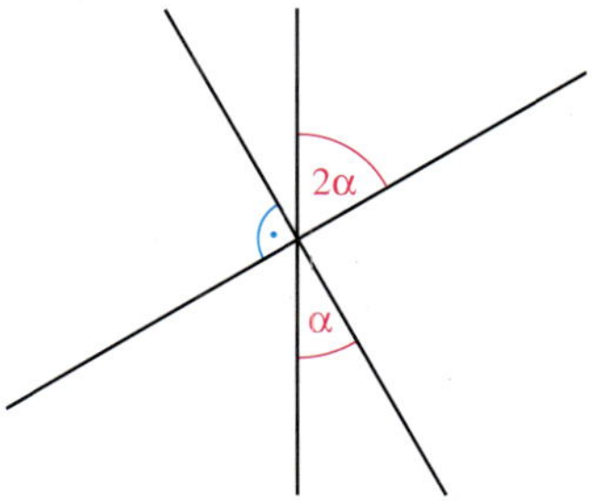

k) Wie groß ist in der Figur rechts der Winkel α?

l) (1) Berechne 10 % von 36 €.
(2) 15 kg sind 20 %. Wie viel sind 100 %?
(3) Wie viel Prozent sind 13 m von 52 m?

7. a) (1) Gib zwei Zahlen an, die zwischen 0,2 und 0,21 liegen.
(2) Gib zwei Zahlen an, die zwischen $\frac{1}{5}$ und $\frac{1}{4}$ liegen.

		4,0
	4,3	
4,6	4,9	

b) Die Summe in den Spalten, Zeilen und Diagonalen rechts soll gleich sein. Vervollständige das Quadrat.

c) Im Weitsprung wurden folgende Weiten erreicht:
3,14 m; 4,80 m; 2,78 m; 3,67 m; 3,64 m; 4,33 m; 2,80 m; 4,44 m; 3,46 m; 4,08 m; 3,77 m.
Gib das arithmetische Mittel und den Median an.

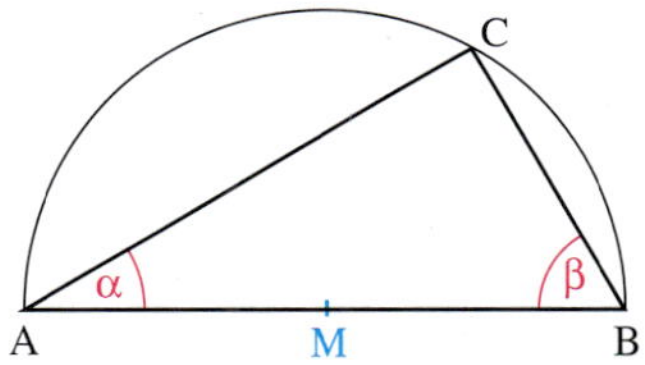

d) Ermittle die Größen von α und β, wenn β doppelt so groß wie α ist.

e) Berechne von dem Quader rechts
(1) den Grundflächeninhalt,
(2) das Volumen,
(3) den Oberflächeninhalt und
(4) die gesamte Kantenlänge.

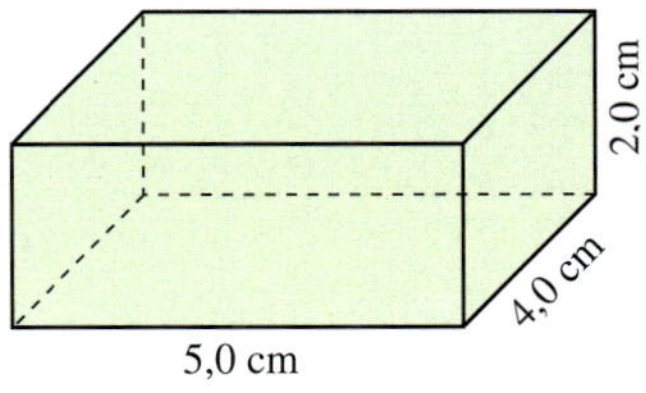

f) Ein sehr alter Baum hat einen Stammumfang von 4,37 m.
Schätze den Durchmesser mit einer Überschlagsrechnung ab.

g) Ein Ergebnis ist immer richtig. Notiere es in deinem Heft.

(1) 223 · 1,8	(2) 852 : 24	(3) 32 : 0,4	(4) 299,2 : 0,425
■ 40,14	■ 0,355	■ 800	■ 7,5
■ 401,4	■ 355	■ 0,8	■ 127,16
■ 4014	■ 35,5	■ 8	■ 7040
■ 4,014	■ 3,55	■ 80	■ 704

h) In einer Schachtel sind 5 rote, 4 schwarze und 3 gelbe Kugeln. Mit welcher Wahrscheinlichkeit wird eine
(1) gelbe Kugel gezogen; (2) Kugel, die nicht gelb ist, gezogen?

i) Zeichne den Graphen der Funktion, ohne eine Wertetabelle aufzustellen.
(1) $y = \frac{3}{4}x$ (2) $y = -1{,}2x$ (3) $y = 2{,}5x - 1$ (4) $y = -x + 3$

j) Welche Zahl steht an der markierten Stelle?
(1) 7 · ■ + 32 = 95
(2) (8 · ■ − 12) · 2 = 152

8. a) Ermittle x.

(1) $8x - 10 = -34$ (2) $3^x = 27$ (3) $2x - 5 = 5x + 10$

b) Durch die Gleichung $y = 2x - 3$ ($x \in \mathbb{R}$) ist eine lineare Funktion gegeben. Zeichne die zugehörige Gerade in ein Koordinatensystem (Einheit 1 cm). Berechne die Nullstelle.

c) Für eine Geldanlage von 5 000 € erhielt man nach einem Jahr 150 € Zinsen. Wie hoch war der Zinssatz?

d) Ergänze die fehlende Zahl bei

(1) Proportionalität;

a	1,4	
b	4	12

(2) Antiproportionalität.

x	2,5	5
y	4	

e) Benenne die Körper möglichst genau.

(1)

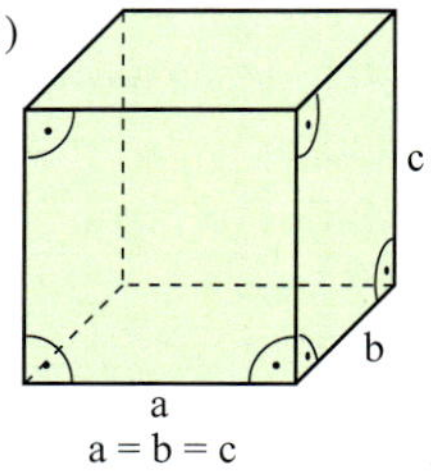

(2)

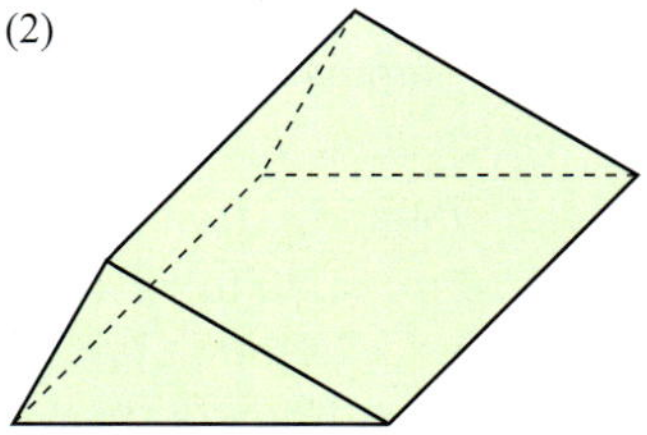

(3)

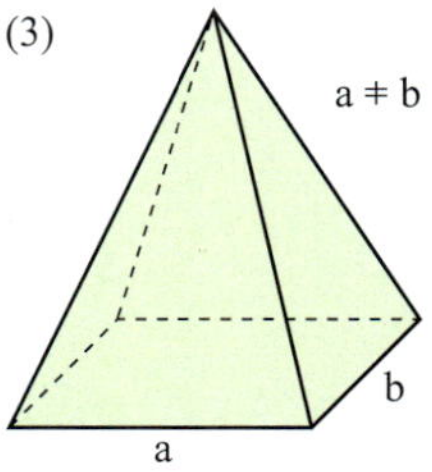

(4)

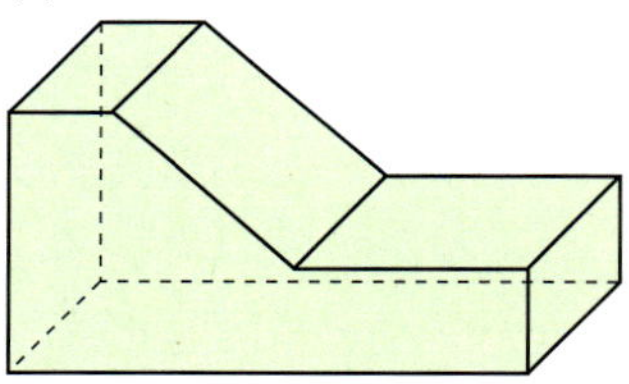

(5)

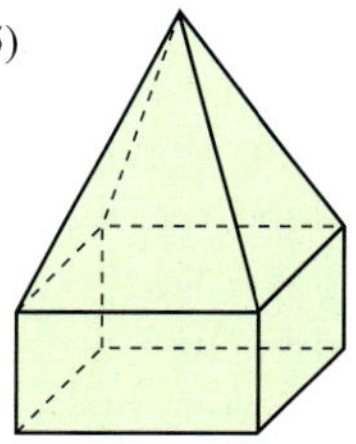

(6)

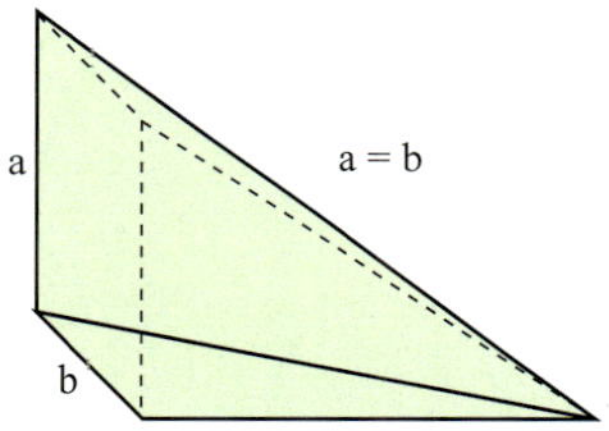

f) Carsten kauft 200 g Jagdwurst, 150 g Salami und $\frac{1}{4}$ kg Hackfleisch.
Was bekommt er beim Bezahlen mit einem 20 €-Schein zurück?

100 g Jagdwurst:	0,65 €
100 g Salami:	1,10 €
100 g Hackfleisch:	0,40 €

g) Welche der Angaben liegt näher an einer vollen Stunde?

(1) 52 min (2) $\frac{9}{10}$ h (3) 3 300 s (4) $1\frac{1}{4}$ h

h) Berechne die durchschnittliche Masse:

$3\frac{1}{2}$ kg; 0,75 kg; 2 100 g; $\frac{3}{4}$ kg; 650 g.

i) Berechne die Wahrscheinlichkeit für das Ziehen einer „5“ auf dem Glücksrad.

(1)

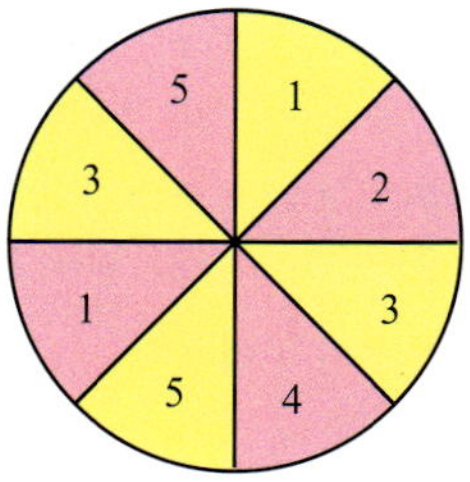

(2)

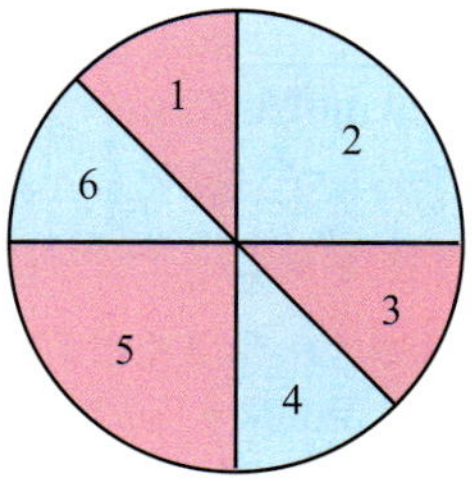

(3)

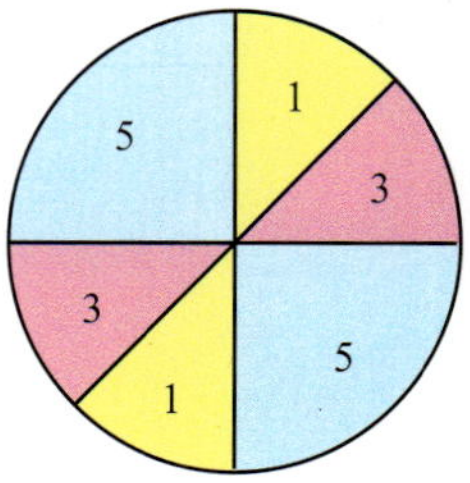

j) Eine Schnecke kriecht vom Erdboden aus eine 10 m hohe Mauer hinauf. Vormittags schafft sie 3 m nach oben, nachmittags rutscht sie wieder 2 m zurück.
Am wie vielten Vormittag ist sie auf der Mauer angekommen?

9. a) Im Sportunterricht erhielt Johann folgende Zensuren:
2 1 3 4 3 2 2 3 2 1.
Berechne seinen Zensurendurchschnitt.

b) Bestimme die Größe des Winkels α.

(1)
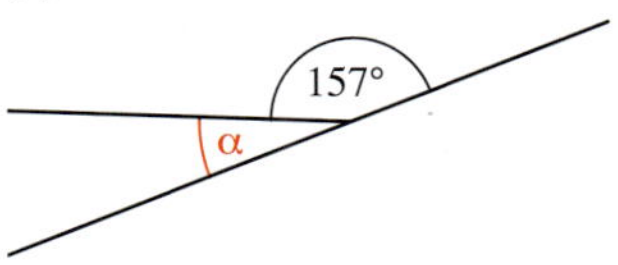

(2)
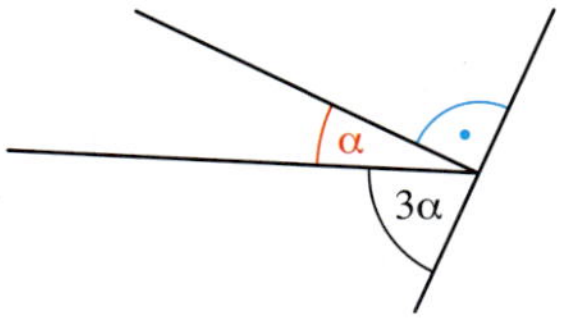

(3)
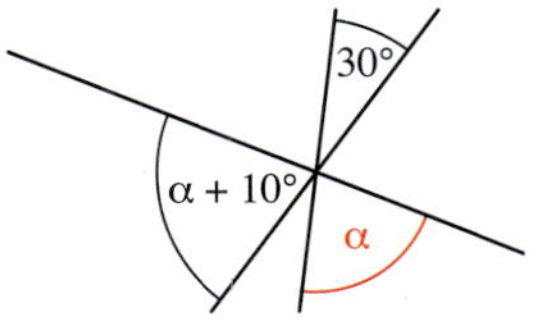

c) Welche Zahl kannst du für x einsetzen?
(1) $7 \cdot x + 32 = 95$ (2) $x : 6 = 0{,}5$ (3) $2^x = 32$ (4) $\sqrt{x} = 11$ (5) $1000 = 10^x$

d) Ergänze in deinem Heft:

Gemeiner Bruch	Prozentsatz	Dezimalbruch
	17 %	
		0,37
$\frac{3}{50}$		
	119 %	
		1,5

e) Berechne für den Quader
(1) den Flächeninhalt der größten Seitenfläche;
(2) den Oberflächeninhalt;
(3) die Länge der kürzesten Seitenflächendiagonale;
(4) das Volumen.

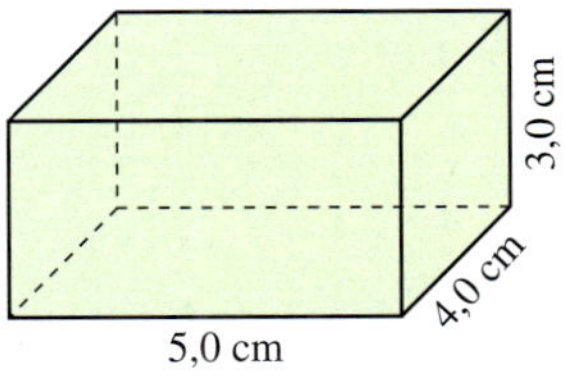

f) Welcher Teil sind 965 g von 19,2 kg näherungsweise?
(1) der zehnte Teil (2) die Hälfte (3) 20% (4) der zwanzigste Teil

g) Gib die Funktionsgleichungen in der Form $y = mx + n$ bzw. $y = (x + d)^2 + e$ und die Nullstellen für die rechts abgebildeten Graphen an.

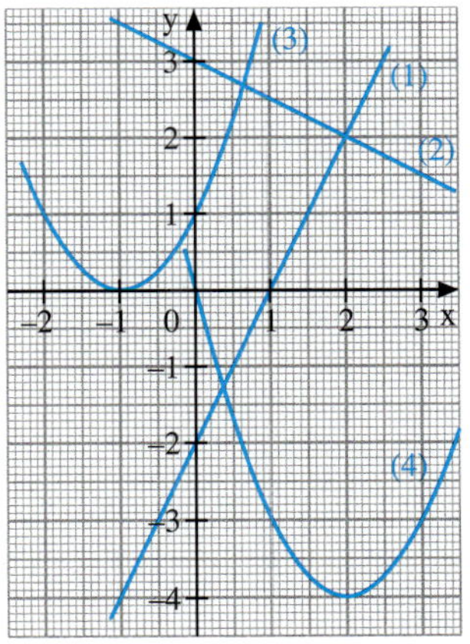

h) Gib je zwei Zahlen an, die auf der Zahlengeraden
(1) zwischen 1,71 und 1,72 liegen;
(2) zwischen $\frac{1}{5}$ und $\frac{1}{4}$ liegen.

i) Für eine Geldanlage von 3 000 € erhält Frau Sparsam von ihrer Bank nach einem Jahr 120 € Zinsen.
Wie hoch war der Zinssatz ihrer Geldanlage?

j) Aus welchen geometrischen Körpern wurde das Werkstück zusammengesetzt?

(1)
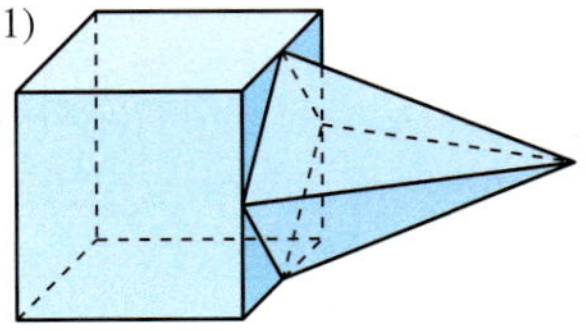

(2)
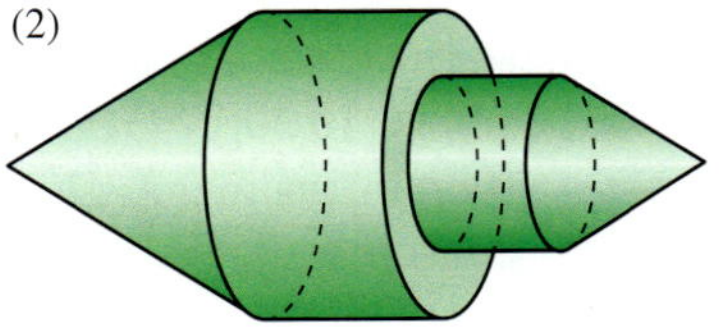

(3)
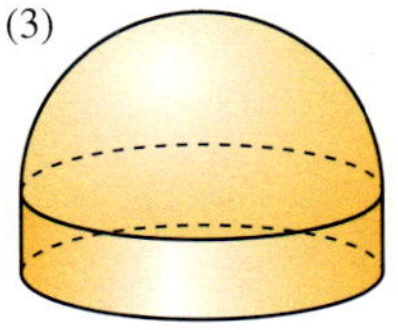

10. Berechne x und y.

a) (1)

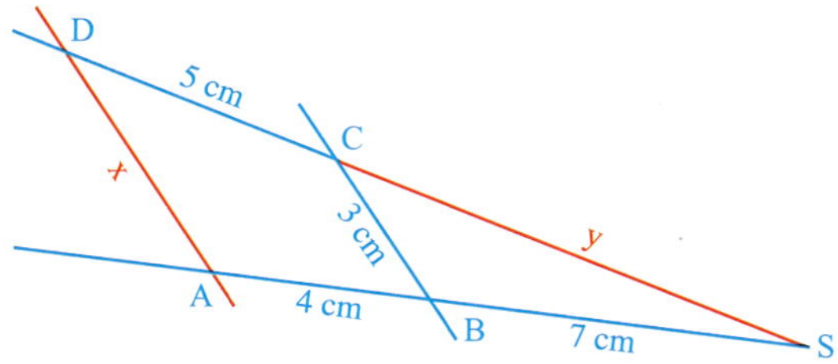

(2)

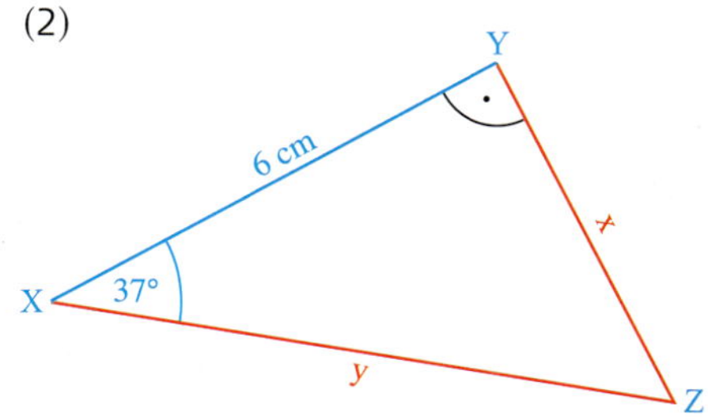

b) (1) Übertrage die Figur in dein Heft. Ergänze sie zu einer achsensymmetrischen Figur.
(2) Markiere die Symmetrieachse farbig.
(3) Welchen Flächeninhalt hat diese achsensymmetrische Figur?

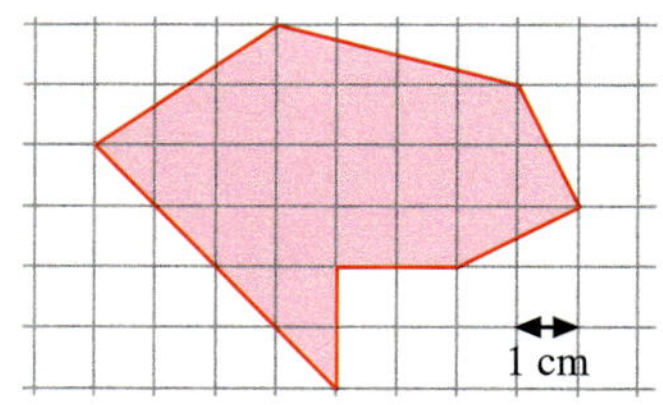

c) Finde die fehlenden Ziffern.

(1)
```
  ? ? 7
+ ? 3 ?
-------
  2 6 1
```

(2)
```
  ? 3 ?
−   ? 5
-------
  1 4 2
```

(3)
```
4 ? · 2 ?
---------
      9 8
    ? ? ?
---------
  ? ? ? 3
```

d) (1) Ergänze im Heft die Wertetabelle für die Funktion mit der Gleichung $y = x^2 - 4x + 3$.

x	− 1	0	1,5	2	
y					0

(2) Zeichne den Graphen im Intervall $-1 \leq x \leq 4$ in ein Koordinatensystem.

e) Ordne die Zahlen der Größe nach. Beginne mit der kleinsten Zahl.
$-\frac{3}{4}$; 0,625; $\frac{3}{10}$; −0,5; $\frac{15}{25}$; $0,\overline{6}$; $-1\frac{1}{3}$

f) Beim Lottospiel *6 aus 49* wird aus 49 Kugeln die erste Zahl z gezogen.
Berechne die Wahrscheinlichkeit folgender Ereignisse:
(1) z ist ungerade; (2) z ist größer als 20; (3) z ist eine Primzahl.

g) Anne und Lisa haben ihre Handykosten in einem Diagramm dargestellt.
Wer telefoniert wann günstiger?

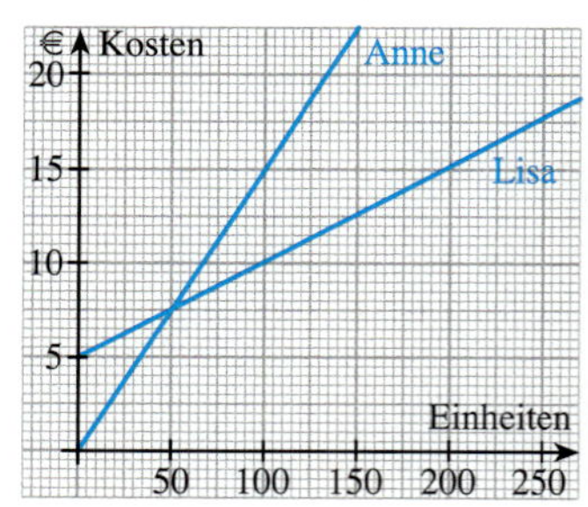

h) Auf dem Weg zur Arbeit legt Herr Metzler mit seinem Pkw eine Strecke von 36 km in einer dreiviertel Stunde zurück.
Wie viel Zeit braucht Herr Metzler für die gleiche Strecke bei doppelter Geschwindigkeit?

i) Ein Orchester spielt die 5. Sinfonie eines bekannten Komponisten in 40 Minuten.
Welche Zeitdauer benötigt das Orchester dann für das Spielen der 10. Sinfonie?

j) Wenn man zum Quadrat einer Zahl 3 addiert, so erhält man das Quadrat der um 5 verminderten Zahl.

k) Herr Grote hat zur Finanzierung seines Hauses zwei Hypotheken in Höhe von insgesamt 120 000 € aufgenommen. Für die erste Hypothek muss er 6 % Zinsen bezahlen, für die zweite 7 %. Die Zinsen betragen in einem Jahr zusammen 7 550 €.
Berechne die Höhe der einzelnen Hypotheken.

VERMISCHTE UND KOMPLEXE AUFGABEN

Zahlen – Terme – Gleichungen – Gleichungssysteme

1. Ordne die Zahlen der Größe nach. Beginne mit der kleinsten Zahl.

a) $\frac{14}{10}$; -3; 0; $1{,}05$; $-3{,}1$

b) $1\frac{1}{3}$; 5; -2; $0{,}5$; $1{,}3$

c) $\frac{12}{5}$; $3{,}\overline{6}$; -4; $7\frac{1}{5}$; -7

d) -1; $3{,}14$; $-(-2)$; $\sqrt{9{,}61}$; π

2. Gib drei

a) natürliche Zahlen an zwischen 7,8 und 11,1;

b) ganze Zahlen an zwischen $-3{,}7$ und $4{,}3$;

c) gebrochene Zahlen an zwischen $\frac{1}{4}$ und $\frac{1}{3}$;

d) gebrochene Zahlen an zwischen $2{,}\overline{2}$ und $2\frac{2}{5}$.

3. Fasse zusammen.

a) $18a - 3b - 5a + 2b + 4$

b) $13 + 4r - 20 - r + 5t$

c) $5x - 3 + 13xy - 15 - 12x$

d) $0{,}7x - 1{,}8 + 2{,}1x^2 - 1{,}5x + 3{,}5$

e) $2{,}5a^2b - 8{,}1ab + 7{,}3ab - 1{,}9a^2b$

f) $\frac{1}{2}a + \frac{2}{3}a - \frac{1}{4}b + \frac{1}{3}b + \frac{1}{10}$

g) $7a^2 + \sqrt{16} + (2a)^2 - 1{,}5$

h) $\frac{2}{3}t^2 - \frac{4}{5}u - (3t)^2 - 0{,}2u$

4. Löse erst die Klammern auf und fasse dann zusammen.

a) $6a - (7 - 2a)$

b) $5x - (-4y + 3 - 10x)$

c) $17a + (3a - 7) - (5a + 12)$

d) $5xy - (1{,}5x - 3{,}2xy) - 7{,}2$

e) $(21x - 3{,}4y) - (-2{,}4y + 1{,}9) + 1{,}8$

f) $\frac{3}{2}a - \left(\frac{1}{4}a + \frac{1}{2}\right) - \frac{2}{3}$

5. Verwandle das Produkt in eine Summe.

a) $5(x + 7)$

b) $(x - y) \cdot 7$

c) $0{,}3a \cdot (5 - 10b)$

d) $\left(\frac{4}{5} - \frac{1}{2}a\right) \cdot \frac{2}{3}$

e) $-0{,}3(0{,}5x - 0{,}3y)$

f) $(2a - 6)(1{,}5a - 0{,}2)$

g) $(2n + 1)(2n + 3)$

h) $(-2a - 0{,}4b)(-0{,}7 + 0{,}8a)$

$$5(4x + 2y) = 5 \cdot 4x + 5 \cdot 2y = 20x + 10y$$

$$(2a + 3b)(3a - 4b)$$
$$= 2a \cdot 3a - 2a \cdot 4b + 3b \cdot 3a - 3b \cdot 4b$$
$$= 6a^2 - 8ab + 9ab - 12b^2$$
$$= 6a^2 + ab - 12b^2$$

6. Klammere aus.

a) $3a + 18b$

b) $2a + ab$

c) $7y + 7$

d) $16a^2b + 8ab$

e) $44ay^2 - 55by + 77cy$

f) $72u^2v - 12u^2 + 6u$

7. Vereinfache den Term. Gib die einschränkende Bedingung an.

a) $\frac{5x - 25}{5}$

b) $\frac{7b + 7}{7}$

c) $\frac{12ab + 6a}{3}$

d) $\frac{ab + ac}{a}$

e) $\frac{y - 8y}{y}$

f) $\frac{7a^2 - 21a}{3a}$

$$\frac{3ab - 12a}{3a} = \frac{3a(b - 4)}{3a} = b - 4$$

oder

$$\frac{3ab - 12a}{3a} = \frac{3ab}{3a} - \frac{12a}{3a} = b - 4$$

8. Löse die Gleichung.
Grundbereich ist die Menge der reellen Zahlen.
Mache die Probe.

a) $4x + 3 = 3x - 7$

b) $70 - 3z + 8z = 78 + 3z$

c) $5a + 3(2a - 4) = 14 + 12a$

d) $12x + 20 = 2(3x + 1)$

e) $7x - (4x + 5) = 28$

f) $3x - (x - 7) = 19$

g) $5(7x + 15) - 2(17x + 25) = 20$

h) $4x - (2x + 0{,}5) - 3(7 - x) = 15$

i) $4a(2 + a) = 2(2a^2 + 5)$

j) $\frac{6a - 10}{2} = 25$

k) $\frac{2m - 2}{4} - 1 = 4$

$34 + 9x = x - (2x + 6)$
$34 + 9x = x - 2x - 6$
$34 + 9x = -x - 6 \quad | +x$
$34 + 10x = -6 \quad | -34$
$10x = -40 \quad | :10$
$x = -4$

Probe:

$34 + 9 \cdot (-4) = -4 - (2 \cdot (-4) + 6)$ (w?)

LS:	RS:
$34 + 9 \cdot (-4)$	$-4 - (2 \cdot (-4) + 6)$
$= 34 - 36$	$= -4 + 2$
$= -2$	$= -2$

$L = \{-4\}$

9. Bestimme die Lösungsmenge unter Beachtung des vorgegebenen Grundbereiches.

a) $5(2x + 15) - 9x = 69;\ x \in \mathbb{Z}$

b) $18 + 5(3a - 2) = 2(7a + 1);\ a \in \mathbb{N}$

c) $(4y - 3)\,5 - 6y = -4(5 + 9y);\ x \in \mathbb{Q}_+$

d) $(x - 4)(x + 2) = x(x - 3) + 5;\ x \in \mathbb{N}$

10. Wie heißt die Zahl?

a) Vermindert man 85 um die gesuchte Zahl und multipliziert man die Differenz mit 4, so erhält man 232.

b) Verringert man das 7fache einer Zahl um 15, so erhält man dasselbe, wie wenn man das 4fache der gesuchten Zahl um 24 vergrößert.

11. Ein Wanderer legte an 3 Tagen 77 km zurück. Am ersten Tag waren es 5 km mehr als am zweiten Tag, am dritten Tag gar 12 km mehr als am zweiten Tag.
Wie viel Kilometer legte er jeden Tag zurück?

12. Auf einem Kleintransporter befinden sich zwei Container, von denen der eine dreimal so viel wiegt wie der andere. Insgesamt wiegt das Fahrzeug mit Ladung 2 400 kg.
Wie groß ist die Masse der Container, wenn der Transporter eine Leermasse von 1 500 kg hat?

13. In einem gleichschenkligen Dreieck ist die Basis 3,1 cm kürzer als einer der Schenkel. Das Dreieck hat einen Umfang von 20,3 cm.
Wie lang ist jede Seite?

14. Der Altersunterschied zwischen Vater und Sohn beträgt 24 Jahre. Die Mutter ist zwei Jahre jünger als der Vater. Alle zusammen sind 97 Jahre alt.
Wie alt ist jeder?

15. Wenn man bei einem Würfel die Kanten jeweils um 2 cm verlängert, so vergrößert sich sein Oberflächeninhalt um 120 cm^2. Bestimme die ursprüngliche Kantenlänge.

16. Stelle fest, ob die angegebene Zahl eine Lösung der Verhältnisgleichung ist.

a) $\frac{x}{10} = \frac{1}{2}$; 20 **c)** $\frac{x}{28} = \frac{3}{4}$; 12 **e)** $\frac{65}{13} = \frac{10}{x}$; 2

b) $\frac{1}{5} = \frac{x}{45}$; 9 **d)** $x : 10 = 7 : 25$; 2,8 **f)** $\frac{3}{x} = \frac{5}{4}$; 2

Maßstab bedeutet: Bild : Original

17. Übernimm die Tabelle und ergänze.

	a)	b)	c)	d)	e)	f)
Maßstab	1 : 4	4 : 1	1 : 50 000	1 : 10 000		
Länge in der Zeichnung	60 mm	60 mm	4 cm		6 cm	9 m
Länge in der Wirklichkeit				15 km	12 km	4,5 mm

18. Auf einer topografischen Karte (Maßstab 1 : 25 000) misst Peter 33 cm für die Entfernung zweier Marktplätze. Wie groß ist ihr Abstand (Luftlinie)?

19. Stelle Längenverhältnisse auf und berechne x bzw. y.

a)

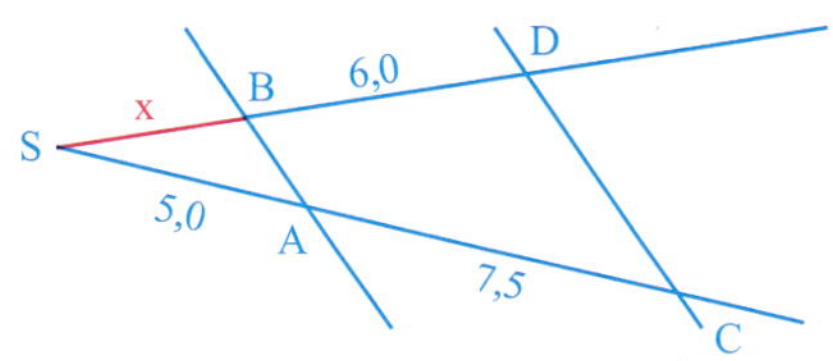

c)

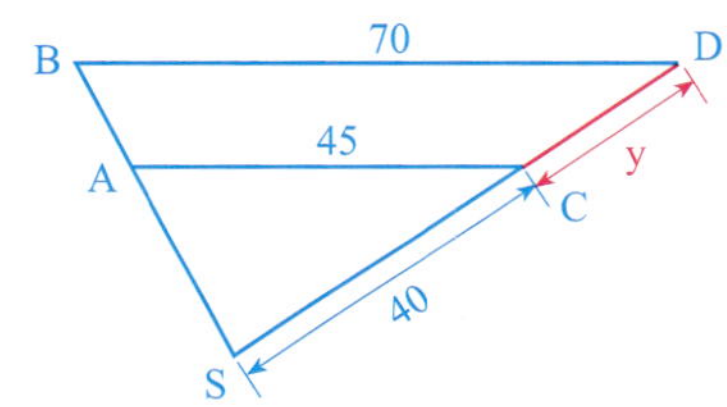

b)

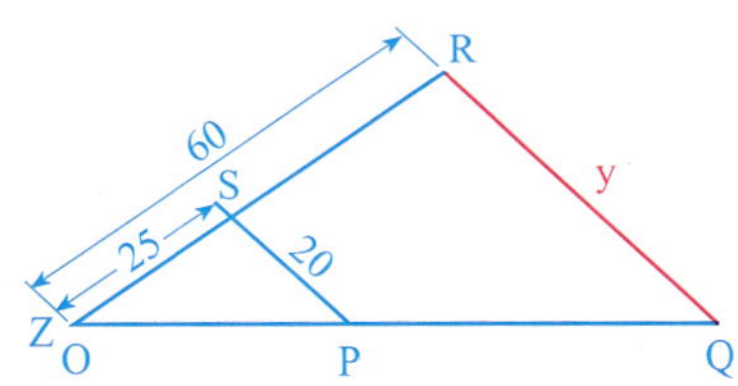

d)

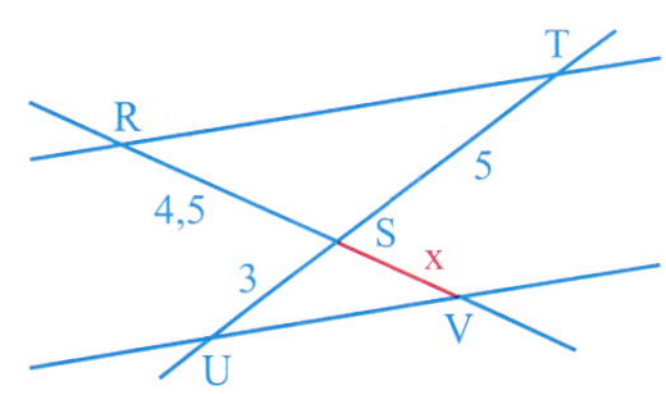

20. Ein Storchennest wird aus einer Augenhöhe von 1,60 m über eine Messlatte anvisiert.
Wie hoch ist das Nest über dem Erdboden?

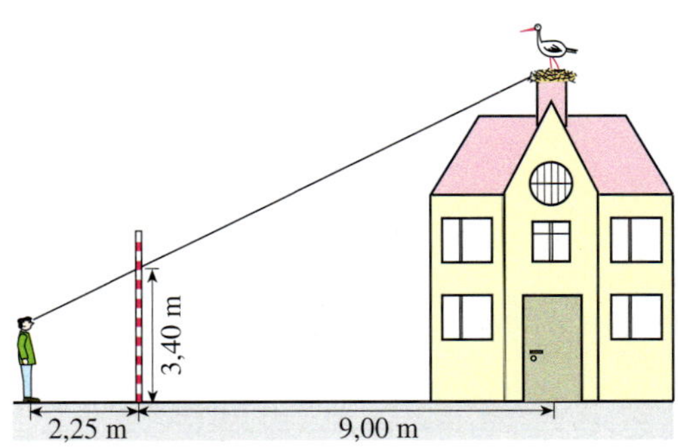

21. Gegeben ist ein Dreieck ABC mit a = 4 cm, b = 3 cm und c = 5,5 cm. Ein zu ABC ähnliches Dreieck A'B'C' hat den Umfang u' = 25 cm.
Wie lang sind die Seiten des Dreiecks A'B'C'?
Gib das Verhältnis der Flächeninhalte der Dreiecke ABC und A'B'C' an.

22. Bestimme die Lösungsmenge der quadratischen Gleichung.

a) $x^2 = 16$ **c)** $7x^2 + 2 = 1 + 3x^2$ **e)** $y^2 - 5y = 0$

b) $3a^2 - 12 = 0$ **d)** $x(x + 5) = 0$ **f)** $4a^2 - 1 = 0$

23. Multipliziert man eine ganze Zahl mit der um 3 größeren ganzen Zahl, so erhält man 3 420. Finde die zwei Zahlen durch sinnvolles Probieren.

24. Löse die Gleichung. Der Grundbereich soll die Menge der reellen Zahlen sein.
Führe die Probe durch. Gib dann die Lösungsmenge an.

a) $x^2 + 12x - 28 = 0$
b) $x^2 + 5x - 24 = 0$
c) $a^2 - 12a + 35 = 0$
d) $x^2 - 1{,}6x - 0{,}8 = 0$
e) $x^2 + 2x = 63$
f) $2x^2 - 28x = 550$
g) $-5a^2 + 315 = -10a$
h) $4x + 2 = -2x^2$
i) $12x^2 = 24x - 60$
j) $(7 + x)(9 - x) + (7 - x)(9 + x) = 76$

$$\begin{aligned} 2x^2 - 4x &= 30 \quad &| -30 \\ 2x^2 - 4x - 30 &= 0 \quad &| :2 \\ x^2 - 2x - 15 &= 0 \quad &\text{(Normalform)} \end{aligned}$$

$$x_{1,2} = -\frac{p}{2} \pm \sqrt{\left(\frac{p}{2}\right)^2 - q}$$

$$x_{1,2} = -\frac{-2}{2} \pm \sqrt{\left(\frac{-2}{2}\right)^2 - (-15)}$$

$$x_{1,2} = 1 \pm 4$$

$$x_1 = 5$$

$$x_2 = -3 \qquad L = \{5;\ -3\}$$

Bringe die Gleichung zunächst in die Normalform $x^2 + px + q = 0$

25. Gegeben ist die Gleichung $x^2 + bx + c = 0$ ($x, b, c \in \mathbb{R}$). Berechne die Lösungen.

a) $b = 0;\ c = -0{,}25$ **b)** $b = 2;\ c = 2$ **c)** $b = -4;\ c = 0$

26. Bei einem Rechteck mit dem Flächeninhalt $A = 11{,}25\ \text{cm}^2$ unterscheiden sich die Seitenlängen um 2 cm.
Berechne den Umfang des Rechtecks.

27. Berechne die Länge x in cm. Der Flächeninhalt ist in cm^2 gegeben.

a) $A = 35{,}28$

b) $A = 18{,}45$

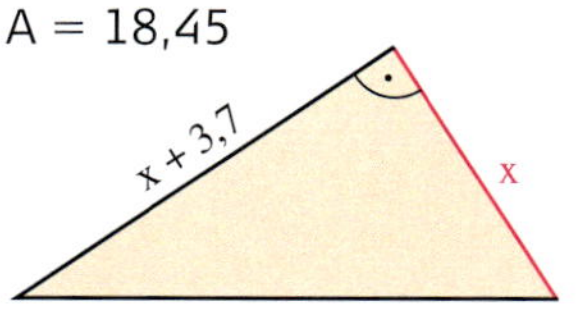

c) $A = 71{,}25$

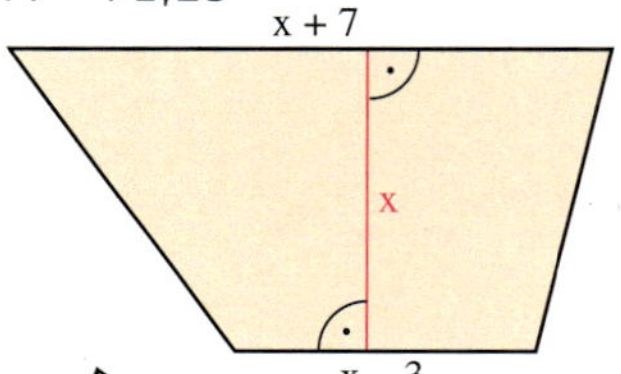

d) $A = 26{,}4$

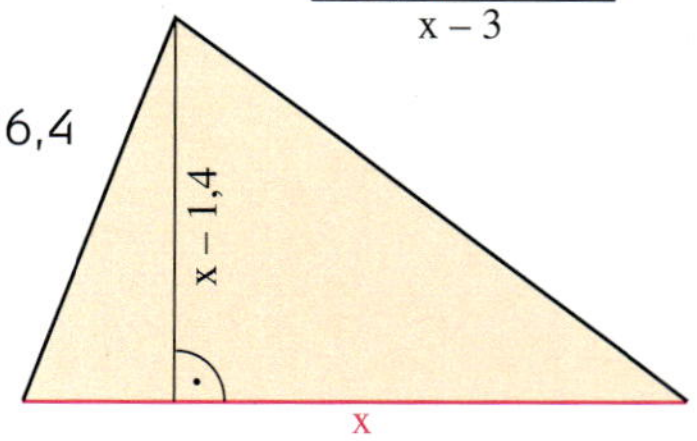

28. Ein Quader hat einen Oberflächeninhalt von $94\ \text{cm}^2$. Die Maßzahlen für die Länge, Breite und Höhe sind drei aufeinanderfolgende natürliche Zahlen.

29. Wenn man bei einem Quadrat die Länge um 3 cm verkürzt, die Breite um 3 cm verlängert, so erhält man ein Rechteck mit dem Flächeninhalt von $667\ \text{cm}^2$.

a) Wie lang sind die Rechteckseiten?
b) Wie groß war der Flächeninhalt des Quadrates?

30. Für die Anzahl d der Diagonalen eines n-Ecks gilt: $d = \frac{n(n-3)}{2}$.

a) Ermittle zeichnerisch die Anzahl der Diagonalen für ein Fünfeck. Prüfe dieses Ergebnis mit der obigen Formel nach.
b) Berechne die Anzahl der Diagonalen für ein 50-Eck.
c) Wie viele Ecken hat ein Vieleck, das 4 752 Diagonalen besitzt?

31. Stelle die Formel nach den in Klammern angegebenen Variablen um.

a) $u = 2(a + b)$ (nach a)

b) $A = \frac{(a + c)\,h}{2}$ (nach a; h)

c) $A = \pi r^2$ (nach r)

d) $c^2 = a^2 + b^2$ (nach b)

e) $V = \frac{A_G \cdot h}{3}$ (nach h)

f) $V = \pi r^2 h$ (nach r; h)

g) $V = \frac{4}{3}\pi r^3$ (nach r)

h) $A_O = \pi r(r + s)$ (nach s)

i) $A = \frac{a^2}{4}\sqrt{3}$ (nach a)

j) $\tan\alpha = \frac{a}{b}$ (nach b)

k) $v = \frac{s}{t}$ (nach s; t)

l) $R = \varrho \cdot \frac{l}{A}$ (nach l)

m) $s = \frac{a}{c}t^2$ (nach t)

n) $U = R \cdot I$ (nach R; I)

o) $\varrho = \frac{m}{V}$ (nach m; V)

Gib auch die Bedeutung der Variablen an.

32. Löse das Gleichungssystem. Führe eine Probe durch.

a) $\left| \begin{array}{l} y = -\frac{1}{2}x + 4 \\ y = x - 2 \end{array} \right|$

b) $\left| \begin{array}{l} y = 2x - 5 \\ y = \frac{1}{2}x + 1 \end{array} \right|$

c) $\left| \begin{array}{l} y = -\frac{3}{2}x + 3 \\ y = \frac{1}{4}x - 4 \end{array} \right|$

d) $\left| \begin{array}{l} y = -x + 3 \\ y = -x + 1 \end{array} \right|$

e) $\left| \begin{array}{l} y = -\frac{2}{3}x - 3 \\ y = \frac{1}{2}x + \frac{1}{2} \end{array} \right|$

f) $\left| \begin{array}{l} y = -\frac{3}{2}x + 6 \\ y = 2x - 1 \end{array} \right|$

g) $\left| \begin{array}{l} y = -4x + 11 \\ y = -x + 5 \end{array} \right|$

h) $\left| \begin{array}{l} y = \frac{3}{4}x + \frac{1}{5} \\ y = -0{,}75x + 0{,}2 \end{array} \right|$

Graphisches Lösen eines linearen Gleichungssystems

$\left| \begin{array}{l} x + y = 11 \\ x + 2y = 16 \end{array} \right|$

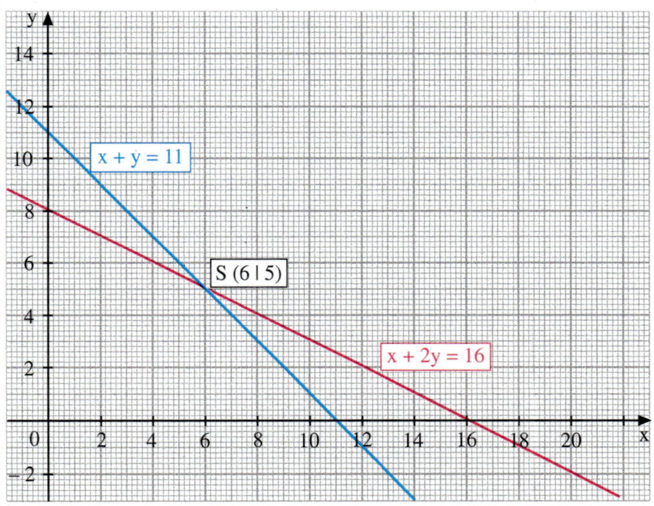

(6|5) sind die Koordinaten des Schnittpunktes S der beiden Geraden.
Das Lösungspaar (6|5) erfüllt die 1. Gleichung und die 2. Gleichung.

33. Wie verlaufen die Geraden zueinander? Wie viele Lösungen hat das Gleichungssystem?

a) $\left| \begin{array}{l} x + y = 3 \\ y = 5 - 2x \end{array} \right|$ **b)** $\left| \begin{array}{l} x + y = 5 \\ x + y = 2 \end{array} \right|$ **c)** $\left| \begin{array}{r} y - 2x = 0 \\ 4x - 2y = 0 \end{array} \right|$ **d)** $\left| \begin{array}{l} y = 2x - 2 \\ y = -2x + 2 \end{array} \right|$

34. Löse das Gleichungssystem rechnerisch. Probe!

a) $\left| \begin{array}{l} 5x + 2y = 13 \\ y = 5 - x \end{array} \right|$

b) $\left| \begin{array}{l} 6x + 3y = 42 \\ y = 3x - 1 \end{array} \right|$

c) $\left| \begin{array}{r} 38 = 5x - y \\ y = x + 2 \end{array} \right|$

d) $\left| \begin{array}{r} 3x - 2y = 13 \\ y + 4 = x \end{array} \right|$

e) $\left| \begin{array}{l} 3y = 2x + 3 \\ 3y = x + 5 \end{array} \right|$

f) $\left| \begin{array}{l} 5y = 12x - 6 \\ -2x + 36 = 5y \end{array} \right|$

g) $\left| \begin{array}{l} -4a + 5 = 3b \\ 3b = 14a - 31 \end{array} \right|$

h) $\left| \begin{array}{l} 3a - 4 = 4b \\ 5a - 20 = 4b \end{array} \right|$

i) $\left| \begin{array}{l} -2x = 3y - 25 \\ -3 = 2x - y \end{array} \right|$

35. Löse rechnerisch und zeichnerisch.

a) $\left| \begin{array}{l} 3y - 6x = 0 \\ x + y = 4 \end{array} \right|$ **b)** $\left| \begin{array}{l} 4y + x = 24 \\ 10x + y = 6 \end{array} \right|$ **c)** $\left| \begin{array}{l} y = \frac{3}{2}x - 2 \\ y = -\frac{1}{2}x + 2 \end{array} \right|$ **d)** $\left| \begin{array}{l} y = \frac{2}{3}x - 1 \\ y + 2 = \frac{2}{3}x \end{array} \right|$

36. Die Summe zweier Zahlen ist 36. Addiert man zum Dreifachen der ersten Zahl das Doppelte der zweiten Zahl, so erhält man 89. Wie heißen die beiden Zahlen?

37. Ein Rechteck hat den Umfang 63 cm. Eine Seite ist 13 cm länger als die benachbarte Seite. Berechne die Seitenlängen.

38. In einer Jugendherberge gibt es Zwei- und Dreibettzimmer. Für die 29 Schüler einer 10. Klasse werden 12 Zimmer reserviert.
Wie viele Zwei- und Dreibettzimmer sind das, wenn alle Zimmer voll belegt werden?

39. **a)** Löse das Gleichungssystem: $\left| \begin{array}{l} a + b = 10 \\ a : b = 1 : 3 \end{array} \right|$

b) Zwei natürliche Zahlen verhalten sich wie 3 : 5. Addiert man zu jeder der beiden Zahlen die Zahl 5, so verhalten sich die Summen wie 2 : 3.
Wie heißen die natürlichen Zahlen?

Lineare Funktionen

1. **a)** Zeichne den Graphen der Funktion mit der Gleichung $y = -2{,}5x + 1{,}5$ $(x \in \mathbb{R})$.

b) Welche der folgenden Punkte gehören zum Graphen der Funktion? Begründe.

A(−2 | 6) C(−4 | 12) E(0,4 | 0,5) G(−0,8 | 3,5)
B(3 | −6) D(−1 | 4) F(−3 | 8) H(5 | −11)

2. Zeichne den Graphen der linearen Funktion.

a) $y = 3x - 1$ **d)** $y = 0{,}5x + 2{,}5$ **g)** $y = 5 - \frac{x}{3}$ **j)** $2y - 3x = -6$
b) $y = -3x + 1$ **e)** $y = 4 - 0{,}5x$ **h)** $y = -\frac{x}{3} + 2$ **k)** $0{,}5y - x - 1{,}5 = 0$
c) $y = 3x$ **f)** $y = x - 3{,}8$ **i)** $y = \frac{x}{6} - 1{,}5$ **l)** $\frac{1}{6}y - \frac{1}{6}x = -\frac{1}{2}$

3. Ermittle zeichnerisch und rechnerisch die Nullstellen der Funktion.

a) $y = -x + 1{,}5$
b) $y = 3x - 2$
c) $y = -1{,}2x - 1$
d) $y = -4x + 6$
e) $y = 1{,}5x + 0{,}5$
f) $y = -0{,}5x - 3{,}5$
g) $y = \frac{2}{3}x - 2$

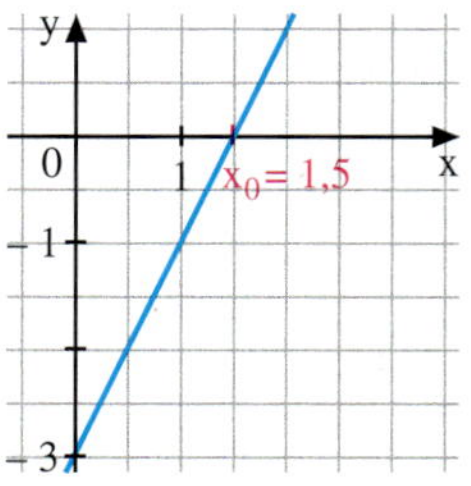

$y = 2x - 3$
$0 = 2x_0 - 3$
$2x_0 = 3$
$x_0 = 1{,}5$

4. Der Graph einer linearen Funktion schneidet die Koordinatenachsen in den gegebenen Punkten. Notiere eine Gleichung der Funktion.

a) $P_1(6 | 0)$, $P_2(0 | 3)$ **b)** $P_1(0 | -1)$, $P_2(-1{,}5 | 0)$ **c)** $P_1(-2 | 0)$, $P_2(0 | 2)$

5. Bestimme zu jedem Graphen je eine Funktionsgleichung.

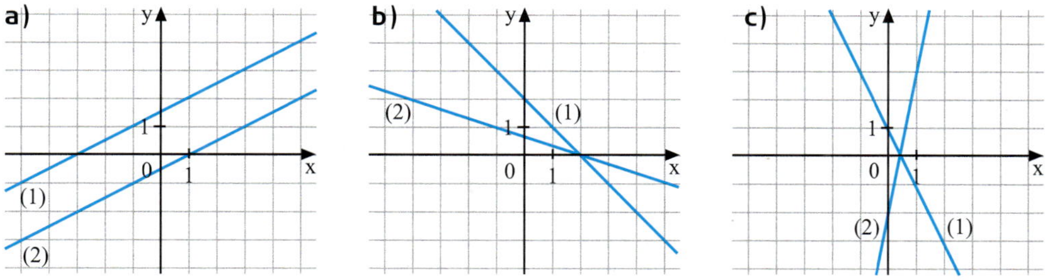

6. Die lineare Funktion hat die Gleichung $y = \frac{3}{2}x + n$. Welche Zahl muss man für n einsetzen, damit der Graph durch den Punkt P geht?

a) $P(2|5)$ **b)** $P(6|7)$ **c)** $P(-4|0)$ **d)** $P(1|2)$

7. Zeichne durch die Punkte P_1 und P_2 den Graphen einer linearen Funktion. Gib eine Funktionsgleichung an.

a) $P_1(0|1)$, $P_2(1|2)$ **b)** $P_1(0|-2)$, $P_2(-1|1)$ **c)** $P_1(0|-3{,}5)$, $P_2(2|-5{,}5)$

8. Welche Gleichung gehört zu dem Graphen?

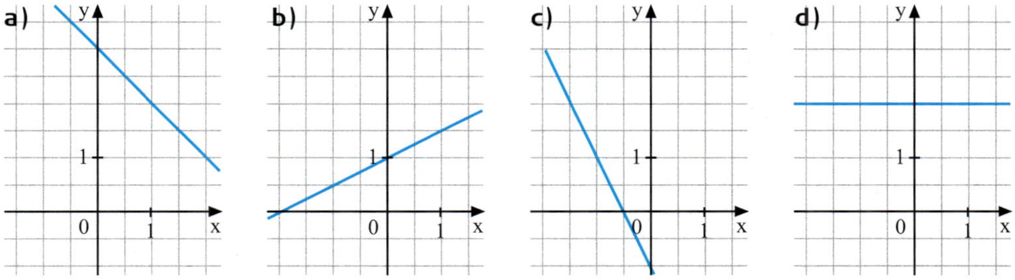

9. Die lineare Funktion hat die Gleichung $y = mx - 3$ $\left[y = \frac{3}{2}x + n\right]$.
Welche Zahl muss man für m [für n] einsetzen, damit der Graph durch den Punkt

a) $P(4|7)$, **b)** $P(-1|0)$, **c)** $P\left(\frac{1}{3}|2\right)$, **d)** $P(2|3)$ geht?

10. Für den bevorstehenden Urlaub vergleicht Familie Mayer die Angebote zweier Firmen, die Fahrräder verleihen. Firma Rad verlangt eine Grundgebühr von 9 € und pro Tag 2,50 €. Bei der Firma Speiche wird keine Grundgebühr erhoben, dafür kostet die Ausleihe pro Tag 4,50 €.

a) Zeichne die Graphen beider Angebote.

b) Familie Mayer möchte die Räder für 5 Tage ausleihen. Welche Firma würdest du der Familie empfehlen? Begründe deine Antwort.

11. Die Punkte gehören zum Graphen der Funktion. Bestimme die fehlenden Koordinaten.

P(x|y)	**a)** $y = f(x) = 3x - 1{,}5$	**b)** $y = g(x) = -\frac{1}{6}x + 4$	**c)** $y = h(x) = 0{,}9x - \frac{1}{5}$
$P(5\|\ )$			
$Q(\ \|0)$			
$R\left(\frac{1}{3}\|\ \right)$			
$S(\ \|2)$			

12. **a)** Die Gerade g ist Graph einer linearen Funktion. Gib ihre Gleichung an.

b) Durch den Punkt P(0|6) verläuft eine Parallele zur x-Achse. Die Gerade g schneidet die Parallele im Punkt Q. Gib die Koordinaten von Q an.

c) Berechne den Steigungswinkel α der Geraden g.

d) Begründe, warum der Winkel PQR und der Winkel α gleich groß sind.

e) Berechne den Flächeninhalt des Dreiecks RQP.

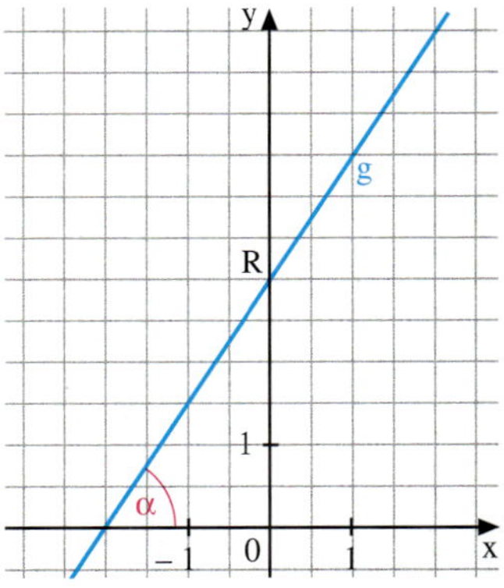

13. Durch die Punkte $P_1(-4|1)$ und $P_2(0|3)$ verläuft eine Gerade g.

a) Zeichne die Gerade g im Intervall $-7 \leq x \leq 1$.

b) Gib die Gleichung der durch g dargestellten Funktion an.

c) Berechne die Länge der Strecke $\overline{P_1P_2}$.

d) Spiegele g an der x-Achse. Bezeichne das Spiegelbild mit g′.

e) Berechne den von g und g′ eingeschlossenen Winkel.

14. Gegeben sind zwei Funktionen f und g mit den Gleichungen $f(x) = -x + 4$ und $g(x) = 2x - 2$ $(x \in \mathbb{R})$.

a) Zeichne die Graphen von f und g in ein Koordinatensystem.

b) Die Graphen der beiden Funktionen schneiden sich im Punkt S. Lies die Koordinaten von S ab.

c) Berechne die Koordinaten des Punktes S.

d) Für welchen Bereich von x ist der y-Wert für beide Funktionen nicht größer als 4?

e) Die Graphen der beiden Funktionen bilden mit der y-Achse ein Dreieck. Berechne den Flächeninhalt des Dreiecks.

15. Ein quaderförmiges Schwimmbecken ist mit Wasser gefüllt, die Wasserhöhe beträgt 2,4 m. Das Becken soll leer gepumpt werden. Dabei sinkt der Wasserspiegel in jeder Stunde um 0,3 m.

a) Zeichne mithilfe einer Wertetabelle den Graphen der Funktion *Zeit x (in h) → Wasserhöhe y (in m).* Notiere auch eine Funktionsgleichung.

b) Nach wie viel Stunden ist das Becken leer gepumpt?

c) Stündlich werden 6 m^3 Wasser abgepumpt. Wie groß ist die Grundfläche des Beckens?

16. Welche Discothek besuchst du?

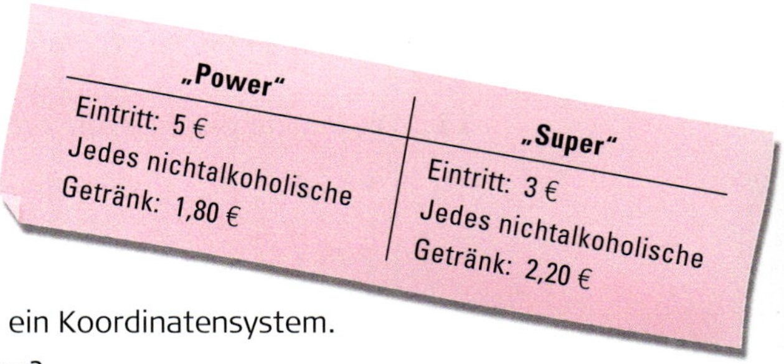

a) Schreibe die zugehörigen linearen Gleichungen für die Kosten (y) in Abhängigkeit der Anzahl der Getränke (x) auf.

b) Zeichne beide Funktionen in ein Koordinatensystem.

c) Was sagt dir diese Darstellung?

d) Finde den besten Anbieter für dich, indem du das Gleichungssystem rechnerisch löst.

Quadratische Funktionen

1. a) Die folgenden Punkte liegen auf dem Graphen der Funktion mit $y = x^2$. Gib die fehlenden Koordinaten an.
$P_1(4|y)$; $P_2(-4|y)$; $P_3\left(\frac{1}{3}|y\right)$; $P_4(x|0{,}81)$; $P_5\left(x|\frac{1}{4}\right)$; $P_6\left(x|2\frac{7}{9}\right)$

b) Welche der Punkte liegen auf dem Graphen der Funktion mit $y = x^2$?
$P_1(-0{,}6|0{,}36)$; $P_2(3|6)$; $P_3(0{,}5|-0{,}25)$; $P_4(4{,}5|20{,}25)$; $P_5(0{,}4|0{,}16)$

2. a) Zeichne die Graphen der Funktionen mit $y = ax^2$ $(x \in \mathbb{R})$ für $a = 1;\ -1;\ -2;\ \frac{1}{2}$ in ein gemeinsames Koordinatensystem.

b) Was bewirkt der Faktor a?

3. Bestimme den Faktor a der quadratischen Funktion mit der Gleichung $y = ax^2$ und vervollständige die Wertetabelle.

a)

x	−2,5	0	$\frac{1}{2}$	2
ax^2				16

b)

x	−1	−0,8		2,5
ax^2	2		4,5	

4. Die dargestellte Parabel ist der Graph der Funktion mit der Gleichung $y = x^2 - 2x - 1$.

a) Welche Punkte liegen auf der Parabel?
$A(2|-1)$; $B\left(\frac{1}{2}|-1\frac{1}{2}\right)$; $C\left(2|1\frac{1}{2}\right)$; $D(3|2)$

b) Bestimme die fehlenden Koordinaten so, dass der Punkt auf der Parabel liegt.
$E(1|y)$; $F(x|-1)$; $G(-2|y)$;
$H(x|2)$; $I\left(-1\frac{1}{2}|y\right)$

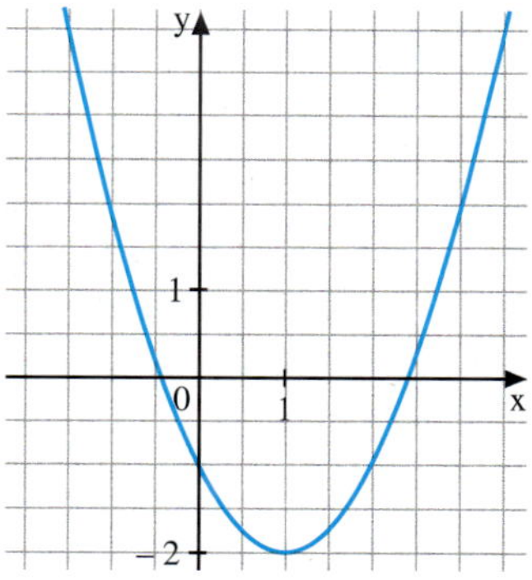

5. Wie lauten die Scheitelpunktkoordinaten der Parabel mit der angegebenen Funktionsgleichung? Schreibe die Gleichung auch in der Normalform auf. Entscheide, ohne zu zeichnen, ob die Funktion Nullstellen besitzt.

a) $y = (x + 5)^2 + 4$
b) $y = (x - 1{,}6)^2 - 1$
c) $y = (x + 4{,}5)^2$
d) $y = x^2 - 4$

Scheitelpunktsform:
$y = (x - 2)^2 - 1$
Scheitelpunkt: $S(2|-1)$
Normalform:
$y = x^2 - 4x + 3$

6. Gegeben ist der Scheitelpunkt S einer verschobenen Normalparabel. Gib die Funktionsgleichung in der Form $y = x^2 + px + q$ an.

a) $S(-3{,}5|2)$ **b)** $S(-0{,}5|-4)$ **c)** $S(0|3)$ **d)** $S(-1|0)$

7. Ermittle den Scheitelpunkt und zeichne die Parabel. Gib den Wertebereich der Funktion an.

a) $y = x^2 + 2$
b) $y = x^2 - 5x + 3{,}25$
c) $y = x^2 - 2x - 4$
d) $y = x^2 + 6x + 10$
e) $y = x^2 + 7x + 10\frac{1}{4}$
f) $y = x^2 - 8x + 14$
g) $y = x^2 + 5x + \frac{9}{4}$
h) $y = x^2 - 4x + 4$

$y = x^2 - 4x + 3$
$S\left(-\frac{p}{2}\middle|-\left(\frac{p}{2}\right)^2 + q\right)$
$S\left(-\frac{-4}{2}\middle|-\frac{16}{4} + 3\right)$
$S(2|-1)$

8. Lies die Scheitelpunkte der dargestellten verschobenen Normalparabeln ab. Schreibe die dazugehörigen Gleichungen auf. Entscheide bei jeder Parabel, für welche Werte von x die zugehörige Parabel fällt und für welche sie steigt.

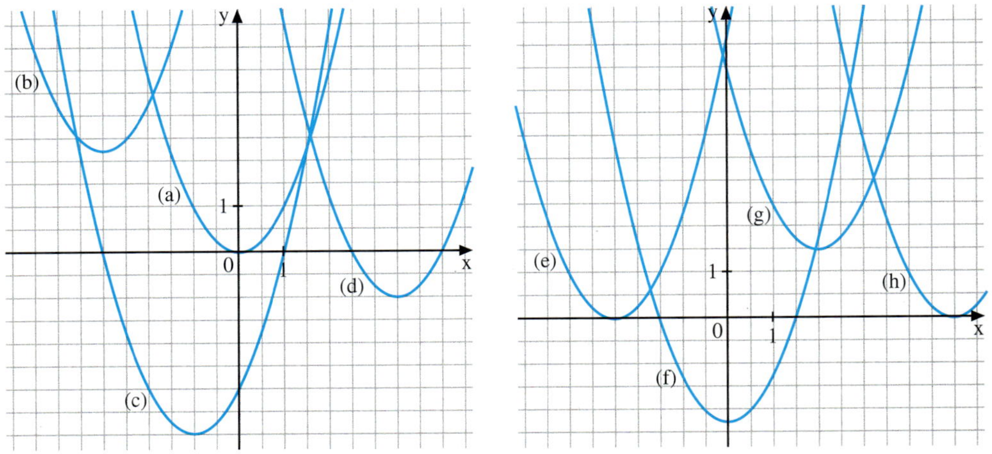

9. Ermittle zeichnerisch und rechnerisch die Nullstellen der Funktion.

a) $y = x^2 + 2x - 3$
b) $y = x^2 - 6x + 6{,}75$
c) $y = x^2 - 3x - 4$
d) $y = x^2 + 4x + \frac{7}{4}$
e) $y = x^2 - x - 3{,}75$
f) $y = x^2 + 3x + \frac{9}{4}$
g) $y = x^2 + 8x + 15$
h) $y = x^2 - x + \frac{5}{4}$

$y = x^2 - 4x + 3$
$0 = x^2 - 4x + 3$
$x_{1,2} = -\frac{p}{2} \sqrt{\left(\frac{p}{2}\right)^2 - q}$
$x_{1,2} = 2 \pm \sqrt{1}$
$x_1 = 1;\ x_2 = 3$
Nullstellen bei 1 und 3.

10. Von einer quadratischen Funktion der Form $y = x^2 + px + q$ sind die Nullstellen x_1 und x_2 bekannt. Berechne p und q. Notiere die Funktionsgleichung.

a) $x_1 = 5$, $x_2 = 2$
b) $x_1 = -7$, $x_2 = 12$
c) $x_1 = -1{,}5$, $x_2 = -4{,}5$
d) $x_1 = -1\frac{1}{2}$, $x_2 = \frac{1}{4}$

11. Gegeben ist eine quadratische Funktion mit der Gleichung $y = x^2 + px + q$.

a) Ergänze in der Tabelle die fehlenden Angaben.

	Scheitelpunktsform	Normalform	Scheitelpunkt der Parabel	Nullstellen	Wertebereich	Monoton steigend/fallend für
(1)	$y = (x + 3)^2 - 4$					
(2)		$y = x^2 + 3x + \frac{5}{4}$				
(3)			S(−4,5 | 0)			
(4)				$x_1 = -5$ $x_2 = -3$		
(5)	$y = x^2 + 2{,}5$					
(6)			S(1,5 | y)		alle reellen Zahlen mit $y \geq 4$	

b) Stelle die quadratischen Funktionen aus Teilaufgabe a) grafisch dar.

12. Durch die Gleichung $y = x^2 - 6x + 8$ ($x \in \mathbb{R}$) ist eine Funktion gegeben.

a) Berechne die Nullstellen.

b) Ermittle die Koordinaten des Scheitelpunktes der zugehörigen Parabel.

c) Zeichne die Parabel im Intervall $0 \leq x \leq 6$.

d) Für welche Argumente steigt die Parabel?
Für welche Argumente fällt die Parabel?

e) Auf der Parabel liegen die Punkte $P(1|y)$ und $Q(x|8)$. Berechne die fehlenden Koordinaten.

f) Welcher Wert muss für q eingesetzt werden, damit die durch $y = f(x) = x^2 - 6x + q$ bestimmte Funktion genau eine Nullstelle besitzt?

13. Die Gleichung $y = x^2 - 4$ bestimmt eine Funktion.

a) Berechne die Nullstellen und bestimme die Koordinaten des Scheitelpunktes der zugehörigen Parabel.

b) Zeichne die Parabel in ein Koordinatensystem.

c) Die Parabel soll so verschoben werden, dass der Scheitelpunkt der verschobenen Parabel die Koordinaten $x_s = 2$ und $y_s = -4$ hat. Zeichne die Parabel.

d) Wie lautet die Gleichung der Funktion des verschobenen Graphen?

e) Bestimme den Schnittpunkt der beiden Parabeln.

14. Gegeben sind die Funktionen mit $y = x^2 + 2x + q$ ($q \in \mathbb{R}$).

a) Gib eine Gleichung der Funktion an, deren Graphen durch den Punkt $P(2|1)$ geht.

b) Bestimme den Scheitelpunkt dieses Graphen.

c) Entscheide ohne zu zeichnen, ob diese Funktion Nullstellen besitzt.

15. Eine quadratische Funktion mit $y = x^2 + px + q$ ($p, q \in \mathbb{R}$) hat als Nullstelle $x_1 = 2$. Im Punkt $P(0|-6)$ schneidet der zugehörige Graph die y-Achse.

a) Wie heißt eine Gleichung für diese Funktion?

b) Wie lautet die zweite Nullstelle?

16. **a)** Zum Graphen einer Funktion f mit $f(x) = x^2 - 3x + q$ gehört der Punkt $P(3|2)$. Bestimme q, den Scheitelpunkt S und zeichne den Graphen der Funktion in ein Koordinatensystem. Kennzeichne den Punkt P.

b) Zum Graphen einer Funktion g mit $g(x) = x^2 + px - 4$ gehört ein Punkt $Q(-2|-4)$. Bestimme p, den Scheitelpunkt S, zeichne den Graphen von g und kennzeichne den Punkt Q.

17. Durch die Gleichung $y = f(x) = x^2 - 4x + 3$ ($x \in \mathbb{R}$) ist eine Funktion gegeben.

a) Berechne den Scheitelpunkt der zugehörigen Parabel und die Nullstellen der Funktion.

b) Zeichne den Graphen mindestens im Intervall $-1 \leq x \leq 5$ in ein Koordinatensystem.

c) Zeichne parallel zur x-Achse die Gerade g, die durch den Punkt $P(0|1)$ geht. Gib die Funktionsgleichung für diese Gerade an.

d) Spiegele den Graph zu $y = f(x)$ an der Geraden g. Gib den Scheitelpunkt des gespiegelten Graphen an.

18. Es sind die Gleichungen der Funktionen f und g gegeben.
f: $y = 2x + 1$ $(x \in \mathbb{R})$
g: $y = x^2 + 2x - 3$ $(x \in \mathbb{R})$

a) Gib die Koordinaten des Scheitelpunktes der Parabel zu g an.

b) Berechne die Nullstellen von f und g.

c) Zeichne beide Graphen in ein Koordinatensystem.

d) Die Graphen der Funktionen f und g schneiden sich in den Punkten A und B. Gib die Koordinaten von A und B an.
Kontrolliere durch Rechnung.

19. **a)** Bestimme aus der grafischen Darstellung
(1) die Nullstellen der Funktion;
(2) die Koordinaten des Scheitelpunktes;
(3) die Lage der Symmetrieachse;
(4) den Schnittpunkt der Parabel mit der y-Achse.

b) Gib den Wertebereich der Funktion an.

c) Für welche Werte von x steigt die Parabel, für welche fällt sie?

d) Gib die zugehörige Funktionsgleichung an.

e) Spiegele die Parabel an der y-Achse.
Wie heißt die Gleichung der gespiegelten Parabel?

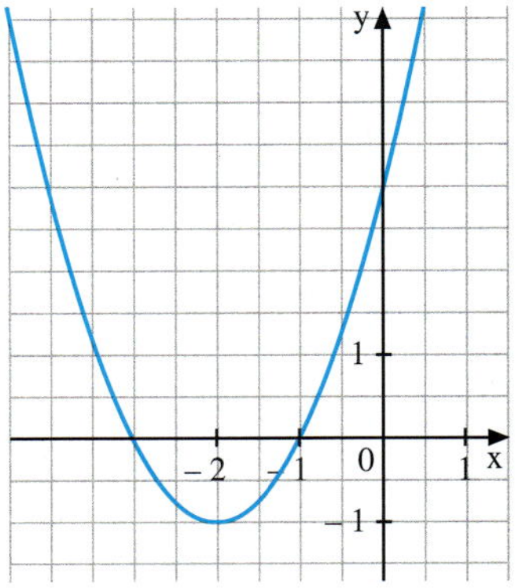

20. Die Graphen der Funktionen mit den Gleichungen
$y = f(x) = (x + 3)^2 - 2$ und $y = g(x) = ax^2$
haben einen gemeinsamen Punkt P an der Stelle $x = -1$.

a) Bestimme die y-Koordinate von P.

b) Berechne den Faktor a für die Funktion mit $y = g(x)$ und gib die Gleichung an.

21. Zwei Funktionen sind durch die Gleichungen $y = x^2 - 2$ und $y = 0{,}5x^2$ $(x \in \mathbb{R})$ gegeben.

a) Bestimme die Scheitelpunkte der zugehörigen Parabeln.

b) Zeichne beide Graphen in ein Koordinatensystem im Intervall $-3 \leq x \leq 3$.

c) Gib den Wertebereich der Funktionen an.

d) Im ersten Quadranten schneiden sich die beiden Graphen im Punkt P. Bestimme die Koordinaten dieses Punktes P.
Prüfe durch Rechnung.

22. **a)** Löse das folgende Gleichungssystem zeichnerisch und rechnerisch.

$$\left| \begin{array}{l} y = -2x + 2 \\ y = -x - 1 \end{array} \right| \quad (x, y \in \mathbb{R})$$

b) Betrachte den Schnittpunkt der beiden Graphen als Scheitelpunkt S des Graphen einer quadratischen Funktion mit $y = x^2 + px + q$ $(p, q \in \mathbb{R})$.
Bestimme die Werte für p und q. Zeichne den Graphen dieser quadratischen Funktion.

c) Gib die Schnittpunkte P_1 und P_2 des Graphen der quadratischen Funktion mit der x-Achse an. Bestimme rechnerisch die Koordinaten von P_1 und P_2.

Weitere Funktionsarten

1. Durch die Gleichung $y = x^3$ ist eine Funktion gegeben.

a) Berechne die fehlenden Werte in der Wertetabelle.
Zeichne den Graphen im Intervall $-2 \leq x \leq 2$ $(x \in \mathbb{R})$.

x	−1	1	$\frac{2}{3}$	2	4	
y						125

b) Eine weitere Funktion ist durch die Gleichung $y = x$ gegeben. Zeichne den Graphen dieser Funktion im Intervall $-2 \leq x \leq 2$ in dasselbe Koordinatensystem und gib die Schnittpunkte der Graphen beider Funktionen an.

2. a) Durch die Gleichung $y = x^3$ $(x \in \mathbb{R})$ ist eine Funktion gegeben. Zeichne den Graphen dieser Funktion in ein Koordinatensystem.

b) Durch die Gleichung $y = \frac{1}{x}$ $(x \in \mathbb{R},\ x \neq 0)$ ist eine weitere Funktion gegeben. Ergänze für diese Funktion die folgende Wertetabelle.

x	−4	−3	−2	$-\frac{1}{2}$				4
y				−2	4	2	1	

c) Zeichne den Graphen der Funktion zu Teilaufgabe b) in dasselbe Koordinatensystem.

d) Gib die Koordinaten der Schnittpunkte beider Funktionen an.

3. Durch die Gleichung $y = x^{-1}$ $(x \in \mathbb{R};\ x \neq 0)$ ist eine Funktion gegeben.

a) Berechne die fehlenden Funktionswerte.

x	−3	−1	$-\frac{1}{2}$	$\frac{1}{2}$	+1	+2	2,5
y							

b) Zeichne den Graphen dieser Funktion in ein Koordinatensystem.

c) Zeichne den Graphen der Funktion mit der Gleichung $y = x$ $(x \in \mathbb{R})$ in dasselbe Koordinatensystem.

d) Gib die Koordinaten der gemeinsamen Punkte beider Graphen an.

4. Durch die Gleichung $y = x^{-2}$ ist eine Funktion gegeben $(x \in \mathbb{R};\ x \neq 0)$.

x	−3	−2	−1	−0,5	0,5	1	2	3
y								

a) Schreibe die Funktionsgleichung ohne negativen Exponenten.

b) Berechne die y-Werte für die gegebenen x-Werte und zeichne mithilfe dieser Wertepaare den Graphen dieser Funktion in ein Koordinatensystem.

c) Begründe, warum der Punkt $P(\sqrt{4} \mid 0{,}25)$ zum Graphen der Funktion gehört.

d) Gib zwei verschiedene x-Werte an, sodass für die zugehörigen Funktionswerte gilt: $y > 5$.

e) Für welche x-Werte ist der zugehörige y-Wert kleiner als $\frac{1}{100}$?

5. a) Durch die Gleichung $y = x^2 - 4x + 2$ $(x \in \mathbb{R})$ ist eine Funktion f gegeben.
(1) Zeichne den Graphen im Intervall $-1 \leq x \leq 5$.
(2) Der Graph schneidet die y-Achse im Punkt $Q(0 \mid y)$. Bestimme y.

Auf der nächsten Seite geht es weiter.

b) Durch die Gleichung $y = x^{\frac{1}{2}} = \sqrt{x}$ ($x \in \mathbb{R}$; $x \geq 0$) ist eine zweite Funktion g gegeben. Ergänze die fehlenden Werte der Wertetabelle. Zeichne den Graphen in das Koordinatensystem von Teilaufgabe a).

x	0	0,3	0,6	1	2	3	5
y			≈ 0,8				

c) Die Graphen der Funktionen f und g schneiden sich im Punkt P(x | 2).
(1) Bestimme den x-Wert aus der Zeichnung.
(2) Überprüfe rechnerisch, ob der gefundene Punkt ein gemeinsamer Punkt der Graphen beider Funktionen ist.

6. a) Durch die Gleichung $y = \sqrt[3]{x} = x^{\frac{1}{3}}$ ($x \geq 0$) ist eine Funktion gegeben. Berechne die fehlenden Werte der Wertetabelle.

x	0	0,3	0,7	1,6	3	4
y			≈ 0,9			

Zeichne den Graphen dieser Funktion in ein Koordinatensystem.

b) Durch den Graphen $y = g(x) = x$ ist eine weitere Funktion gegeben. Zeichne den zugehörigen Graphen in dasselbe Koordinatensystem.

c) Die Graphen der Funktionen f und g schneiden sich im Punkt Q.
(1) Lies die Koordinaten von Q ab.
(2) Überprüfe rechnerisch, ob der Punkt Q zu den Graphen beider Funktionen gehört.

7. a) Durch die Gleichung $y = 3 \sin\alpha$ ist eine Funktion gegeben. Skizziere den Graphen im Intervall $-180° \leq \alpha \leq 180°$.
Gib den Wertebereich dieser Funktion an.

b) Von einer Funktion h, deren Gleichung die Form $h(x) = a \cdot \sin\alpha$ ($a > 0$) hat, sind bekannt:
kleinste Periode: 360° Wertebereich: $-1{,}5 \leq y \leq 1{,}5$ ($y \in \mathbb{R}$)
Bestimme eine Gleichung dieser Funktion.
Gib die Nullstellen dieser Funktion im Intervall $-180° \leq \alpha \leq 360°$ an.

8. a) Skizziere den Graphen der Funktion mit $y = f(\alpha) = 1\frac{1}{2} \sin\alpha$ im Intervall $0° \leq \alpha \leq 720°$.

b) Gib den Wertebereich, die kleinste Periode und die Nullstellen im genannten Intervall an.

9. Die Abbildungen zeigen Graphen von Funktionen mit der Gleichung $y = a \cdot \sin x$ im Intervall $0 \leq x \leq 4\pi$ bzw. $-\pi \leq x \leq \pi$.
Gib für jede Funktion die Gleichung, den Wertebereich und die kleinste Periode an. Lies jeweils die Nullstellen aus der grafischen Darstellung ab; gib jeweils drei weitere an.

(1)
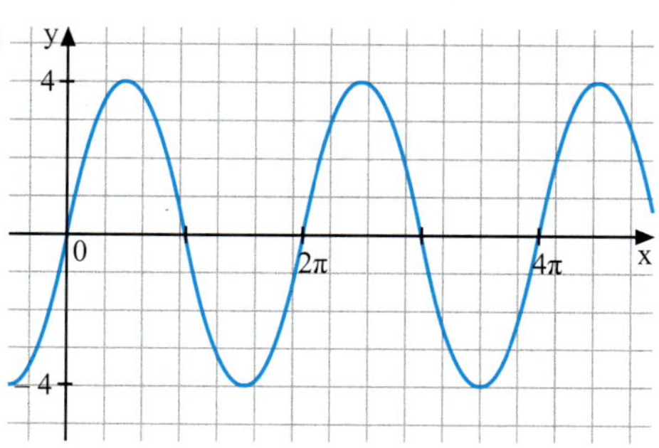

(2)
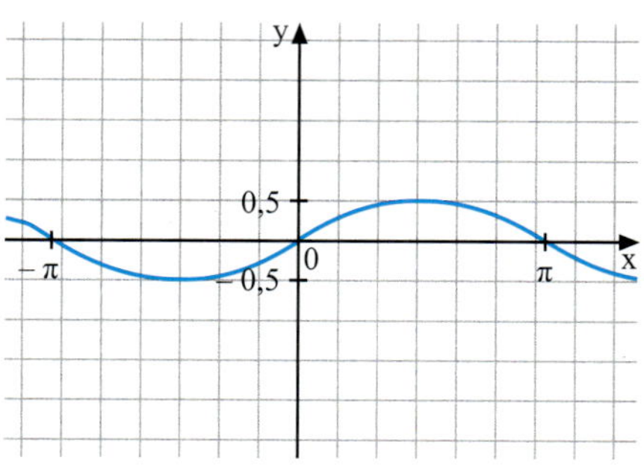

10. Gegeben ist die Funktion mit $y = f(x) = \frac{2}{3} \cdot \sin\alpha$.
Berechne für die Argumente die zugehörigen Funktionswerte.

a) $\alpha = 30°$ **b)** $\alpha = 450°$ **c)** $\alpha = -390°$

11. Durch die Gleichung $y = f(x) = a \cdot \sin x$ ($a \in \mathbb{R}$; $a \neq 0$) ist eine Funktion gegeben.

a) Der Punkt $P\left(\frac{\pi}{6} \middle| 4\right)$ gehört zum Graphen der Funktion mit $y = f(x)$. Bestimme a.

b) Gib den Wertebereich der Funktion an.

12. Es sind zwei Funktionen durch die beiden Gleichungen $y = 2{,}5 \sin x$ und $y = \cos x$ ($x \in \mathbb{R}$) gegeben.

a) Skizziere die zugehörigen Graphen im Intervall $-2\pi \leq x \leq 2\pi$ im Koordinatensystem.

b) Im Intervall $0 \leq x \leq \frac{\pi}{2}$ hat der Graph der Funktion mit $y = 2{,}5 \sin x$ einen Punkt $P_1(x_1 | 1{,}25)$. Bestimme x_1.

c) Überprüfe rechnerisch, ob P_1 auch ein Punkt des Funktionsgraphen zu $y = \cos x$ ist.

13. a) Zeichne in ein Koordinatensystem die Graphen der Funktionen mit $y = \cos x$ und $y = 3 \sin x$ ($x \in \mathbb{R}$) im Intervall $0 \leq x \leq 2\pi$.

b) Zum Graphen der Funktion mit $y = \cos x$ gehört der Punkt $P\left(-\frac{\pi}{2} \middle| y\right)$. Berechne die y-Koordinate des Punktes P.

c) Gehört der Punkt P auch zum Graphen von $y = 3 \sin x$? Begründe die Antwort.

Prozent- und Zinsrechnung

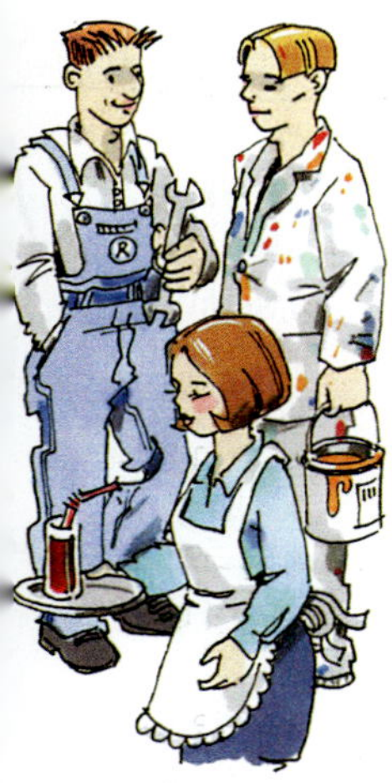

1. Im Jahre 2005 gab es in Brandenburg 51 317 Auszubildende. Das Kreisdiagramm zeigt die prozentuale Aufteilung auf einzelne Ausbildungsbereiche.

a) Wie viele Auszubildende gab es in jedem Bereich?

b) In dem Posten Sonstige sind unter anderem 661 Ausbildungsverträge in der Hauswirtschaft enthalten.
Wie viel Prozent aller Ausbildungsverträge wurden in der Hauswirtschaft abgeschlossen?

c) Die Zahl der Auszubildenden im Handwerk sank vom Jahr 2003 bis 2005 um 10,3 %.
Wie viele Auszubildende gab es im Jahr 2003 im Handwerk?

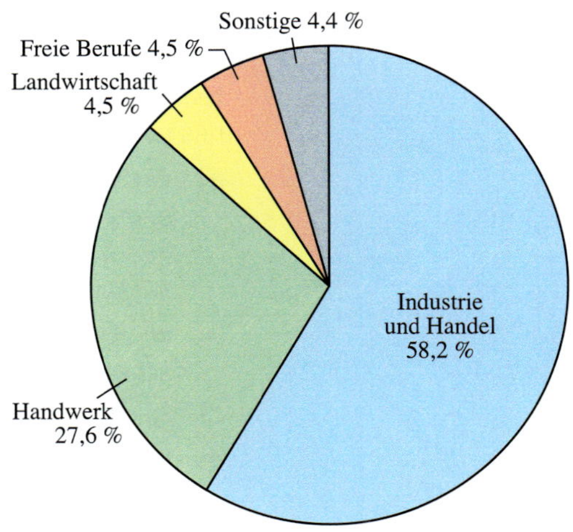

2. Meyers lassen jährlich ihre Heizungsanlage überprüfen. Die Pauschalkosten für den Wartungsdienst betrugen anfangs 130 €. Diese Kosten wurden zunächst um 5 % erhöht, die erhöhten Kosten wurden nach 2 Jahren nochmals um 5 % erhöht.

a) Berechne die Kosten nach der (1) ersten Erhöhung; (2) zweiten Erhöhung.

b) Um wie viel Prozent der ursprünglichen Kosten haben sich die Kosten für den Wartungsdienst insgesamt erhöht?

3. *Einwohnerzahlen einiger Bundesländer:*

	2006	Veränderung gegenüber 2000
Sachsen	4 250 000	−176 000
Sachsen-Anhalt	2 442 000	−173 000
Mecklenburg-Vorpommern	1 694 000	− 82 000
Berlin/Brandenburg	5 952 000	− 32 000
Niedersachsen	7 983 000	− 57 000

a) Zeichne ein Säulendiagramm, das die Einwohnerzahlen des Jahres 2006 veranschaulicht

b) Berechne die Einwohnerzahlen im Jahre 2000.

c) Um wie viel Prozent haben sich die Einwohnerzahlen von 2000 bis 2006 in den einzelnen Bundesländern verändert? Runde auf zehntel Prozent.

d) Stelle weitere Fragen und beantworte sie.

4. In einem Wahlbezirk mit 35 000 Wahlberechtigten betrug die Wahlbeteiligung 80 %. Vor den abgegebenen Stimmen entfielen 45 % auf die Partei A, 41 % auf die Partei B, 12 % auf die Partei C, der Rest auf sonstige Parteien.

a) Wie viele Wähler gaben ihre Stimme ab?

b) Zeichne ein geeignetes Diagramm, das die Verteilung der Stimmen auf die Parteien darstellt.

c) Wie viele Stimmen entfielen auf die Partei A, wie viele Stimmen auf die Partei B, wie viele auf Partei C, wie viele auf die sonstigen Parteien?

d) Wie viel Prozent der wahlberechtigten Bevölkerung hatten ihre Stimme für Partei A, für Partei B, für Partei C, für die sonstigen Parteien abgegeben?

5. Rechts erkennst du, wo die Heizenergie eines Einfamilienhauses bei normalem Heizbetrieb (durchschnittliche Raumtemperatur ungefähr 20 °C) im Laufe eines Jahres bleibt.

Wo die Heizenergie bleibt:

Schornstein	5 400 kWh
Lüftung/Fugen	8 000 kWh
Heizungsanlage	2 800 kWh
Boden/Keller	3 200 kWh
Wände	6 900 kWh
Fenster	9 400 kWh
Dach	4 300 kWh

a) Wie viel kWh (Kilowattstunden) Heizenergie werden in einem Wohnhaus benötigt, um die jährlichen Verluste auszugleichen?

b) Wie viel Prozent der in Teilaufgabe a) berechneten Heizenergie entweicht durch den Schornstein? Berechne auch die Prozentsätze für die anderen Posten.

c) Zeichne ein geeignetes Diagramm für die Prozentsätze in Teilaufgabe b).

d) Bei Absenkung der Raumtemperatur um 1 °C kann man 6 % der Heizenergie sparen Wie viel kWh sind das?

6. Aus den Unterlagen eines landwirtschaftlichen Betriebes geht folgende Flächennutzung hervor:
75 ha mit Getreide; 20 ha mit Zuckerrüben; 42 ha Weidefläche; 23 ha sonstige Fläche (Brachland, Hof- und Gebäudeflächen, Wege u. a.)

a) Wie viel Prozent der Gesamtfläche entfallen auf die einzelnen Nutzungsarten?

b) Zeichne ein Streifendiagramm, das die Aufteilung der Gesamtfläche des landwirtschaftlichen Betriebes veranschaulicht.

7.

	Selbstkosten		Gewinn		Mehrwertsteuer	
350 €	+ 10 % →		+ 12 % →		+ 19 % →	
Einkaufspreis		Selbstkostenpreis		Verkaufspreis		Endpreis

Ein Fahrradhändler erhält eine Lieferung Fahrräder zur Einkaufspreis von 350 € pro Stück. Bei jedem Fahrrad veranschlagt der Händler für die Montage, Pflege und Aufbewahrung Selbstkosten in Höhe von 10 % des Einkaufspreises. Auf den Selbstkostenpreis schlägt er 12 % als Gewinn auf. Zuletzt kommen zu dem Verkaufspreis noch 19 % Mehrwertsteuer hinzu.

a) Berechne den Selbstkostenpreis und den Verkaufspreis für ein Fahrrad.

b) Der Endpreis, den der Kunde zahlen muss, wird auf volle Euro gerundet. Wie viel Euro muss der Kunde beim Kauf eines Fahrrades zahlen?

c) Um wie viel Prozent ist der Endpreis höher als der Einkaufspreis?

d) Die Lieferfirma erhöht den Preis für ein Fahrrad um 10 %. Da der Händler die Preiserhöhung nicht voll an die Kunden weitergeben möchte, veranschlagt er nur 10 % Gewinn. Um wie viel Prozent erhöht sich der Endpreis?

8. Familie Teichler plant den Kauf einer Eigentumswohnung und informiert sich deshalb bei ihrem Bankberater über ihre derzeitigen Gesamtersparnisse.

Anlageform	Guthaben
Spareinlagen	7 500 €
Wertpapiere	8 600 €
Sparbriefe	8 000 €
Girokonto	2 200 €
Aktien, Fondsanteile	14 200 €
Bausparkasse	4 500 €

a) Wie viel Prozent der Gesamtersparnisse entfallen auf Spareinlagen, wie viel Prozent auf Wertpapiere, wie viel Prozent auf Sparbriefe usw.? Runde auf volle Prozent.

b) Stelle die Guthaben in den sechs Anlageformen in einem geeigneten Diagramm dar.

c) Zum Kauf der Eigentumswohnung benötigt Familie Teichler 54 000 €. Der Bankberater schätzt, dass ihre Ersparnisse in einem Jahr um 6 % gestiegen sind.
Wie viel Euro würden ihnen dann noch zur Kaufsumme fehlen?

9. Die Ackerfläche Brandenburgs änderte sich in den letzten Jahren leicht.

2005	2006	2007
1 038 500 ha	1 042 200 ha	1 034 900 ha

a) Auf wie viel Prozent hat sich die Ackerfläche von 2007 im Vergleich zu 2006 verringert?

b) Um wie viel Prozent hat sich die Ackerfläche von 2005 bezüglich 2007 verändert?

c) Die nebenstehende Tabelle zeigt die Anteile der verschiedenen Kulturen an der Gesamtackerfläche für das Jahr 2006. Stelle die prozentualen Anteile der verschiedenen Kulturen in einem Kreisdiagramm dar.

Getreide	48,9 %
Hackfrüchte	1,9 %
Ölfrüchte	14,6 %
Futterpflanzen	19,2 %
Brache	11,0 %
Sonstiges	4,4 %

d) Auf wie viel Hektar Fläche wurden im Jahr 2006 Getreide, Hackfrüchte, Ölfrüchte, Futterpflanzen sowie Sonstiges angebaut?

10. Die Tabelle zeigt die jährliche Fördermenge von Braunkohle im Lausitzer Revier (um Cott bus) und im Mitteldeutschen Revier (Gebiet um Halle/Leipzig).

Jahr	Lausitzer Revier	Mitteldeutsches Revier
1995	70,7 Mio. t	17,6 Mio. t
1996	63,6 Mio. t	16,8 Mio. t
1997	59,4 Mio. t	14,4 Mio. t
1998	50,5 Mio. t	13,6 Mio. t
1999	51,0 Mio. t	13,8 Mio. t
2000	55,0 Mio. t	16,4 Mio. t
2001	57,4 Mio. t	19,2 Mio. t
2002	59,3 Mio. t	20,0 Mio. t
2003	57,4 Mio. t	22,0 Mio. t
2004	59,0 Mio. t	20,2 Mio. t
2005	59,4 Mio. t	19,1 Mio. t

a) Betrachte die Angaben für das Lausitzer Revier. Wie viel Prozent der Braunkohlenförderung von 1995 betrug die Förderung
(1) im Jahre 1996; (2) im Jahre 2002; (3) im Jahre 2005?

b) Zeichne ein Säulendiagramm, das die prozentuale Entwicklung der Braunkohlenförderung im Lausitzer Revier veranschaulicht.

c) Zeichne ein entsprechendes Diagramm für das Mitteldeutsche Braunkohlenrevier.

d) Die Braunkohlenförderung in den Revieren Lausitz und Mitteldeutschland betrug ir Jahr 2005 78,5 Mio t. Das sind 44,1 % der Förderung Deutschlands.
Wie viel Mio. t Braunkohle wurden in diesem Jahr in Deutschland gefördert?

e) Die Braunkohle deckt nur einen geringen Teil des Energiebedarfs in Deutschland. Zeichne ein Kreisdiagramm mit den rechts angegebenen Prozentsätzen.

Mineralöl	38,6 %	Braunkohle	10,9 %
Erdgas	21,1 %	Kernenergie	13,0 %
Steinkohle	13,5 %	Sonstiges	2,9 %

11. Familie Pfennig hat ihre Ersparnisse 2008 in einem Sparbuch, in einem Sparkassenbrief und in Wertpapieren angelegt. Auf dem Sparbuch befinden sich 2 500 € zu einer Zinssatz von 1,8 %. Der Sparkassenbrief in Höhe von 8 500 € bringt im Laufe des Jahre 361,25 € Zinsen. Die Wertpapiere werden mit 6,75 % verzinst und bringen jährlich 1 080 Zinsen.

a) Wie hoch sind die Jahreszinsen auf dem Sparbuch?

b) Wie hoch ist der Zinssatz bei dem Sparkassenbrief?

c) Welchen Wert haben die Wertpapiere?

d) Berechne die Gesamtersparnisse der Familie Pfennig einschließlich der Jahreszinse am Ende des Jahres 2008.

12. In einer Firma sind 150 Beschäftigte, darunter 16 % Angestellte. 75 % der Angestellte sind weiblich.

a) Wie viele Angestellte sind in der Firma beschäftigt?

b) Wie viele weibliche Angestellte sind beschäftigt?

c) Wie viel Prozent aller Beschäftigten sind weibliche Angestellte?

13. Herr Fuhrmeister kauft einen Gebrauchtwagen für 7 500 €. Da er diesen Betrag nicht sofort zahlen kann, erkundigt er sich nach anderen Finanzierungsmöglichkeiten.

Angebot A
Sofortige Anzahlung von 30 % des Rechnungsbetrages;
Zahlung des Restbetrages mit einem Aufschlag von 420 € nach 6 Monaten.

Angebot B
Keine Anzahlung;
Zahlung des gesamten Rechnungsbetrages mit einem Aufschlag von 5 % und einer Gebühr von 50 € nach 4 Monaten.

a) Wie viel Euro müsste Herr Fuhrmeister insgesamt bei jedem Angebot zurückzahlen?

b) Um wie viel Prozent ist der gesamte Rückzahlungsbetrag höher als der Rechnungsbetrag
(1) bei Angebot A; (2) bei Angebot B?

c) Mit welchem Jahreszinssatz wird Herrn Fuhrmeister bei Angebot A der zu zahlende Restbetrag in Rechnung gestellt?

d) Mit welchem Jahreszinssatz wird bei Angebot B der Rechnungsbetrag von 7 500 € in Rechnung gestellt?

14. Herr Holzmann möchte eine Kücheneinrichtung zum Preis von 5 800 € kaufen. Im Rahmen einer Sonderaktion bekommt er 15 % Rabatt. Da sein Guthaben auf dem Girokonto für den Kauf aber nicht ausreicht, gewährt ihm seine Bank für 20 Tage einen Überziehungskredit von 4 320 €. Die Bank verlangt dabei Sollzinsen zu einem Jahreszinssatz von 13,5 %.

a) Wie viel Euro hatte Herr Holzmann unmittelbar vor der Überweisung des Kaufpreises auf seinem Girokonto?

b) Wie hoch sind die Sollzinsen?

c) Wie viel Euro spart Herr Holzmann bei dieser Sonderaktion in Wirklichkeit?

d) Wie viel Prozent des Verkaufspreises spart er beim Sonderkauf in Wirklichkeit?

15. Frau Gaudeck legt 5 000 € für 5 Jahre in einem Sparkassenbrief an.

a) Der Zinssatz beträgt 3,40 %. Sie lässt sich die Zinsen jedes Jahr auf ihr Girokonto überweisen. Wie viel Euro Zinsen erhält sie in den 5 Jahren insgesamt?

b) „Es besteht auch die Möglichkeit, dass wir Ihnen die Zinsen erst nach Ablauf der 5 Jahre auszahlen. In diesem Fall würden wir die Zinsen jeweils am Jahresende zu Ihrem Sparkassenbrief hinzurechnen und mitverzinsen", sagt die Anlagenberaterin. Wie viel Euro bekommt Frau Gaudeck in diesem Fall nach 5 Jahren insgesamt ausgezahlt?

Zinssätze:

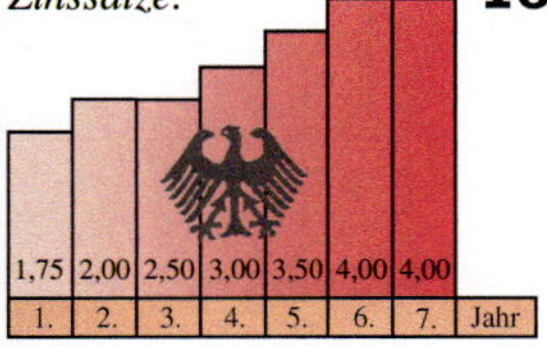

16. Familie Münzinger möchte 20 000 € anlegen.

a) Bei einer Bundesanleihe beträgt der Zinssatz 2,15 % bei einer Laufzeit von 7 Jahren. Die Zinsen werden am Jahresende nicht abgehoben, sondern im nächsten Jahr mitverzinst. Auf wie viel Euro würde das Geld der Familie Münzinger anwachsen?

b) Bei einem Bundesschatzbrief steigt der Zinssatz von Jahr zu Jahr. Er beträgt im 1. Jahr 1,75 %, im 2. Jahr 2,00 %, im 3. Jahr 2,50 %, im 4. Jahr 3,00 %, im 5. Jahr 3,50 %, im 6. Jahr 4,00 % und im 7. Jahr 4,00 %. Die Zinsen werden nach jedem Jahr gutgeschrieben und mitverzinst. Auf wie viel Euro würde das Spargeld der Familie Münzinger mit einem Bundesschatzbrief anwachsen?

Daten und Zufall

1. Die Fahrgäste eines Eisenbahnzuges wurden befragt: „Zu welchem Zweck unternehmen Sie diese Bahnfahrt?" Links findest du die Liste der Antworten.

a) Wie viele Fahrgäste wurden befragt?

b) Berechne die relativen Häufigkeiten für die einzelnen Antworten.

c) Veranschauliche die relativen Häufigkeiten in einem geeigneten Diagramm.

2. Eine Vertriebsfirma für Autozubehör bietet Autoradios an. 250 Autofahrer wurden nach ihrer Meinung über die Radios befragt. Davon waren:

sehr zufrieden	zufrieden	teilweise zufrieden	unzufrieden
26 %	44 %	18 %	12 %

a) Veranschauliche die relativen Häufigkeiten durch ein geeignetes Diagramm.

b) Wie viele Personen waren sehr zufrieden? Wie viele Personen waren zufrieden, wie viele waren teilweise zufrieden, wie viele waren unzufrieden?

3. Bei einer Kontrolle in einer Mosterei wurde an Stichproben geprüft, ob sich in den abgefüllten 0,7-*l*-Flaschen tatsächlich die angegebenen Mostmengen befinden:

699 ml, 703 ml, 689 ml, 700 ml, 701 ml, 695 ml, 694 ml, 704 ml, 703 ml, 691 ml, 695 ml, 692 ml, 700 ml, 705 ml, 704 ml, 699 ml, 699 ml, 702 ml, 697 ml, 693 ml

Wie viel ml Most befanden sich durchschnittlich in einer Flasche?

4. Die Beschäftigten eines Kaufhauses geben an, wie lange sie für den täglichen Weg von zu Hause bis zur Arbeitstätte brauchen.

Zeit	2 min	5 min	10 min	15 min	20 min	30 min	1 h
Anzahl	2	4	8	1	6	4	1

a) Wie viele Beschäftigte hatten Angaben gemacht?

b) Wie viel Minuten brauchte ein Beschäftigter im Durchschnitt für den Weg zur Arbeitstätte?

5. Bei einem Test wurden folgende Punkte erreicht.

Punkte	0	1	2	3	4	5	6	7	8	9	10
Anzahl der Teilnehmer	2	0	0	1	2	5	7	8	6	6	3

a) Stelle die Testergebnisse durch ein Säulendiagramm dar.

b) Berechne die durchschnittlich von jedem Teilnehmer erreichte Punktezahl.

c) Um wie viel ändert sich die durchschnittliche Punktezahl, wenn man die beiden Ausreißer mit 0 Punkten unberücksichtigt lässt?

d) Gib den Median an. Stelle fest, ob sich der Medianwert bei Nichtberücksichtigung der beiden Ausreißer ändert.

e) Wie viel Prozent aller Teilnehmer haben mehr als 8 Punkte erreicht?

6. Für die Präsentation mit dem Titel „Unsere Schule" erstellten Lisette und Dirk eine Tabelle über die augenblickliche Schüleranzahl in den einzelnen Klassen.

Klasse	5 a	5 b	6 a	6 b	6 c	7 a	7 b	7 c	7 d	8 a	8 b	8 c	9 a	9 b	10 a	10 b
Anzahl	18	22	21	21	24	21	19	17	19	25	29	24	27	23	29	29

a) Stelle die Schüleranzahl je Klassenstufe in einem Säulen-, Streifen- und Kreisdiagramm dar.

b) Berechne die durchschnittliche Schülerzahl je Klasse für die Klassenstufen 5, 6, 7, 8, 9 und 10.

c) Welche durchschnittliche Schülerzahl ergibt sich je Klasse für die gesamte Schule?

7. Alle Lehrer einer Oberschule wurden befragt, wie lange sie für den täglichen Weg von zu Hause bis zur Schule brauchen.

Zeit	5 min	10 min	15 min	20 min	30 min	1 h
Anzahl der Befragten	5	8	1	6	4	1

Wie lange braucht ein Lehrer durchschnittlich für seinen Weg zur Arbeit? Gib die Zeit in Minuten und Sekunden an.

8. Julia hat an fünf aufeinanderfolgenden Tagen im Bus zur Schule die Fahrgäste gezählt.

Tag	Mo.	Di.	Mi.	Do.	Fr.
Anzahl	18	11	19	6	36

a) Stelle ihre statistische Erhebung in einem Säulendiagramm dar.

b) Ermittle die Spannweite bezüglich der Anzahl der Fahrgäste.

c) Berechne die durchschnittliche Anzahl der Fahrgäste je Tag und kennzeichne sie im Diagramm.

▲ **d)** Stelle in einer Tabelle die Abweichungen der Fahrgastzahlen vom arithmetischen Mittel zusammen und berechne damit die durchschnittliche Abweichung.

9. In einer Wohnsiedlung wurden Familien nach der Anzahl ihrer Kinder befragt.

Sie gaben an: 1 1 0 2 2 3 4 2 1 0 2 3 5 1 2 3 1 2 3

a) Wie viele Kinder leben durchschnittlich in einer Familie?

b) Berechne die relativen Häufigkeiten für die Familien mit 0, 1, 2, 3, 4, 5 Kindern. Gib die relativen Häufigkeiten in Prozent an.

c) Zeichne ein Säulendiagramm und ein Streifendiagramm (10 cm), welche die relativen Häufigkeiten veranschaulichen.

d) Wie viel Prozent aller Familien haben mehr als 2 Kinder?

e) Wie viel Prozent aller Kinder leben in Familien mit mehr als 2 Kindern?

10. In einem Behälter sind 60 Kugeln. Sie sind von 1 bis 60 nummeriert. Eine Kugel wird gezogen. Berechne die Wahrscheinlichkeit für folgendes Ereignis.

a) Die Zahl ist gerade.

b) Die Zahl ist ein Teiler von 60.

c) Die Zahl ist eine Primzahl.

d) Die Zahl enthält zwei gleiche Ziffern.

e) Die Zahl ist zweistellig.

f) Die Zahl enthält die Ziffer 5.

11. Auf dem Tisch stehen 3 Gefäße mit roten bzw. blauen Kugeln.

Welches Gefäß würdest du wählen, wenn du mit geschlossenen Augen eine blaue Kugel ziehen musst, um zu gewinnen?

12. Mit welcher Wahrscheinlichkeit erhält man beim einmaligen Drehen mit dem Glücksrad eine durch 9 teilbare ungerade Zahl?

13. Drei Münzen werden nacheinander geworfen. Bei jeder Münze liegt entweder Zahl (Z) oder Wappen (W) oben.

a) Zeichne ein Baumdiagramm für dieses dreistufige Zufallsexperiment und schreibe die Wahrscheinlichkeiten an die Wege.

b) Wie groß ist die Wahrscheinlichkeit für jedes Ergebnis?

c) Gib die Wahrscheinlichkeiten für folgende Ereignisse an.

(1) Alle drei Münzen zeigen dasselbe (entweder Z oder W)
(2) Genau ein Münze zeigt W.
(3) Die erste und die zweite Münze zeigen W.
(4) Mindestens eine Münze zeigt Z.
(5) Höchstens eine Münze zeigt Z.
(6) Keine Münze zeigt W.

14. In einem Gefäß sind 3 rote und 7 blaue Kugeln. Zwei Kugeln werden mit Zurücklegen gezogen.

a) Zeichne ein Baumdiagramm für dieses zweistufige Zufallsexperiment und schreibe die Wahrscheinlichkeiten an die Wege.

b) Wie groß sind die Wahrscheinlichkeiten für folgende Ereignisse?

(1) Die gezogenen Kugeln sind beide rot.
(2) Die Kugeln sind beide blau.
(3) Die erste Kugel ist rot, die zweite Kugel ist blau.
(4) Die Kugeln haben unterschiedliche Farben.
(5) Die erste Kugel ist blau.
(6) Die zweite Kugel ist rot.
(7) Die zweite Kugel ist blau.

15. Bearbeite die Aufgabe 14 für den Fall, dass die beiden Kugeln ohne Zurücklegen gezogen werden.

16. Aus einem gemischten Skatblatt (bestehend aus 8 Kreuz, 8 Pik, 8 Herz, 8 Karo) werden zwei Karten ohne Zurücklegen gezogen. Wie groß ist die Wahrscheinlichkeit für folgendes Ereignis?

a) zwei Kreuz-Karten

b) zwei Buben

c) eine Pik-Karte und eine Herz-Karte

d) zwei rote Karten (Herz oder Karo)

e) einen Buben und einen König

f) Herz-König und Herz-Dame

17. In einer Lostrommel befinden sich zu Anfang 5 Gewinnlose und 40 Nieten.

a) Max zieht zuerst. Wie groß ist die Wahrscheinlichkeit, dass er ein Gewinnlos zieht?

b) Max hat eine Niete gezogen. Nun zieht Tanja. Wie groß ist die Wahrscheinlichkeit, dass sie ein Gewinnlos zieht?

18. An einem Mountainbike-Rennen nehmen 10 Personen teil, darunter auch Tim. Da alle Teilnehmer ungefähr gleiche Leistungsstärke haben, ist die Reihenfolge beim Zieleinlauf nicht vorhersehbar.

a) In wie vielen verschiedenen Reihenfolgen können die Teilnehmer am Ziel eintreffen?

b) Wie groß ist die Wahrscheinlichkeit, dass Tim als Erster durchs Ziel fährt?

19. Mit den Ziffern 2, 4, 5, 7 sollen vierstellige Zahlen gebildet werden.

a) Jede Ziffer soll genau einmal vorkommen. Wie viele verschiedene Zahlen sind möglich?

b) Ein und dieselbe Ziffer kann mehrmals geschrieben werden. Wie viele verschiedene Zahlen sind möglich?

20. In einem Gefäß sind 4 rote, 2 blaue und 6 gelbe Kugeln. Es werden zwei Kugeln gezogen. Vor dem Ziehen der zweiten Kugel wird die zuerst gezogene Kugel in das Gefäß zurückgelegt.

a) Zeichne ein Baumdiagramm für dieses Zufallsexperiment. Schreibe an die einzelnen Pfade die zugehörigen Wahrscheinlichkeiten.

b) Berechne die Wahrscheinlichkeiten für folgende Ereignisse:
(1) Die beiden gezogenen Kugeln sind gelb.
(2) Keine der beiden gezogenen Kugeln ist gelb.
(3) Unter den beiden gezogenen Kugeln befindet sich wenigstens eine blaue.

c) Wie groß ist beim dreimaligen Ziehen (mit Zurücklegen) die Wahrscheinlichkeit, dass alle drei Kugeln die gleiche Farbe haben?

d) Bearbeite die Teilaufgaben a) bis c) für den Fall, dass die gezogenen Kugeln nicht in das Gefäß zurückgelegt werden.

21. Familien mit drei Kindern werden nach dem Geschlecht des ersten, zweiten und dritten Kindes gefragt.

a) Zeichne zu diesem dreistufigen Zufallsexperiment ein Baumdiagramm und gib die Ergebnismenge an.

b) Berechne die Wahrscheinlichkeit für die Ereignisse E_1, E_2 und E_3. Vereinfacht wird angenommen, dass Jungen- und Mädchengeburten gleich wahrscheinlich sind.
E_1: alle drei Kinder sind Mädchen
E_2: genau zwei der Kinder sind Jungen
E_3: höchstens eins der Kinder ist ein Junge

22. In einem Geschäft werden verpackte Energiesparlampen zu einem ermäßigten Preis angeboten. Wie viele muss Holger mindestens kaufen, damit er mit hoher Wahrscheinlichkeit 5 vollwertige Lampen zu Hause auspacken kann?

23. Bei einem Preisausschreiben werden von 1 215 richtigen Einsendungen zunächst 3 Hauptpreise, danach 5 Einkaufsgutscheine und letztlich 10 Trostpreise gezogen.
Wie groß ist die Wahrscheinlichkeit, mit einer richtigen Einsendung einen Hauptpreis zu gewinnen?

24. Wie viele Möglichkeiten unterschiedlicher Reihenfolge beim Zieleinlauf eines 100-m-Laufes gibt es bei (1) 2 Schülern; (2) 3 Schülern; (3) 4 Schülern?

25. Fünf Schüler, Anna (A), Benjamin (B), Christina (C), Dirk (D) und Elisa (E) stellen sich in zufälliger Reihenfolge nebeneinander zu einem Gruppenfoto auf.

a) In wie vielen verschiedenen Reihenfolgen können sie sich aufstellen?

b) Wie groß ist die Wahrscheinlichkeit, dass A genau in der Mitte steht?

c) Wie groß ist die Wahrscheinlichkeit, dass A und B nebeneinander stehen?

d) Wie groß ist die Wahrscheinlichkeit, dass A genau zwischen B und C steht?

e) Wie groß ist die Wahrscheinlichkeit, dass A nicht am Rand steht?

26. In einer Lostrommel befinden sich 20 Lose, darunter 5 Gewinnlose. Es werden zwei Lose gezogen.

a) Zeichne ein Baumdiagramm für dieses Zufallsexperiment und schreibe die Wahrscheinlichkeiten an die einzelnen Wege.

b) Wie groß ist die Wahrscheinlichkeit, dass beide Lose Gewinnlose sind?

c) Wie groß ist die Wahrscheinlichkeit, dass man wenigstens ein Gewinnlos zieht?

27. Ein Basketballspieler erhält nach einem Foul drei Freiwürfe. Aus Erfahrung ist bekannt, dass er eine Trefferwahrscheinlichkeit von 0,85 besitzt.

a) Mit welcher Wahrscheinlichkeit wird er dreimal treffen?

b) Mit welcher Wahrscheinlichkeit wird er mindestens zweimal treffen?

28. Welche der Vorhersagen für das einmalige Würfeln ist wahrscheinlicher?
Helen: „Meine Augenzahl ist durch 2 und 3 teilbar."
Lutz: „Ich erwarte nicht mehr als drei Augen."
Heike: „Meine Zahl wird eine Primzahl sein."
Hans-Ulrich: „Die Augenzahl 5 und 6 schaffe ich nicht."

29. Im Sommer kommen täglich ca. 120 Schüler mit dem Fahrrad zur Schule. Überraschend werden an einem Tag 48 Fahrräder auf Verkehrssicherheit geprüft. An 18 Fahrrädern werden dabei Mängel festgestellt.

a) Wie groß ist etwa die Wahrscheinlichkeit, dass ein beliebig herausgegriffenes Fahrrad eines Schülers Mängel aufweist?

b) Schätze ab, wie viele der 120 Fahrräder Mängel aufweisen?

30. In einer Lostrommel befinden sich noch 9 Nieten und 6 Gewinne. Jemand kauft drei Lose.

a) Zeichne für dieses dreistufige Zufallsexperiment ein Baumdiagramm und schreibe an die einzelnen Zweige die zugehörigen Wahrscheinlichkeiten.

b) Wie hoch ist die Wahrscheinlichkeit, dass genau drei Gewinne gezogen werden?

c) Wie wahrscheinlich ist es, dass genau ein Gewinn dabei ist?

d) Wie groß ist die Chance, dass mindestens ein Gewinn dabei ist?

31. Frau Plathe erzählt, dass sie drei unterschiedlich alte Enkelkinder hat. Wir nehmen an, dass die Geburt eines Mädchens bzw. Jungens gleich wahrscheinlich ist.
Wie groß ist die Wahrscheinlichkeit, dass

a) genau eines ihrer Enkelkinder ein Mädchen ist;

b) alle Kinder Jungen sind;

c) mindestens ein Kind ein Junge ist?

Berechnungen an Flächen und Körpern

1. In der Gemeinde Lindenthal wurde ein Bebauungsplan erstellt. Aus dem Lageplan kann man die Lage, Form und Größe der einzelnen Grundstücke entnehmen (Angaben in m).

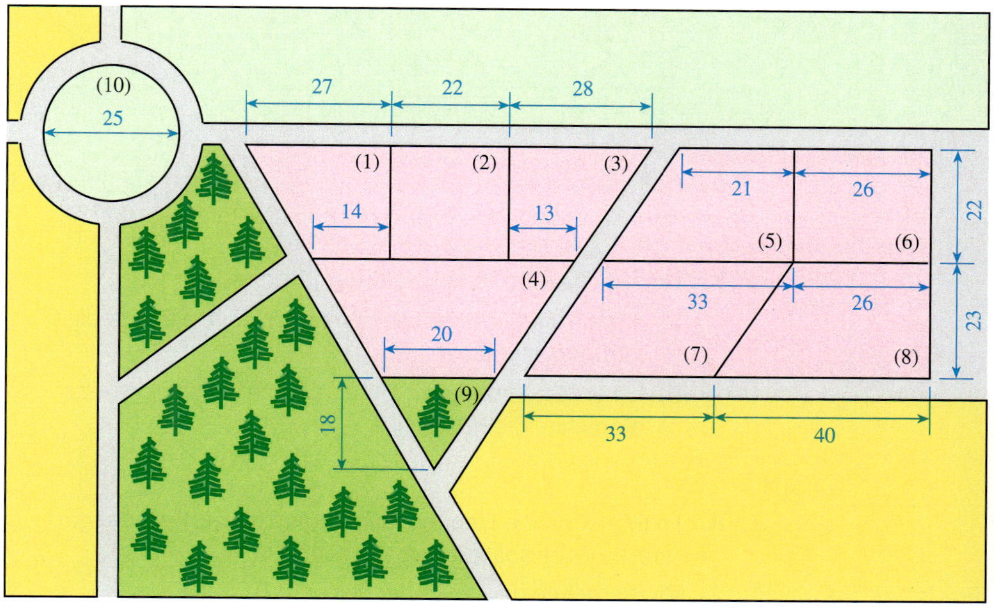

a) Um welche ebenen Figuren handelt es sich bei den Flächen (1) bis (10)?

b) Suche im Tafelwerk die Formeln für den Flächeninhalt und Umfang dieser ebenen Figuren.

c) Entnimm dem Plan die notwendigen Maße und berechne den Flächeninhalt und den Umfang der Grundstücke (1) bis (8).

d) Die Flächen (9) und (10) sollen als Grünflächen genutzt werden. Berechne auch von diesen Flächen den Umfang und den Flächeninhalt.

2. Schreibe in der in Klammern angegebenen Einheit.

a)	**b)**	**c)**	**d)**
15 km (m)	3,4 ha (m^2)	1 200 mm^2 (cm^2)	27,50 ha (m^2)
3,75 m (cm)	22 dm^2 (m^2)	55 ha (km^2)	24,5 cm^2 (mm^2)
1 550 m (km)	31 dm^2 (cm^2)	625 dm^2 (m^2)	13 dm^2 (m^2)
16,6 cm (mm)	6,5 m^2 (dm^2)	4 350 cm^2 (m^2)	35 ha (km^2)
1 200 mm (m)	27 cm^2 (mm^2)	28 000 m^2 (a)	88 dm^2 (m^2)

3. a) Berechne Flächeninhalt und Umfang des Rechtecks mit den Seitenlängen:

(1) $a = 5$ cm, $b = 16$ cm (2) $a = 18{,}1$ m, $b = 37{,}7$ m (3) $a = 3{,}3$ cm, $b = 68$ mm (4) $a = 3{,}36$ m, $b = 125$ cm (5) $a = 2{,}1$ km, $b = 500$ m

b) Berechne Flächeninhalt und Umfang des Quadrates mit der Seitenlänge:

(1) $a = 12$ cm (2) $a = 3{,}7$ cm (3) $a = 0{,}15$ dm (4) $a = \frac{1}{4}$ m (5) $a = 1\frac{1}{2}$ m

4. Eine Fensterscheibe ist 1,55 m lang und 0,92 m breit. 1 m^2 Glas kostet 54,50 €. Dazu kommen noch 19 % Mehrwertsteuer.
Wie viel kostet die Fensterscheibe?

5. Berechne den Flächeninhalt und den Umfang des dargestellten Parallelogramms.

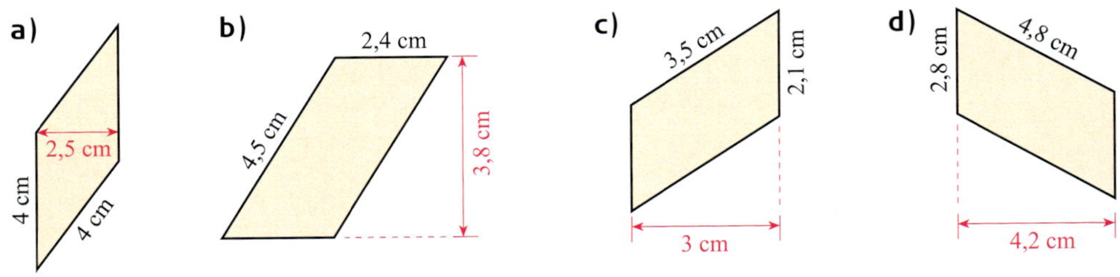

6. Ein Parallelogramm ABCD hat den Flächeninhalt A = 20 cm². Ferner gilt: $\overline{AB} = 4$ cm und $\overline{BC} = 6$ cm. Zeichne das Parallelogramm.

7. Eine Fläche (Abb. rechts) soll aufgeforstet werden.

a) Konstruiere das Parallelogramm. Wähle einen geeigneten Maßstab.

b) Eine Aufforstung mit Fichten kostet 2 700 € pro ha. Berechne die Kosten.

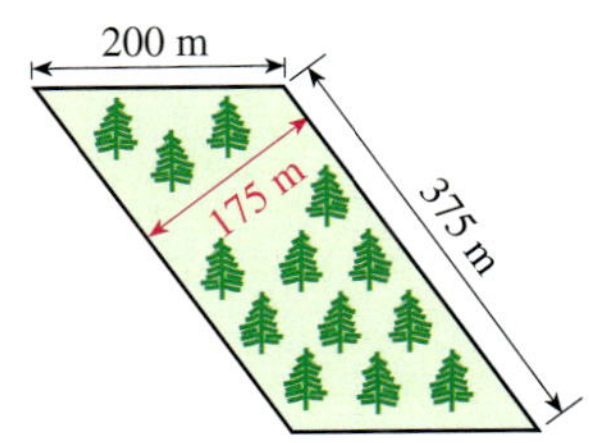

8. Im Bild wird eine Treppenhausschräge dargestellt. Die gefärbte Fläche soll getäfelt werden.

a) Berechne die Größe der Fläche.

b) Der Tischler berechnet für das Täfeln 43,50 € pro m² (ohne Mehrwertsteuer). Berechne den Preis einschließlich 19 % Mehrwertsteuer.

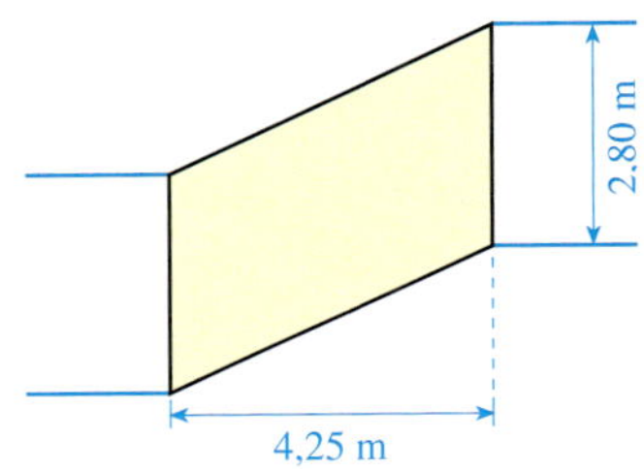

9. Berechne den Flächeninhalt und den Umfang des dargestellten Dreiecks (Maße in cm).

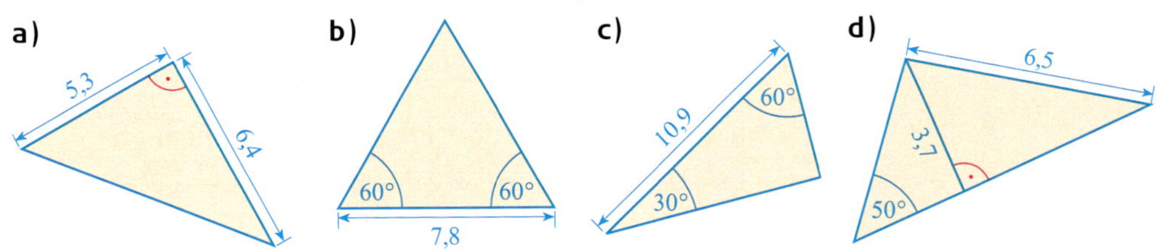

10. Zeichne das Dreieck ABC in ein Koordinatensystem (Einheit 1 cm) und berechne – ohne mit dem Lineal zu messen – den Flächeninhalt und den Umfang.

a) A(1 | 1)	**b)** A(−3 | 6)	**c)** A(−6 | −5)	**d)** A(−2 | 4)	**e)** A(1 | −5)
B(6 | 1)	B(0 | 3)	B(−1 | −5)	B(−6 | 0)	B(5 | −3)
C(6 | 7)	C(3 | 6)	C(−4 | −2)	C(−2 | 1)	C(−3 | 0)

11. Ein Dachgiebel soll mit Holz verschalt werden.

a) Wie viel m² Holz werden benötigt?

b) 1 m² Holz kostet 36 €. Dazu kommen 19 % Mehrwertsteuer. Berechne die Kosten.

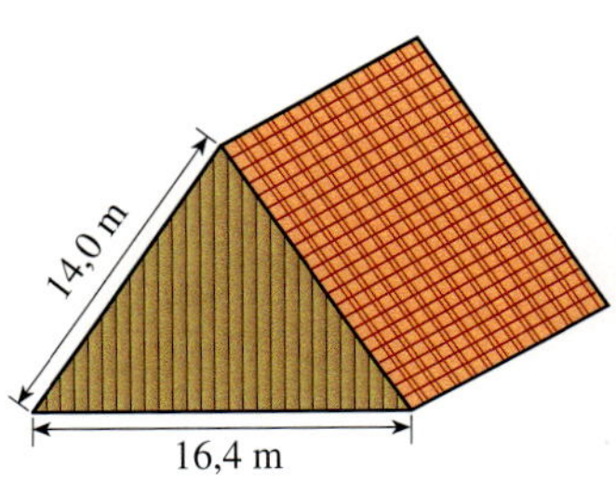

12. Berechne Flächeninhalt und Umfang des dargestellten Trapezes (Angaben in cm).

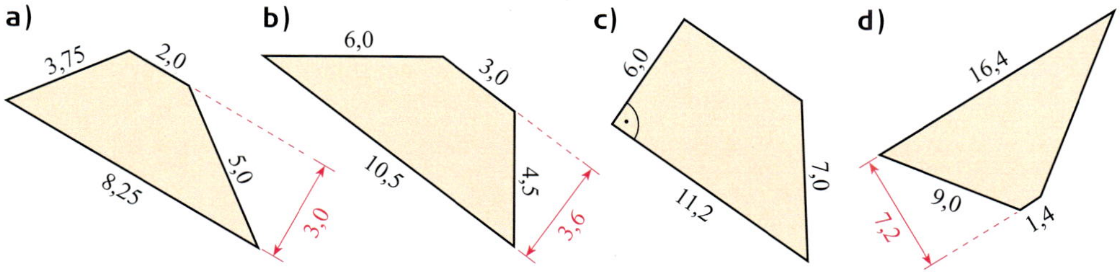

13. Der Giebel soll mit Holz verschalt werden. Für eine Fläche von einem Quadratmeter sind 43 € zu zahlen.
Berechne die Kosten, wenn bei Barzahlung 2 % Rabatt gewährt werden.

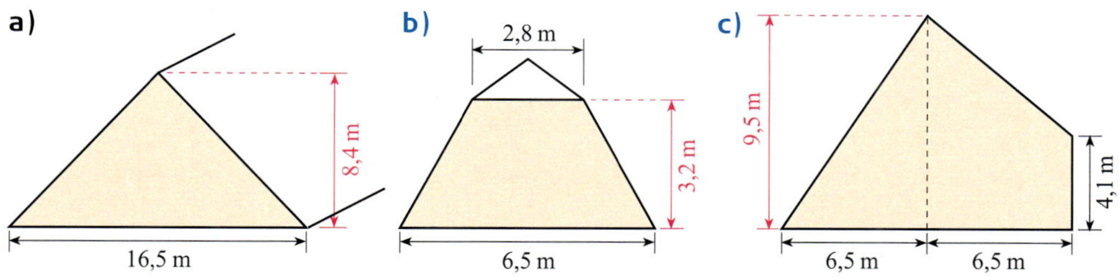

14. Aus einem quadratischen Brett mit der Seitenlänge 30 cm werden kreisförmige Scheiben für die Herstellung von Untersetzern ausgesägt.

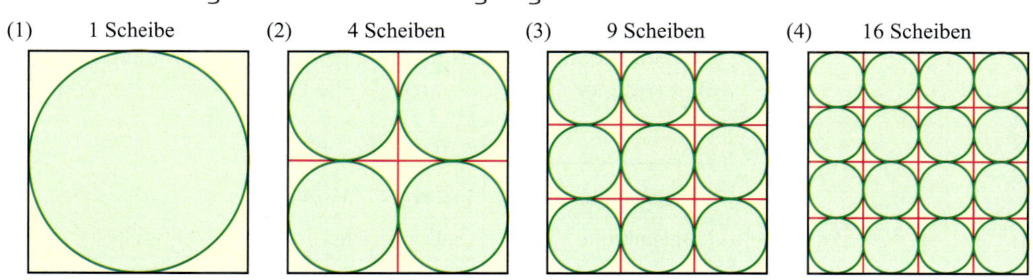

a) Wie groß ist jede Scheibe? Wie groß ist der Abfall in Prozent?

b) Die Scheiben sollen mit einem Umleimer versehen werden. Wie viel cm Umleimer werden jeweils benötigt?

15. Von einem Stoffrest der Breite 1,50 m und der Länge 1,20 m soll eine möglichst kreisrunde Tischdecke hergestellt werden.
Wie viel Prozent Verschnitt entstehen?

16. Berechne den Flächeninhalt und den Umfang der rot gekennzeichneten Figur.

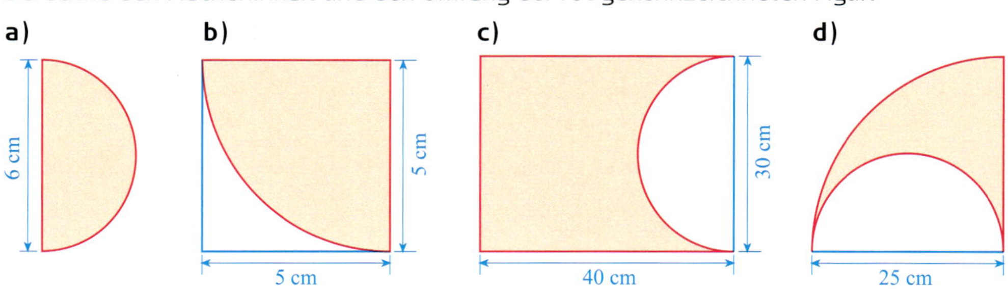

17. Konstruiere ein Rechteck ABCD aus den gegebenen Stücken. M ist der Schnittpunkt der beiden Diagonalen e und f.

a) f = 7,25 cm; b = 5,8 cm
b) a = 5,6 cm; e = 7,0 cm
c) a = 4,7 cm; $\sphericalangle$CAB = 30°
d) e = 5,6 cm; $\sphericalangle$AMB = 100°

Berechne die fehlenden Seiten, den Flächeninhalt und den Umfang des Rechtecks.

18. Konstruiere ein Dreieck ABC aus den gegebenen Stücken.

a) b = 6,2 cm; β = 42°; a = 3,7 cm
b) a = 5,3 cm; γ = 90°; b = 3,8 cm
c) a = 4,0 cm; b = 3,1 cm; c = 5,4 cm
d) a = 3,8 cm; β = 34°; γ = 51°

(1) Nach welchem Kongruenzsatz ist die Konstruktion eindeutig?
(2) Berechne die fehlenden Winkel, Seiten und den Flächeninhalt des Dreiecks.

19. Konstruiere ein Parallelogramm ABCD. Der Schnittpunkt der Diagonalen sei M. Berechne die fehlenden Seiten und Winkel. Überprüfe an der Zeichnung.

a) a = 5,1 cm; b = 3,4 cm; β = 125°
b) $\overline{MC}$ = 4,1 cm; $\overline{MD}$ = 3,2 cm; $\sphericalangle$DMA = 55°
c) a = 5,0 cm; α = 35°; h_a = 3,0 cm
d) a = 5,7 cm; f = 7,9 cm; d = 3,3 cm

20. Konstruiere ein gleichschenkliges Dreieck ABC mit $\overline{AC} = \overline{BC}$ und

a) c = 4,7 cm; α = 47°;
b) a = 5,3 cm; γ = 38°.

Berechne die fehlenden Winkel und Seiten sowie den Flächeninhalt und den Umfang.

21. Der Querschnitt eines Bahndammes hat die Form eines gleichschenkligen Trapezes. Fertige eine maßstäbliche Zeichnung an. Gib den Maßstab an. Bestimme die fehlenden Größen rechnerisch und überprüfe die Ergebnisse an der Zeichnung.

	a)	b)	c)
Dammsohle	14,0 m		20,0 m
Dammkrone	5,0 m	15,0 m	
Dammhöhe	3,7 m		5,4 m
Böschung		4,8 m	
Böschungswinkel		38°	45°

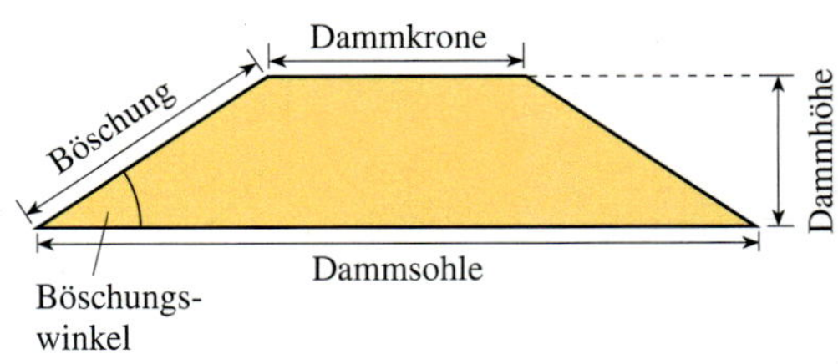

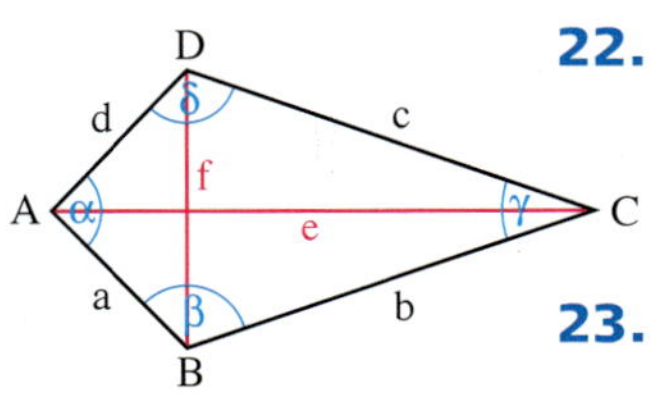

22. Konstruiere das Drachenviereck ABCD mit AC als Symmetrieachse.

a) e = 8,0 cm
f = 5,0 cm
b) c = 5,0 cm; e = 7,2 cm
d = 3,5 cm
c) a = 4,0 m; β = 110°
b = 6,4 m

23. In einem Koordinatensystem (Einheit 1 cm) sind folgende Eckpunkte eines Drachens gegeben. Berechne den Flächeninhalt und den Umfang.

a) A(0|2); C(4|2)
B(2|0); D(2|3)
b) A(−5|2); C(−1|2)
B(−3|−1); D(−3|5)
c) A(0|−2); C(5|−2)
B(4|−4); D(4|0)

24. Berechne vom Drachenviereck ABCD die fehlenden Stücke und den Flächeninhalt.

a) e = 8,0 m; γ = 100°; α = 40°
b) a = 5,0 cm; b = 4,0 cm; α = 100°

25. Ein Dach hat die Form eines geraden Prismas ABCDEF.
$\overline{AD} = \overline{BC} = 10{,}8$ m; $\overline{AB} = \overline{CD} = \overline{EF} = 19{,}0$ m; $\sphericalangle EBC = \sphericalangle ECB = 30°$.

a) Stelle das Dach in einem geeigneten Maßstab so dar, dass die wahre Länge der Strecke $\overline{BE}$ bestimmt werden kann. Bezeichne die Eckpunkte.

b) Berechne die Balkenlänge von $\overline{BE}$.

c) Das Dach soll neu gedeckt werden. Für 1 m^2 Dachfläche sind 54 Ziegel zu planen. Wie viele Dachziegel müssen insgesamt bereitgestellt werden?

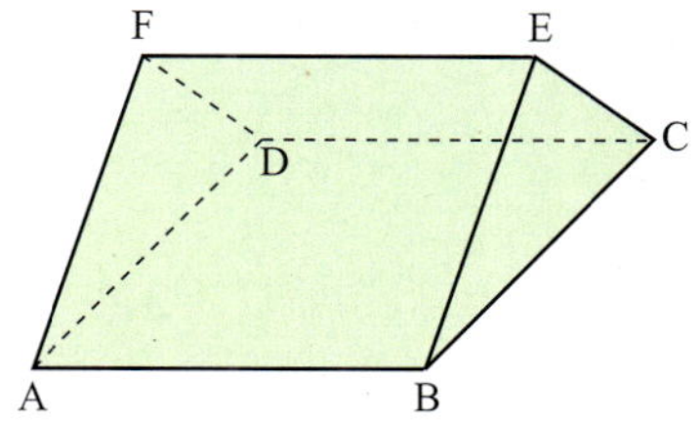

26. Auf einem Grundstück soll der Stellplatz für einen Pkw überdacht werden.

a) Berechne die Größe der Dachfläche.

b) Die Stirnseiten des Daches sollen mit Holz verkleidet werden.
Wie viel m^2 Holz werden gebraucht, wenn mit 5 % Verschnitt gerechnet werden muss?

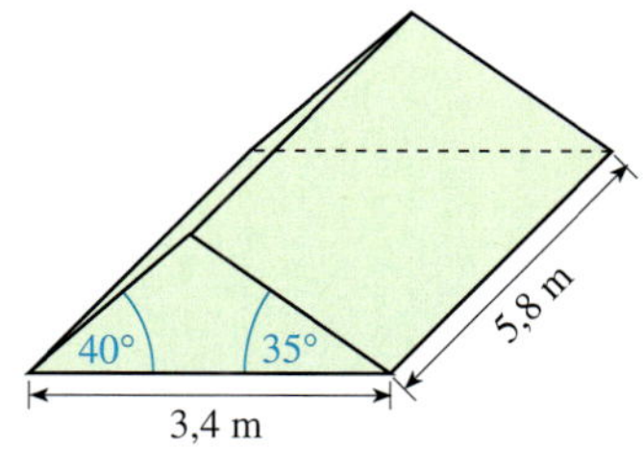

27. Die Abbildung stellt ein Werkstück aus Stahl $\left(\varrho = 7{,}8\,\frac{g}{cm^3}\right)$ dar (Maßangaben in mm).

a) Zeichne ein maßstäbliches Schrägbild des Werkstücks. Gib den Maßstab an.

b) Berechne das Volumen und die Masse.

c) Berechne den Oberflächeninhalt.

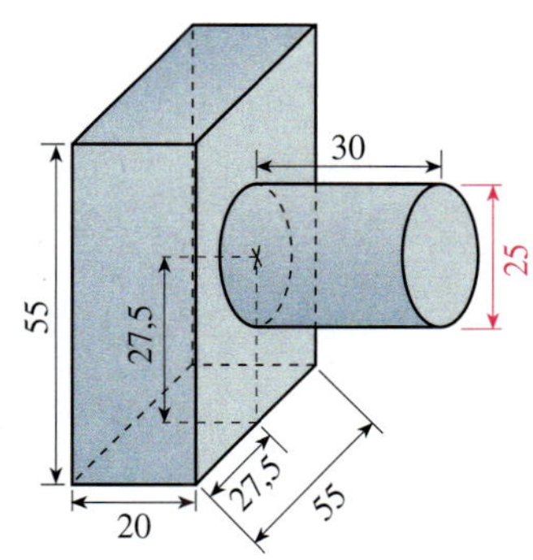

28. Aus einer Bleikugel (d = 4 cm) soll ein gerader Kreiskegel mit einer Körperhöhe von 5 cm gegossen werden. Berechne den Radius des Grundkreises des Kegels.

29. Die in der Abbildung dargestellte Sanduhr besteht aus zwei kongruenten Körpern, die im Punkt S verbunden und dort durchlässig sind. Der obere Körper ist vollständig mit Sand $\left(\text{Dichte } \varrho = 2{,}2\,\frac{g}{cm^3}\right)$ gefüllt. In 10 Minuten läuft der Sand in den unteren Körper.

a) Berechne das Volumen des oberen Körpers.

b) Wie viel g Sand fließen in 15 Sekunden ab, wenn der Abfluss des Sandes stets gleichmäßig erfolgt?

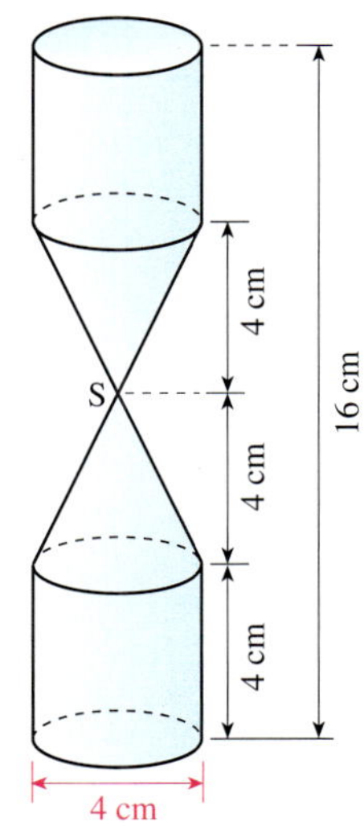

30. Ein Werkstück aus Stahl hat die Form eines Zylinders. Es wird so bearbeitet, dass daraus eine Kugel entsteht, die den gleichen Durchmesser hat wie der Zylinder.

a) Berechne die Masse des Abfalls, der durch die Bearbeitung entsteht, wenn d = h = 60 mm $\left(\varrho = 7{,}8\,\frac{g}{cm^3}\right)$.

b) In welchem Verhältnis stehen Kugel- und Zylindervolumen?

31. Ein Jugendhandball hat den Umfang u = 57 cm.

a) Berechne die Größe der Oberfläche.

b) Bei der Anfertigung von Handbällen muss man 25 % Lederverschnitt hinzurechnen. Wie viel m^2 Leder werden für die Herstellung von 100 Jugendhandbällen benötigt?

c) Wie viele Handbälle könnten aus 100 m^2 Leder hergestellt werden?

32. Die Diagonalen eines Parallelogramms ABCD schneiden sich unter einem Winkel von 60°. Für die Diagonalenlängen gilt: e = 8,6 cm; f = 2,4 cm.

a) Konstruiere das Parallelogramm.

b) Berechne die Seitenlänge a.

c) Ermittle rechnerisch die Winkelgrößen von α und β.

d) Berechne den Flächeninhalt des Parallelogramms.

33. In einem Neubaugebiet ist die Verkabelung in Form eines Dreiecks PQR geplant. Gemessen wurde:
$\overline{PQ} = 120$ m; $\alpha = 60°$; $\beta = 50°$.

a) Wie lang ist der Kabelgraben insgesamt?

b) Um wie viel Meter verlängert sich der Kabelgraben, wenn zusätzlich eine Querverbindung $\overline{PT}$ geschaffen wird?

c) Überprüfe die Berechnung durch die maßstäbliche Konstruktion.

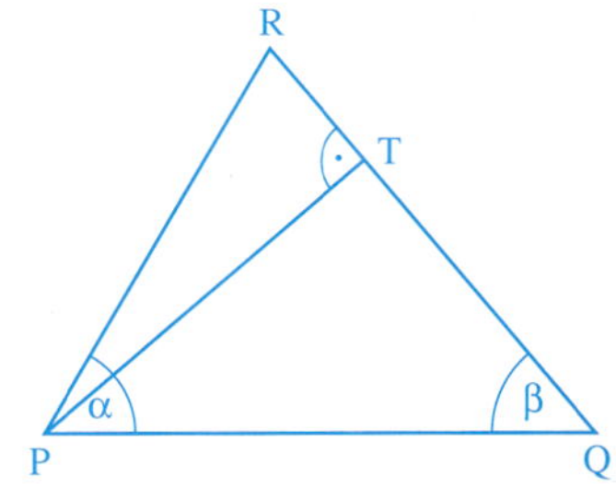

34. Ein Rhombus ABCD bildet die Grundfläche einer geraden Pyramide ABCDS. Es gilt für die Diagonalen des Rhombus $\overline{AC} = 8$ cm, $\overline{BD} = 9$ cm.

a) Zeichne das Schrägbild der Pyramide in ein Koordinatensystem (Einheit 1 cm). Dabei soll die Diagonale $\overline{AC}$ auf der x-Achse liegen. Die Pyramidenspitze sei S(0|6). Für die Schrägbilddarstellung gilt: $q = \frac{1}{2}$; $\alpha = 45°$.

b) Die Seitenkante $\overline{AS}$ liegt auf einer Geraden g_1. Ermittle die Funktionsgleichung $y = mx + n$ der Geraden g_1.

c) Zeichne die Gerade g_2 zu der Funktion mit $y = -\frac{2}{3}x + 2$ in die gleiche Darstellung ein und lies die Koordinaten des Schnittpunktes P der Geraden g_1 und g_2 ab.

d) Berechne diesen Schnittpunkt.

35. Die Skizze zeigt den Bebauungsplan für die Grundstücke Nummer 1, 2 und 3. Das gesamte Baugelände (Dreieck ABC) wird umzäunt.

a) Berechne die Länge des Zauns.

b) Ermittle die Gesamtfläche des Baugeländes.

c) Familie Hofmann kauft das Grundstück 3 für 65 € pro Quadratmeter. Berechne den Grundstückspreis.

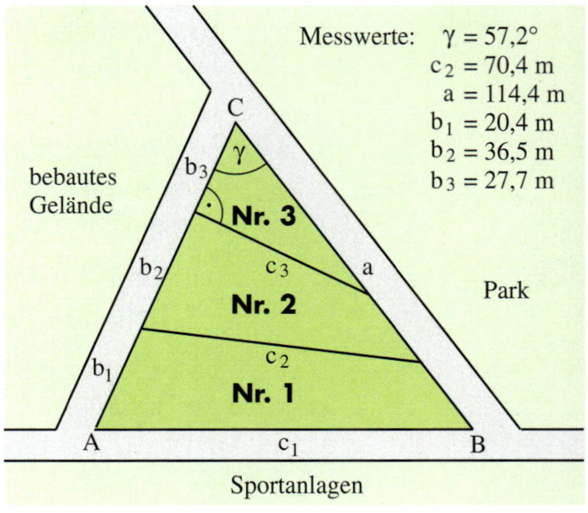

36. Hanna und Oskar sind mit ihren Eltern in der Sächsischen Schweiz. Sie hätten gern die Entfernung $\overline{EF}$ der Felsspitzen gewusst. Dazu ermitteln sie die Länge der Standlinie $\overline{AB} = 50$ m und die Winkelgrößen:

$\sphericalangle BAE = 100°$ $\sphericalangle EBA = 47°$
$\sphericalangle BAF = 52°$ $\sphericalangle FBA = 104°$

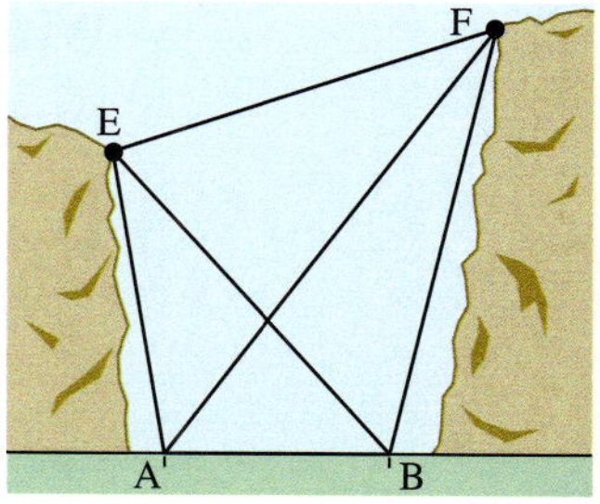

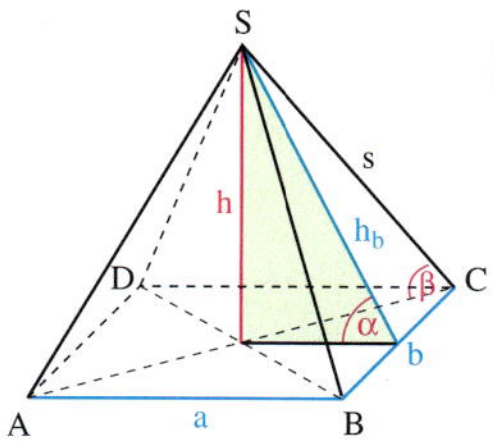

37. Gegeben ist eine rechteckige Pyramide mit a = 6,6 cm; b = 8,8 cm und h = 4,4 cm.

a) Zeichne ein Schrägbild dieser Pyramide.

b) Berechne ihr Volumen.

c) Die Seitenflächenhöhe h_b bildet mit der Grundfläche den Neigungswinkel α. Die Seitenkante s hat den Neigungswinkel β. Berechne die beiden Neigungswinkel.

38. Das pyramidenförmige Dach eines Turmes (h = 10 m) soll mit Schindeln gedeckt werden.

a) Wie groß ist der Dachraum (umbaute Raum)?

b) Wie groß ist die Dachfläche?

c) Von einer Firma wird die Arbeit inklusive Material für 95 € pro m² (ohne MwSt) übernommen.
Was kosten die Dacharbeiten einschließlich Mehrwertsteuer?

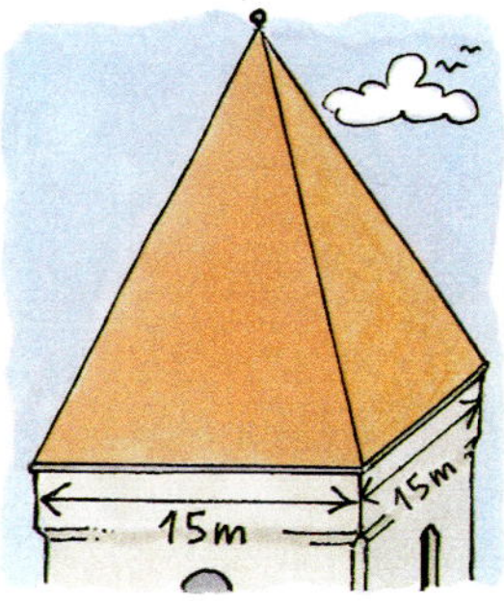

39. Eine Litfaßsäule hat an ihrer beklebbaren Fläche einen Umfang von 3,50 m.

a) Berechne die Größe der Werbefläche.

b) Eine Stadt vermietet die gesamte Werbefläche zum Preis von 8,70 € pro m² je Woche.
Ermittle die Mieteinnahmen für 3 Säulen in einem Jahr (52 Wochen).

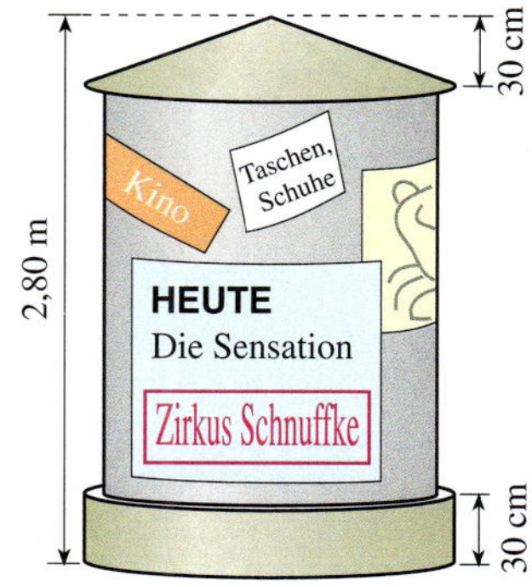

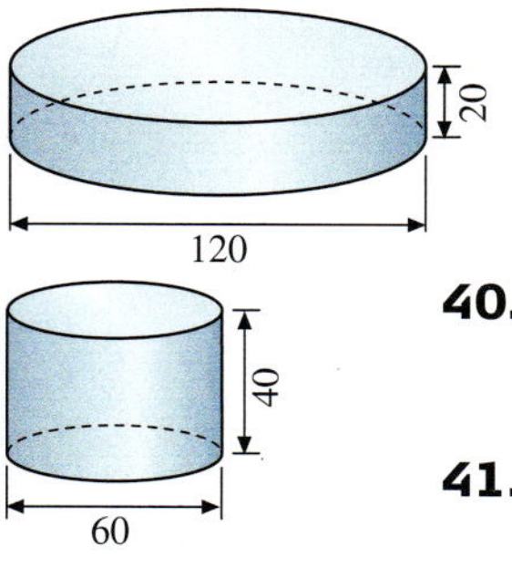

40. Haben die zwei links abgebildeten Konservendosen (Maße in mm) ein Fassungsvermögen von $\frac{1}{4}\,l$? Begründe.

41. Ein auf der Kreisfläche stehender 2,0 m hoher zylinderförmiger Wassertank (d = 1,2 m) enthält noch 10 hl Wasser. Wie hoch steht das Wasser im Tank?

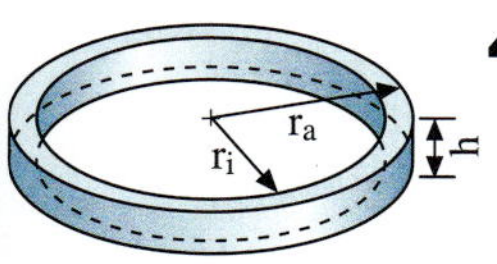

42. Ein im Schmiedewerk Gröditz hergestellter Stahlring hat die Maße $r_a = 1{,}10$ m, $r_i = 0{,}95$ m und h = 20 cm.

a) Berechne das Volumen des Stahlrings. **b)** Welche Masse hat er?

43. Ein Stahlrohr hat einen Außendurchmesser von 8,0 cm und einen Innendurchmesser von 6,4 cm.

a) Berechne die Masse des 15 m langen Rohres.

b) Wie lang wäre das Rohr, wenn bei gleicher Masse der Außen- bzw. Innendurchmesser jeweils verdoppelt wird?

Winkelbeziehungen / Winkelberechnungen in geometrischen Figuren – Begründen

1. Bestimme die Größe der rot markierten Winkel ($g_1 \parallel g_2$).

a)

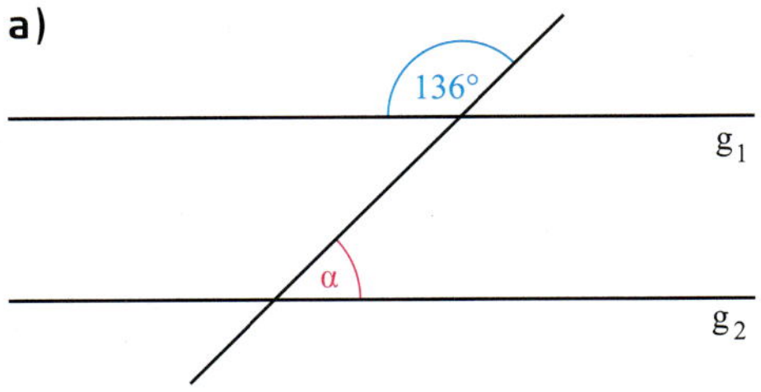

c)

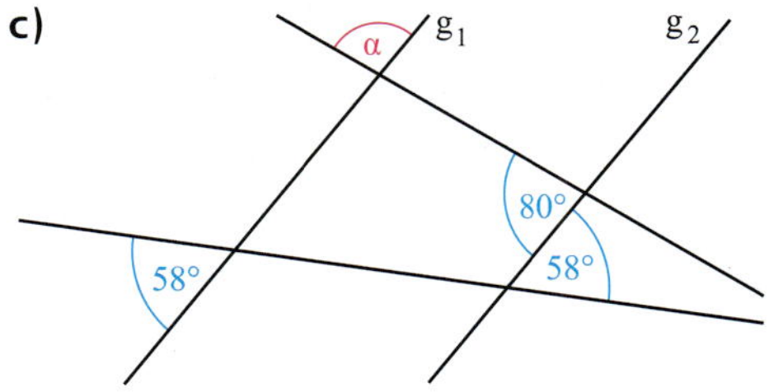

b)

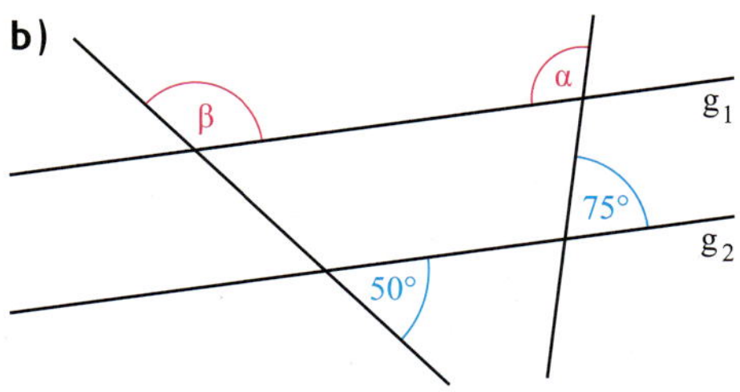

d)

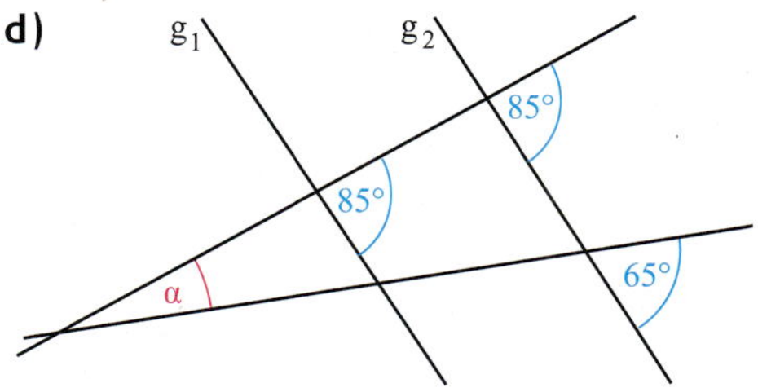

2. a)

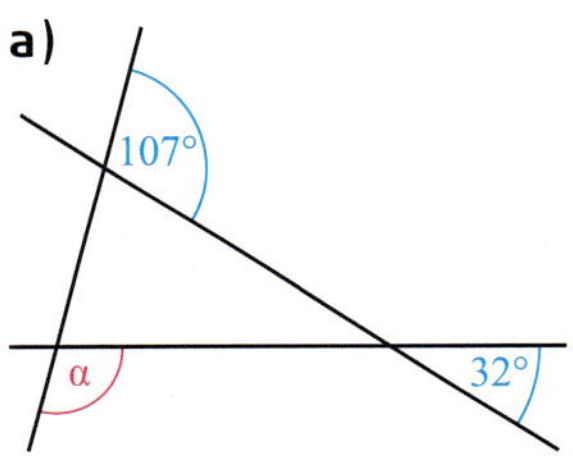

b)

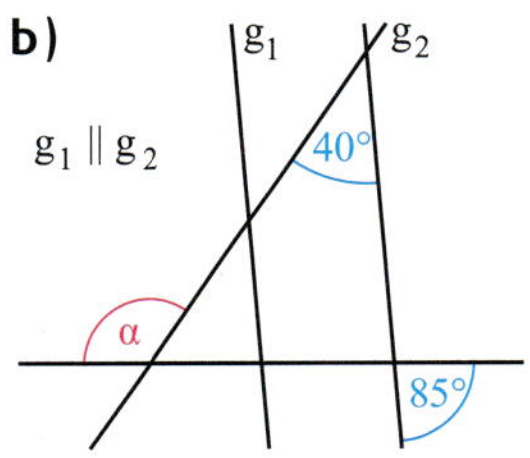

c)

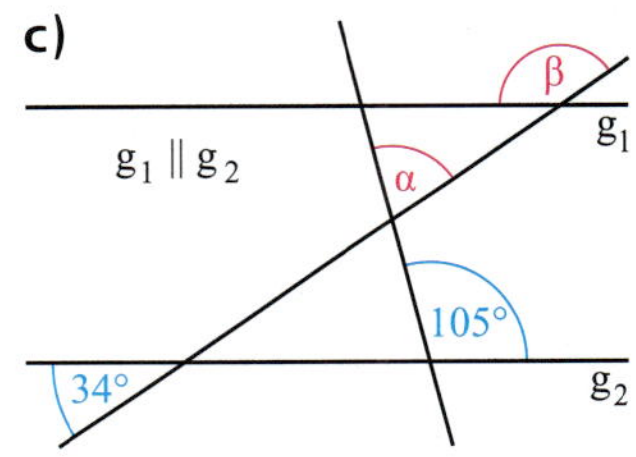

3. a)

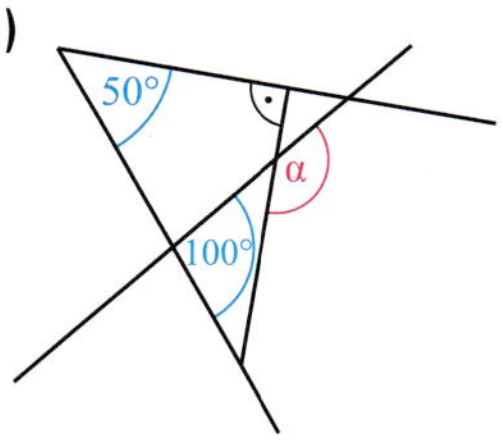

b)

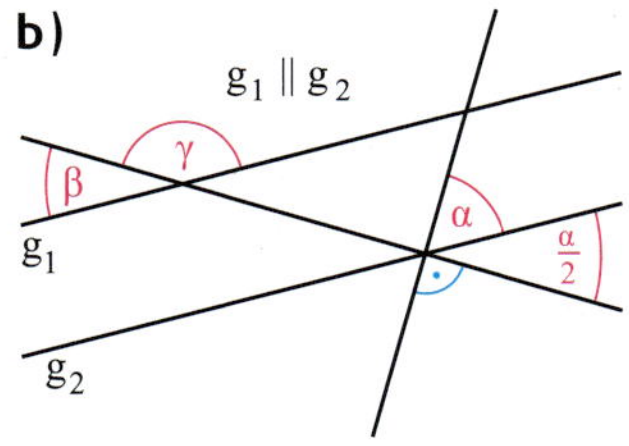

c)

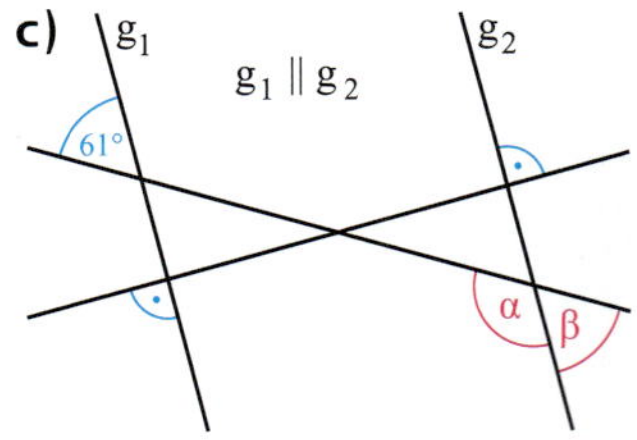

4. a)

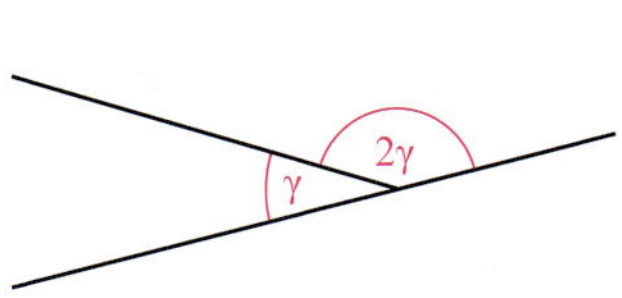

b)

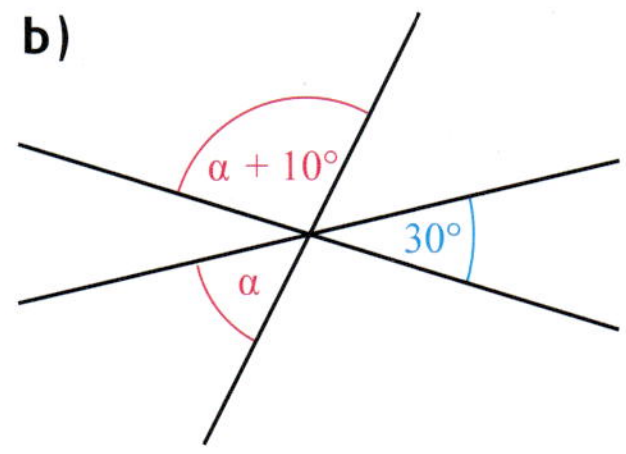

c)

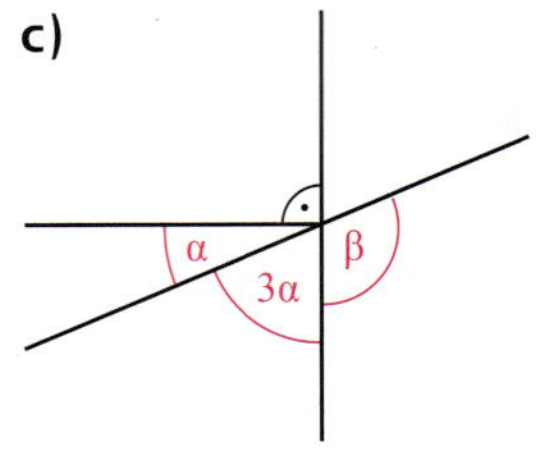

5. a)

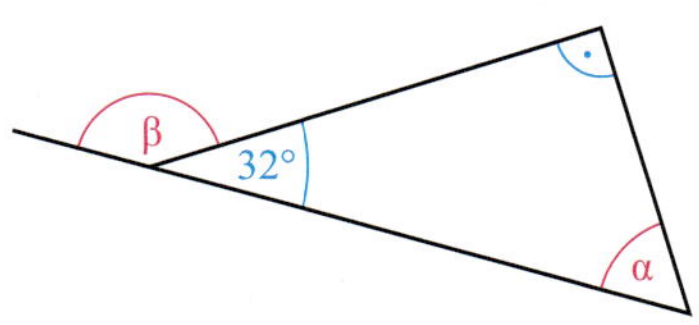

b) a = c

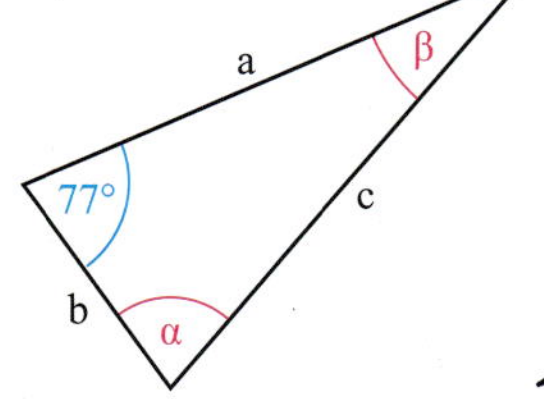

c) b = c

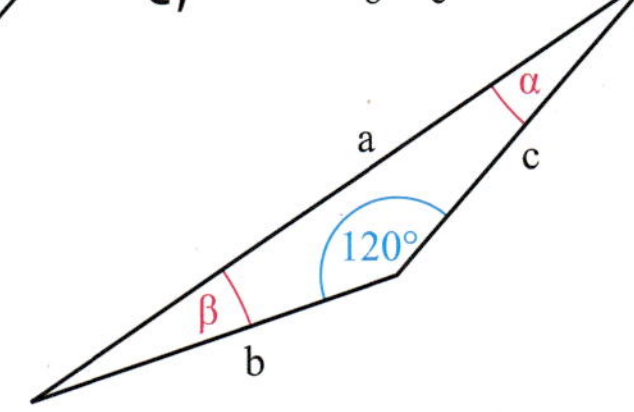

6. **a)** Rechteck ABCD

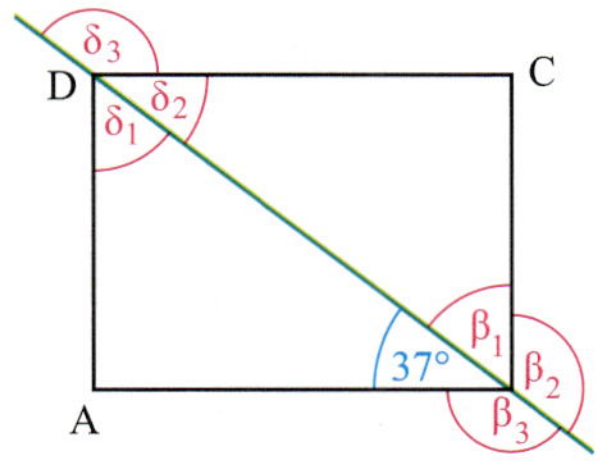

c) Drachenviereck ABCD

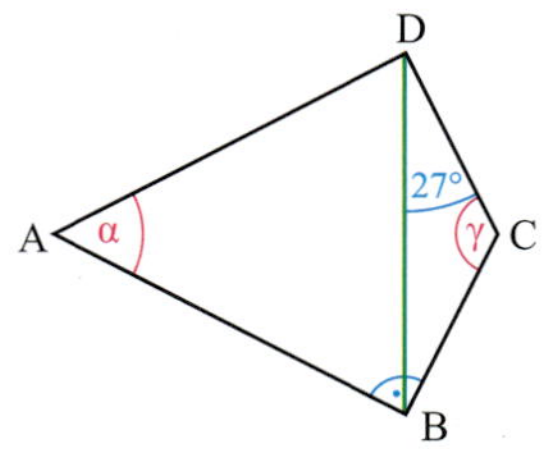

e) Rhombus ABCD

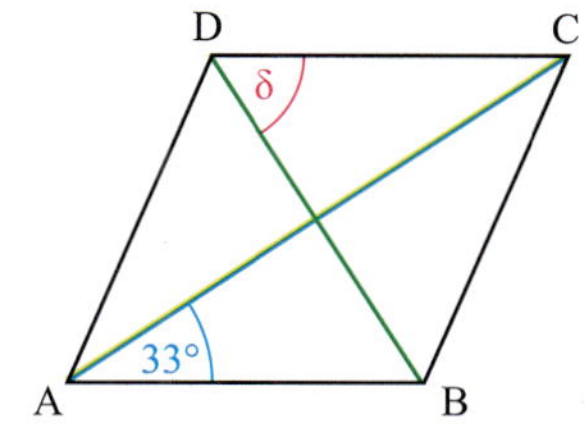

b) Parallelogramm ABCD mit $\overline{AB} = \overline{BD}$

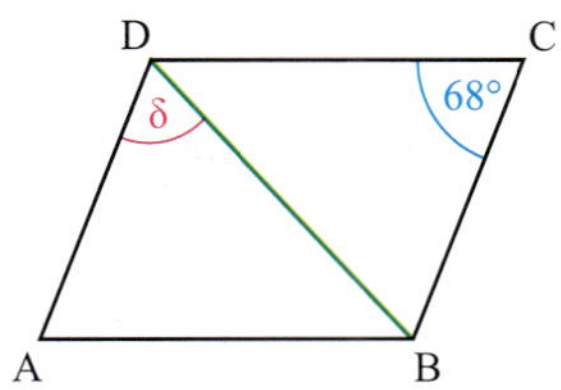

d) Trapez ABCD mit $\overline{AB} = \overline{BC}$

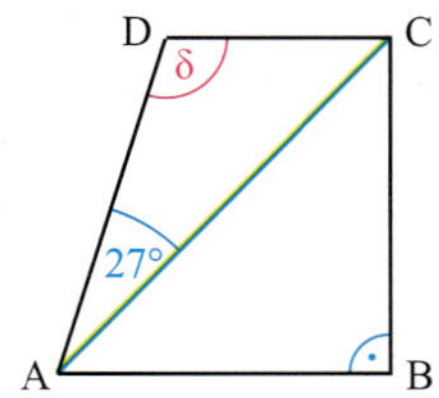

f) Viereck ABCD mit $\overline{AB} = \overline{AD}$

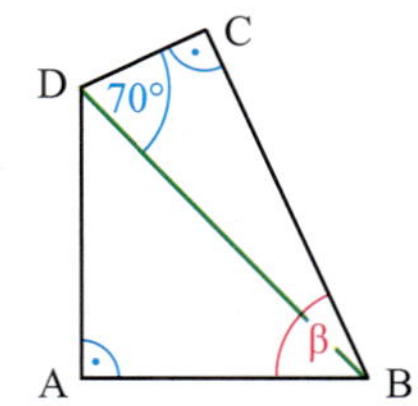

7. Berechne die fehlenden Winkelgrößen in der Figur rechts.

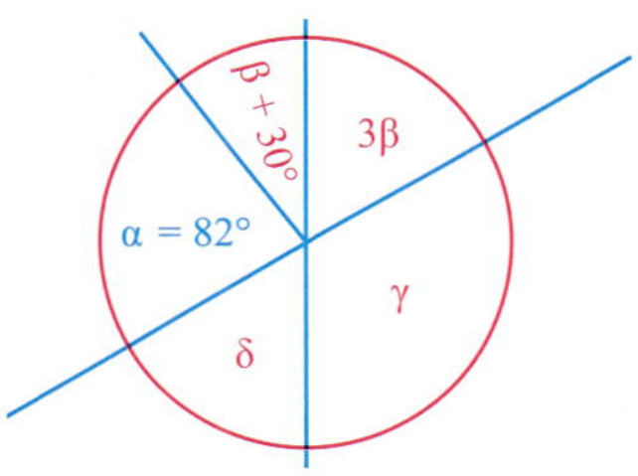

8. In den Kreisen wurden Gesetzmäßigkeiten farbig gekennzeichnet. Formuliere diese Gesetze mit Worten bzw. mit Gleichungen.

(1)

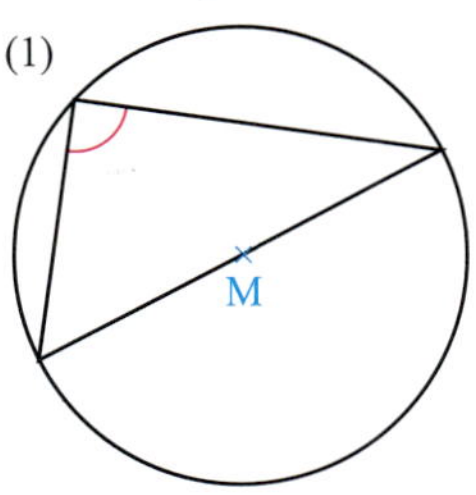

(2)

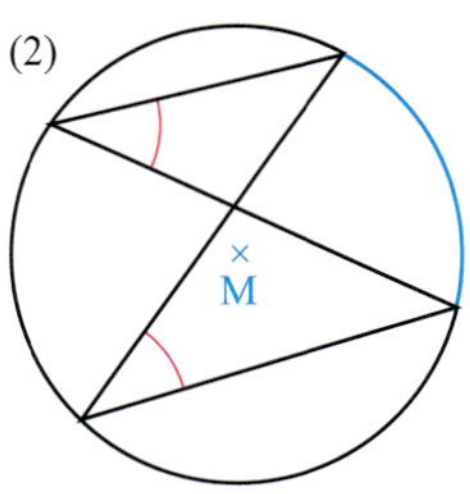

(3)

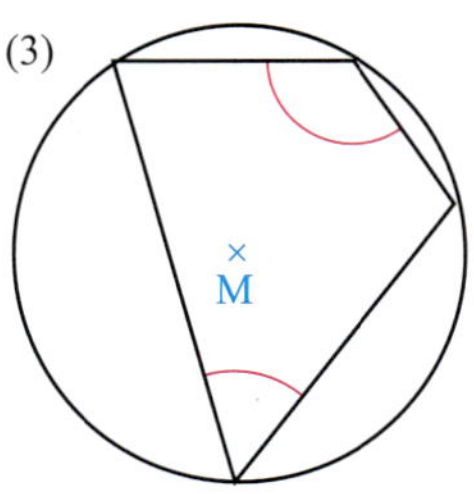

(4)

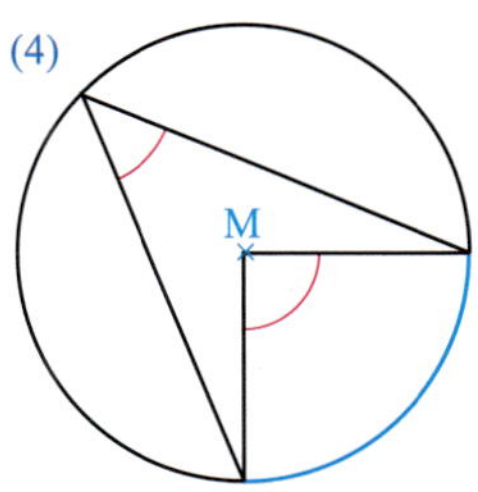

9. Berechne die rot markierten Winkel.

a)

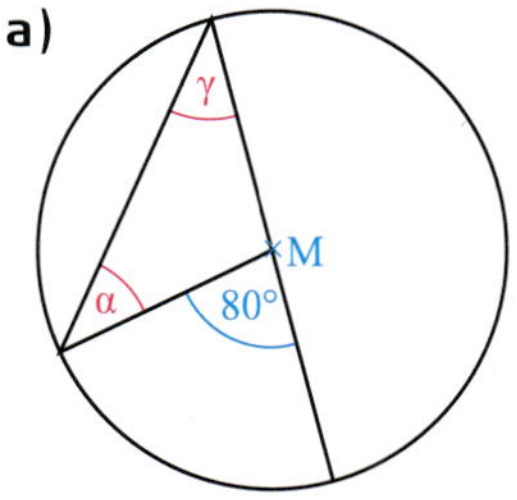

c)

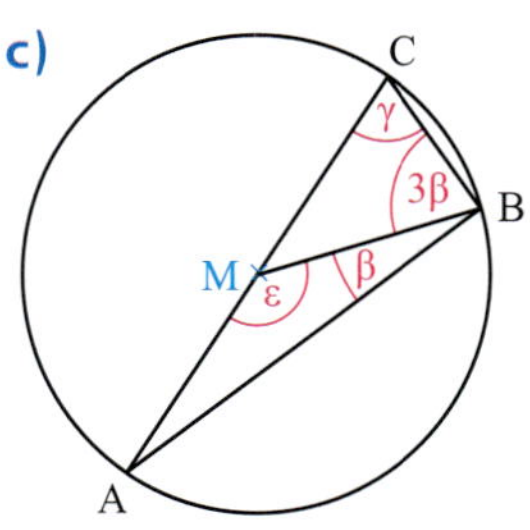

e)

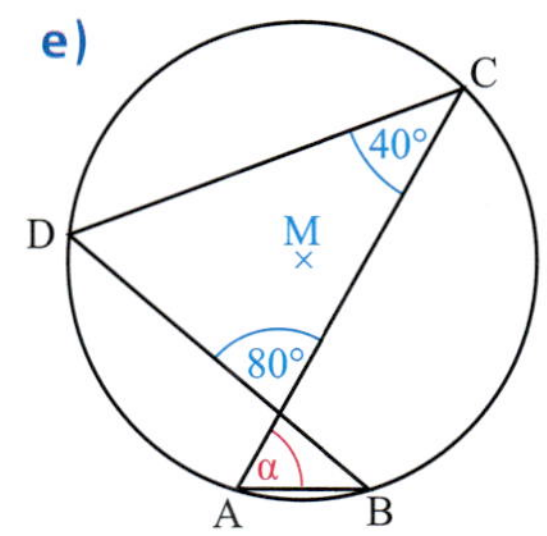

b) $\overline{AC} = \overline{BC}$

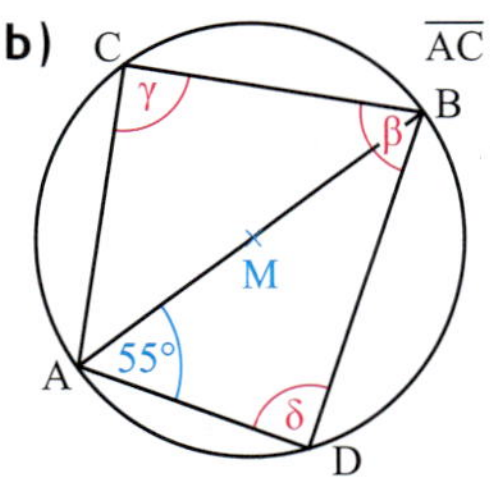

d) $\overline{AC} = \overline{BC}$

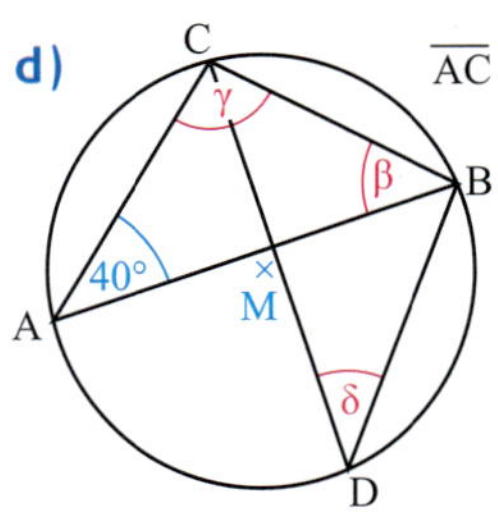

f) $\overline{AC} = \overline{BC}$

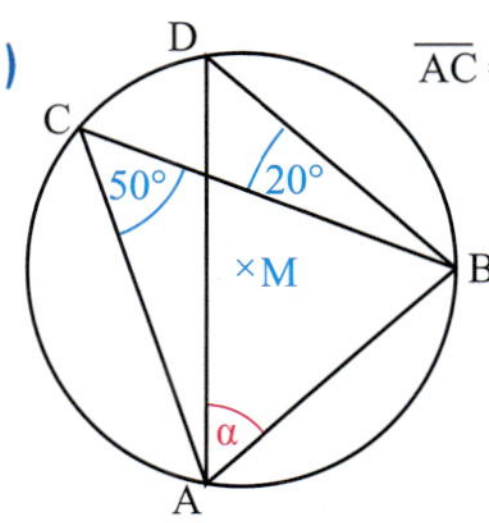

Herleiten und Begründen

1. Stelle Formeln für den Umfang und den Flächeninhalt auf.

a)

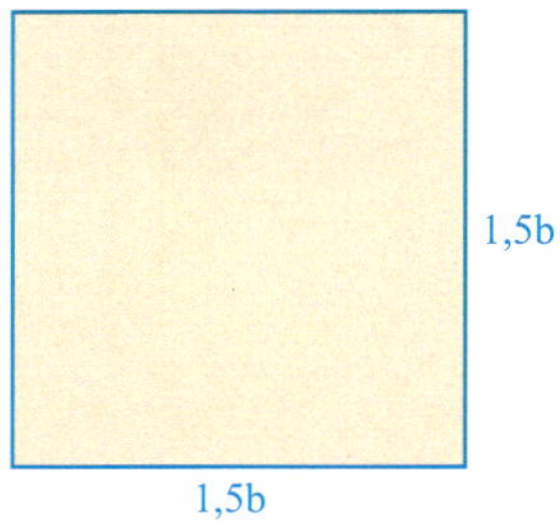

b)

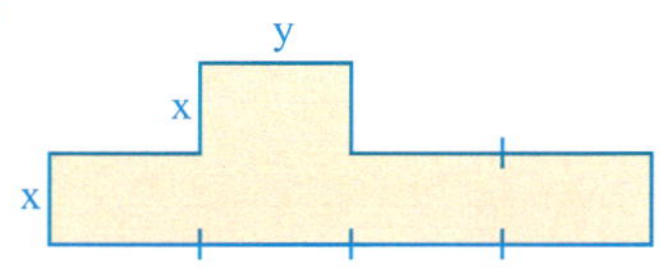

c)

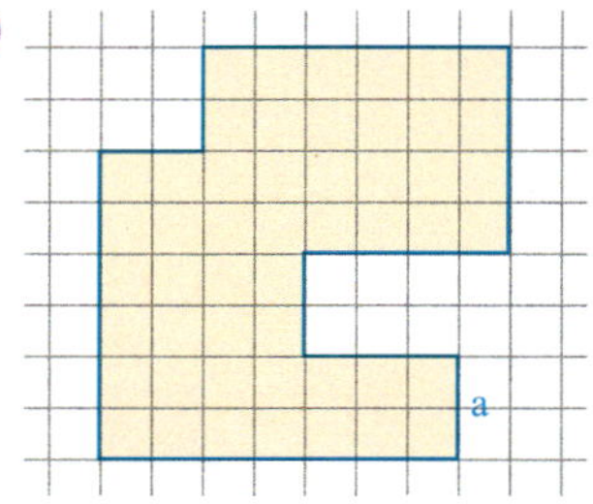

d)

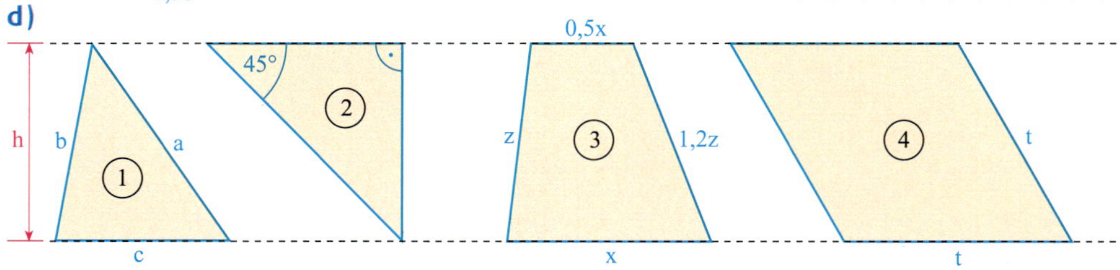

2. Leite die Formel für den Flächeninhalt her.

a)

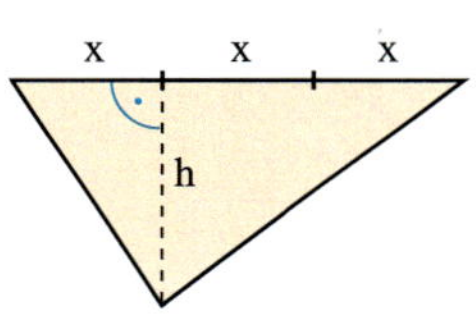

c)

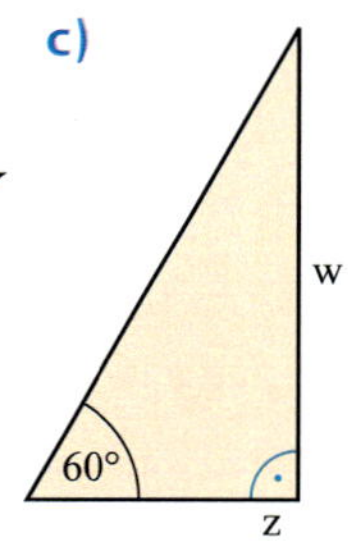

e)

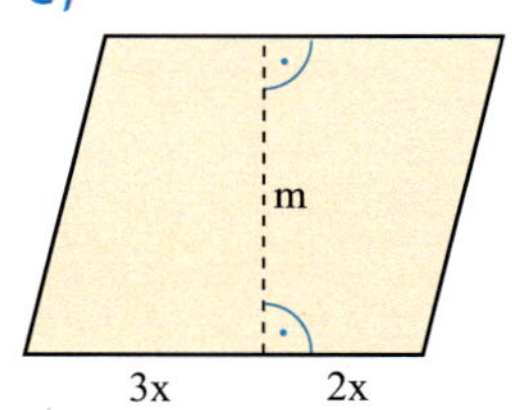

g)

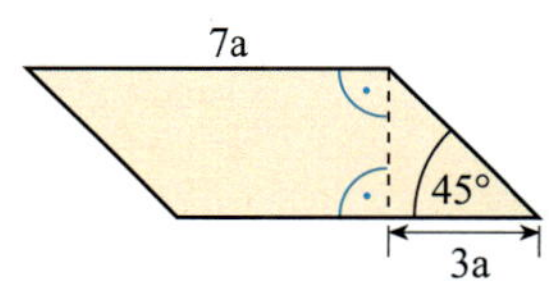

b)

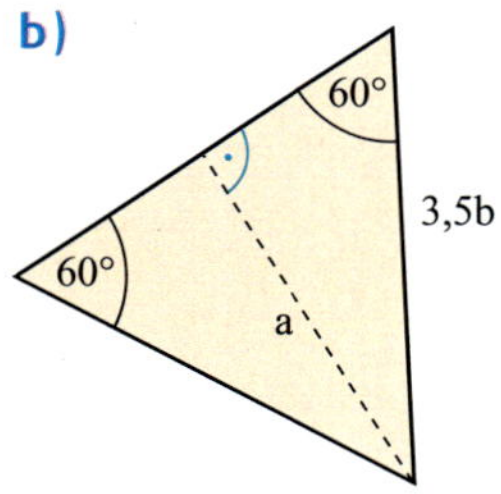

d)

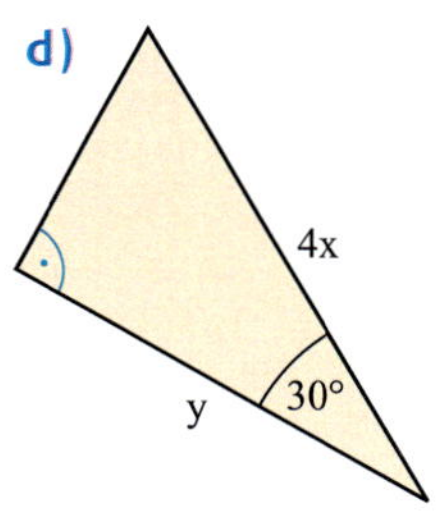

f)

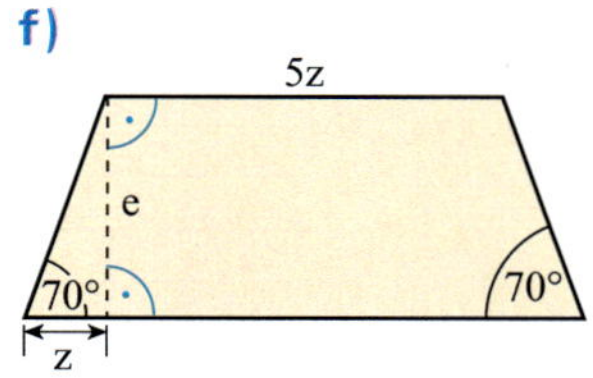

h)

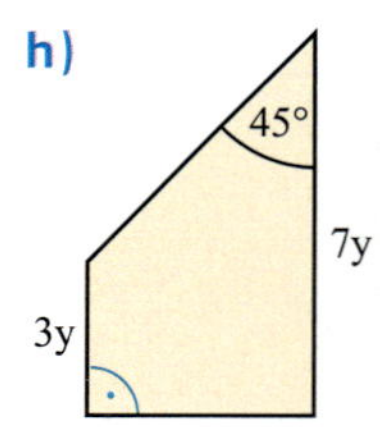

3. Bestimme x.

a)

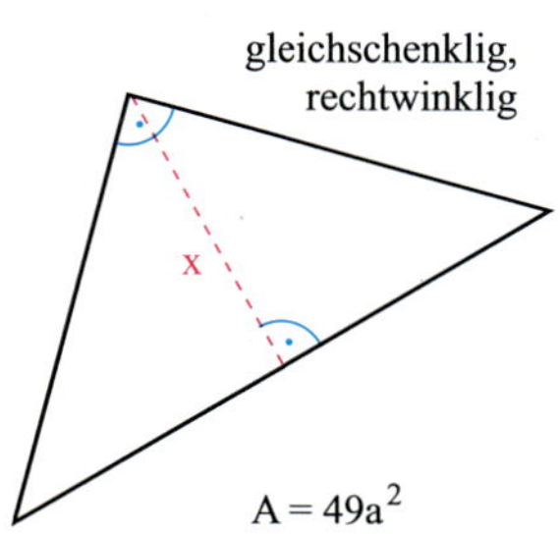

$A = 49a^2$

b)

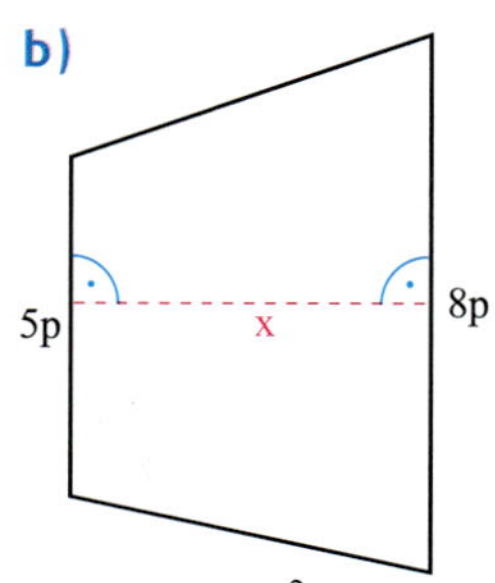

$A = 39p^2$

c)

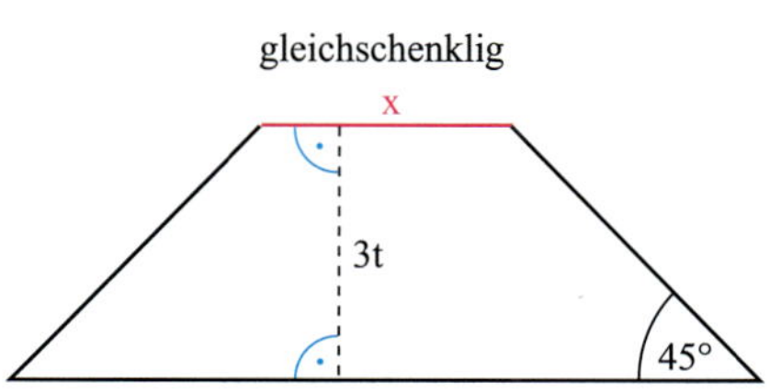

$A = 21t^2$

4. Stelle eine Formel für den Flächeninhalt der Figur auf.

a)

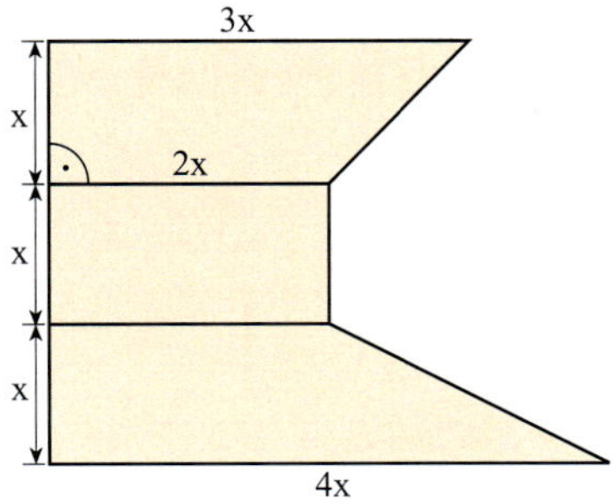

b)

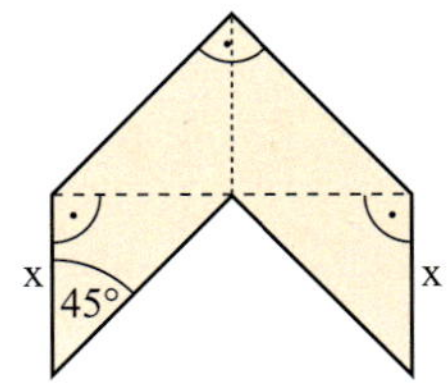

c)

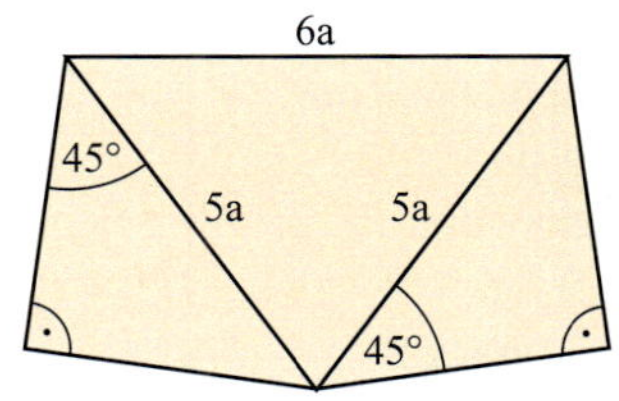

5. Leite die Volumenformel her.

a)

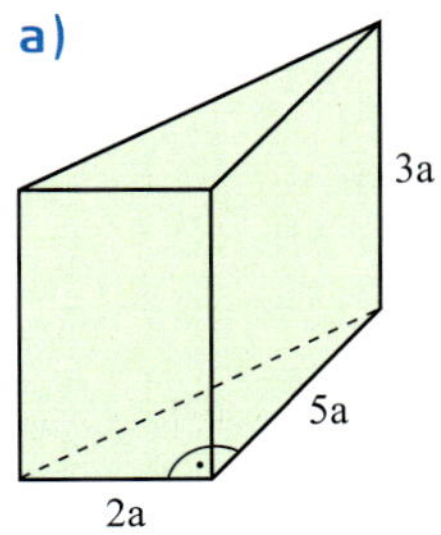

b)

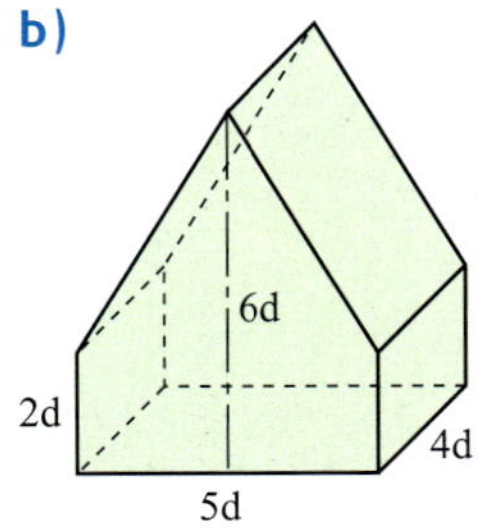

c)

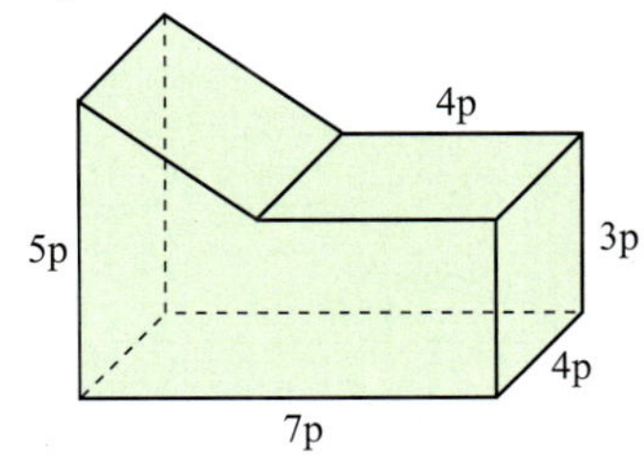

d)

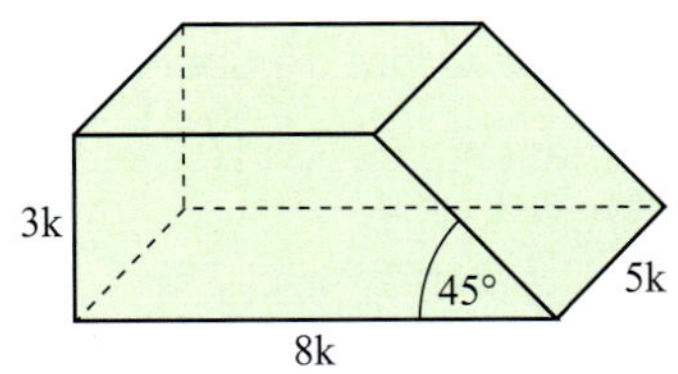

e)

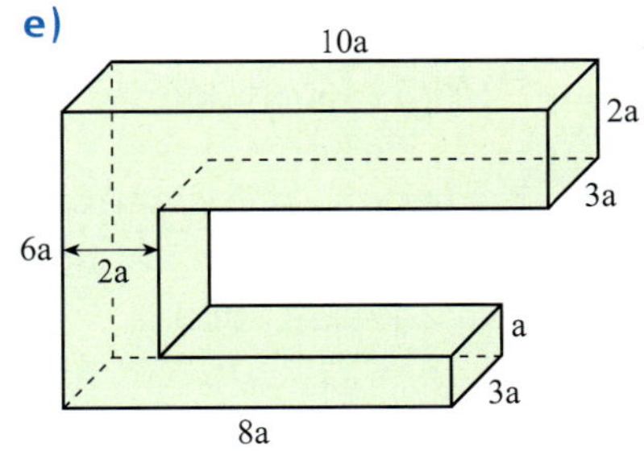

f)

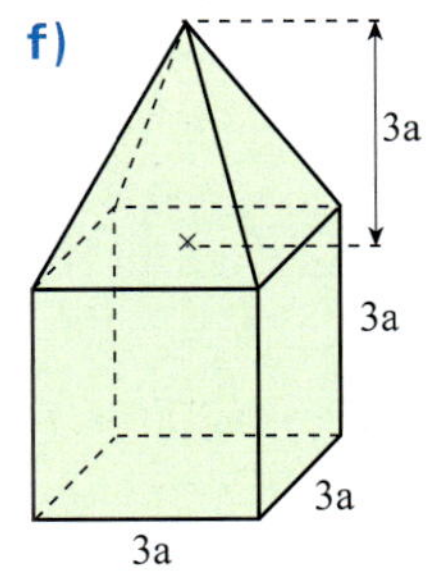

6. Stelle eine Formel für den Flächeninhalt der gefärbten Fläche auf.

a)

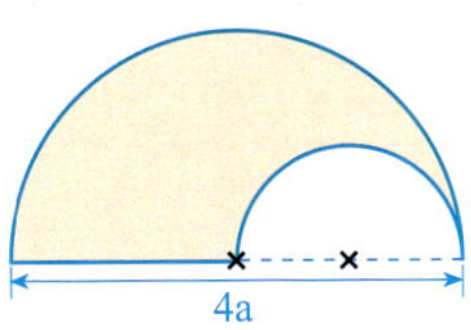

b)

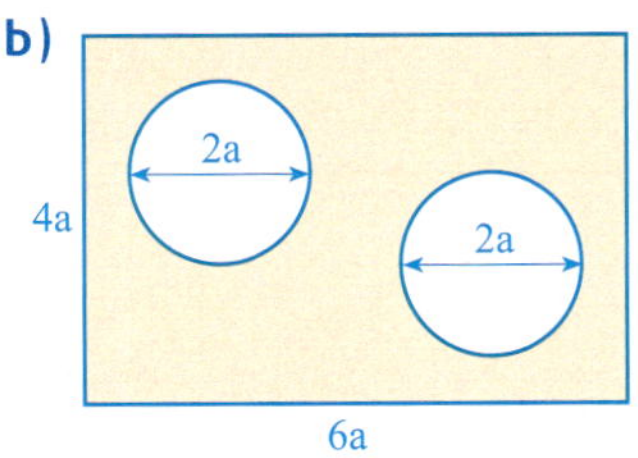

c)

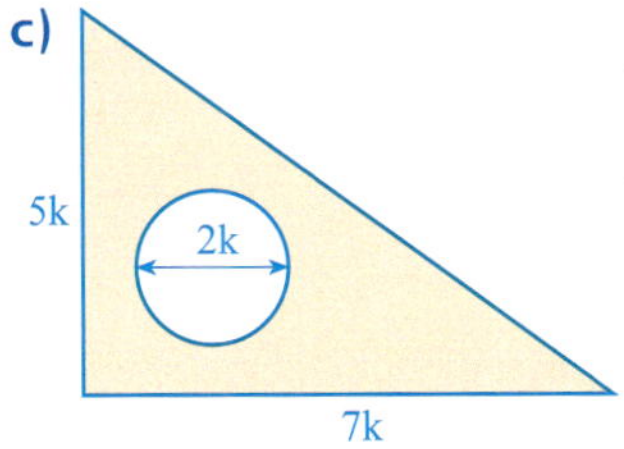

7. Leite eine Flächeninhalts- und Umfangsformel für die gefärbte Fläche her.

a)

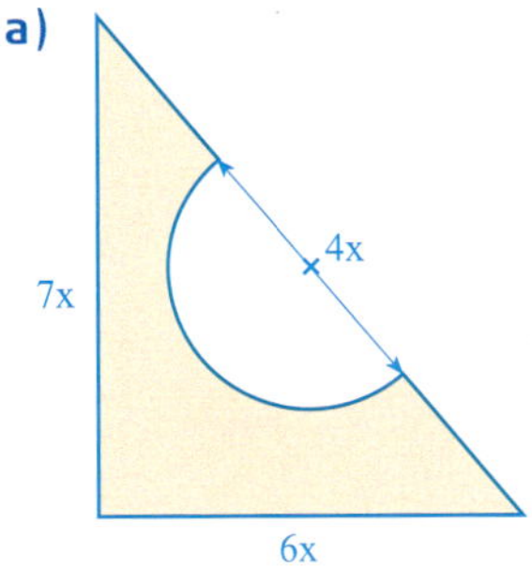

b)

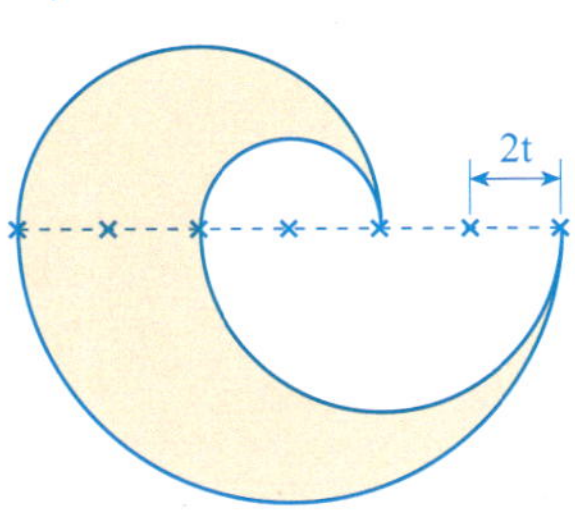

c)

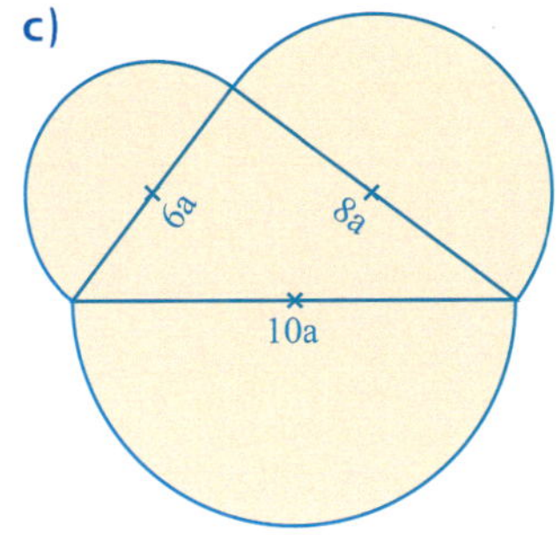

Informiere dich mithilfe deiner Formelsammlung über die Kongruenzsätze und den Hauptähnlichkeitssatz für Dreiecke.

Kongruente und ähnliche Dreiecke – Begründen

1. Begründe die Kongruenz der Dreiecke. Beachte die über den Bildern angegebenen Voraussetzungen.

a) Parallelogramm ABCD

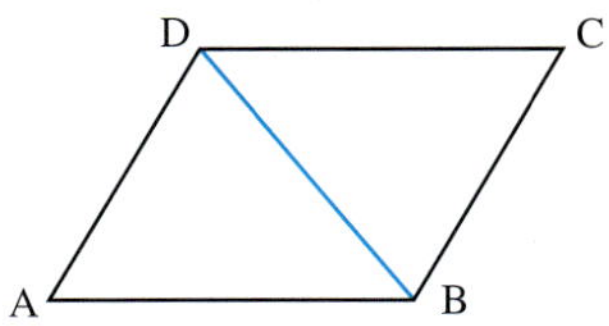

△ ABD ≅ △ BCD

c) $\overline{DA}$, $\overline{DB}$ sind Lote von D auf die Schenkel; w ist Winkelhalbierende

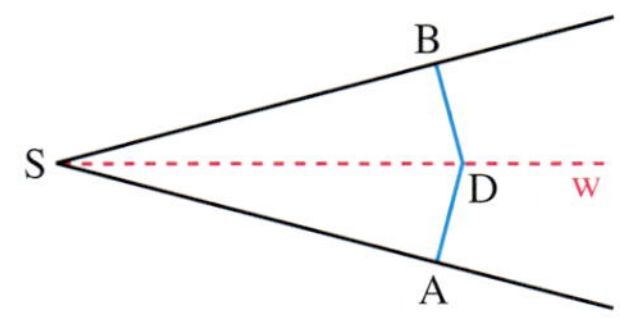

△ SAD ≅ △ SDB

e)

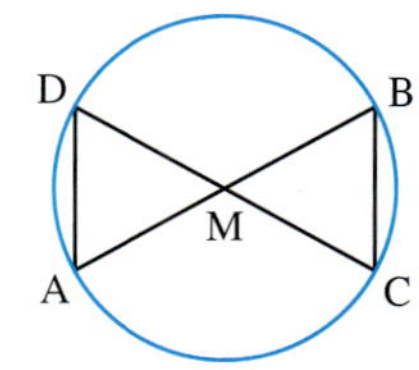

△ AMD ≅ △ MCB

b) $\overline{AC} = \overline{BC}$; E, F, G Mittelpunkte

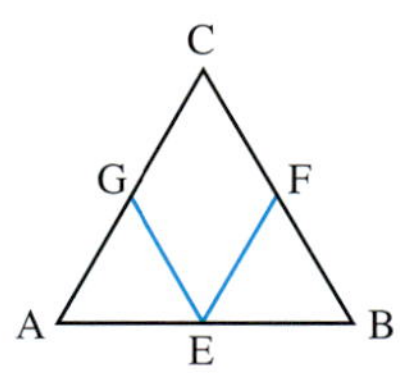

△ AEG ≅ △ EBF

d) $\overline{AC} = \overline{BC}$; E, F Mittelpunkte

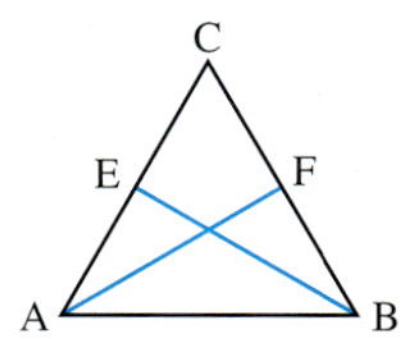

△ ABE ≅ △ ABF

f) $\overline{AM} = \overline{MC}$; Parallelogramm ABCD

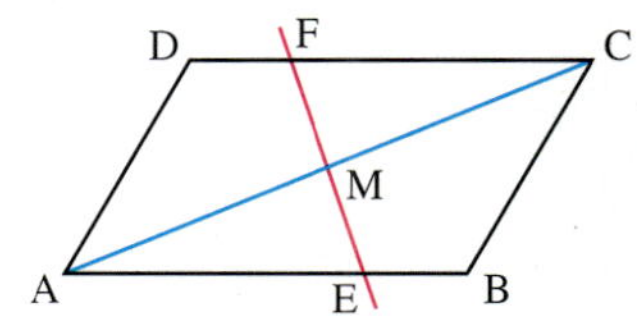

△ AEM ≅ △ MCF

2. Begründe die Ähnlichkeit der Dreiecke. Beachte die über den Bildern angegebenen Voraussetzungen.

a) Rechteck ABCD

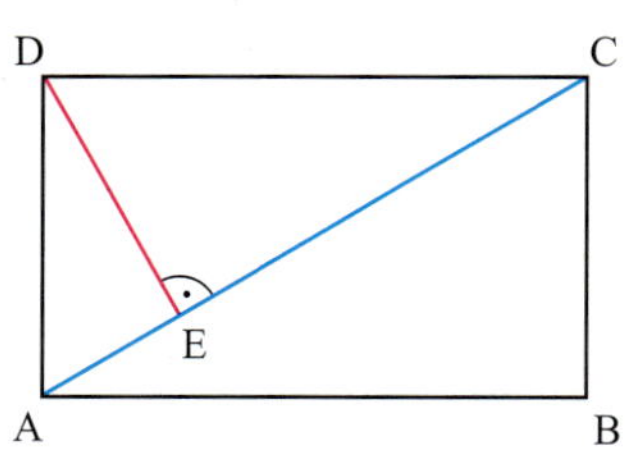

△ ABC ~ △ ECD

c)

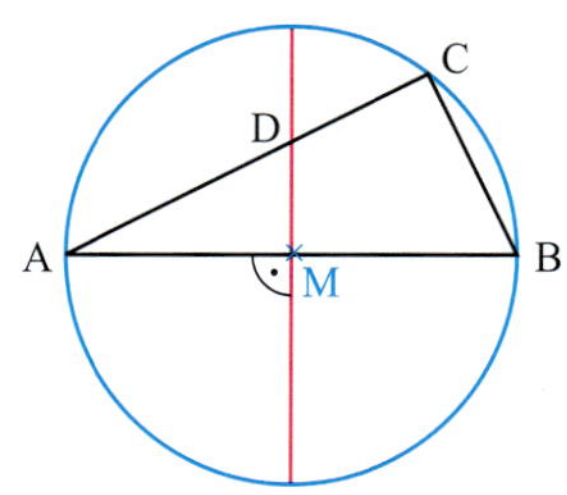

△ AMD ~ △ ABC

e) $\overline{FE} \parallel \overline{AB}$; $\overline{FD} \parallel \overline{BC}$

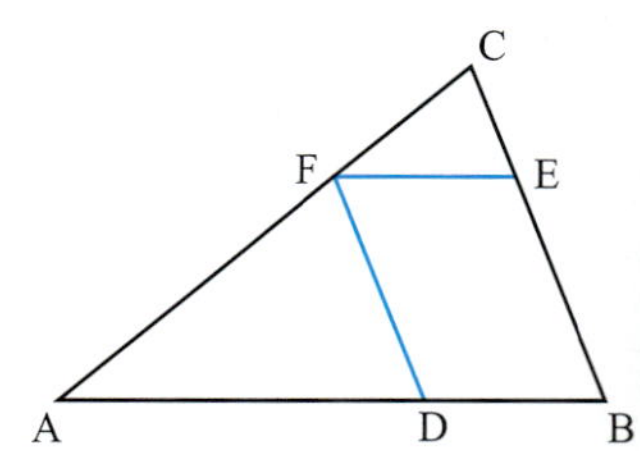

△ ADF ~ △ FEC

b) $\overline{AC} = \overline{BC}$

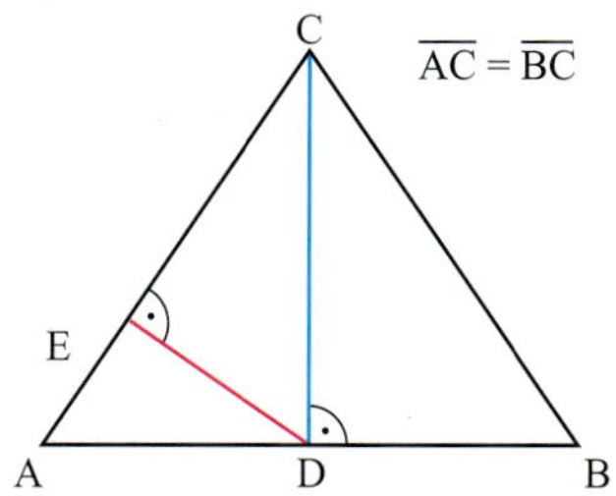

△ DBC ~ △ ADE

d) Parallelogramm ABCD

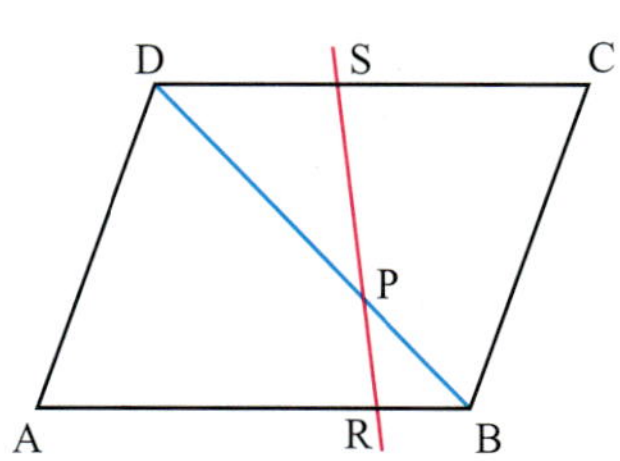

△ RBP ~ △ DPS

f) $\overline{DC}$, $\overline{EB}$ sind Höhen

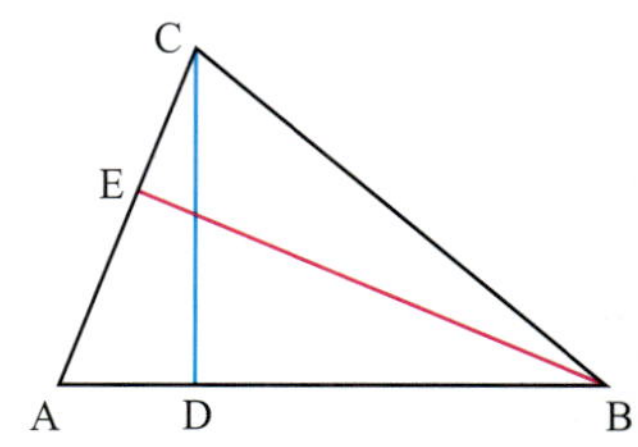

△ ABE ~ △ ADC

KOMPLEXE AUFGABEN AUS SACHBEREICHEN

Ernährung und Hauswirtschaft

Empfehlung für die Energiezufuhr:
Mädchen, 15 Jahre: 10 000 kJ pro Tag
Jungen, 15 Jahre: 12 000 kJ pro Tag

1. Ärzte und Wissenschaftler empfehlen täglich fünf Mahlzeiten. Die Energiezufuhr sollte folgendermaßen über den Tag verteilt werden:
1. Frühstück: 25%; 2. Frühstück: 10%; Mittagessen: 30%; Abendessen: 25%; der Rest am Nachmittag.

a) Stelle die Anteile der Energiezufuhr in einem Kreis- oder Streifendiagramm dar.

b) Wie viel kJ [kcal] Energie sollten zu den einzelnen Mahlzeiten von Mädchen und Jungen aufgenommen werden?

2. Viele Menschen sprechen bei Speisen und Getränken von Kalorien, gemeint sind jedoch Kilokalorien (kcal), die zugeführt werden. Seit etwa 1980 wird die Energiezufuhr auch in der Einheit 1 Kilojoule (kJ) angegeben. In Tabellen wird heute die Energiezufuhr häufig in beiden Einheiten angegeben.

kcal und **kJ** sind Maßeinheiten für die **Energiezufuhr** durch Speisen.
Es gilt:
1 kcal = 4,1968 kJ

	kcal	kJ
100 g Rotbarsch	110	
100 g Kartoffeln	70	
100 g Broccoli	50	
100 g Quarkcreme	125	
100 g Butter	775	
1 Portion Schmelzkäse (31,25 g)	85	
1 Scheiblette Käse (20 g)	65	
1 Scheibe Roggenbrot, 1 Roggenbrötchen	100	
1 Scheibe Knäckebrot	30	
1 helles Brötchen	125	

	kcal	kJ
1 Portion Müsli		2149
1 Portion Marmelade (20 g)		210
1 Portion Honig (20 g)		252
1 Apfel (125 – 150 g)		315
1 Banane (100 – 150 g)		462
1 Glas Milch (0,2 *l*)		378
Vollmilchjogurt (150 g; 3,5% Fett)		734
fettarmer Jogurt (150 g; 1,5% Fett)		441
1 Glas Cola (0,2 *l*)		462
1 Glas Apfelsaft (0,2 *l*)		399

a) Vervollständige die Tabelle in deinem Heft. Runde jeweils auf ganze kJ bzw. kcal.

b) Katharinas Mittagessen bestand aus 150 g Rotbarsch, 200 g Kartoffeln, 200 g Broccoli, zubereitet mit ca. 40 g Butter, und als Nachspeise 75 g Quarkcreme.
Überprüfe, ob die Empfehlungen aus der Aufgabe 1 eingehalten wurden.

3. **a)** Stelle ein 1. Frühstück zusammen und berücksichtige die Empfehlungen aus Aufgabe 1.

b) Wie frühstückst du? Überprüfe, ob dein Frühstück diesen Empfehlungen entspricht.

c) Zum 2. Frühstück isst Johannes einen Müsliriegel (133 kcal) und trinkt 0,2 *l* Cola. Ist dieses 2. Frühstück gesund? Begründe.

4. Um 100 kcal zu verbrauchen müsste man eine der folgenden Tätigkeiten ausführen:

- 10 Minuten Fußball spielen
- 20 Minuten Schwimmen
- 1 Stunde wandern
- 20 Minuten Tischtennis spielen
- 15 Minuten Fahrrad fahren
- 10 Minuten Dauerlauf

Jana hat bei einer Geburtstagsfete genascht:
$\frac{1}{2}$ Tafel Schokolade (275 kcal), 1 Stück Torte (220 kcal), 1 Stück Kuchen (245 kcal), 50 g Kartoffelchips (270 kcal), 3 Gläser Saft (je 100 kcal).
Wie könnte Jana die zusätzlich aufgenommenen Kalorien wieder verbrauchen?

Reise zu den Malediven

1. Herr Schäfer startet in den Sommerferien um 20.25 Uhr vom Flughafen Düsseldorf mit dem Flug 730 nach Male auf den Malediven. Das Flugzeug landet um 10.16 Uhr Ortszeit. In einem Reiseführer kann man nachlesen: „Die Malediven sind der mitteleuropäischen Winterzeit vier Stunden voraus.“ Wie lange dauert der Flug?

2. Die Entfernung von Deutschland zu den Malediven beträgt ungefähr 5 000 Meilen. 1 Meile entspricht 1,652 km. Auf der Strecke Düsseldorf – Male wird ein Airbus eingesetzt, der 60 000 Liter Treibstoff für den Flug benötigt.
Ermittle den Treibstoffverbrauch für eine Strecke von 100 km. Runde sinnvoll.

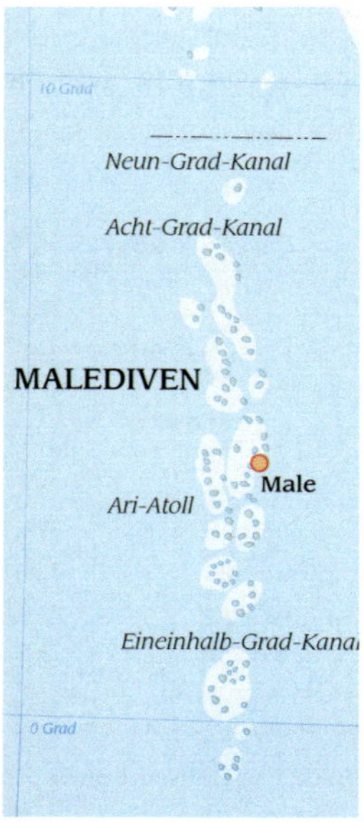

3. a) Das Wort „Malediven“ bedeutet so viel wie Inselkranz oder Inselkette. Dieser Name kommt daher, weil die Malediven aus 1 190 kleinen Koralleninseln bestehen, von denen aber nur 199 bewohnt sind. Die Inselkette erstreckt sich am 73. Meridian etwa zwischen dem 1. Grad südlicher Breite und dem 7. Grad nördlicher Breite direkt am Äquator.
Wie lang ist die zu Atollen verbundene Inselkette?
Ein Breitengrad entspricht 110 km

b) Damit du dir eine Vorstellung von den Ausmaßen einer Malediveninsel machen kannst, zeigt rechts eine Zeichnung die Insel Merufenfushi im Nord-Male-Atoll, die Herr Schäfer besuchte.
Bestimme die Länge der beiden geradlinigen Wege.

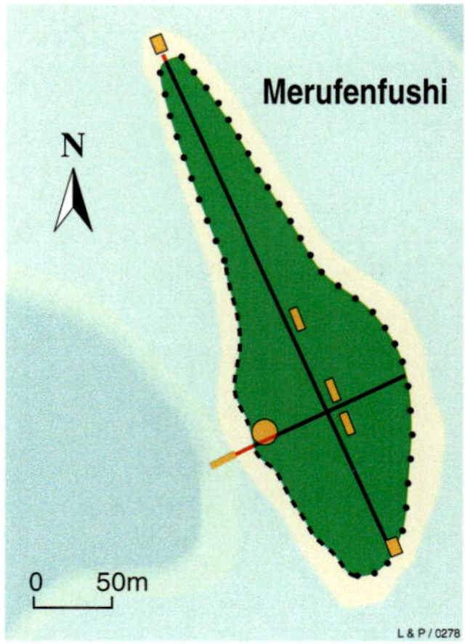

4. Die Fläche der gesamten Inselkette beträgt 298 km². Im Vergleich dazu betragen die Fläche von Brandenburg 29 480 km² und von der Bundesrepublik Deutschland 357 114 km².
Wie viel Prozent der Fläche von Brandenburg [von Deutschland] nehmen die Malediven ein? Runde alle Angaben sinnvoll, *bevor* du mit den Rechnungen beginnst.

Monat	Durchschnittl. Lufttemperatur max.	min.	Durchschnittl. Regenmenge (in mm)	Tage mit mehr als 2,5 mm Regen	Allg. Windrichtung	Mittlere Windstärke in Beaufort
Januar	31°	24°	221	7	NO	2
Februar	31°	24°	8	1	NO	3
März	32°	25°	89	4	NO	3
April	33°	26°	109	6	W	3
Mai	33°	26°	185	11	W	3
Juni	32°	25°	178	10	WSW	3
Juli	32°	25°	155	7	SW	3
August	32°	25°	135	8	W	2
September	32°	25°	124	8	W	3
Oktober	32°	24°	360	15	W	3
November	31°	24°	130	8	WNW	3
Dezember	31°	23°	362	11	NO	2

5. Das Klima auf den Malediven im Indischen Ozean wird vom Monsun bestimmt. Daher treten gelegentlich starke Windböen auf, die von plötzlichen, kräftigen und kurzen Regengüssen begleitet werden. Die durchschnittlichen Regenmengen für jeden Monat kannst du aus der Tabelle ablesen.
Wie viel mm Niederschlag fallen durchschnittlich pro Monat im Jahresüberblick?
Welche Aussagen kannst du weiter über das Klima machen? Zeichne ein Klimadiagramm.

Vom Sport

1. Beim Handball befindet sich vor dem Tor der so genannte Torraum. Die Torraumlinie erhält man, indem man von jedem Torpfosten einen Viertelkreis mit dem Radius r = 6 m zieht und beide Linien parallel zur Torlinie miteinander verbindet. Das Tor ist 3 m breit.

a) Fertige zuerst eine Skizze zum Sachverhalt an und dann eine maßstäbliche Darstellung auf unliniertem Papier. Gib den Maßstab an.

b) Berechne die Länge der Torraumlinie und den Flächeninhalt des Torraumes. Gib die Fläche des Torraumes als Vielfaches der Fußbodenfläche deines Klassenzimmers an. Welche Seitenlängen hätten gleich große Quadrate?

c) Im Abstand von 3 m verläuft vor der Torraumlinie die gestrichelte Freiwurflinie. Berechne die Länge der Freiwurflinie. Zeichne die Freiwurflinie in deine maßstäbliche Zeichnung ein.

d) Der Anwurfkreis (r = 4,50 m) soll (1) Inkreis eines Quadrates und (2) Umkreis eines Quadrates sein. Der Inkreis berührt jede Seite des Quadrates in genau einem Punkt; der Umkreis geht durch jeden Eckpunkt des Quadrates.
Berechne die Flächeninhalte beider Quadrate.
Konstruiere die Fälle (1) und (2) für einen Radius von 4 cm. Beschreibe die Konstruktionen in Stichpunkten.

2. Der Umfang eines Männerhandballs liegt zwischen 58 cm und 60 cm [beim Damenhandball zwischen 54 und 56 cm].
Erfüllt ein Handball mit dem Durchmesser d = 19 cm [Damen: d = 16 cm] diese Bedingung?

3. In der Leichtathletik wird das Kugelstoßen mit unterschiedlich schweren Kugeln durchgeführt (Frauen 4 kg; Männer 7,257 kg). Bei den Frauen liegt der Durchmesser der Kugel zwischen 9,5 cm und 11 cm, bei den Männern zwischen 11 cm und 13 cm.
Berechne den Umfang einer Kugel mit dem Durchmesser

a) 9,5 cm; **b)** 11 cm; **c)** 13 cm.

4. a) Bei einer 400-m-Laufbahn ist die Innenbahn genau 400 m lang (je 100 m in jeder Kurve und je 100 m auf jeder Geraden, gemessen an der Innenkante). Der Durchmesser beträgt 63,66 m. Überprüfe das.

b) Jede Bahn ist 1,20 m breit.
Wie lang ist Bahn 2?
Wie viel m Vorgabe muss der 400-m-Läufer auf Bahn 2 erhalten?

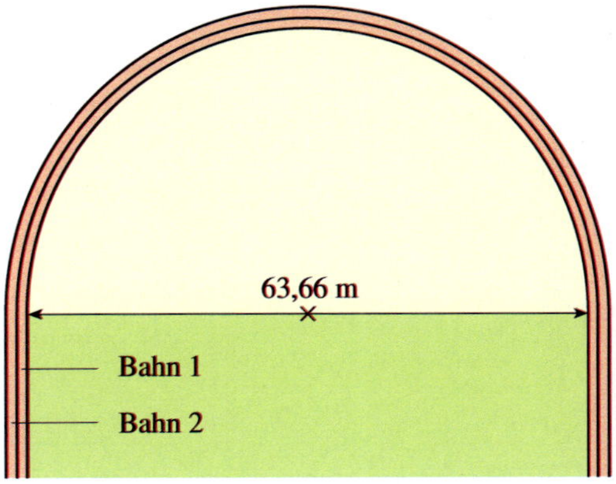

Das Planetensystem

Die Planeten sind Himmelskörper, welche die Sonne umkreisen. Die Erde gehört zu den Planeten.

Daten über einige Planeten:

	Mittlere Entfernung von der Sonne	Mittlerer Radius
Merkur	$5{,}79 \cdot 10^7$ km	2 360 km
Venus	$1{,}08 \cdot 10^8$ km	6 110 km
Erde	$1{,}50 \cdot 10^8$ km	6 370 km
Mars	$2{,}28 \cdot 10^8$ km	3 445 km
Jupiter	$7{,}78 \cdot 10^8$ km	71 030 km
Saturn	$1{,}43 \cdot 10^9$ km	59 800 km

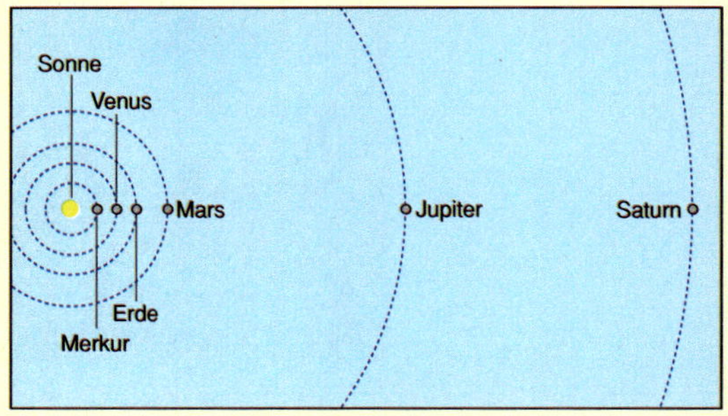

1. Berechne für jeden Planeten die Länge der Umlaufbahn um die Sonne. Nimm dabei an, dass sich die Planeten annähernd auf einer Kreisbahn um die Sonne bewegen.
Stelle deine Berechnungen in einem Säulendiagramm dar.

2. Berechne das Volumen jedes Planeten. Benutze dazu die Formel für das Volumen einer Kugel. Schreibe die Ergebnisse in km^3 mit einer geeigneten Zehnerpotenz. Die mittlere Dichte der Erde beträgt $5{,}524\ g \cdot cm^{-3}$.
Berechne die Masse der Erde. Vergleiche dein Ergebnis mit dem Tafelwerk.

3. Wie viel km legt die Erde bei ihrem Umlauf um die Sonne durchschnittlich an einem Tag zurück? Wie viel km sind das in einer Stunde?

4. Die Venus braucht 225 Tage für einen Umlauf um die Sonne. Wie viel km legt die Venus auf ihrer Umlaufbahn um die Sonne an 1 Tag zurück, wie viel km in 1 Stunde?

5. Das Licht legt in jeder Sekunde $3 \cdot 10^5$ km zurück. Wie lange braucht das Licht von der Sonne bis zur Erde? Wie lange braucht das Licht von der Sonne bis zu den anderen Planeten?

Verkleinerung der Erde
(1) Umrechnung des Erdradius in mm:
6 370 km
$= 6{,}37 \cdot 10^9$ mm
(2) Verkleinerung des Radius:
$6{,}37 \cdot 10^9\ mm \cdot 10^{-9}$
$= 6{,}37\ mm \approx 6{,}4\ mm$

6. Man kann sich die riesigen Entfernungen im Weltall nicht vorstellen. Denke dir daher die Erde auf die Größe einer Murmel mit dem Radius 6,4 mm verkleinert. Das ist ungefähr $\frac{1}{1\,000\,000\,000}$ der wirklichen Größe.

a) Jana überprüft diesen Verkleinerungsfaktor. Sie verkleinert den wirklichen Erdradius mit diesem Faktor (Rechnung links). Prüfe und erkläre die Rechnung.

b) Welche Radien hätten bei dieser Verkleinerung die anderen Planeten?

c) Welchen Radius hätte die Sonne bei der angenommenen Verkleinerung?

d) Wie weit wäre bei der Verkleinerung die Erde von der Sonne entfernt?

e) Wie weit wären die anderen Planeten von der Sonne entfernt?

7. Die Fallbeschleunigung an der Oberfläche beträgt beim Mond $1{,}62\ m \cdot s^{-2}$; bei der Sonne $2{,}74 \cdot 10^2\ m \cdot s^{-2}$. Gib die Werte als Vielfache der Fallbeschleunigung der Erde (g_E) an.
Mit welcher Kraft wird ein Körper mit einer Masse von 1 kg von den drei Himmelskörpern angezogen?
Mit welcher Kraft würdest du jeweils angezogen? Welche Masse hättest du auf dem Mond?

Auf dem Wochenmarkt

1. Johanna kauft auf dem Wochenmarkt Äpfel ein. Für 2,850 kg Cox Orange bezahlt sie 3,42 €.

a) Mechthild bezahlt 4,20 €.
Wie viel kg Cox Orange hat sie gekauft?

b) Thilo kauft $1\frac{3}{4}$ kg Äpfel von der gleichen Sorte. Er bezahlt mit einem 10-Euro-Schein.
Wie viel Wechselgeld bekommt er zurück?

c) Stelle die Funktion *Gewicht x (in kg) → Preis y (in €)* grafisch dar.
Gib auch die Gleichung der Funktion an.
Welche Bedeutung hat die Steigung des Graphen?

d) Frau Reck kauft 15 kg Cox Orange. Sie erhält 5 % Mengenrabatt.
Wie viel Euro muss sie bezahlen?

2. Jeder Händler muss wöchentlich an die Stadt für die Nutzung des Marktplatzes eine Gebühr entrichten. Diese enthält eine Grundgebühr von 8 €, hinzu kommen 1,20 € pro m^2 Stellfläche.

a) Der Fischhändler Herr Otter hat einen Verkaufswagen mit einer rechteckigen Stellfläche von 2,2 m Breite und 7,5 m Länge. Berechne die wöchentliche Gebühr.

b) Gib für die Funktion *Stellfläche x (in m^2) → Gebühren y (in €)* die Funktionsgleichung an und zeichne den Graphen.

c) Der Gemüsestand von Frau Helle ist kreisförmig. Sie muss an die Stadt eine Gebühr von 24,20 € bezahlen.
Wie groß ist der Durchmesser ihres Gemüsestandes?

d) Die Stadt ändert ihre Gebührenordnung. Herr Dröge bezahlt für 12 m^2 jetzt 25,60 €, bei Frau Peck erhöhen sich die Gebühren für 17 m^2 auf 32,10 €.
Berechne die neue Grundgebühr und die Kosten pro m^2 Stellfläche.

e) Herr Koch muss nach der neuen Gebührenordnung wöchentlich 3 € mehr bezahlen.
Wie groß ist seine Stellfläche?

3. Landwirt Nölle verkauft auf dem Wochenmarkt Kartoffeln in kleinen Säckchen von 12,5 kg. Eine Kontrollwägung von 15 Säckchen ergab nebenstehende Gewichte (in kg).
Bestimme das arithmetische Mittel, die Spannweite und den Median.

12,44	12,40	12,62	12,50	12,48
12,60	12,48	12,50	12,39	12,60
12,48	12,58	12,55	12,75	12,53

4. In der Weihnachtszeit wird mitten auf dem Marktplatz ein hoher Weihnachtsbaum aufgestellt. Susanne und Tobias wollen die Höhe bestimmen. Dazu peilen sie die Spitze des Baumes über einen 3 m langen Stab an und messen die in der Zeichnung angegebenen Längen.
Wie hoch ist der Weihnachtsbaum?

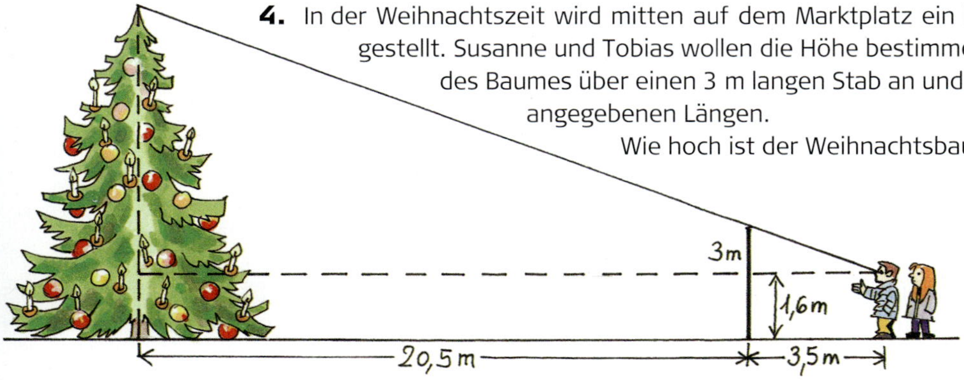

Familie Schockenhoff will bauen

1. a) Für das Grundstück bezahlt Familie Schockenhoff 115 € pro Quadratmeter. Berechne den Kaufpreis.

b) Frau Schockenhoff erfährt von ihrer Bank, dass der Wert vergleichbarer Grundstücke in den letzten 10 Jahren jährlich um durchschnittlich 5,6% gestiegen ist.
Wie hoch ist der Wert des Grundstücks in 5 Jahren [20 Jahren], wenn die bisherige Steigerungsrate weiterhin gleich bleibt?
Wann hat sich der Grundstückswert verdoppelt [vervierfacht]?

2. Der Architekt muss dem Bauantrag eine Berechnung des *umbauten Raums* beifügen. Der umbaute Raum ist das Volumen, das der Baukörper insgesamt, also einschließlich der Wände und der Dachkonstruktionen, einnimmt. Der Architekt legt Familie Schockenhoff einen Plan vor. Danach soll das Haus einen rechteckigen Grundriss mit 14 m Länge und 11 m Breite bekommen (Außenmaße). Es besitzt keinen Keller. An einer Längsseite ist ein Erker mit einem halbkreisförmigen Grundriss geplant. Der Radius beträgt außen 1,3 m. Das Dach des Erkers besteht aus einer kugelförmigen Glaskonstruktion. Insgesamt ist der Erker 3,3 m hoch.

a) Wie viel m^3 umbauten Raum hat der Erker?

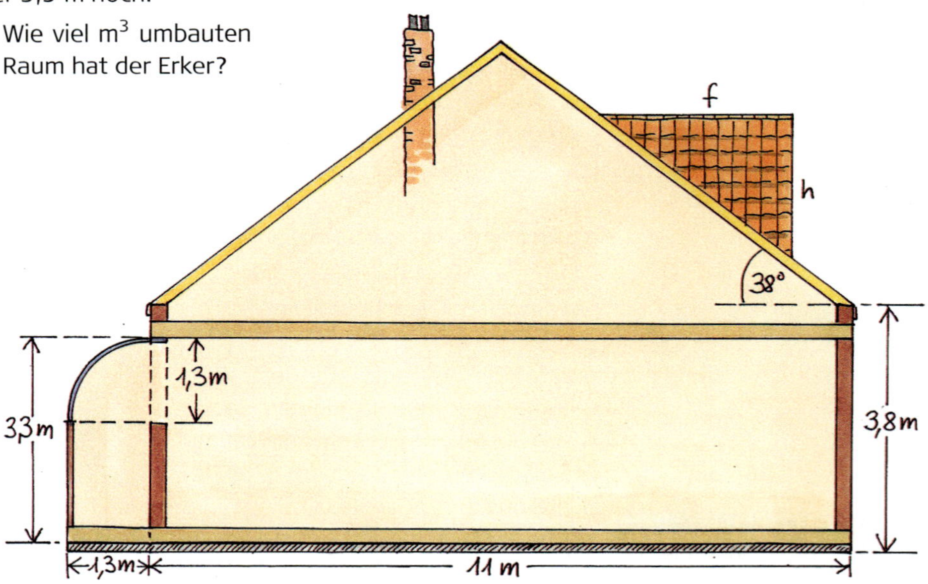

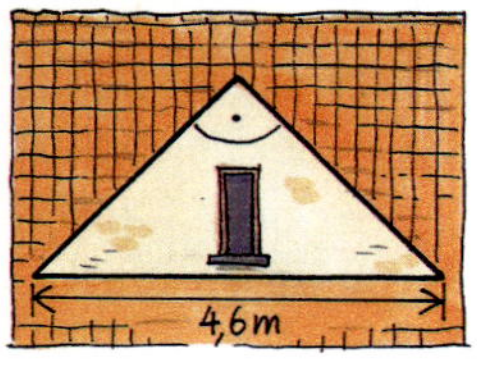

b) Das symmetrische Satteldach (38° Neigung) soll auf einer Seite eine dreieckige Dachgaube erhalten. Es ist ein gleichschenkliges, rechtwinkliges Dreieck. Die Hypotenuse ist 4,6 m lang.
(1) Berechne die Höhe h der Dachgaube.
(2) Wie lang ist der First f der Gaube?
(3) Berechne den umbauten Raum der Dachgaube.

c) Wie groß ist der umbaute Raum des Einfamilienhauses insgesamt?

3. Die freistehende Garage hat die Form eines Quaders. Die Grundfläche ist 5 m länger als breit (Außenmaße) und hat eine 9,2 m lange Diagonale. Der umbaute Raum der Garage beträgt 95,2 m^3. Berechne Länge, Breite und Höhe der Garage.

Auf der Kirmes

1. Das abgebildete Kettenkarussell soll auf einem rechteckigen, 19 m breiten Platz, der von Bäumen und einer Häuserfront begrenzt ist, aufgebaut werden.

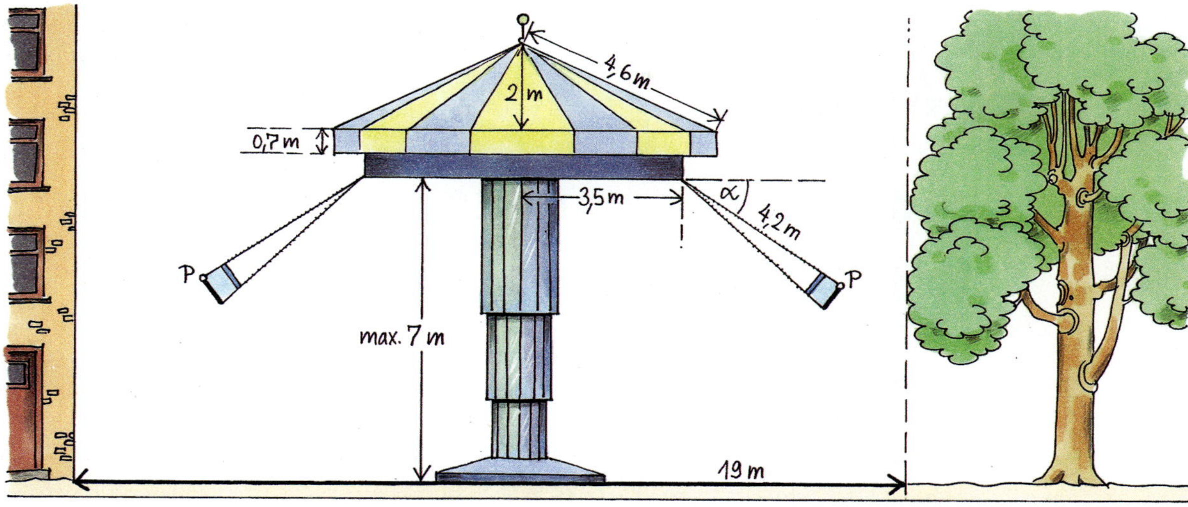

a) Bei maximaler Geschwindigkeit bilden die Ketten mit der Horizontalen den Winkel $\alpha = 30°$. Die Ketten sind zusammen mit dem Sitz 4,2 m lang. Die Kettenaufhängung ist 3,5 m von der Drehachse entfernt. Der äußere Punkt P des Sitzes muss aus Sicherheitsgründen mindestens 3 m Abstand von der Hausfront und 1,5 m von der Baumkrone haben. Ist der Platz breit genug?

b) Wie hoch ist der Punkt P über dem Boden, wenn die tragende Säule des Kettenkarussells auf 7 m ausgefahren ist und der Winkel $\alpha = 40°$ beträgt?

c) Das Dach des Kettenkarussells besteht aus einem 0,7 m hohen kreisförmigen Rand mit einem 2 m hohen, aufgesetzten Kegel (s. Abbildung). Die Mantellinie des Kegels ist 4,6 m lang. Das Dach soll mit einem neuen Markisenstoff bezogen werden. Man rechnet mit 15% Verschnitt. Wie viel m^2 Stoff werden benötigt?

2. Bei einer Schiffsschaukel lässt sich die Zeit T für eine volle Hin- und Herbewegung (in s) näherungsweise mit der Formel $T = 2\pi\sqrt{\frac{L}{g}}$ berechnen. Hierbei gibt L die Länge der Schaukel (in m) an; g ist die Erdbeschleunigung, sie beträgt etwa $10\,\frac{m}{s^2}$.

a) Berechne für eine 4 m lange Schaukel die Schwingungsdauer T.

b) Wie lang ist eine Schaukel, die in einer Minute 12-mal hin- und herschwingt?

3. An einer Losbude werden Lose verkauft. Die abgebildeten Ergebnisse sind möglich. Die Lose befinden sich in Kartons zu jeweils 10 000 Stück. Ein Karton enthält nach Angaben des Herstellers 7 000 *Vater-Lose*, 2 700 *Mutter-Lose* und 300 *Baby-Lose*. Für Punkte gibt es kleine Sachpreise. Die freie Auswahl gewinnt, wer alle 3 Karten, also die komplette Familie zusammen hat. Die Punkte mehrerer Lose können addiert werden. Verena kauft hintereinander 3 Lose.

0 Punkte Vater	500 Punkte Mutter	1 000 Punkte Baby

Zeichne ein Baumdiagramm und berechne die Wahrscheinlichkeit für:

a) 0 Punkte
b) 500 Punkte
c) 1 000 Punkte
d) freie Auswahl
e) mehr als 1 000 Punkte
f) weniger als 1 500 Punkte

Anhang

LÖSUNGEN ZU BIST DU FIT?

Seite 15

1. **a)** 5 **b)** 3 **c)** 4 **d)** 2 **e)** 6

2. **a)** 4 **b)** ± 4 **c)** ± 3 **d)** 10 **e)** 3

3. **a)** 1,78 **b)** 2,83 **c)** 3,62 **d)** 4,64 **e)** 1,88

4. **a)** $\sqrt[3]{7}$ **b)** $\sqrt[4]{5^3}$ **c)** $\frac{1}{\sqrt[3]{4}}$ **d)** $\frac{1}{\sqrt[5]{8^2}}$ **e)** $\sqrt{13^3}$

5. **a)** $17^{\frac{1}{2}}$ **b)** $11^{\frac{1}{4}}$ **c)** $4^{\frac{3}{5}}$ **d)** $15^{-\frac{2}{3}}$ **e)** $\left((-19)^2\right)^{\frac{1}{3}}$

6. **a)** 3 **b)** 27 **c)** $\frac{3}{2}$ **d)** $-\frac{1}{4}$ **e)** $\frac{5}{3}$

7. **a)** (1) 7,59 cm^2 (2) 8,55 cm^2 (3) 19,43 cm^2 **b)** 6,12 cm^2

8. 3 Jahre: $\approx 3{,}85\,\%$ 5 Jahre: $\approx 6{,}7\,\%$

9. (1) $\approx 3{,}7\,\%$ (2) $\approx 4{,}6\,\%$ (3) $\approx 5{,}4\,\%$

10. **a)** 27 142, 70 € **b)** $\approx 3{,}12\,\%$

Seite 29

1. **a)**

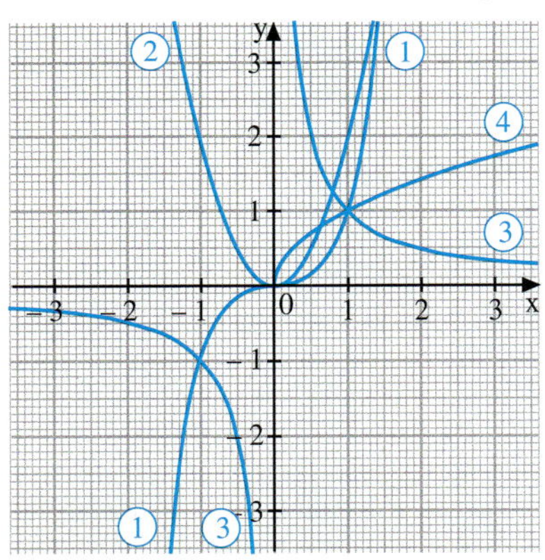

b) (1) $x = 0$; $x = 0$; n. d.; $x = 0$

(2) $x = 1$; $x = \pm\frac{1}{\sqrt{2}}$; $x = 1$; $x = 1$

(3) $x = -\frac{1}{\sqrt[3]{2}} \approx -0{,}8$; n. d.; $x = -2$; n. d.

(4) $x = \sqrt[3]{2} \approx 1{,}26$; $x = \pm 1$; $x = 0{,}5$; $x = 4$

c) (1) $y = 0$; $y = 0$; n. d.; $y = 0$

(2) $y = 1$; $y = 2$; $y = 1$; $y = 1$

(3) $y = -0{,}125$; $y = 0{,}5$; $y = -2$; n. d.

(4) $y = 8$; $y = 8$; $y = 0{,}5$; $y = \sqrt{2} \approx 1{,}4$

d) (1) $x \in \mathbb{R}$; $x \in \mathbb{R}$; $x \in \mathbb{R}, x \neq 0$; $x \in \mathbb{R}, \mathbb{R} \geq 0$
(2) $y \in \mathbb{R}$; $y \in \mathbb{R}, \mathbb{R} \geq 0$; $y \in \mathbb{R}, y \neq 0$; $y \in \mathbb{R}, \mathbb{R} \geq 0$
(3) $(0|0)$; $(0|0)$; keine; $(0|0)$
(4) $(0|0)$; $(0|0)$; keiner; $(0|0)$
(5) punktsymmetrisch zu $(0|0)$; achsensymmetrisch zur y-Achse; punktsymmetrisch zu $(0|0)$; keine
(6) für alle x steigend; für $x < 0$ fallend und $x > 0$ steigend; für alle x fallend; für $x > 0$ steigend
(7) $-\infty|+\infty$; $0|+\infty$; $-\infty|+\infty$; $0|+\infty$
(8) $(0|0)$; $(-1|-1)$; $(1|1)$

Seite 29

2. a) (1) $y = x^2 - 4$ (2) $x \in \mathbb{R}$ (3) $y \in \mathbb{R};\ y \geq -4$ (4) $x < 0$ fallend; $x > 0$ steigend (5) $(-2|0);\ (2|0)$

b) (1) $y = -x^2$ (2) $x \in \mathbb{R}$ (3) $y \in \mathbb{R};\ y \leq 0$ (4) $x < 0$ steigend; $x > 0$ fallend (5) $(0|0)$

c) (1) $y = x^{-1}$ (2) $x \in \mathbb{R};\ x \neq 0$ (3) $y \in \mathbb{R};\ y \neq 0$ (4) für alle x fallend (5) keine

d) (1) $y = 2x - 1$ (2) $x \in \mathbb{R}$ (3) $y \in \mathbb{R}$ (4) für alle x steigend (5) $(0{,}5|0)$

e) (1) $y = x^{\frac{1}{2}}$ (2) $x \in \mathbb{R};\ x \geq 0$ (3) $y \in \mathbb{R};\ y \geq 0$ (4) für alle x steigend (5) $(0|0)$

3. a) ja; nein; nein; nein **b)** ja; nein; nein; nein **c)** nein; ja; nein; nein **d)** nein; ja; nein; ja

4. a) 12,25; 1,79 und −1,79; $\frac{1}{16} = 0{,}0625$; ≈ 12,25 und ≈ −12,25

b) 4; 0,5 oder −0,5; 4; ≈ 0,365 und ≈ −0,365

c) 0,69; $\frac{64}{125} = 0{,}512$; 1,357; 64

Seite 51

1. a)

Jahre	Kapital (in €)
1	26 375,00
2	27 825,63
3	29 356,03
4	30 970,62
5	32 674,00
6	34 471,07
n	$25\,000 \cdot 1{,}055^n$

b) –

c) Sie bekommt 55 811,91 € ausgezahlt.

2. a) gerundete Werte: (1) 24,33 m² (2) 64,73 m² (3) 113,21 m²

b) gerundete Werte: (1) 13,91 m² (2) 7,95 m² (3) 6,01 m²

c) Die Fläche nimmt täglich um 15 % zu.

d) Die Fläche verdoppelt sich jeweils nach etwa 5 Tagen.

3. a) (1) nach 4 Tagen (2) nach ≈ 2,5 Tagen

b) (1) vollständig abgebaut (2) 0,6 mg

c) (1) $y = 6 - 0{,}75x$ (linear); x in Tagen (2) $y = 6 \cdot 0{,}75^x$ (exponentiell)

4. (1) verläuft im I. und II. Quadranten; wachsend;
Schnittpunkt mit y-Achse $S(0|1)$; keine Nullstellen

(2) verläuft im I. und II. Quadranten; fallend;
Schnittpunkt mit y-Achse $S(0|1)$; keine Nullstellen

(3) verläuft im I. und II. Quadranten; wachsend;
verläuft unterhalb von (1); Schnittpunkt mit y-Achse $S(0|0{,}5)$; keine Nullstellen

(4) verläuft im I. und II. Quadranten; fallend;
verläuft oberhalb von (2); Schnittpunkt mit y-Achse $S(0|1{,}5)$; keine Nullstellen

5. a) (1) 31,25 g; (2) ≈ 3 051,76 g **b)** $y = 5 \cdot 2{,}5^t$, t in Tagen

6. $y = 8 \cdot 0{,}85^t$, t in Tagen

7. a) $y = \left(\frac{1}{6}\right)^x$ **b)** $y = \left(\frac{5}{4}\right)^x$

Seite 89

1. a)/b)

	Dresden	Rügen	Hamburg	Summe
Anzahl	7	12	9	28
Anteil	25 %	43 %	32 %	100 %
Kreis	90°	155°	115°	360°

2. a) Durchschnittspreis: 119 €; Spannweite: 34 €

b) Median: 121 €

3. Die Darstellung ist richtig, die Fläche des „Maler"-Quadrates ist etwa doppelt so groß wie das der Feinmechaniker.

Seite 89

4.

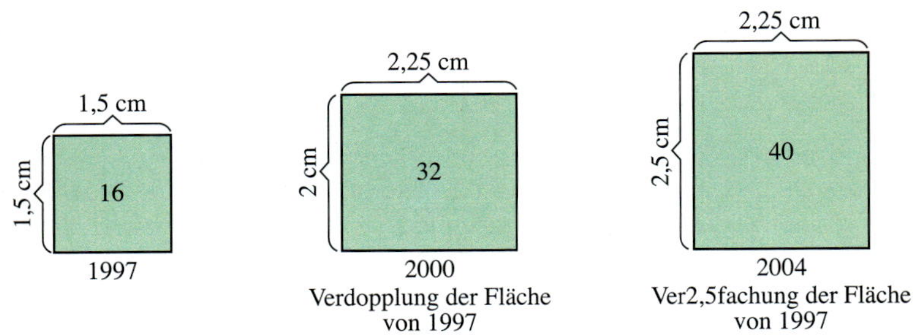

5. a) –

b) mit Zurücklegen: (1) 0,198 (2) $\frac{2}{9} \approx 0{,}22$ (3) 0,35 (4) 0,64

ohne Zurücklegen: (1) $\frac{4}{27} \approx 0{,}15$ (2) $\frac{2}{9} \approx 0{,}22$ (3) $\frac{7}{18} \approx 0{,}39$ (4) $\frac{13}{18} \approx 0{,}72$

c) 0,36

6. a) $23 \cdot 22 \cdot \ldots \cdot 2 \cdot 1 \approx 2{,}585 \cdot 10^{22}$ **b)** $3 \cdot 2 \cdot 1 \cdot 20 \cdot 19 \cdot \ldots \cdot 2 \cdot 1 \approx 1{,}46 \cdot 10^{19}$

Seite 140

1. a) $\alpha = 76°$; $c \approx 7{,}2$ cm; $b \approx 1{,}7$ cm; $u \approx 15{,}9$ cm; $A \approx 5{,}95$ cm^2

b) $\gamma = 46°$; $b \approx 6{,}3$ cm; $c \approx 4{,}6$ cm; $u \approx 15{,}3$ cm; $A \approx 10{,}12$ cm^2

c) $\beta = 32°$; $b \approx 98{,}04$ m; $c \approx 156{,}89$ m; $u \approx 439{,}93$ m; $A \approx 7\,690{,}75$ m^2

d) $\alpha = 56°$; $a \approx 33{,}99$ m; $b \approx 22{,}93$ m; $u \approx 97{,}92$ m; $A \approx 389{,}7$ m^2

e) $\alpha = 47°$; $c \approx 123{,}2$ cm; $a \approx 90{,}1$ cm; $u \approx 297{,}2$ cm; $A \approx 3\,784{,}2$ cm^2

f) $\alpha = 39°$; $b \approx 10{,}0$ cm; $a \approx 6{,}3$ cm; $u \approx 24{,}1$ cm; $A \approx 24{,}57$ cm^2

2. a) $b = 14$ cm; $\gamma = 74{,}8°$; $\alpha = \beta \approx 52{,}6°$; $h_c \approx 11{,}1$ cm; $A \approx 94{,}56$ cm^2

b) $\alpha = \beta = 27°$; $a = b \approx 84{,}17$ m; $h_c \approx 38{,}21$ m; $A \approx 2\,866{,}08$ m^2

c) $\gamma = 26°$; $\beta = 77°$; $a = b \approx 51{,}12$ m; $h_c \approx 49{,}81$ m; $A \approx 572{,}84$ m^2

d) $\alpha = \beta = 62{,}5°$; $b = 67$ m; $c \approx 61{,}87$ m; $h_c \approx 59{,}43$ m; $A \approx 1\,838{,}59$ m^2

e) $\beta = 17°$; $\gamma = 146°$; $b = 104{,}7$ cm; $c \approx 200{,}3$ cm; $h_c \approx 30{,}6$ cm; $A \approx 3\,064{,}96$ cm^2

f) $\beta = 36°$; $\gamma = 108°$; $a = b \approx 42{,}53$ m; $c \approx 68{,}82$ m; $A \approx 860{,}24$ m^2

3. a) $\alpha \approx 31{,}0°$ **b)** $h \approx 3{,}61$ m

4. Masthöhe: $\approx 9{,}84$ m

5. $\alpha \approx 58{,}3°$; $\beta \approx 31{,}7°$

6. maximaler Höhenunterschied: 0,8 m

7. $\alpha \approx 33{,}69°$; Anstieg: 66,67 %

8. a) $\alpha = 14{,}94°$; Steigung: 25,79 % **b)** 2 min 48 s **c)** 2,35 cm

Seite 141

9. a) $c \approx 5{,}0$ cm; $\alpha \approx 66{,}0°$; $\beta \approx 47{,}0°$

b) $\alpha \approx 32{,}4°$; $\beta \approx 94{,}1°$; $b \approx 11{,}2$ cm

c) $\alpha = 78{,}9°$; $b \approx 3{,}9$ cm; $c \approx 3{,}2$ cm

d) $\gamma = 74{,}4°$; $a \approx 3{,}850$ km; $b \approx 4{,}822$ km

e) $a \approx 4{,}959$ km; $\beta \approx 104{,}2°$; $\gamma \approx 39{,}4°$

f) $\alpha \approx 42{,}6°$; $\beta \approx 8{,}4°$; $b \approx 1{,}2$ cm

g) $\beta \approx 42{,}3°$; $\alpha \approx 109{,}5°$; $a \approx 11{,}8$ cm

h) $\gamma \approx 57{,}8°$; $\alpha \approx 72{,}1°$; $\beta \approx 50{,}1°$

10. a) 118,6 m **b)** 110 m

11. a) 76,5 m **b)** 1 : 1000

12. a) 1412,76 m^2 **b)** $\approx$ 21 308,56 €

13. Die Deichsohle ist $\approx 96{,}72$ m lang.

14. $\overline{AB} \approx 25{,}1$ m; $\overline{AD} \approx 24{,}1$ m; $\overline{DC} \approx 35{,}6$ m; $\overline{BC} \approx 40{,}5$ m

Seite 171

1. **a)** 1 **b)** −0,5 **c)** 0 **d)** −2,179 **e)** −1 **f)** −0,8660 **g)** 0,5 **h)** 4,33

2. **a)**

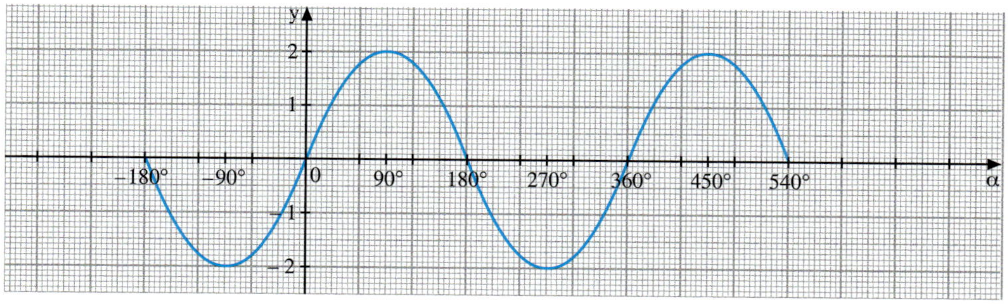

b) Wertebereich: $-2 \leq y \leq 2,\ y \in \mathbb{R}$; Nullstellen: −180°; 0; 180°; 360°; 540°

c) steigt: $-90° \leq \alpha \leq -90°$; $270° \leq \alpha \leq 450°$
fällt: $-180° \leq \alpha \leq -90°$; $90° \leq \alpha \leq 270°$; $450° \leq \alpha \leq 540°$

d) $y = 1$

3. **a)** $y = 3 \sin \alpha$ **b)** Nullstellen: 0; 180°; 360°; 540°; 720°

4. **a)** $y = 1{,}5 \sin (2\alpha)$ **b)** −180°; −90°; 0; 90°; 180°; 270°; 360°; 450°; 540°

5. **a)** $a = 4$; $y = 4 \sin \alpha$ **b)** $a = 2{,}8$; $y = 2{,}8 \sin \alpha$

6. **a)** 2π; $\frac{\pi}{6}$; $-\frac{2}{3}\pi$; 720°; −120°; 15° **b)** 1,414; −2,014; 3,875; 146°; −31,5°; 573°

7. **a)**

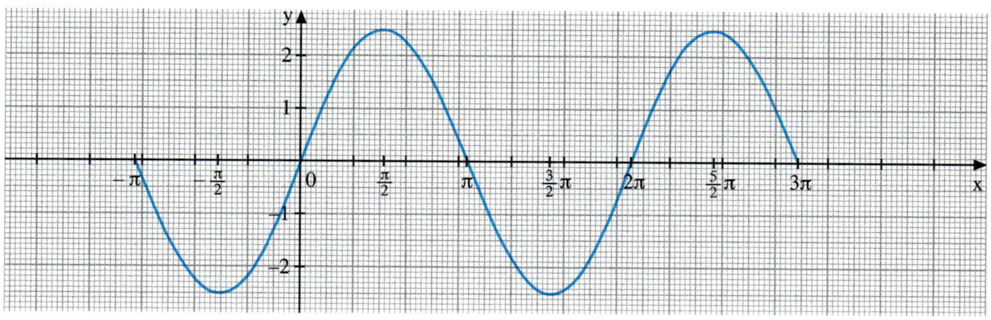

b) Nullstellen: $-\pi$; 0; π; 2π; 3π

c) Wertebereich: $-2{,}5 \leq y \leq 2{,}5,\ y \in \mathbb{R}$

LÖSUNGEN ZUM AUFGABENPRAKTIKUM

Seite 173

1. **a)** $4a^2 + 1{,}5a - 16ab - 6b$
b) (1) 2 cm (2) 7 N
c) 3,6
d) $2^3 < 3^2$; $\pi > 3{,}14$; $0{,}3 < 0{,}\overline{3}$
e) (1) $b < a < c$ (3) $c < b < a$
(2) $b < c < a$ (4) $a < c < b$
f) (1) ca. 0,4 cm² (2) ca. 50 cm³
g) (1) $\frac{1}{3}$, also 33,3 % (2) $\frac{3}{6}$, also 50 %
h) 7,60 €
i) (1) 11 Schnitte
j) (1) 6 027 507 (2) 78 und 79

2. **a)** (1) 10 000 000 (2) 430 (3) 0,01 (4) 0,0015 (5) 280
b) $r = \sqrt{\frac{A}{\pi}}$
c) (1) 300 € (2) 3,76 kg (3) 2,8 t (4) 45 m²
d) Term (5)
e) für $x = 8$

Seite 174

f) $4 + 3 \cdot 7 = 25$
g) 11 Quadrate
h) (1) $u = 12{,}56$ cm; $A = 12{,}57$ cm² (2) $u = 31{,}4$ cm; $A = 78{,}5$ cm² (3) $u = 628$ km; $A = 31\,400$ km²
i) ja **j)** 22 Lampen

Seite 174

3. a) $-2{,}5r - 7{,}5r^2 + 4$
b) (1) $63{,}78 \cdot 10^3$ (2) $4{,}52751 \cdot 10^3$ (3) $4{,}75 \cdot 10^{-4}$
c) $(2x + 1)^2 + 7$ **d)** $y = -\frac{3}{5}x + 3$
e) (1) $u \approx 12$ cm; $A \approx 12$ cm² (2) $u \approx 42$ cm; $A \approx 147$ cm² (3) $u \approx 150$ m; $A \approx 2000$ m²
f) Ecken: 6 Kanten: 9 Flächen: 5
g) (1) 16 € (2) 2 € **h)** 80 €
i) (1) 112 cm³ (2) 42 cm³
j) (1) 2 h 20 min (2) 5 h 54 min (3) 4 h 12 min

Seite 175

4. a) 2,6; 13,8; 1,3
b) (1) $10x^2y^5$ (2) $2{,}25a^2 - 21a + 49$ (3) $50x^2 - 2$
c) $r = \sqrt{\frac{3V}{\pi \cdot h}}$ **d)** (1) $9a^2$ (2) $18k^2$ (3) $7a^2$
e) 1 %: 2,10 €; 10 %: 21,00 €; 20 %: 42,00 €; 50 %: 105,00 €; 100 %: 210,00 €; 116 %: 243,60 €
f) (1) **g)** (1) 55 min (2) $\frac{1}{2}$ m (3) 0,3 kg
h) – **i)** −4,5; −2,3; 0,2; 2; 2,3; 3

5. a) (1) 474 000 (2) 25,47 (3) 240 **b)** 1,3; 32,5
c) (1) $11y(3xy - 4x + 2)$ (2) $0{,}25x(y - 40x + 20)$
d) (1) $\alpha = 58°$ (2) $\alpha = 66°$; $b = 66°$ (3) $\alpha = 47°$; $\gamma = 90°$ (4) $\alpha = 83°$

Seite 176

e) (1) 0,8 (2) 4,9 (3) 0,05 **f)** (2), (3) und (4)
g) (1) 88 m (2) 93,5 kg (3) 1 479,5 (4) 1 h 6 min
h) (3) 3 % **i)** 12 Tassen **j)** –

6. a) 10; −11; 2,5; 4; −2; a = 5 **b)** b = 110° **c)** (1|2)
d) (1) $x_1 = 3$ und $x_2 = -4$ (2) $x_1 = \frac{1}{2}$ und $x_2 = -\frac{1}{2}$
e) (2) 12 cm **f)** 54 Stunden **g)** (2) 1,25 h und (4) $1\frac{1}{4}$ h
h) $l = 9$ cm $b = 4$ cm; $l = 18$ cm $b = 2$ cm; $l = 12$ cm $b = 3$ cm; $l = 8$ cm $b = 4{,}5$ cm

Seite 177

i) (1) $-ab + 1{,}5a^2b$ (2) $4x^2 - 2xy + 0{,}25y^2$ (3) $9a^2 - 0{,}25$
j) y: 0; 0; 2; 6; 12 **k)** $\alpha = 30°$ **l)** (1) 3,6 € (2) 75 kg (3) 25 %

7. a) (1) 0,202; 0,205 (2) 0,21; 0,24
b)

5,2	3,7	4,0
3,1	4,3	5,5
4,6	4,9	3,4

c) arithmetisches Mittel: 3,72 m; Median: 3,67 m
d) $\alpha = 30°$; $\beta = 60°$
e) (1) $A_G = 20$ cm² (2) $V = 40$ cm³ (3) $A_O = 76$ cm² (4) Kantenlänge: 44 cm
f) ca. 1,5 m
g) (1) 401,4 (2) 35,5 (3) 80 (4) 704
h) (1) $\frac{1}{4}$, also 25 % (2) $\frac{3}{4}$, also 75 %
i) Anstelle einer Wertetabelle kann man lineare und proportionale Funktionen mithilfe des y-Achsenabschnitts und der Steigung m bzw. den sich daraus ergebenden zwei Punkten zeichnen. Lineare und proportionale Funktionen haben Geraden als Graphen.
(1) $b = 0$, $m = \frac{3}{4}$; also P(0|0) und Q(4|3) (3) $b = -1$, $m = 2{,}5$; also P(0|−1) und Q(2|4)
(2) $b = 0$, $m = -1{,}2$; also P(0|0) und Q(5|−6) (4) $b = 3$, $m = -1$; also P(0|3) und Q(3|0)
j) (1) 9 (2) 11

Seite 178

8. a) (1) $x = -3$ (2) $x = 3$ (3) $x = -5$
b) $m = 2$; $n = -3$; Nullstelle bei 1,5
c) 3 %
d) (1) 4,2 (2) 2
e) (1) Würfel (2) Prisma (dreiseitig) (3) Pyramide mit rechteckiger Grundfläche
(4) Prisma (5) Quader mit Pyramide (6) schiefe Pyramide mit quadratischer Grundfläche
f) 16,05 € **g)** (3) 3 300 s **h)** 1,55 kg
i) (1) $\frac{1}{4}$, also 25 % (2) $\frac{1}{4}$, also 25 % (3) $\frac{1}{2}$, also 50 %
j) am 8. Vormittag

Seite 179

9. a) 2,3
b) (1) $\alpha = 23°$ (2) $\alpha = 22{,}5°$ (3) $\alpha = 70°$
c) (1) $x = 9$ (2) $x = 3$ (3) $x = 5$ (4) $x = 121$ (5) $x = 3$
d)

Gemeiner Bruch	Prozentsatz	Dezimalbruch
$\frac{17}{100}$	17%	0,17
$\frac{37}{100}$	37%	0,37
$\frac{3}{50}$	6%	0,06
$\frac{119}{100}$	119%	1,19
$\frac{3}{2} = \frac{15}{10} = \frac{150}{100}$	150%	1,5

e) (1) $20\ cm^2$ (2) $A_O = 94\ cm^2$ (3) 5 cm (4) $V = 60\ cm^2$
f) (4) $\frac{1}{20}$
g) (1) $y = 2x - 2$, $x_0 = 1$ (3) $y = (x + 1)^2$, $x_0 = -1$
(2) $y = -\frac{1}{2}x + 3$, $x_0 = 6$ (4) $y = (x - 2)^2 - 4$, $x_1 = 0;\ x_2 = 4$
h) (1) z.B.: 1,711; 1,7191 (2) z.B.: 0,21; 0,249 **i)** 4%
j) (1) Quader; Pyramide (2) 2 Kreiskegel; 2 Kreiszylinder (3) Halbkugel; Kreiszylinder

Seite 180

10. a) (1) $x = 4{,}71$ cm; $y = 8{,}75$ cm (2) $x = 4{,}52$ cm; $y = 7{,}51$ cm
b) (1) –; (2) –; (3) –
c) (1) $127 + 134 = 261$ (2) $237 - 95 = 142$ (3) $49 \cdot 27$: 98, 343, 1 323
d) (1)

x	−1	0	1,5	2	1	3
y	8	3	−0,75	−1	0	0

e) $-1\frac{1}{3} < -\frac{3}{4} < -0{,}5 < \frac{3}{10} < \frac{15}{25} < 0{,}625 < 0{,}\overline{6}$
f) (1) 51% (2) 59,2% (3) 30,6%
g) Abhängig von der Anzahl der Einheiten! (< oder > 50 Einheiten)!
h) $22\frac{1}{2}$ min **i)** Scherz! **j)** 2,2 **k)** 85 000 €; 35 000 €

Seite 181

1. a) $-3{,}1;\ -3;\ 0;\ 1{,}05;\ \frac{14}{10}$ **b)** $-2;\ 0{,}5;\ 1{,}3;\ 1\frac{1}{3};\ 5$ **c)** $-7;\ -4;\ \frac{12}{5};\ 3{,}\overline{6};\ 7\frac{1}{5}$ **d)** $-1;\ -(-2);\ \sqrt{9{,}61};\ 3{,}14;\ \pi$

2. a) z.B.: 8; 9; 11 **b)** z.B.: −3; 0; 2 **c)** z.B.: 0,251; 0,29; 0,33 **d)** z.B.: 2,31; 2,223; 2,35

3. a) $13a - b + 4$ **b)** $3r + 5t - 7$ **c)** $13xy - 7x - 18$ **d)** $2{,}1x^2 - 0{,}8x + 1{,}7$ **e)** $0{,}6a^2b - 0{,}8ab$ **f)** $\frac{7}{6}a + \frac{1}{12}b + \frac{1}{10}$ **g)** $11a^2 + 2{,}5$ **h)** $-8\frac{1}{3}t^2 - 1u$

4. a) $8a - 7$ **b)** $15x + 4y - 3$ **c)** $15a - 19$ **d)** $8{,}2xy - 1{,}5x - 7{,}2$ **e)** $21x - y - 0{,}1$ **f)** $\frac{5}{4}a - \frac{7}{6}$

5. a) $5x + 35$ **b)** $7x - 7y$ **c)** $1{,}5a - 3ab$ **d)** $\frac{8}{15} - \frac{2}{9}a$ **e)** $-0{,}15x + 0{,}09y$ **f)** $3a^2 - 9{,}4a + 1{,}2$ **g)** $4n^2 + 8n + 3$ **h)** $1{,}4a - 1{,}6a^2 + 0{,}28b - 0{,}32ab$

6. a) $3(a + 6b)$ **b)** $a(2 + b)$ **c)** $7(y + 1)$ **d)** $8ab(2a + 1)$ **e)** $11y(4ay - 5b + 7c)$ **f)** $6u(12uv - 2u + 1)$

7. a) $x - 5$ **b)** $b + 1$ **c)** $4ab + 2a = 2a(2b + 1)$ **d)** $b + c$ **e)** -7 **f)** $\frac{7}{3}a - 7$

Seite 182

8. a) $x = -10$ **b)** $z = 4$ **c)** $a = -26$ **d)** $x = -3$ **e)** $x = 11$ **f)** $x = 6$ **g)** $x = -5$ **h)** $x = 7{,}3$ **i)** $a = 1\frac{1}{4}$ **j)** $a = 10$ **k)** $m = 11$

9. a) $L = \{-6\}$ **b)** $L = \{\varnothing\}$ **c)** $L = \{\varnothing\}$ **d)** $L = \{13\}$

10. a) 27 **b)** 13

11. Am ersten Tag 25 km, am zweiten 20 km, am dritten 32 km

12. 675 kg und 225 kg

13. Die Basis ist 4,7 cm lang, die Schenkel je 7,8 cm.

14. Der Vater ist 41 Jahre, die Mutter 39 Jahre, der Sohn 17 Jahre alt.

15. 4 cm

Seite 183

16. a) nein **b)** ja **c)** nein **d)** ja **e)** ja **f)** nein

17. a) 240 mm = 24 cm **b)** 15 mm = 1,5 cm **c)** 200 000 cm = 2 km **d)** 15 000 m : 10 000 = 1,5 m **e)** 6 cm : 1 200 000 cm = 1 : 200 000 **f)** 9 000 mm : 4,5 mm = 2 000 : 1

18. 825 000 cm = 8,25 km

Seite 183

19. **a)** $x = 4$ **b)** $y = 48$ **c)** $y = 22\frac{2}{9}$ **d)** $x = 2{,}7$

20. 10,6 m

21. $a' = 8$ cm; $b' = 6$ cm; $c' = 11$ cm; Verhältnis: 1 : 4

22. **a)** $L = \{4; -4\}$ **b)** $L = \{2; -2\}$ **c)** $L = \{\,\}$ **d)** $L = \{0; -5\}$ **e)** $L = \{0; 5\}$ **f)** $L = \{0{,}5; -0{,}5\}$

23. 57 und 60 bzw. −60 und −57

Seite 184

24. **a)** $\{2; -14\}$ **c)** $\{7; 5\}$ **e)** $\{7; -9\}$ **g)** $\{9; -7\}$ **i)** $\{\varnothing\}$
b) $\{3; -8\}$ **d)** $\{2; -0{,}4\}$ **f)** $\{25; -11\}$ **h)** $\{-1\}$ **j)** $\{5; -5\}$

25. **a)** $\{0{,}5; -0{,}5\}$ **b)** keine Lösung **c)** $\{0; 4\}$

26. $u = 14$ cm

27. **a)** $x = 7{,}2$ cm **b)** $x = 4{,}5$ cm **c)** $x = 7{,}5$ cm **d)** $x = 8$ cm

28. 3 cm; 4 cm; 5 cm

29. **a)** 23 cm; 29 cm **b)** 676 cm^2

30. **a)** $d = 5$ **b)** $d = 1175$ **c)** $n = 99$

Seite 185

31. **a)** $a = \frac{u}{2} - b$
b) $a = \frac{2A}{h} - c$; $h = \frac{2a}{a+c}$
c) $r = \sqrt{\frac{A}{\pi}}$
d) $b = \sqrt{c^2 - a^2}$
e) $h = \frac{3V}{A_G}$
f) $r = \sqrt{\frac{V}{\pi \cdot h}}$; $h = \frac{V}{\pi r^2}$
g) $r = \sqrt[3]{\frac{3V}{4\pi}}$
h) $s = \frac{A_O}{\pi r} - r$
i) $a = 2 \cdot \sqrt{\frac{A}{\sqrt{3}}}$
j) $b = \frac{a}{\tan\alpha}$
k) $s = v \cdot t$; $t = \frac{s}{v}$
l) $l = \frac{R \cdot A}{\varrho}$
m) $t = \sqrt{\frac{sc}{a}}$
n) $R = \frac{U}{I}$; $I = \frac{U}{R}$
o) $m = \varrho \cdot V$; $V = \frac{m}{\varrho}$

32. **a)** $(4|2)$ **b)** $(4|3)$ **c)** $(4|-3)$ **d)** keine Lösung **e)** $(-3|-1)$ **g)** $(2|3)$ **h)** $\left(1\middle|\frac{1}{5}\right)$

33. **a)** schneiden sich; 1 Lösung **c)** sind identisch; unendlich viele Lösungen
b) parallel; keine Lösung **d)** schneiden sich; eine Lösung

34. **a)** $(1|4)$ **b)** $(3|8)$ **c)** $(10|12)$ **d)** $(5|1)$ **e)** $\left(2\middle|\frac{7}{3}\right)$ **f)** $(3|6)$ **g)** $(2|-1)$ **h)** $(8|5)$ **i)** $(2|7)$

Seite 186

35. **a)** $\left(\frac{4}{3}\middle|2\frac{2}{3}\right)$ **b)** $(0|6)$ **c)** $(2|1)$ **d)** keine Lösung; Geraden parallel

36. 17 und 19

37. 22,25 cm und 9,25 cm

38. 7 Zweibettzimmer und 5 Dreibettzimmer

39. **a)** $a = 2{,}5$; $b = 7{,}5$ **b)** 15 und 25

1. **a)** $m = -2{,}5$; $n = 1{,}5$ **b)** B; D; E; G; H

2.

	a)	b)	c)	d)	e)	f)	g)	h)	i)	j)	k)	l)
m	3	−3	3	0,5	−0,5	1	$-\frac{1}{3}$	$-\frac{1}{3}$	$\frac{1}{6}$	1,5	2	1
n	−1	1	0	2,5	4	−3,8	5	2	−1,5	−3	3	−3

3. **a)** 1,5 **b)** $\frac{2}{3}$ **c)** $-\frac{5}{6}$ **d)** 1,5 **e)** $-\frac{1}{3}$ **f)** −7 **g)** 3

4. **a)** $y = -0{,}5x + 3$ **b)** $y = -\frac{2}{3}x - 1$ **c)** $y = x + 2$

Seite 187

5. **a)** (1) $y = \frac{1}{2}x + 1\frac{1}{2}$ (2) $y = \frac{1}{2}x - \frac{1}{2}$
b) (1) $y = -x + 2$ (2) $y = -\frac{1}{3}x + \frac{2}{3}$
c) (1) $y = -2x + 1$ (2) $y = 5x - 2$

6. **a)** $n = 2$ **b)** $n = -2$ **c)** $n = 6$ **d)** $n = 0{,}5$

7. **a)** $y = x + 1$ **b)** $y = -3x - 2$ **c)** $y = -x - 3{,}5$

8. **a)** $y = -x + 3$ **b)** $y = \frac{1}{2}x + 1$ **c)** $y = -2x - 1$ **d)** $y = 2$

9. **a)** $m = 2{,}5$ $[n = 1]$ **b)** $m = -3$ $\left[n = \frac{3}{2}\right]$ **c)** $m = 15$ $\left[n = \frac{3}{2}\right]$ **d)** $m = 3$ $[n = 0]$

Seite 187

10. a) $y_1 = 2{,}5x + 9$; $y_2 = 4{,}5x$ **b)** $y_1 = 21{,}50$ €; $y_2 = 22{,}50$ €; Firma Rad ist günstiger.

11. a) $P(5|13{,}5)$; $Q(0{,}5|0)$; $R\left(\frac{1}{3}|-0{,}5\right)$; $S\left(\frac{7}{6}|2\right)$
b) $P\left(5|3\frac{1}{6}\right)$; $Q(24|0)$; $R\left(\frac{1}{3}|3\frac{17}{18}\right)$; $S(12|2)$
c) $P(5|4{,}3)$; $Q\left(\frac{2}{9}|0\right)$; $R\left(\frac{1}{3}|0{,}1\right)$; $S\left(2\frac{4}{9}|2\right)$

Seite 188

12. a) $y = \frac{3}{2}x + 3$
b) $Q(2|6)$
c) $a = 56{,}31°$
d) α und $\sphericalangle PQR$ sind Wechselwinkel an Parallelen
e) bei 1 Einheit 1 cm $A = 3\ cm^2$

13. a) – **b)** $y = \frac{x}{2} + 3$ **c)** 4,472 Längeneinheiten **d)** – **e)** 53,13°

14. a) – **b)/c)** $S(2|2)$ **d)** $0 \leq x \leq 3$ **e)** bei 1 Einheit 1 cm; $A = 6\ cm^2$

15. a)

x	0	2	4	6	8
y	2,4	1,8	1,2	0,6	0

$y = -\frac{3}{10}x + 2{,}4$ **b)** 8 h **c)** $20\ m^2$

16. a) Power: $y = 1{,}8x + 5$; Super: $y = 2{,}2x + 3$
b) –
c) Bei 5 Getränken beide gleich; bei mehr Getränken Power günstiger.
d) –

Seite 189

1. a) $P_1(4|16)$; $P_2(-4|16)$; $P_3\left(\frac{1}{3}|\frac{1}{9}\right)$; $P_4(0{,}9|0{,}81)$ und $P_4(-0{,}9|0{,}81)$; $P_5\left(\frac{1}{2}|\frac{1}{4}\right)$ und $P_5\left(-\frac{1}{2}|\frac{1}{4}\right)$; $P_6\left(1\frac{2}{3}|2\frac{7}{9}\right)$ und $P_6\left(-1\frac{2}{3}|2\frac{7}{9}\right)$
b) P_1; P_4; P_5

2. a)/b)
$a = 1$ Normalparabel
$a = -1$ Normalparabel an x-Achse gespiegelt
$a = -2$ Normalparabel (mit Faktor 2) gestreckt und an x-Achse gespiegelt
$a = \frac{1}{2}$ Normalparabel $\left(\text{mit Faktor } \frac{1}{2}\right)$ gestaucht

3. a) 25; 0; 1; (16) **b)** (2); 1,28; 1,5; 12,5

4. a) A; D **b)** $E(1|-2)$ $F(0|-1)$ $F(2|-1)$ $G(-2|7)$ $H(-1|2)$ $H(3|2)$ $I\left(-1\frac{1}{2}|4\frac{1}{4}\right)$

5. a) $y = x^2 + 10x + 29$; $S(-5|4)$; keine Nullstelle
b) $y = x^2 - 3{,}2x + 1{,}56$; $S(1{,}6|-1)$; zwei Nullstellen
c) $y = x^2 + 9x + 20{,}25$; $S(-4{,}5|0)$; eine Nullstelle)
d) $y = x^2 - 4$; $S(0|-4)$; zwei Nullstellen

6. a) $y = x^2 + 7x + 14{,}25$ **b)** $y = x^2 + x - 3{,}75$ **c)** $y = x^2 + 3$ **d)** $y = x^2 + 2x + 1$

7. a) $S(0|2)$ **b)** $S(2{,}5|-3)$ **c)** $S(1|-5)$ **d)** $S(-3|1)$ **e)** $S(-3{,}5|-2)$ **f)** $S(4|-2)$ **g)** $S(-2{,}5|-4)$ **h)** $S(2|0)$

Wertbereiche:
a) $y \in \mathbb{R},\ y \geq 2$ **b)** $y \in \mathbb{R},\ y \geq -3$ **c)** $y \in \mathbb{R},\ y \geq -5$ **d)** $y \in \mathbb{R},\ y \geq 1$ **e)** $y \in \mathbb{R},\ y \geq -2$ **f)** $y \in \mathbb{R},\ y \geq -2$ **g)** $y \in \mathbb{R},\ y \geq -4$ **h)** $y \in \mathbb{R},\ y \geq 0$

Seite 190

8. a) $S(0|0)$; $y = x^2$
b) $S(-3|2{,}25)$; $y = x^2 + 6x + 11{,}25$
c) $S(-1|-4)$; $y = x^2 + 2x - 3$
d) $S(3{,}5|-1)$; $y = x^2 - 7x + 11{,}25$
e) $S(-2{,}5|0)$; $y = x^2 + 5x + 6{,}25$
f) $S(0|-2{,}25)$; $y = x^2 - 2{,}25$
g) $S(2|1{,}5)$; $y = x^2 - 4x + 5{,}5$
h) $S(5|0)$; $y = x^2 - 10x + 25$

9. a) $x_1 = -3$; $x_2 = 1$
b) $x_1 = 1{,}5$; $x_2 = 4{,}5$
c) $x_1 = -1$; $x_2 = 4$
d) $x_1 = -3{,}5$; $x_2 = -0{,}5$
e) $x_1 = -1{,}5$; $x_2 = 2{,}5$
f) $x_1 = -1{,}5$
g) $x_1 = -5$; $x_2 = -2$
h) keine Nullstellen

10. a) $p = -7$; $q = 10$ **b)** $p = -5$; $q = -84$ **c)** $p = 6$; $q = 6{,}75$ **d)** $p = \frac{5}{4}$; $q = -\frac{3}{8}$

Seite 190

11. a)

	Scheitelpunktsform	Normalform	Scheitelpunkt der Parabel	Nullstellen	Wertebereich	Monoton steigend/fallend für
(1)	$y = (x+3)^2 - 4$	$y = x^2 + 6x + 5$	S(−3 | −4)	$x_1 = -5$ $x_2 = -1$	$y \in \mathbb{R}$ $y \geq -4$	fallend $x < -3$ steigend $x > -3$
(2)	$y = (x+1{,}5)^2 - 1$	$y = x^2 + 3x + \frac{5}{4}$	S(−1,5 | −1)	$x_1 = -2{,}5$ $x_2 = -0{,}5$	$y \in \mathbb{R}$ $y \geq -1$	fallend $x < -1{,}5$ steigend $x > -1{,}5$
(3)	$y = (x+4{,}5)^2$	$y = x^2 + 9x + 20{,}25$	S(−4,5 | 0)	$x_1 = -4{,}5$	$y \in \mathbb{R}$ $y \geq 0$	fallend $x < -4{,}5$ steigend $x > -4{,}5$
(4)	$y = (x+4)^2 - 1$	$y = x^2 + 8x + 15$	S(−4 | −1)	$x_1 = -5$ $x_2 = -3$	$y \in \mathbb{R}$ $y \geq -1$	fallend $x < -4$ steigend $x > -4$
(5)	$y = x^2 + 2{,}5$	$y = x^2 + 2{,}5$	S(0 | 2,5)	–	$y \in \mathbb{R}$ $y \geq 2{,}5$	fallend $x < 0$ steigend $x > 0$
(6)	$y = (x-1{,}5)^2 + 4$	$y = x^2 - 3x + 6{,}25$	S(1,5 | y) y = 4	keine	mit reellen Zahlen mit $y \geq 4$	fallend $x < 1{,}5$ steigend $x > 1{,}5$

b) –

Seite 191

12. a) $x_1 = 2;\ x_2 = 4$ **b)** $S(3|-1)$ **c)** – **d)** steigend für $x > 3$, fallend für $x < 3$ **e)** $P(1|3)$ $Q_1(6|8)$ $Q_2(0|8)$ **f)** $q = 9$

13. a) $x_1 = -2;\ x_2 = 2$ $S(0|-4)$ **b)/c)** – **d)** $y = (x-2)^2 - 4$ **e)** $P(1|-3)$

14. a) $y = x^2 + 2x - 7$ **b)** $S(-1|-8)$ **c)** zwei Nullstellen: $x_1 \approx -3{,}83;\ x_2 \approx 1{,}83$

15. a) $y = x^2 + x - 6$ **b)** $x^2 = -3$

16. a) $q = 2$ $S(1{,}5|-0{,}25)$ **b)** $p = 2$ $S(-1|-5)$

17. a) $S(2|-1)$ $x_1 = 1;\ x_2 = 3$ **b)** – **c)** $y = 1$ **d)** $S'(2|3)$

Seite 192

18. a) $S(-1|-4)$
b) Nullstelle von f: $x_0 = -0{,}5$;
Nullstellen von g: $x_1 = -3;\ x_2 = 1$
c) –
d) $A(-2|-3)$ $B(2|5)$

19. a) (1) $x_1 = -3;\ x_2 = -1$ (2) $S(-2|-1)$ (3) $x = -2$ (4) $P(0|3)$
b) Menge aller reellen Zahlen y mit $y \geq -1$
c) Die Parabel steigt für $x > -2$ und fällt für $x < -2$
d) $y = (x+2)^2 - 1$
e) $y = (x-2)^2 - 1$

20. a) $P(-1|2)$ **b)** $a = 2;\ y = 2x^2$

21. a) $S_1(0|-2)$ $S_2(0|0)$
b) –
c) zu $y = x^2 - 2$; Menge aller reellen Zahlen mit $y \geq -2$; zu $y = 0{,}5x^2$; Menge aller reellen Zahlen y mit $y \geq 0$
d) $P(2|2)$

22. a) $x = 3;\ y = -4$ **b)** $p = -6;\ q = 5$ **c)** $P_1(1|0)$, $P_2(5|0)$

Seite 193

1. a)

x	−1	1	$\frac{2}{3}$	2	4	5
y	−1	1	$\frac{8}{27}$	8	64	125

b) $S_1(-1|-1)$; $S_2(0|0)$; $S_3(1|1)$

2. a) –
b)

x	−4	−3	−2	$-\frac{1}{2}$	$\frac{1}{4}$	$\frac{1}{2}$	1	4
y	$-\frac{1}{4}$	$-\frac{1}{3}$	$-\frac{1}{2}$	−2	4	2	1	$\frac{1}{4}$

c) –
d) $P_1(-1|-1)$; $P_2(1|1)$

3. a)

x	−3	−1	$-\frac{1}{2}$	$\frac{1}{2}$	1	2	2,5
y	$-\frac{1}{3}$	1	−2	2	1	$\frac{1}{2}$	$\frac{2}{5}$

b)/c) – **d)** $P_1(-1|-1)$; $P_2(1|1)$

Seite 193

4. a) $y = \frac{1}{x^2}$

b)

x	−3	−2	−1	−0,5	0,5	1	2	3
y	$\frac{1}{9}$	$\frac{1}{4}$	1	4	4	1	$\frac{1}{4}$	$\frac{1}{9}$

c) P gehört zum Graphen der Funktion, weil $f(\sqrt{4}) = \frac{1}{\sqrt{4}^2} = \frac{1}{4} = 0{,}25$

d) z. B.: $x_1 = \frac{1}{3}$; $x_2 = 0{,}1$

e) für alle reellen Zahlen x mit $x > 10$ oder $x < -10$

Seite 194

5. a) (1) – (2) Q(0|2)

b)

x	0	0,3	0,6	1	2	3	5
y	0	≈0,55	≈0,8	1	≈1,41	≈1,73	≈2,24

c) P(4|2)

6. a)

x	0	0,3	0,7	1,6	3	4
y	0	≈0,7	≈0,9	≈1,2	≈1,4	≈1,6

b) – **c)** Q(1|1)

7. a) Wertebereich: Menge aller reellen Zahlen y mit $-3 \leq y \leq 3$

b) $y = 1{,}5 \cdot \sin x$ Nullstellen: $-\pi$; 0; π; 2π

8. a) –

b) Wertebereich: Menge aller reellen Zahlen y mit $-1{,}5 \leq y \leq 1{,}5$;
kleinste Periode: 2π; Nullstellen: 0; π; 2π; 3π; 4π

9. (1) $y = 4 \sin x$ Wertebereich: Menge aller reellen Zahlen y mit $-4 \leq y \leq 4$;
kleinste Periode: 2π; Nullstellen: 0; π; 2π; 3π; 4π; 5π; 6π; ...

(2) $y = \frac{1}{2} \sin x$ Wertebereich: Menge aller reellen Zahlen y mit $-0{,}5 \leq y \leq 0{,}5$;
kleinste Periode: 2π; Nullstellen: $-\pi$; 0; π; 2π; 3π; 4π; ...

Seite 195

10. a) $\frac{1}{3}$ **b)** $\frac{2}{3}$ **c)** $-\frac{1}{3}$

11. a) a = 8 **b)** Menge aller reellen Zahlen y mit $-8 \leq y \leq 8$

12. a) – **b)** $x_1 = \frac{\pi}{6}$

c) P_1 ist kein Punkt des Graphen von $y = \cos x$, da 1,25 außerhalb des Wertebereiches liegt.

13. a) – **b)** $P\left(-\frac{\pi}{2}\middle|0\right)$

c) P gehört nicht zum Graphen von $y = 3 \sin x$, da $3 \cdot \sin\left(-\frac{\pi}{2}\right) = -3 \neq 0$

1. a) Handel und Industrie: 29 867, Handwerk: 14 164,
Landwirtschaft: 2 309, Freie Berufe: 2 309, Sonstige: 2 258

b) 1,3 % **c)** 15 790

2. a) (1) 136,50 € (2) 143,33 € **b)** um 10,25 %

Seite 196

3. 1 cm ≙ 1 000 000 Ew.

	a)	b) 2000	c) Veränderungen
Sachsen	4,25 cm	4 426 000	−4,0 %
Sachsen-Anhalt	2,4 cm	2 615 000	−6,6 %
Mecklenburg-Vorpommern	1,7 cm	1 776 000	−4,6 %
Berlin/Brandenburg	6 cm	5 984 000	−0,5 %
Niedersachsen	8 cm	8 040 000	−0,7 %

d) –

4. a) 28 000 **b)** – **c)** A: 12 600; B: 11 480
C: 3 360; Sonstige: 560 **d)** A: 36 %; B: 32,8 %
C: 9,6 %; Sonstige: 1,6 %

5. a) 40 000 kWh

d) 2 400 kWh

	b)	c) z. B. Kreisdiagramm
Schornstein	13,50 %	48,6°
Lüftung/Fugen	20,00 %	72,0°
Heizungsanlage	7,00 %	25,2°
Boden/Keller	8,00 %	28,8°
Wände	17,25 %	62,1°
Fenster	23,50 %	84,6°
Dach	10,75 %	38,7°

Seite 196

6. a) Getreide: $46\frac{7}{8}$ % Weidefläche: $26\frac{1}{4}$ % Zuckerrüben: $12\frac{1}{2}$ % Sonstige Fläche: $14\frac{3}{8}$ % **b)** –

Seite 197

7. a) Selbstkostenpreis: 385,00 € Verkaufspreis: 431,20 €
b) Endpreis: 513 € **c)** um 46,57 % **d)** um 8 %

8. a) Spareinlage: 16,7 % Girokonto: 4,9 %
Wertpapiere: 19,1 % Aktien, Fondsanteile: 31,6 %
Sparbriefe: 17,8 % Bausparkasse: 10,0 %
b) – **c)** 6 300 €

9. a) auf 99,3 % **b)** um −0,35 %
c) Getreide: 176,1° Ölfrüchte: 52,6° Brache: 39,6°
Hackfrüchte: 6,8° Futterpflanzen: 69,1° Sonstiges: 15,8°
d) Getreide: 509 635,8 ha Ölfrüchte: 152 161,2 ha Brache: 114 642,0 ha
Hackfrüchte: 19 801,8 ha Futterpflanzen: 200 102,4 ha Sonstiges: 45 856,8 ha

Seite 198

10. a) (1) 89,59 % (2) 83,88 % (3) 84,02 %
b) – **c)** – **d)** 178 Mio. t
e) Mineralöl: 139,0° Steinkohle: 48,6° Kernenergie: 46,8°
Erdgas: 76,0° Braunkohle: 39,2° Sonstige: 10,4°

11. a) 45,00 € **b)** 4,25 % **c)** 16 000,00 € **d)** 28 486,25 €

12. a) 24 **b)** 18 **c)** 12 %

Seite 199

13. a) Angebot A: 7 920 €; Angebot B: 7 925 €
b) bei Angebot A: 5,6 %; bei Angebot B: $5,\overline{6}$ %
c) 16 % **d)** 17 %

14. a) 610 € **b)** 32,40 € **c)** 837,60 € **d)** 14,44 %

15. a) 850 € **b)** 5 909,80 €

16. a) 23 211,25 € **b)** 24 531,99 €

Seite 200

1. a) 124 **b)** Geschäftsreise: 0,056 Zur Schule/Uni: 0,145 Urlaubsreise: 0,113 Sonstiges: 0,153
Berufsverkehr: 0,282 Zum Einkauf: 0,153 Verwandtenbesuch: 0,097

2. a) – **b)** Sehr zufrieden: 65 Personen
Zufrieden: 110 Personen
Teilweise zufrieden: 45 Personen
unzufrieden: 30 Personen

3. 698,25 ml

4. a) 26 Beschäftigte **b)** ≈ 16,1 min

5. a) – **b)** 6,65 Punkte **c)** +0,35 **d)** Median: 7; Er ändert sicht nicht. **e)** 22,5 %

Seite 201

6. a) / **b)**

Klassenstufe	5	6	7	8	9	10
Anzahl	40 ≙ 39,1°	66 ≙ 64,6°	76 ≙ 74,3°	78 ≙ 76,3°	50 ≙ 48,9°	58 ≙ 56,7°
Durchschnitt je Klassenstufe	20	22	19	26	25	29

c) 23 Schüler je Klasse

7. 16,8 min = 16 min 48 s

8. a) – **b)** 30 Fahrgäste **c)** 18 je Tag
d)

Anzahl	18	11	19	6	36
Arithm. Mittel	18	18	18	18	18
Abweichung vom arithm. Mittel	0	7	1	12	18

Durchschn. Abweichung = $\frac{38}{5}$ = 7,6. Etwa 8 Personen.

Seite 201

9. a) 2 Kinder

b)

Anzahl der Kinder	0	1	2	3	4	5
relative Häufigkeit	10,5 %	26,3 %	31,6 %	21,1 %	5,3 %	5,3 %

c) – **d)** 31,6 % **e)** 55,3 %

10. a) $\frac{1}{2}$ **b)** $\frac{1}{5}$ **c)** $\frac{17}{60}$ **d)** $\frac{1}{12}$ **e)** $\frac{17}{20}$ **f)** $\frac{1}{4}$

Seite 202

11. Gefäß (1) **12.** $\frac{1}{8} = 0{,}125 = 12{,}5\,\%$

13. a)

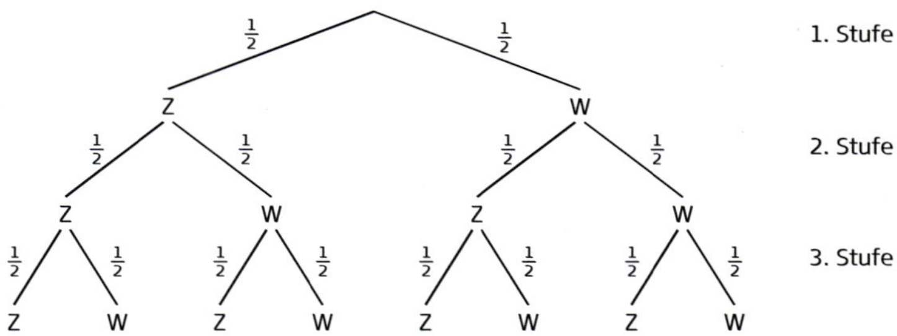

b) $\frac{1}{8}$ **c)** (1) $\frac{1}{4}$ (2) $\frac{3}{8}$ (3) $\frac{1}{4}$ (4) $\frac{7}{8}$ (5) $\frac{1}{2}$ (6) $\frac{1}{8}$

14. a)

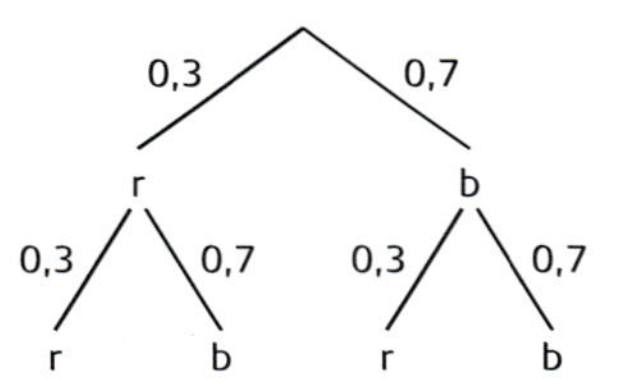

b) (1) 0,09
(2) 0,49
(3) 0,21
(4) 0,42
(5) 0,7
(6) 0,3
(7) 0,7

15. a)

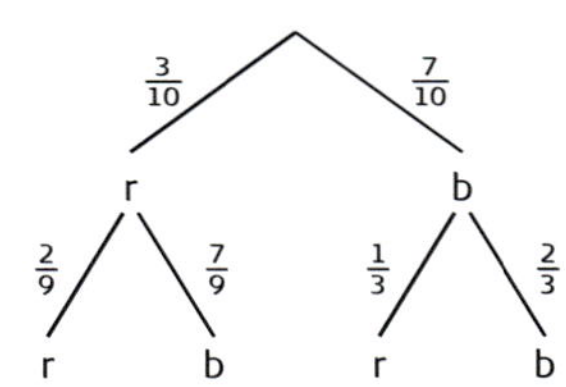

b) (1) $\frac{1}{15}$ (2) $\frac{7}{15}$ (3) $\frac{7}{30}$ (4) $\frac{7}{15}$ (5) $\frac{7}{10}$ (6) $\frac{3}{10}$ (7) $\frac{7}{10}$

16. a) $\frac{7}{124}$ **b)** $\frac{3}{248}$ **c)** $\frac{4}{31}$ **d)** $\frac{15}{62}$ **e)** $\frac{1}{31}$ **f)** $\frac{1}{992}$

17. a) $\frac{1}{9}$ **b)** $\frac{5}{44}$

Seite 203

18. a) 3 628 800 **b)** $\frac{1}{10}$

19. a) 24 **b)** 256

20. a)

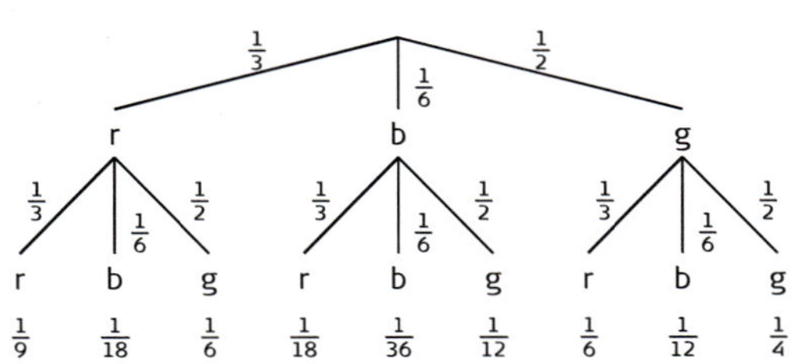

b) (1) $\frac{1}{4}$; (2) $\frac{1}{4}$; (3) $\frac{11}{36}$

c) $\frac{1}{6}$

d) (a)

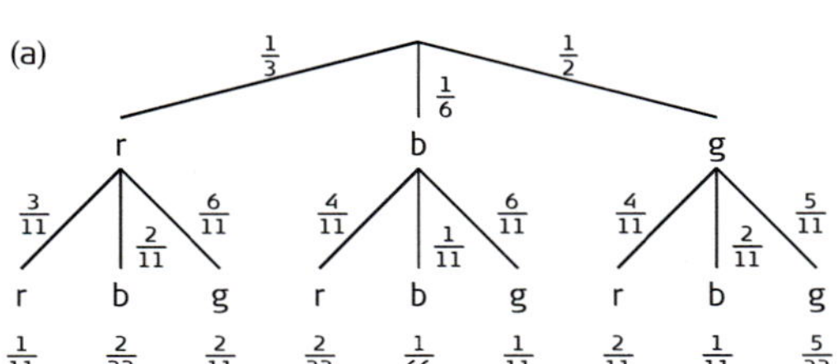

(b) (1) $\frac{5}{22}$; (2) $\frac{5}{22}$; (3) $\frac{7}{22}$ (c) $\frac{6}{55}$

Seite 203

21. a)

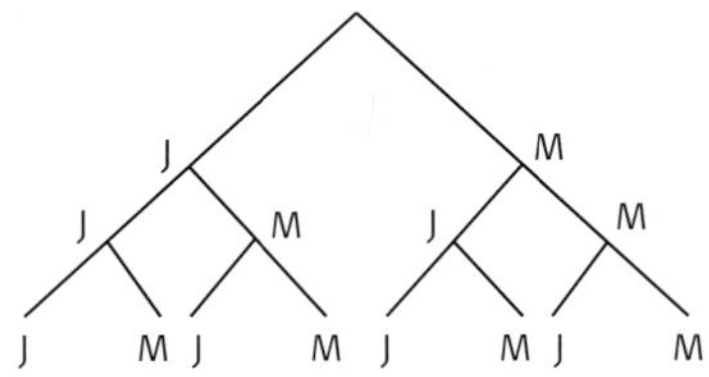

b) E_1: $\frac{1}{8}$
E_2: $\frac{3}{8}$
E_3: $\frac{4}{8} = \frac{1}{2}$

22. 8 Stück

23. $\frac{3}{1215} \approx 0{,}25\,\%$

24. (1) 2 (2) 6 (3) 24

Seite 204

25. a) 120 **b)** $\frac{1}{5}$ **c)** $\frac{2}{5}$ **d)** $\frac{1}{10}$ **e)** $\frac{3}{5}$

26. a)

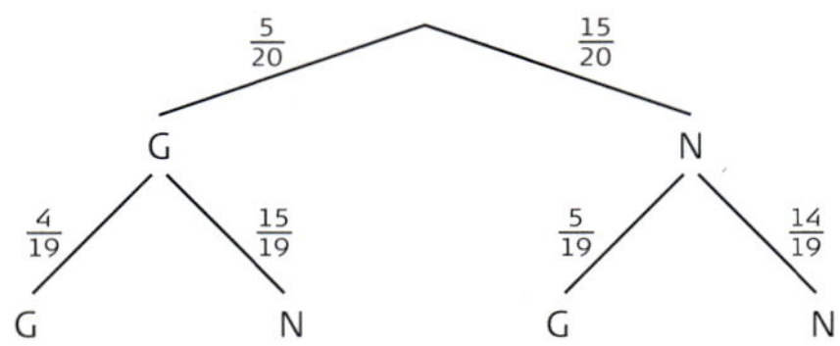

b) $\frac{1}{19}$ **c)** $\frac{17}{38}$

27. a) 0,61 **b)** ca. 0,94

28. Aussage von Hans-Ulrich

29. a) 37,5 % **b)** 45 Fahrräder

30. a) – **b)** $\approx 0{,}044 = 4{,}4\,\%$ **c)** $\approx 0{,}475 = 47{,}5\,\%$ **d)** $\approx 0{,}815 = 81{,}5\,\%$

31. a) 37,5 % **b)** 12,5 % **c)** 87,5 %

Seite 205

1. a) (1) Trapez (2) Quadrat (3) Trapez (4) Trapez (5) Trapez (6) Rechteck (7) Parallelogramm (8) Trapez (9) Dreieck (10) Kreis

b)

Trapez:	$A = \frac{a+c}{2} \cdot h$;	$u = a + b + c + d$
Quadrat:	$A = a^2$;	$u = 4 \cdot a$
Rechteck:	$A = a \cdot b$;	$u = 2a + 2b$
Parallelogramm:	$A = a \cdot h$;	$u = 2a + 2b$
Dreieck:	$A = \frac{a \cdot h}{2}$;	$u = a + b + c$
Kreis:	$A = \pi r^2$;	$u = 2 \pi r$

c)

(1)	$A = 451\ m^2$;	$u = 88{,}55\ m$	(5)	$A = 594\ m^2$;	$u = 101{,}06\ m$
(2)	$A = 484\ m^2$;	$u = 88\ m$	(6)	$A = 572\ m^2$;	$u = 96\ m$
(3)	$A = 451\ m^2$;	$u = 89{,}63\ m$	(7)	$A = 759\ m^2$;	$u = 119{,}85\ m$
(4)	$A = 793{,}5\ m^2$;	$u = 123{,}55\ m$	(8)	$A = 759\ m^2$;	$u = 115{,}93\ m$

d) (9) $A = 180\ m^2$; $u = 62{,}69\ m$ (10) $A = 490{,}87\ m^2$; $u = 78{,}54\ m$

2.

a)	b)	c)	d)
15 000 m	34 000 m^2	12 cm^2	275 000 m^2
375 cm	0,22 m^2	0,55 km^2	2 450 mm^2
1,55 km	3 100 cm^2	6,25 m^2	0,13 m^2
166 mm	650 dm^2	0,435 m^2	0,35 km^2
1,2 m	2 700 mm^2	280 a	0,88 m^2

3.

	a)		b)	
(1)	$A = 80\ cm^2$;	$u = 42\ cm$	$A = 144\ cm^2$;	$u = 48\ cm$
(2)	$A = 682{,}37\ m^2$;	$u = 111{,}6\ m$	$A = 13{,}69\ cm^2$;	$u = 14{,}8\ cm$
(3)	$A = 22{,}44\ cm^2$;	$u = 20{,}2\ cm$	$A = 2{,}25\ cm^2$;	$u = 6\ cm$
(4)	$A = 4{,}2\ m^2$;	$u = 9{,}22\ m$	$A = \frac{1}{16}\ m^2$;	$u = 1\ m$
(5)	$A = 1{,}05\ km^2$;	$u = 5{,}2\ km$	$A = 2{,}25\ m^2$;	$u = 6\ m$

4. 92,48 €

Seite 206

5. a) $A = 10\ cm^2$; $u = 16\ cm$ **c)** $A = 6{,}3\ cm^2$; $u = 11{,}2\ cm$
b) $A = 9{,}12\ cm^2$; $u = 13{,}8\ cm$ **d)** $A = 11{,}76\ cm^2$; $u = 15{,}2\ cm$

6. $\alpha \approx 56°$; $\beta \approx 124°$

7. a) 1 : 10 000 **b)** 17 718,75 €

8. a) A = 11,90 m **b)** 616 €

9. a) $A = 16{,}96\ cm^2$; $u = 20\ cm$ **c)** $A \approx 25{,}7\ cm^2$; $u \approx 25{,}8\ cm$
b) $A \approx 26{,}3\ cm^2$; $u = 23{,}4\ cm$ **d)** $A \approx 15{,}5\ cm^2$; $u \approx 19{,}7\ cm$

Seite 206

10. a) $A = 15\ cm^2$; $u \approx 18,8\ cm$
b) $A = 9\ cm^2$; $u \approx 14,5\ cm$
c) $A = 7,5\ cm^2$; $u \approx 12,8\ cm$
d) $A = 6\ cm^2$; $u \approx 12,8\ cm$
e) $A = 11,68\ cm^2$; $u \approx 19,4\ cm$

11. a) $93,05\ m^2$ **b)** 3 349,80 € + 19 % MwSt. = 3 986,26 €

Seite 207

12. a) $A \approx 15,4\ cm^2$; $u = 19\ cm$
b) $A = 24,3\ cm^2$; $u = 24\ cm$
c) $A = 56,4\ cm^2$; $u = 31,8\ cm$
d) $A \approx 64,1\ cm^2$; $u = 38,8\ cm$

13. a) $A = 69,3\ m^2$
566,18 € MwSt.
70,92 € Rabatt
3 475,16 € Endkosten

b) $A = 14,88\ m^2$
121,57 € MwSt.
15,23 € Rabatt
746,18 € Endkosten

c) $A = 75,075\ m^2$
613,36 € MwSt.
76,83 € Rabatt
3 764,76 € Endkosten

14. a) Flächeninhalt der einzelnen Scheibe:
(1) $706,86\ cm^2$ (2) $176,71\ cm^2$ (3) $78,54\ cm^2$ (4) $44,18\ cm^2$ Abfall: 21,46 %
b) Länge des Umleimers für die einzelne Scheibe:
(1) 94,25 cm (2) 188,50 cm (3) 282,74 cm (4) 377 cm

15. 37,17 %

16. a) $A = 14,14\ cm^2$; $u = 15,42\ cm$
b) $A = 19,63\ cm^2$; $u = 17,85\ cm$
c) $A = 846,57\ cm^2$; $u = 157,12\ cm$
d) $A = 245,44\ cm^2$; $u = 103,54\ cm$

Seite 208

17. a) $a = 4,35\ cm$
$A = 25,23\ cm^2$
$u = 20,3\ cm$

b) $b = 4,2\ cm$
$A = 23,52\ cm^2$
$u = 19,6\ cm$

c) $b = 2,71\ cm$
$A = 12,75\ cm^2$
$u = 14,83\ cm$

d) $a = 4,29\ cm$
$b = 3,6\ cm$
$A = 15,44\ cm^2$; $u = 15,78\ cm$

18. a) (1) SsW
(2) $c = 8,43\ cm$
$\alpha = 23,5°$
$\gamma = 114,5°$
$A = 10,44\ cm^2$

b) (1) sws
(2) $c = 6,52\ cm$
$\alpha = 54,4°$
$\beta = 35,6°$
$A = 10,07\ cm^2$

c) (1) sss
(2) $\alpha = 47,2°$
$\beta = 34,6°$
$\gamma = 98,2°$
$A = 6,14\ cm^2$

d) (1) wsw
(2) $b = 2,13\ cm$
$c = 2,96\ cm$
$\alpha = 95°$
$A = 3,15\ cm^2$

19. a) $a = c = 5,1\ cm$
$b = d = 3,4\ cm$
$\alpha = \gamma = 55°$
$\beta = \delta = 125°$

b) $a = c = 6,49\ cm$
$b = d = 3,46\ cm$
$\alpha = \gamma = 73°$
$\beta = \delta = 107°$

c) $a = c = 5\ cm$
$b = d = 5,23\ cm$
$\alpha = \gamma = 35°$
$\beta = \delta = 145°$

d) $a = c = 5,7\ cm$
$b = d = 3,3\ cm$
$\alpha = \gamma = 120,4°$
$\beta = \delta = 59,6°$

20. a) $a = b = 3,45\ cm$
$\alpha = \beta = 47°$
$\gamma = 86°$
$A = 5,92\ cm^2$
$u = 11,6\ cm$

b) $b = 5,3\ cm$
$c = 3,45\ cm$
$\alpha = \beta = 71°$
$A = 8,65\ cm^2$
$u = 14,05\ cm$

21.

	a)	b)	c)
Dammsohle	14,00 m	22,56 m	20,00 m
Dammkrone	5,00 m	15,00 m	9,20 m
Dammhöhe	3,70 m	2,96 m	5,40 m
Böschung	5,83 m	4,80 m	7,64 m
Böschungswinkel	39,4°	38°	45°

22. –

23. a) $A = 6\ cm^2$; $u = 10,4\ cm$ **b)** $A = 12\ cm^2$; $u = 14,4\ cm$ **c)** $A = 10\ cm^2$; $u = 13,4\ cm$

24. a) $b = c = 2,9\ m$; $a = d = 6,5\ m$; $f = 4,4\ m$; $\beta = \delta = 110°$; $A = 17,7\ m^2$
b) $c = 4,0\ cm$; $d = 5,0\ cm$; $\beta = \delta = 56°$; $\gamma = 148°$; $e = 4,3\ cm$; $f = 7,7\ cm$; $A = 16,6\ cm^2$

Seite 209

25. a) – **b)** Länge von $\overline{BE} \approx 6,24\ m$ **c)** 12 805 Ziegel

26. a) $24,84\ m^2$ **b)** $4,63\ m^2$

Seite 209

27. a) – **b)** $V = 75{,}226\ cm^2$; $m = 586{,}764\ g$ **c)** $A_O = 128{,}06\ cm^2$

28. a) $r = 2{,}53\ cm$

29. a) $V = 67{,}02\ cm^3$ **b)** 3,686 g

30. a) 441 g **b)** Verhältnis 2 : 3

Seite 210

31. a) $A_O \approx 1040{,}6\ cm^2$ **b)** ca. $13{,}87\ m^2$ **c)** 767

32. a) – **b)** $a = 5\ cm$ **c)** $\alpha = 27{,}7°$; $\beta = 152{,}3°$ **d)** $A = 8{,}94\ cm^2$

33. a) 328,4 m **b)** um 91,9 m **c)** –

34. a) – **b)** $y = \frac{3}{2}x + 6$ **c)/d)** $(-1{,}85|3{,}23)$

35. a) 297,8 m **b)** $4067{,}6\ m^2$ **c)** 38 710,75 €

Seite 211

36. $\overline{EF} = 89{,}6\ m$

37. a) – **b)** $85{,}2\ cm^3$ **c)** $\alpha = 53{,}1°$; $\beta = 38{,}9°$

38. a) $750\ m^3$ **b)** $375\ m^2$ **c)** 42 393,75 €

39. a) $7{,}7\ m^2$ **b)** 10 450,44 €

40. Dose mit d = 120 mm: ja Dose mit d = 60 mm: nein

41. ≈ 88 cm hoch

42. a) $V = 0{,}19\ m^3$ **b)** $m = 1{,}52\ t$ $\left(\text{bei } \varrho = 7{,}85\ \frac{g}{cm^3}\right)$

43. a) $m = 213{,}1\ kg$ **b)** 3,75 m

Seite 212

1. a) $\alpha = 44°$ **b)** $\alpha = 105°$; $\beta = 130°$ **c)** $\alpha = 100°$ **d)** $\alpha = 20°$

2. a) $\alpha = 105°$ **b)** $\alpha = 125°$ **c)** $\alpha = 71°$; $\beta = 146°$

3. a) $\alpha = 140°$ **b)** $\alpha = 60°$; $\beta = 30°$; $\gamma = 150°$ **c)** $\alpha = 119°$; $\beta = 61°$

4. a) $\gamma = 60°$ **b)** $\alpha = 70°$ **c)** $\alpha = 22{,}5°$; $\beta = 112{,}5°$

5. a) $\alpha = 58°$; $\beta = 148°$ **b)** $\alpha = 77°$; $\beta = 26°$ **c)** $\alpha = \beta = 30°$

Seite 213

6. a) $\beta_1 = 53°$, da die Innenwinkel im Rechteck rechte Winkel sind;
$\beta_2 = 127°$, da β_2 Nebenwinkel zu β_1;
$\beta_3 = 143°$, da β_3 Nebenwinkel zu $\sphericalangle ABD = 37°$;
$\delta_1 = 53°$, da δ_1 Wechselwinkel zu β_1;
$\delta_2 = 37°$, da δ_2 Wechselwinkel zu $\sphericalangle ABD$;
$\delta_3 = 143°$, da δ_3 Nebenwinkel zu δ_2.

b) $\triangle BDC$ ist gleichschenklig wegen $\overline{DB} = \overline{DC}$, also $\sphericalangle DBC = \sphericalangle DCB = 68°$;
$\sphericalangle ADB = \sphericalangle DBC$ als Wechselwinkel, folglich: $\delta = 68°$.

c) $\gamma = 180° - 2 \cdot 27° = 126°$, da $\triangle BDC$ gleichschenklig;
$\alpha = 360° - 2 \cdot 90° - \delta = 54°$ nach der Innenwinkelsumme im Viereck.

d) $\sphericalangle ACB = 45°$, da $\sphericalangle ABC$ gleichschenklig und rechtwinklig;
$\sphericalangle DCA = 45°$, da $\sphericalangle DCB$ ein rechter Winkel;
$\delta = 180° - 45° - 27° = 108°$ nach der Innenwinkelsumme im Dreieck.

e) $\sphericalangle ABD = 57°$, da die Diagonalen im Rhombus zueinander senkrecht sind;
$\delta = 57°$, da δ und $\sphericalangle ABD$ Wechselwinkel sind.

f) $\sphericalangle ABD = 45°$, da $\triangle ABD$ gleichschenklig und rechtwinklig;
$\sphericalangle DBC = 20°$, da $\triangle DBC$ rechtwinklig;
$\beta = \sphericalangle ABD + \sphericalangle DBC = 65°$.

7. $\alpha = 82°$; $\beta = 17°$; $\gamma = 129°$; $\delta = 51°$

Seite 213

8. a) Der Umfangswinkel über einem Halbkreis ist ein rechter Winkel.
b) Umfangswinkel über dem gleichen Bogen sind gleich groß.
c) In einem Sehnenviereck beträgt die Summe zweier gegenüberliegender Winkel 180°.
d) Der Umfangswinkel über einem Kreisbogen ist halb so groß wie der zugehörige Mittelpunktswinkel.

9. a) $\alpha = 40°$; $\gamma = 40°$
b) $\beta = 80°$; $\gamma = 90°$; $\delta = 90°$
c) $\beta = 22{,}5°$; $\gamma = 67{,}5°$; $\varepsilon = 135°$
d) $\beta = 40°$; $\gamma = 100°$; $\delta = 50°$
e) $\alpha = 60°$
f) $\alpha = 45°$

Seite 214

1. a) $A = 2{,}25\,b^2$; $u = 6b$
b) $A = 5xy$; $u = 4x + 8y$
c) $A = 12{,}5\,a^2$; $u = 19a$
d) (1) $A = \frac{c \cdot h}{2}$; $u = a + b + c$
(2) $A = h^2 : 2$; $u = 2h + h\sqrt{2}$
(3) $A = 0{,}75x \cdot h^2$; $u = 1{,}5x + 2{,}2z$
(4) $A = t \cdot h$; $u = 4t$

2. a) $A = \frac{3x \cdot h}{2}$
b) $A = \frac{a \cdot 3{,}5b}{2} = 1{,}75\,ab$
c) $A = \frac{z \cdot w}{2}$; da $w = 2z \Rightarrow A = z^2$
d) $A = \frac{y^2}{4}$
e) $A = 5x \cdot m$
f) $A = 6z \cdot e$
g) $A = 21a^2$
h) $A = 20y^2$

3. a) $x = 7a$ **b)** $x = 6p$ **c)** $x = 4t$

Seite 215

4. a) $A = 7{,}5x^2$ **b)** $A = 2x^2$ **c)** $A = 24{,}5\,a^2$

5. a) $V = 15a^3$ **b)** $V = 80d^3$ **c)** $V = 96p^3$ **d)** $V = 97{,}5k^3$ **e)** $V = 102a^3$ **f)** $V = 36a^3$

6. a) $A = 1{,}5\pi \cdot a^2$ **b)** $A = a^2(24 - 2\pi) \approx 17{,}7a^2$ **c)** $A = k^2(17{,}5 - \pi) \approx 14{,}4k^2$

7. a) $A = x^2(21 - 2\pi) \approx 14{,}7x^2$; $u \approx 24{,}5x$ **b)** $A = 16\pi t^2$; $u = 16\pi t$
c) $A = a^2(25\pi + 24) \approx 102{,}5a^2$; $u = 12\pi \cdot a$

Seite 216

1. a) $\sphericalangle ABD = \sphericalangle CDB$ als Wechselwinkel an Parallelen;
$\sphericalangle ADB = \sphericalangle CBD$ als Wechselwinkel an Parallelen;
$\overline{BD} = \overline{BD}$;
folglich: $\triangle ABD \cong \triangle BCD$ nach Kongruenzsatz wsw.

b) $\overline{AG} = \frac{1}{2} \cdot \overline{AC}$, da G Mittelpunkt von $\overline{AC}$;
$\overline{BF} = \frac{1}{2} \cdot \overline{BC}$, da F Mittelpunkt von $\overline{BC}$;
also: $\overline{AG} = \overline{BF}$, da $\overline{AC} = \overline{BC}$;
$\overline{AE} = \overline{EB}$, da E Mittelpunkt von $\overline{AB}$;
$\sphericalangle GAE = \sphericalangle FBE$ als Basiswinkel des gleichschenkligen Dreiecks ABC;
folglich: $\triangle AEG \cong \triangle EBF$ nach Kongruenzsatz sws.

c) $\overline{SD} = \overline{SD}$;
$\sphericalangle ASD = \sphericalangle DSB$, da w Winkelhalbierende von $\sphericalangle ASB$;
$\sphericalangle SAD = \sphericalangle SBD$ als rechte Winkel;
$\sphericalangle SDA = \sphericalangle SDB$;
folglich: $\triangle SAD \cong \triangle SDB$ nach Kongruenzsatz wsw.

d) $\overline{AE} = \frac{1}{2} \cdot \overline{AC}$, da E Mittelpunkt von $\overline{AC}$;
$\overline{BF} = \frac{1}{2} \cdot \overline{BC}$, da F Mittelpunkt von $\overline{BC}$;
$\overline{AE} = \overline{BF}$, da $\overline{AC} = \overline{BC}$;
$\overline{AB} = \overline{AB}$;
$\sphericalangle EAB = \sphericalangle FBA$ als Basiswinkel im gleichschenkligen Dreieck ABC;
folglich: $\triangle ABE \cong \triangle ABF$ nach Kongruenzsatz sws.

e) $\overline{AM} = \overline{MB}$ als Radien des Kreises,
$\overline{DM} = \overline{MC}$ als Radien des Kreises;
$\sphericalangle AMD = \sphericalangle BMC$ als Scheitelwinkel;
folglich: $\triangle AMD \cong \triangle MCB$ nach Kongruenzsatz sws.

f) $\overline{AM} = \overline{MC}$, da M Mittelpunkt von $\overline{AC}$;
$\sphericalangle AME = \sphericalangle CMF$ als Scheitelwinkel;
$\sphericalangle MAE = \sphericalangle MCF$ als Wechselwinkel an Parallelen;
folglich: $\triangle AEM \cong \triangle MCF$ nach Kongruenzssatz wsw.

Seite 216

2. a) ∢ CAB = ∢ ACD als Wechselwinkel an Parallelen;
∢ ABC = ∢ DEC als rechte Winkel;
folglich: △ABC ~ △ECD wegen Übereinstimmung in zwei Winkelpaaren.

b) ∢ CBD = ∢ CAD als Basiswinkel im gleichschenkligen Dreieck ABC;
∢ BDC = ∢ AED als rechte Winkel;
folglich: △DBC ~ △ADE wegen Übereinstimmung in zwei Winkelpaaren.

c) ∢ AMD = ∢ ACB als rechte Winkel (Satz des Thales);
∢ DAM = ∢ BAC;
folglich: △AMD ~ △ABC wegen Übereinstimmung in zwei Winkelpaaren.

d) ∢ RPB = ∢ SPD als Scheitelwinkel;
∢ PBR = ∢ PDS als Wechselwinkel an Parallelen;
folglich: △RBP ~ △DPS wegen Übereinstimmung in zwei Winkelpaaren.

e) ∢ FAD = ∢ CFE als Stufenwinkel an Parallelen;
∢ AFD = ∢ FCE als Stufenwinkel an Parallelen;
folglich: △ADF ~ △FEC wegen Übereinstimmung in zwei Winkelpaaren.

f) ∢ AEB = ∢ ADC als rechte Winkel;
∢ EAB = ∢ CAD;
folglich: △ABE ~ △ADC wegen Übereinstimmung in zwei Winkelpaaren.

Seite 217

1. a)

	1. Frühstück	2. Frühstück	Mittagessen	Nachmittag	Abendessen
Winkel im Kreisdiagramm	90°	36°	108°	36°	90°
cm im Streifendiagramm (1 cm ≙ 10 %)	2,5	1	3	1	2,5

b)

	Jungen	Mädchen
1. Frühstück	3000 kJ / 714,8 kcal	2500 kJ / 596 kcal
2. Frühstück	1200 kJ / 286 kcal	1000 kJ / 238 kcal
Mittag	3600 kJ / 858 kcal	3000 kJ / 715 kcal
Nachmittag	1200 kJ / 286 kcal	1000 kJ / 238 kcal
Abendessen	3000 kJ / 714,8 kcal	2500 kJ / 596 kcal

2. a)

	kcal	kJ
100 g Rotbarsch	110	462
100 g Kartoffeln	70	294
100 g Broccoli	50	210
100 g Quarkcreme	125	525
100 g Butter	775	3253
1 Portion Schmelzkäse	85	357
1 Scheiblette Käse (20 g)	65	273
1 Roggenbrötchen	100	420
1 Scheibe Knäckebrot	30	126
1 helles Brötchen	125	525

	kcal	kJ
1 Portion Müsli	512	2149
1 Portion Marmelade (20 g)	50	210
1 Portion Honig (20 g)	60	252
1 Apfel (125 – 150 g)	75	315
1 Banane (100 – 150 g)	110	462
1 Glas Milch (0,2 *l*)	90	378
Vollmilchjoghurt 3,5 %	175	734
fettarmer Joghurt 1,5 %	105	441
1 Glas Cola (0,2 *l*)	110	462
1 Glas Apfelsaft (0,2 *l*)	95	399

b) Sie hat die Empfehlungen aus Aufgabe 1 leicht überschritten (≈ 3396 kJ).

3. a)/b) – **c)** Es liegt mit 243 kcal im sinnvollen Bereich.

4. –

Seite 218

1. 9 h 51 min

2. 726 Liter

3. a) 880 km **b)** Langer Weg (4,9 cm): 350 m; Kurzer Weg (1,7 cm): 121 m; (0,7 cm ≙ 50 m)

4. 1 % [0,08 %]

5. 171 mm

Seite 219

1. a) 1 : 100 **b)** u = 21,85 m; A = 74,55 m **c)** u = 31,75 m **d)** (1) 81 m^2 (2) 40,5 m^2

2. Männerhandball: ja $u \approx 59{,}7$ cm
Frauenhandball: nein $u \approx 50{,}3$ cm

3. a) $u \approx 30$ cm
b) $u \approx 35$ cm
c) $u \approx 41$ cm

4. a) ja; u-Kreis ≈ 200 m
b) Die zweite Bahn ist 407,5 m lang.
Der Läufer müsste ca. 8 m Vorsprung erhalten.

Seite 220

1./2.

	1. Umlaufbahn	2. Volumen
Merkur	$3{,}64 \cdot 10^8$ km	$5{,}5 \cdot 10^{10}$ km³
Venus	$6{,}79 \cdot 10^8$ km	$9{,}55 \cdot 10^{11}$ km³
Erde	$9{,}42 \cdot 10^8$ km	$1{,}08 \cdot 10^{12}$ km³
Mars	$14{,}32 \cdot 10^8$ km	$1{,}71 \cdot 10^{11}$ km³
Jupiter	$49 \cdot 10^8$ km	$1{,}5 \cdot 10^{15}$ km³
Saturn	$8{,}92 \cdot 10^9$ km	$8{,}96 \cdot 10^{14}$ km³

Masse: $5{,}97 \cdot 10^{24}$ kg

3. 1 Tag: ca. 2 580 822 km
1 Stunde: ca. 107 534 km

4. 1 Tag: ca. 3 017 778 km
1 Stunde: ca. 125 741 km

5. Erde: 500 s; Merkur: 193 s; Venus: 360 s;
Mars: 760 s; Jupiter: 2 600 s; Saturn: 4 767 s

6. a) – **c)** ca. 0,695 m ≈ 695 mm **d)** ca. 150 m
b) Merkur ≈ 2,4 mm
Venus ≈ 6,1 mm
Mars ≈ 3,4 mm
Jupiter ≈ 71,0 mm
Saturn ≈ 59,8 mm

e) Merkur 57,9 m
Venus 108,0 m
Mars 228,0 m
Jupiter 778,0 m
Saturn 1 430,0 m

7. $g_M \approx 0{,}17 \cdot g_E$; $g_s \approx 27{,}93 \cdot g_E$; $F_E = 9{,}81$ N; $F_M = 1{,}62$ N; $F_s = 274$ N

Seite 221

1. a) 3,5 kg **b)** 7,90 € **c)** $y = 1{,}2x$: Preis pro kg **d)** 17,10 €

2. a) 27,80 € **b)** $y = 1{,}2x + 8$ **c)** 4,14 m **d)** 10 €; 1,30 € pro m^2 **e)** 10 m^2

3. 12,53; 0,36; 12,5

4. 11,2 m

Seite 222

1. a) 826,5 m^2, also 95 047 €
b) in 5 Jahren: 124 812 €
in 20 Jahren: 282 629 €; verdoppelt in 12,7 Jahren; vervierfacht in 25,4 Jahren

2. a) 7,61 m^3
b) (1) h = 2,3 m (2) f = 2,94 m (3) 5,18 m^3
c) 929 m^3

3. 3,5 m breit, 8,5 m lang und 3,2 m hoch

Seite 223

1. a) Bei maximaler Geschwindigkeit hat das Kettenkarusell einen Durchmesser von 14,27 m. Der Platz ist breit genug.
b) 4,3 m **c)** 90 m^2

2. a) 4 s **b)** $L = \frac{gT^2}{4\pi^2} = 6{,}33$ m

Seite 223

3.

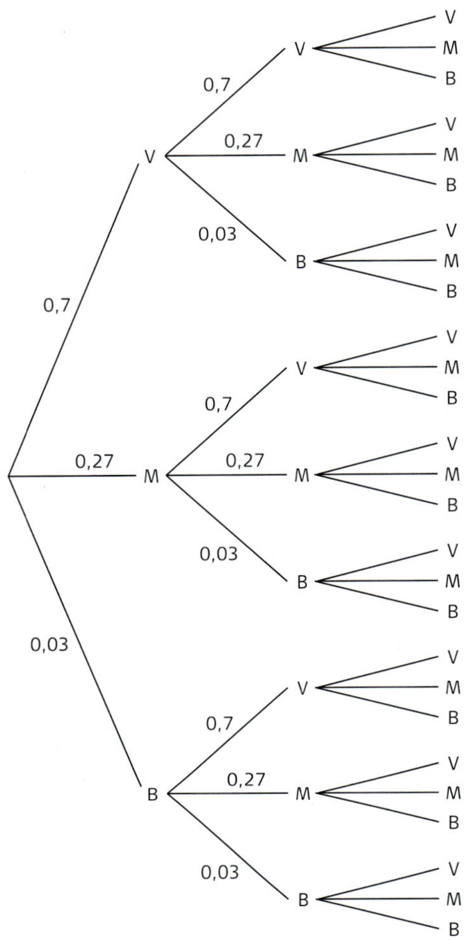

P(V) = 0,7; P(M) = 0,27; P(B) = 0,03

a) 34,3%
b) 39,7%
c) 19,7%
d) 3,4%
e) 6,3%
f) 93,7%

STICHWORTVERZEICHNIS

BILDQUELLENVERZEICHNIS

Seite 6 IFA-Bilderteam, Ottobrunn; Seite 8 A1PIX, Taufkirchen; Seite 12 CDC/PR Science Source/Okapia KG, Frankfurt; Seite 16 K.-H. Kißner, Heinsberg; Seite 30 (Bakterien) Ed Reschke/Peter Arnold; Seite 30 (Menschenmassen) Vario Images , Bonn; Seite 31 (Menschenmassen) Jens Schicke, Berlin; Seite 31 (Kieslaster) Höffinger/F1 Online, Frankfurt; Seite 33, 76 picture-alliance, Frankfurt; Seite 34 Still Pictures/Okapia KG, Frankfurt; Seite 36, 56 (Spielbrett), 73, 93, 103, 104 (Handwerker), 106, 113, 147, 221 Torsten Warmuth, Berlin; Seite 37 Furgusson/mauritius images, Mittenwald; Seite 39 AGE/mauritius images, Mittenwald; Seite 40 NAS M. Abbey/Okapia KG, Frankfurt; Seite 42 Phototake/mauritius images, Mittenwald; Seite 45 Hans Tegen, Hambühren; Seite 48 Hertel, Lugau; Seite 49 (Fichtelberg) W. Spitta, Loham; Seite 49 (Mt. Blanc) Diaphor/F1 Online, Frankfurt; Seite 49 (Mt. Everest) Mallaun/F1 Online, Frankfurt; Seite 50 ZB/picture-alliance, Frankfurt; Seite 51 Ca. Biological/phototake/Okapia KG, Frankfurt; Seite 53 Deutsche Stiftung Weltbevölkerung, Hannover; Seite 56 (Lotto-Show) WDR, Köln; Seite 56 (Roulette) J. Beck/mauritius images, Mittenwald; Seite 62 Enters/images.de, Berlin; Seite 71 Hänel/mauritius images, Mittenwald; Seite 77 (Ziegel), 136 (Kamera) Michael Fabian, Hannover; Seite 77 (Tennisspielerin) (re)view/mauritius images, Mittenwald; Seite 80, 83 J. Beck/mauritius images, Mittenwald; Seite 87 Frithjof Hirdes/Zefa/Corbis, Düsseldorf; Seite 89, 219 Sven Simon, Essen; Seite 92 Kumicak/mauritius images, Mittenwald; Seite 94 (Eisberg) age fotostock/mauritius images, Mittenwald; Seite 94 (abbrechende Eisberge aus der Luft) http://www.noaa.gov; Seite 94 (Luftbild) image broker/mauritius images, Mittenwald; Seite 95 (Segelflugzeug), 135 H. Bütow, Kemnitz; Seite 95 (Standseilbahn) Hans Schmocker, Lauterbrunnen; Seite 104 (Sendemast) Otto/Imagine.de/Prisma Bildagentur AG, Schlieren-Zürich/Schweiz; Seite 105 Palais/mauritius images, Mittenwald; Seite 108 Vidler/mauritius images, Mittenwald; Seite 111 (Leiter) Hailo, Heiger; Seite 111 (Nur-Dach-Häuser) Messerschmidt/mauritius images, Mittenwald; Seite 136 (Schild) A. Postel, Kassel; Seite 138 F. Schulz, Jena; Seite 140 Fichtelberg Schwebebahn GmbH, Oberwiesental; Seite 142, 143 D. Kehrig, Kottenheim; Seite 144 (Sinuskurve) Wolfgang Filser, Arzbach; Seite 144 (Skifahrer) Topic Media Service, Ottobrunn; Seite 144 (Kontrabass) Bildverlag-Bildwerbung Dr. W. Bahnmüller, Geretsried; Seite 166 Faber-Castell, Stein; Seite 172 zefa/Corbis, Düsseldorf; Seite 197 Peugot, Overath-Vilkerath; Seite 224 Photo Disc.

Trotz entsprechender Bemühungen ist es nicht in allen Fällen gelungen, den Rechtsinhaber ausfindig zu machen. Gegen Nachweis der Rechte zahlt der Verlag für die Abdruckerlaubnis die gesetzlich geschuldete Vergütung.